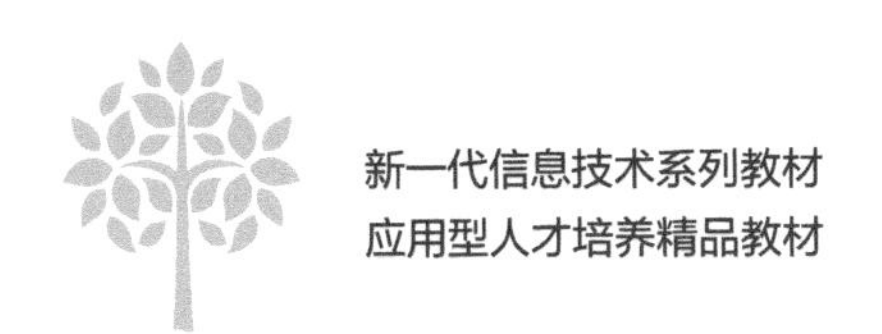

新一代信息技术系列教材
应用型人才培养精品教材

路由与交换型网络实践指南

思科华为实验锦集

张立志　赵　涛　白耀玲◎主编

内容提要

本书主要介绍涵盖网络基础、路由技术、交换技术、广域网技术、网络综合实施等相关知识和技能的21个实验项目，通过在思科与华为两种不同设备上具体实施相关操作，使学生采用对比的学习方式更好地掌握路由与交换技术及其综合应用和网络故障排查技能，为社会输出高质量的应用技能型人才提供有利保障。

本书可供计算机网络、云计算、物联网、通信工程等专业的学生参考使用，也可作为相关专业从业者的参考用书。

图书在版编目(CIP)数据

路由与交换型网络实践指南：思科华为实验锦集/张立志，赵涛，白耀玲主编. —上海：上海交通大学出版社，2024.6

ISBN 978-7-313-28688-8

Ⅰ.①路… Ⅱ.①张…②赵…③白… Ⅲ.①计算机网络—路由选择—指南 Ⅳ.①TN915.05-62

中国国家版本馆CIP数据核字(2023)第084140号

路由与交换型网络实践指南——思科华为实验锦集

LUYOU YU JIAOHUANXING WANGLUO SHIJIAN ZHINAN——SIKE HUAWEI SHIYAN JINJI

主　　编：张立志　赵　涛　白耀玲

出版发行：上海交通大学出版社　　地　　址：上海市番禺路951号

邮政编码：200030　　电　　话：021-64071208

印　　制：苏州市古得堡数码印刷有限公司　　经　　销：全国新华书店

开　　本：787mm×1092mm　1/16　　印　　张：24

字　　数：611千字

版　　次：2024年6月第1版　　印　　次：2024年6月第1次印刷

书　　号：ISBN 978-7-313-28688-8

定　　价：138.00元

前言

《路由与交换型网络实践指南：思科华为实验锦集》是根据新时代职业教育的特点与需求，结合当前计算机网络领域思科、华为两大主流平台的操作方法所推出的集岗位需求（专业技能）、课程体系（专业知识）、技能竞赛（综合素质）、证书考试（职业素养）于一体的实验项目化书籍。

教材是教学活动的基础，是知识和技能的有效载体，因此教材内容的科学性、前瞻性、实用性及语言的生动性显得尤为重要。本书在编写过程中着眼于未来技术的发展方向，突出"以学生为本"的特点，充分考虑学生的知识储备、实际学习能力，以及技能竞赛、"1＋X"证书、工作岗位及创新创业需求，在符合教学大纲要求的基础上，合理安排理论知识和实践技能的学习，摒弃了原有教材简单的知识堆砌，同时融入生动、富有趣味的元素以及贴近工作与生活的实验项目，通过"做中学、做中教"的教学模式，在有限的时间内把学生需要掌握的知识、技能直接呈现在他们面前，从而激发学生学习的积极性、主动性，培养学生的团队协作意识、精益求精的工匠精神，提高学生解决实际问题的能力。

本书可供高等职业院校计算机网络、云计算、物联网、通信工程等专业的学生参考使用，也可作为相关专业从业者的参考用书。其涵盖了涉及网络基础、路由技术、交换技术、广域网技术、网络综合实施等相关知识和技能的21个实验项目，通过在思科与华为两种不同设备上具体实施相关操作，使学生采用对比的学习方式更好地掌握路由与交换技术及其综合应用和网络故障排查技能，为社会输出高质量的应用技能型人才提供有利保障。

本书由兰州石化职业技术大学的张立志（CCNP＃11091550 R/S）、赵涛、白耀玲任主编，编者们致力于计算机网络专业教学工作多年，实验部分由张立志负责设计和编写，理论部分由张立志、赵涛和白耀玲共同负责编写，由于计算机网络知识体系庞大，编写一本简明且有针对性的计算机网络实验教材确属不易。本书所采用的编写体系、结构尚属尝试，由于时间仓促，且作者水平有限，书中难免存在不足之处，恳请读者与专家指正，以便进一步完善。

在此感谢兰州石化职业技术大学电子信息与工程学院的南永新教授对本书的出版给予大力支持和提出宝贵意见。

编 者

2024年1月于兰州

目　录

第 1 章　实验环境搭建与基础配置

1.1 思科实验环境搭建与 IOS 操作系统基础

1.1.1　实验环境 Cisco Packet Tracer

Cisco Packet Tracer 是由 Cisco 公司发布的一个辅助学习工具，为学习思科网络课程的初学者设计、配置网络和排除网络故障提供了网络模拟环境。Cisco Packet Tracer 只适合初学者入门学习使用，本教材涉及的个别实验会使用，但并不推荐一直使用此款仿真软件。本教材使用的版本是 6.2，需要注意的是，Cisco Packet Tracer 模拟器中以太网传输介质需要区分直通线和交叉线，在建立拓扑图时要使用正确的以太网传输介质类型。

Cisco Packet Tracer 采用单个软件安装包，其安装简单，所以这里不再详细说明其安装过程，以下是安装界面以及软件界面(见图 1 - 1 和图 1 - 2)。

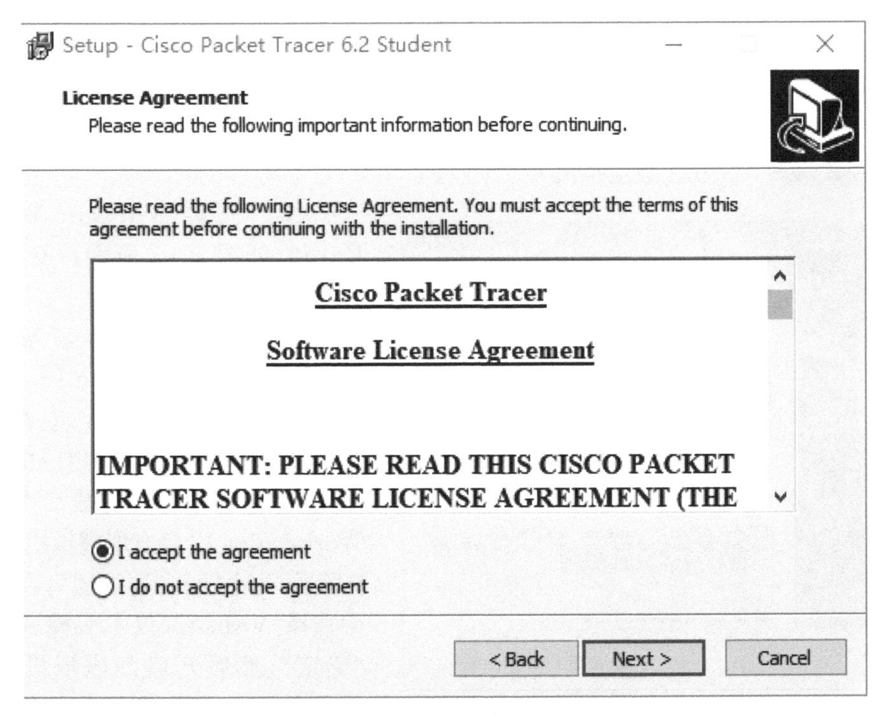

图 1 - 1　Cisco Packet Tracer 安装界面

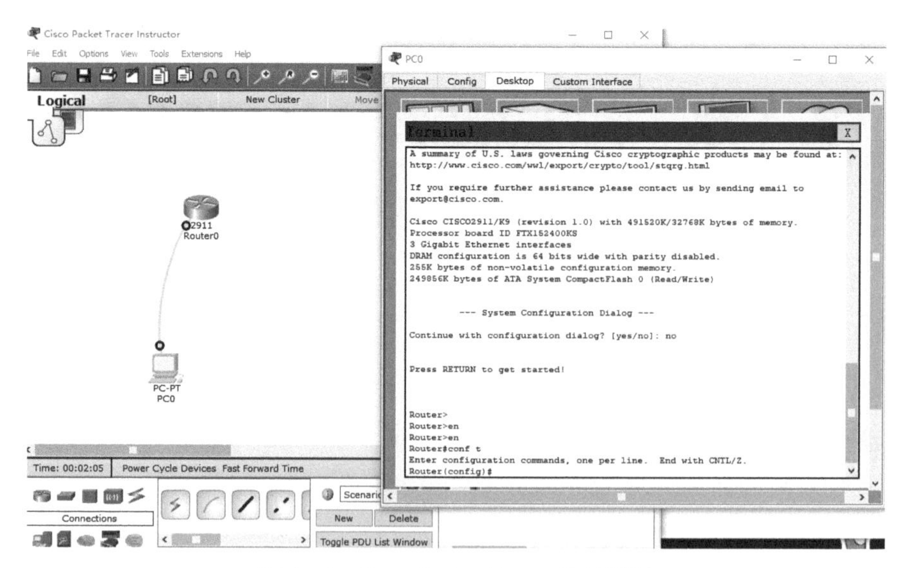

图 1-2　Cisco Packet Tracer 软件界面

1.1.2　实验环境 EVE-NG

EVE-NG 是一种网络设备模拟器，但它并不是一个简单的模拟器，这款模拟器不仅可以模拟网络设备，也可以运行虚拟机。EVE-NG 分为专业版(最新版本为 5.0.1-106)和社区版(最新版本为 5.0.1-19)，社区版是免费的。

EVE-NG 实验环境类似于真机环境，接近思科 CCIE 官方实验考试环境，所以在学习过程中更推荐此套实验环境。安装此款模拟器之前，首先要打开电脑 CPU 虚拟化功能，具体要求和安装步骤如下。

(1) 硬件要求：支持 64 位的双核或者以上 CPU，内存推荐 8G 及以上。

(2) 软件要求：操作系统推荐 Windows 10(64 位)，虚拟机软件推荐 VMware Workstation Pro 12(收费)及以上版本或者 VMware Workstation Player 12(免费)及以上版本，以及集成 IOL 镜像的 EVE-NG 社区版虚拟机 OVA 包。

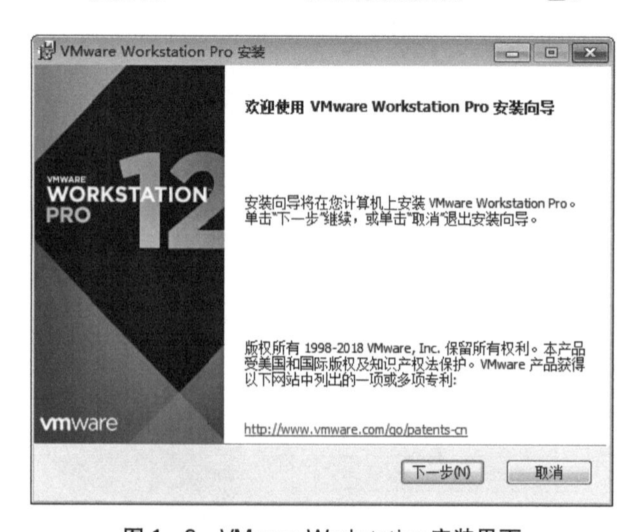

图 1-3　VMware Workstation 安装界面

(3) 安装 VMware Workstation Pro 12，如图 1-3 所示。安装完成后，界面如图 1-4 所示。

(4) 图 1-5～图 1-7 展示了如何在 VMware Workstation Pro 12 中导入 EVE-NG 虚拟机 OVA 包：在“文件”菜单中选择“打开”，找到相应的 OVA 包后点击“导入”，导入完成后在 VMware Workstation 中会出现虚拟机。如图 1-8 所示，双击“网络适配器”，在“自定义”中选择“VMnet1(仅主机模式)”并点击“确定”，然后开启此虚拟机就可以使用了。

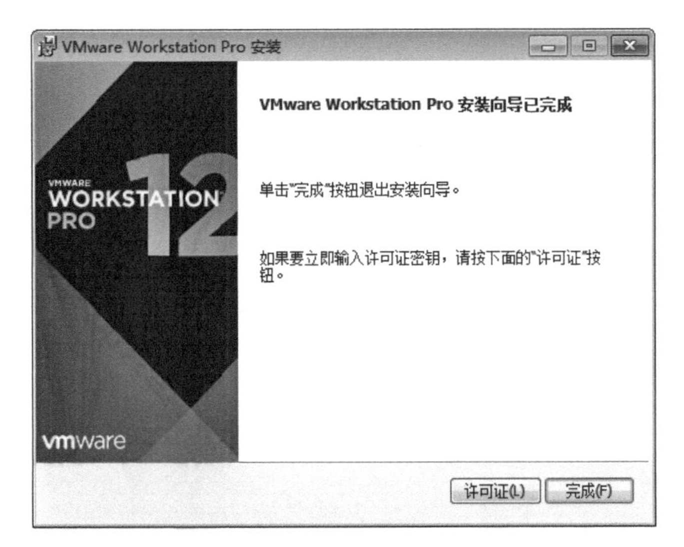

图 1-4 VMware Workstation 安装完成界面

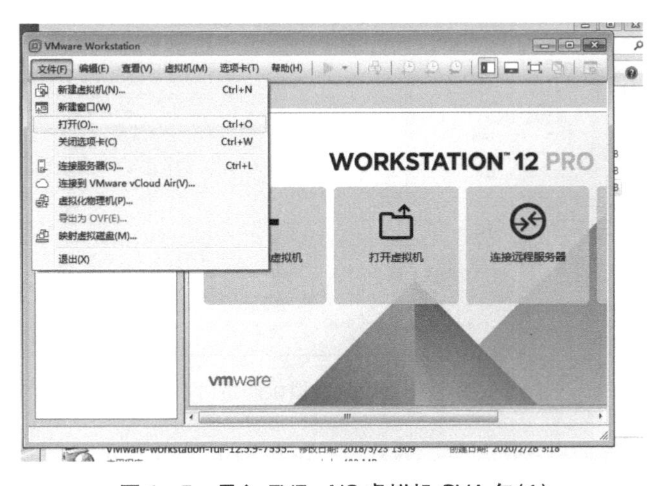

图 1-5 导入 EVE-NG 虚拟机 OVA 包(1)

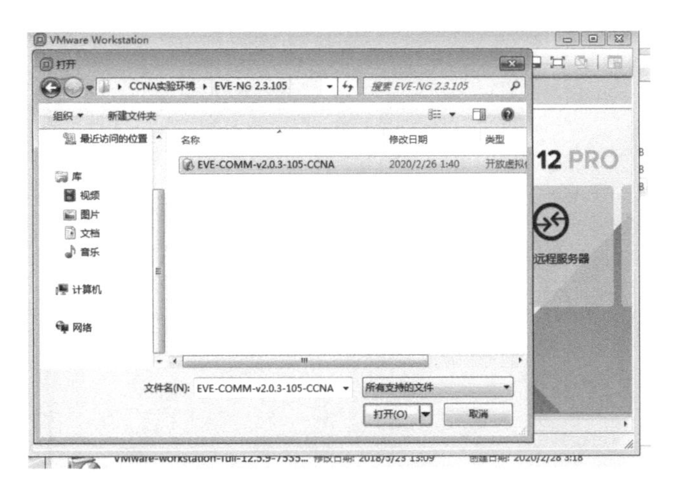

图 1-6 导入 EVE-NG 虚拟机 OVA 包(2)

图 1-7　导入 EVE-NG 虚拟机 OVA 包(3)

图 1-8　设置虚拟机网络(1)

(5) 进入网络适配器管理界面，对 VMware 虚拟网卡 1 进行设置，设置 IP 地址为 EVE-NG 系统同一网段地址(见图 1-9)。

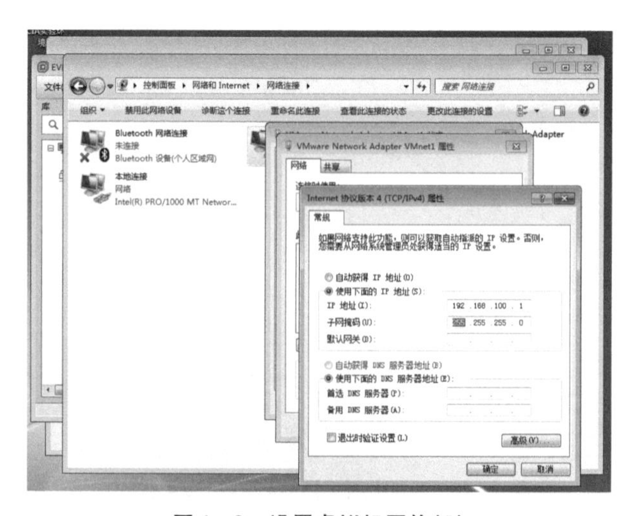

图 1-9　设置虚拟机网络(2)

(6) 如图 1－10 所示，可以选择安装 EVE－NG 插件包，安装插件包会增加抓包等功能，但社区版无法抓取串行接口数据包。

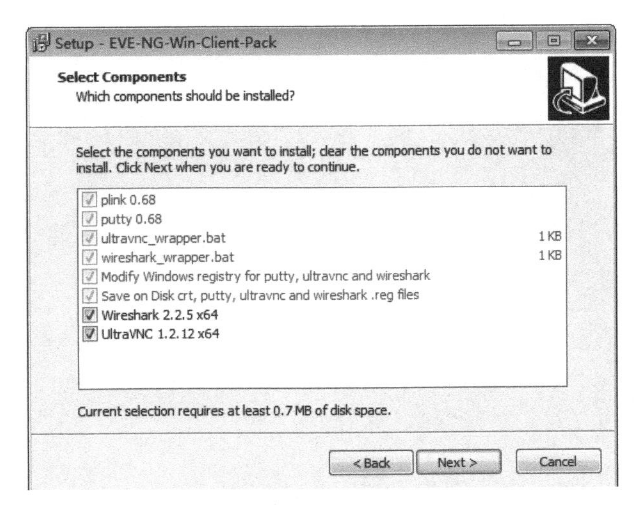

图 1－10　EVE－NG 插件包安装界面

(7) 完成以上步骤后，启动虚拟机，如图 1－11 所示。然后打开浏览器(推荐使用最新的微软 Edge 浏览器，此款浏览器采用谷歌浏览器内核，兼容性好)，输入 EVE－NG 系统的 IP 地址、用户名(默认用户名为 admin)和密码(默认密码为 eve)(见图 1－12)，输入正确便进入 EVE－NG 操作界面(见图 1－13)。如图 1－14 所示，在这个界面下可以搭建网络拓扑图，增加、删除、启动或停止设备等(设备图标为蓝色表示已启动，灰色表示停止)，EVE－NG 模拟器至此便完成安装，可以正常使用。

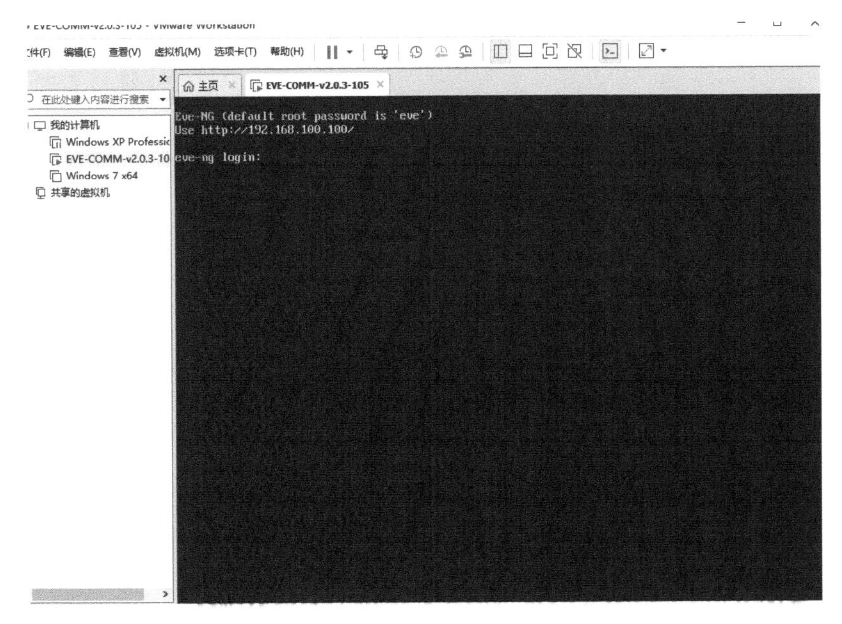

图 1－11　EVE－NG 虚拟机运行界面

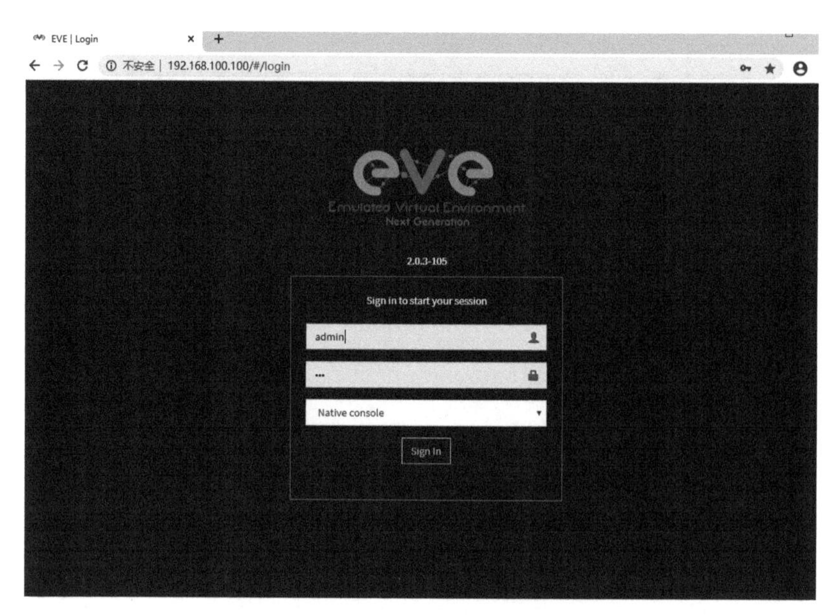

图 1－12　EVE－NG 模拟器登录界面

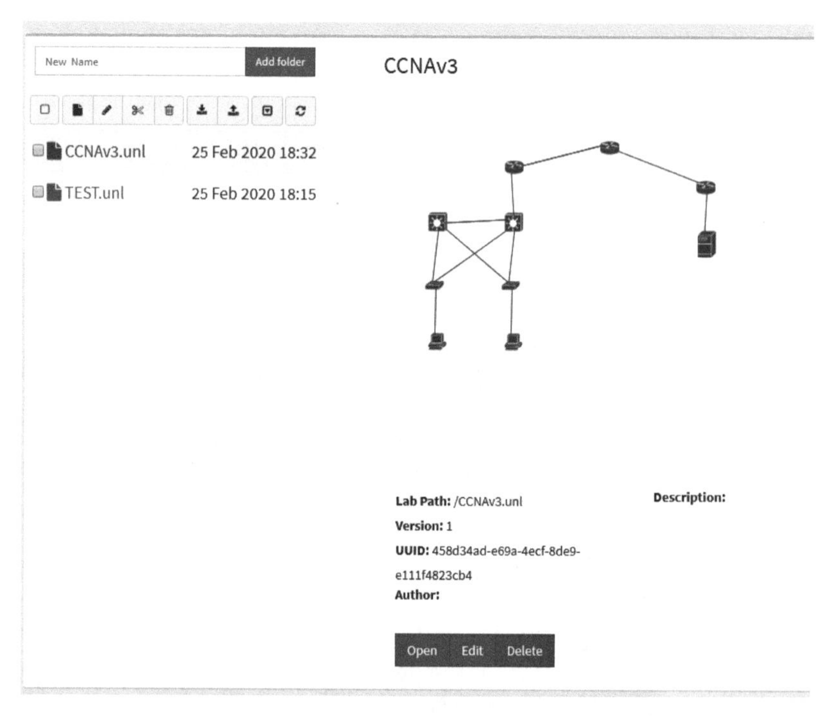

图 1－13　EVE－NG 模拟器拓扑选择界面

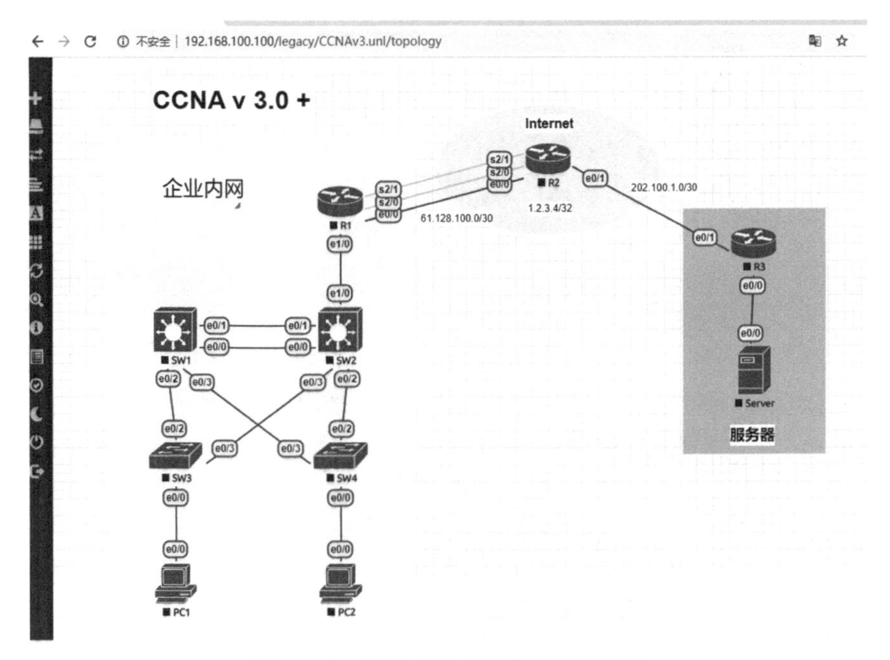

图 1 - 14　EVE - NG 模拟器拓扑图界面

(8) 如图 1 - 15 所示，使用终端软件 SecureCRT 连接设备，以便管理和配置设备，协议采用 telnet 协议，IP 地址为 EVE - NG 系统地址，端口号可以在 EVE - NG 的 web 界面查看，每台设备都不一样，完成以上设置后就可以使用 SecureCRT 来操作和配置 EVE - NG 模拟器中的各种网络设备了，如图 1 - 16 所示。

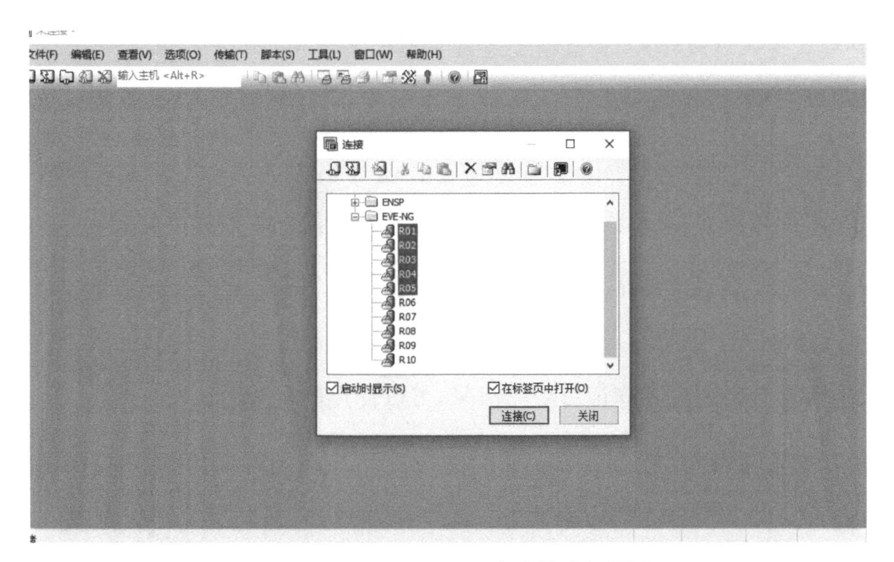

图 1 - 15　SecureCRT 设备连接选择界面

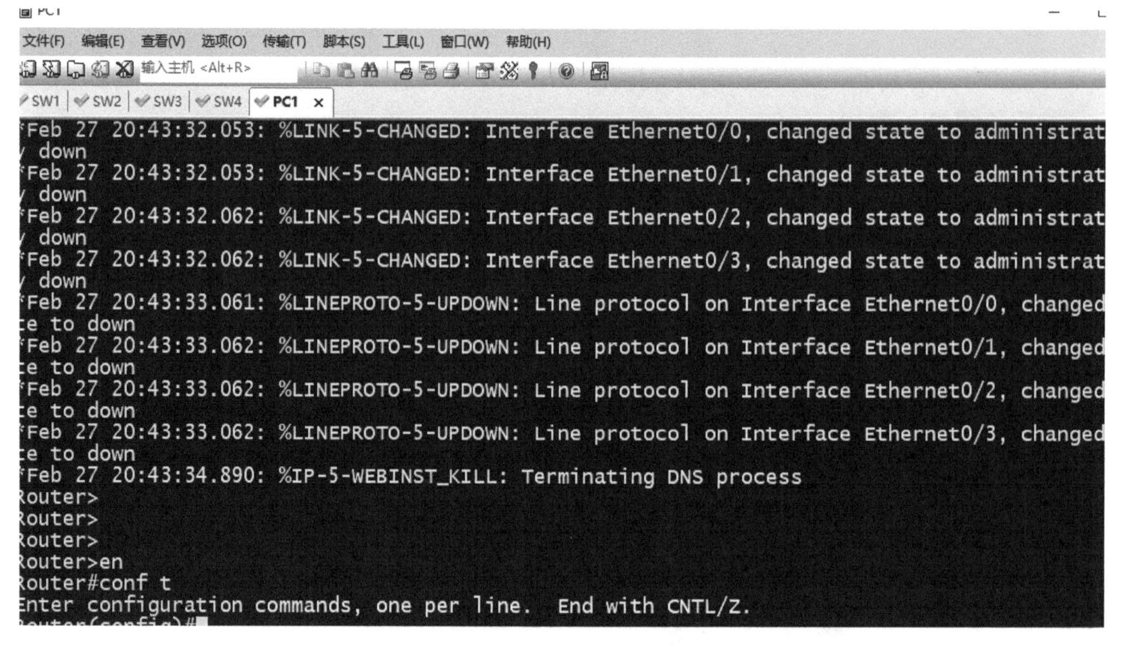

图 1-16　SecureCRT 设备命令行界面

1.1.3　思科 IOS 基础命令

CLI(command-line interface,命令行界面)是在图形用户界面得到普及之前使用最为广泛的用户界面,它通常不支持鼠标,用户通过键盘输入指令,计算机收到指令后,予以执行。IOS(internetwork operating system,互联网操作系统)是思科公司为其网络设备开发的操作维护系统,其基础操作与命令如下。

1. 进入与退出设备命令

1) 用户模式进入特权模式,特权模式进入全局配置模式

- 进入特权模式

```
Router>enable
```

- 进入全局配置模式,思科设备大部分配置需要在全局配置模式下完成

```
Router#configure terminal
```

2) 帮助

- 如果遇到不会拼写或者忘记命令的情况,可以使用问号查看

```
Router(config)#?
```

3) 退出

- 返回上一层模式

```
Router(config)#exit
```

4）结束

● 结束并返回用户模式

```
Tab 或 Ctrl+C
```

● 结束当前进程

```
Ctrl+Shift+6
```

5）重启

● 重启设备

```
Router#reload
```

2. 基础配置命令

1）主机名

● 修改设备主机名称

```
Router(config)#hostname R1
```

2）旗标信息

● 设置旗标信息（登录系统时显示），# 号中间部分为显示内容

```
R1(config)#banner motd #ABC #
```

3）设置密码

● 设置明文特权模式的密码为 789（password 命令下设置的密码为明文密码，查看系统配置时可以看到密码）

```
R1(config)#enable password 789
```

● 设置密文特权模式的密码为 789（secret 命令下设置的密码为密文密码，查看系统配置时可以看到密码显示为乱码）

```
R1(config)#enable secret 789
```

4）设置时间与日期和时区

● 设置时间与日期，时间格式为"时:分:秒"，日期格式为"日　月　年"，月份采用英文单词前三个字母

```
R1#clock set 16:33:21 6 Nov 2019
```

● 修改时区，格式为"时区名（自定义）　时区"，由于我国属于东八区，所以直接输入数字 8 即可，如果时区属于西区，须在数字前边加减号（—）。思科设备默认采用世界标准时间（UTC）

```
R1(config)#clock timezone Beijing 8
```

5）保存和删除配置

• 保存配置

```
Router#write
```

• 保存配置

```
Router#copy running-config startup-config
```

• 删除系统配置，重启后生效

```
Router#erase startup-config
```

6）配置接口 IP 地址

• 进入设备快速以太网接口 f0/0

```
R1(config)#interface f0/0
```

• 在接口下配置 IP 地址以及子网掩码

```
R1(config-if)#ip address 192.168.0.1 255.255.255.0
```

• 逻辑上开启接口，思科路由器设备默认所有接口关闭

```
R1(config-if)#no shutdown
```

7）接口描述

• 对接口进行描述，以便日后维护时快速知道此接口的相关信息。各种自定义的名称建议全部大写，以便于排错时进行区分

```
R1(config-if)#description OFFICE
```

8）串行接口配置

• 进入串行接口 s1/0

```
R1(config)#interface serial 1/0
```

• 设置逻辑带宽，此操作并不能从物理上改变接口带宽，经常在 EIGRP 路由协议干涉选路时使用

```
R1(config-if)#bandwidth 64
```

• 配置时钟频率为 64000

```
R1(config-if)#clock rate 64000
```

9）配置 console 密码

- 进入 console 接口

```
R1(config)#line console 0
```

- 配置 console 接口密码为 123

```
R1(config-line)#password 123
```

- 设置密码登录时生效

```
R1(config-line)#login
```

10）远程虚拟终端密码

- 进入虚拟终端接口，远程登录管理设备时需要配置此接口

```
R1(config)#line vty 0 4
```

- 设置虚拟终端接口密码为 123

```
R1(config-line)#password 123
```

- 设置密码登录时生效

```
R1(config-line)#login
```

- 设置允许使用 telnet 协议登录设备

```
R1(config-line)#transport input telnet
```

11）FTP 服务器与客户端和 TFTP 服务器

（1）配置 FTP 服务器。要想将 Cisco 设备配置成一台 FTP 服务器，需要特定的 IOS 支持，EVE－NG 的 IOL 镜像不支持。

- 配置本地用户名和密码

```
Router(config)#username CISCO password CISCO123
```

- 开启 FTP 服务器功能

```
Router(config)#ftp-server enable
```

- 指定 FTP 共享目录

```
Router(config)#ftp-server topdir flash:abc.bin
```

（2）配置 FTP 客户端。此配置的目的在于让 Cisco 设备能够从远程 FTP 服务器往本地拷贝文件，需要配置用户名和密码。

- 配置远程 FTP 服务器用户名

```
Router(config)#ip ftp username CISCO
```

- 配置远程 FTP 服务器密码

```
Router(config)#ip ftp password CISCO123
```

- 配置本地 FTP 源接口

```
Router(config)#ip ftp source-interface
```

(3) 配置 TFTP 服务器。可以将 Cisco 设备配置成一台 TFTP 服务器,以共享目录和文件。

- 将 Cisco 设备配置为 TFTP 服务器,需要指定文件名

```
R1(config)#tftp-server flash:abc.bin
```

12) 查询命令

- 查看接口 IP 地址及简要信息

```
Router#show ip interface brief
```

- 查看路由表

```
Router#show ip route
```

- 查看内存中运行配置信息

```
Router#show running-config
```

- 查看启动配置文件信息

```
Router#show startup-config
```

1.1.4 思科系统备份恢复与密码重置(实验 1)

此实验只能在真机或者 Cisco Packet Tracer 模拟器上完成,EVE - NG 模拟器不支持。

【实验目的】

(1) 掌握思科路由器 IOS 系统备份与恢复。

(2) 掌握思科路由器 IOS 系统密码恢复。

【实验步骤】

1. 思科路由器系统备份恢复与密码重置

(1) 系统备份与恢复。在升级 IOS 操作系统前应该先备份旧的 IOS 系统镜像,如果出现升级错误无法启动,则应该恢复旧的可以正常启动的 IOS 操作系统。如图 1 - 17 所示,先配置 R1 和服务器相连接口的 IP 地址,再在服务器上启动 TFTP 服务,然后使用 console 线连接

PC1 的 RS232 接口和 R1 的 console 接口，最后在 PC1 终端窗口使用默认参数登录。

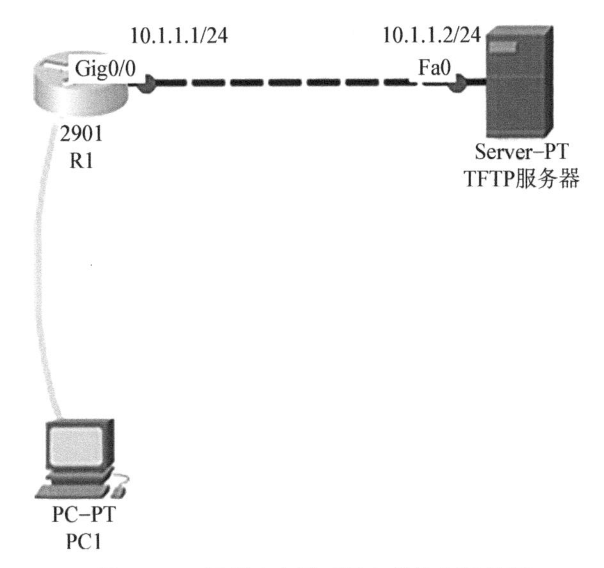

图 1-17 思科路由器系统备份恢复拓扑图

① 备份 IOS 系统到 TFTP 服务器。

- 拷贝路由器 flash 闪存中的文件到 TFTP 服务器

```
R1#copy flash: tftp:
```

- 输入路由器源文件名

```
Source filename []? c2600-i-mz.122-28.bin
```

- 输入 TFTP 服务器地址

```
Address or name of remote host []? 10.1.1.2
```

- 输入 TFTP 服务器要保存的目标文件名

```
Destination filename [c2600-i-mz.122-28.bin]? c2600-i-mz.122-28-1.bin
```

- 完成 IOS 系统备份

```
Writing
c2600-i-mz.122-28.bin...!!!!!!!!!!!!!!!!!!!!!!!!!!!!!!!!!!!!!!!!!!!!!
!!!!!!!!!!!!!!!!!!!!!!!!!!!!!!!!!!!!!!!!!!!!!!!!!!!!!!!!!!!!!!!!!
[OK - 5571584 bytes]
5571584 bytes copied in 0.098 secs (13026701 bytes/sec)
```

② 恢复 IOS 系统到路由器。

- 拷贝 TFTP 服务器文件到路由器 flash 闪存

```
R1#copy tftp: flash:
```

• 输入 TFTP 服务器地址

```
Address or name of remote host []? 10.1.1.1
```

• 输入 TFTP 服务器源文件名

```
Source filename []? c2600-i-mz.122-28.bin
```

• 输入路由器要保存的目标文件名

```
Destination filename [c2600-i-mz.122-28.bin]?
% Warning:There is a file already existing with this name
```

• 已经存在同名文件，是否覆盖保存？按回车直接保存

```
Do you want to over write? [confirm]
```

• 完成 IOS 系统恢复

```
Accessing tftp://10.1.1.2/c2600-i-mz.122-28.bin...
Loading                  c2600-i-mz.122-28.bin                  from
10.1.1.2: !!!!!!!!!!!!!!!!!!!!!!!!!!!!!!!!!!!!!!!!!!!!!!!!!!!!!!!!!!!
!!!!!!!!!!!!!!!!!!!!!!!!!!!!!!!!!!!!!!!!!!!!!!!!!!!!!!!!!!
[OK-5571584 bytes]
5571584 bytes copied in 0.097 secs (13160996 bytes/sec)
```

图 1-18 思科路由器密码重置拓扑图

（2）密码重置。当忘记路由器密码无法登录时，可以使用以下步骤重置路由器密码。

① 如图 1-18 所示，先使用 console 线连接 PC1 的 RS232 接口和 R1 的 console 接口，再在 PC1 终端窗口使用默认参数登录。

② 加电启动后在键盘上使用 Ctrl+Break（非全尺寸键盘没有 Break 键）或 Ctrl+C 快捷键，中断路由器启动序列，进入 rommon 模式。

• 从 flash 引导，但不载入配置文件

```
rommon 1 >confreg 0x2142
```

• 使路由器重新引导，并忽略配置文件

```
rommon 2 >reset
```

路由器进入出厂配置，并在每一个问题后键入“no”或按下 Ctrl+C 组合键，跳过初始化自动设置程序。

• 加载配置文件

```
Router#copy startup-config running-config
```

- 删除密码

```
R1(config)#no enable password
```

- 修改寄存器的值，进入正常模式

```
R1(config)#config-register 0x2102
```

- 保存配置

```
R1#copy running-config startup-config
```

【实验小结】

通过实验 1 可以了解到，系统备份和恢复的主要目的是防止误升级错误的 IOS 版本而导致路由器的工作不正常。密码重置的主要目的是防止忘记密码而导致无法正常登录访问路由器。

2. 思科交换机密码恢复(Catalyst 2950 系列，只能在真机上完成)

(1) 建立 PC 到路由器的物理连接，使用 console 线连接计算机与交换机。

(2) 在计算机上使用 SecureCRT 登录交换机，新建会话，协议选择 Serial，并选择对应的 COM 口(可以在计算机设备管理器中查看)。连接参数设置如下：波特率为 9600，数据位为 8，奇偶校验为无，停止位为 1，数据流控制为无。

(3) 打开交换机电源，开机 30 s 内，按住交换机面板左下方的 MODE 键。

(4) 进入 BOOT 模式，显示 3 个选项，输入 FLASH_init 命令，开始初始化 flash。

(5) 输入 load_helper 命令，执行 dir flash：命令。

(6) 执行 rename flash：config. text flash：config. old 命令，更名含有 password 的配置文件。

(7) 执行 boot 命令启动交换机，此命令执行时间稍长。在出现“Would you like to enter the initial configuration dialog? [yes/no]：”时，输入“no”。然后输入 enable 命令进入交换机特权模式，执行 rename flash：config. old flash：config. text。

(8) 执行 copy flash：config. text system：running-config，此命令用于拷贝配置文件到当前系统中，也就是恢复原来的交换机配置。

(9) 使用 enable password 或 enable secret 命令重新设置密码。

(10) 使用 write memory 命令保存配置，重启交换机，密码重置成功。

1.2 华为实验环境搭建与 VRP 操作系统基础

1.2.1 实验环境 eNSP

eNSP(enterprise network simulation platform)是一款由华为提供的可扩展的基于图形

化操作的网络仿真工具平台，主要对企业网络中的路由器、交换机进行软件仿真，可完美呈现真实设备情景，支持大型网络模拟，能够让广大用户在没有真实设备的情况下进行模拟演示，学习网络技术。

eNSP 当前最新版本是 1.3.00.100，安装 eNSP 之前必须安装 WinPcap、VirtualBox 和 Wireshark 三个软件，VLC 播放器的安装为可选项，组播实验中需要用到(见图 1-19)。

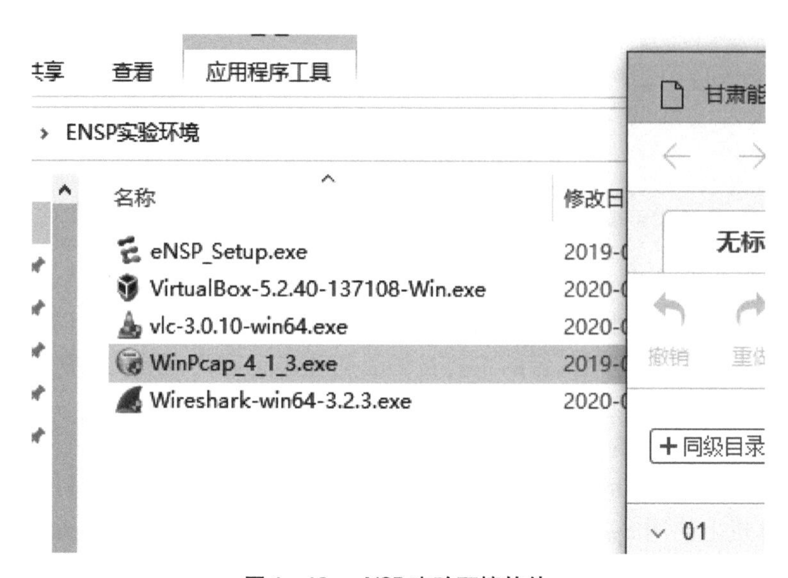

图 1-19　eNSP 实验环境软件

WinPcap 安装界面如图 1-20 所示。

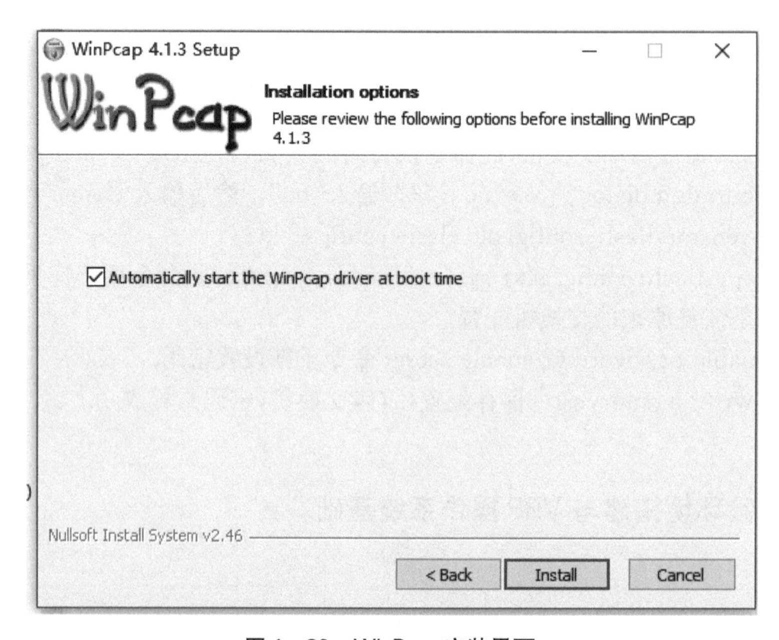

图 1-20　WinPcap 安装界面

VirtualBox 安装界面如图 1－21 所示。

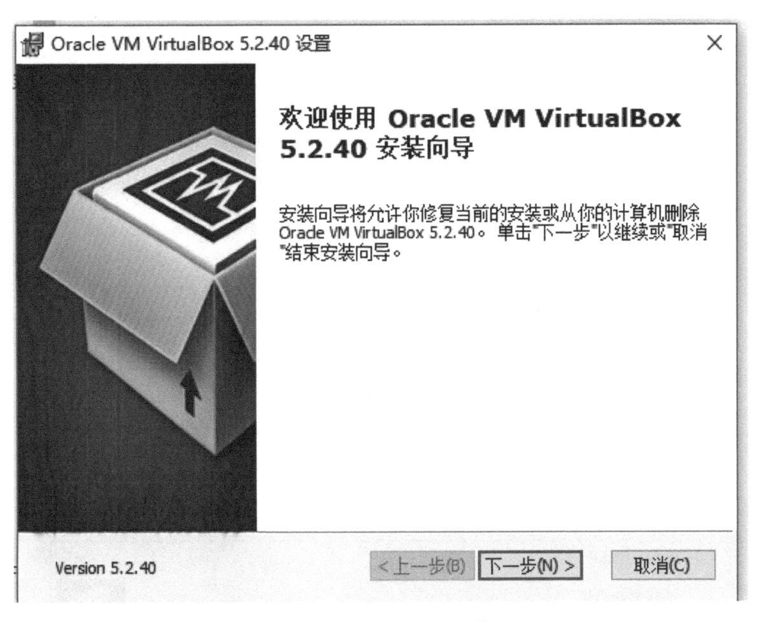

图 1－21　VirtualBox 安装界面

Wireshark 安装界面如图 1－22 所示。

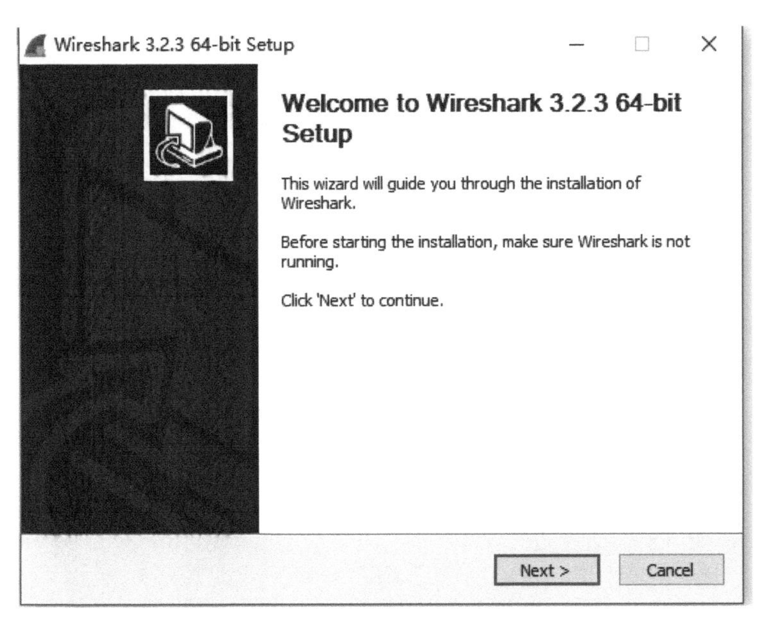

图 1－22　Wireshark 安装界面

eNSP 模拟器安装界面和软件界面如图 1－23～图 1－25 所示。

图 1－23 eNSP 安装界面(1)

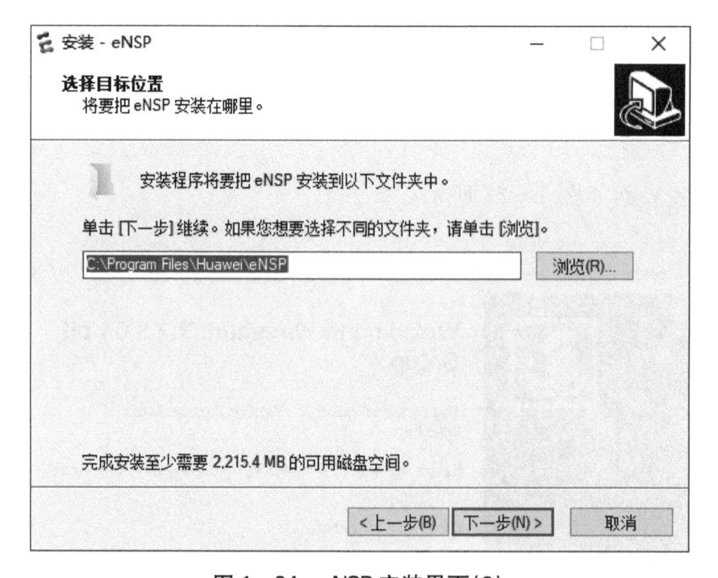

图 1－24 eNSP 安装界面(2)

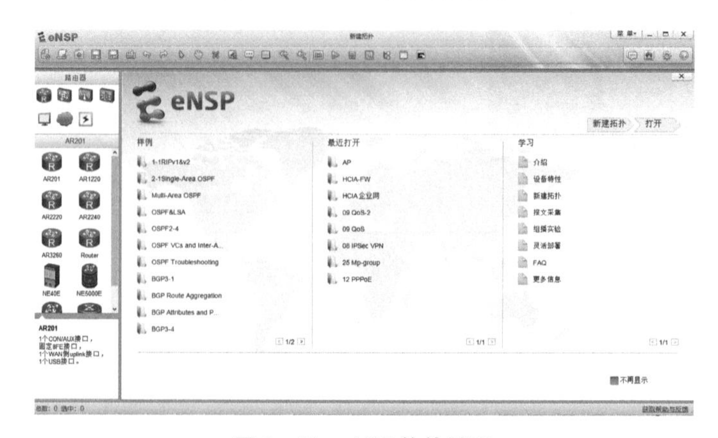

图 1－25 eNSP 软件界面

1.2.2 华为 VRP 基础命令

VRP (versatile routing platform,通用路由平台)是华为在通信领域多年的研究经验结晶,也是华为所有基于 IP/ATM 架构的数据通信产品的操作系统平台。其基础操作与命令如下。

1. 进入退出设备命令

1) 用户视图进入系统视图

- 进入系统视图,华为设备大部分配置需要在系统视图下完成

```
<Huawei>system-view
```

2) 帮助

- 如果遇到不会拼写或者忘记命令的情况,可以使用问号查看

```
[Huawei]?
```

3) 退出

- 返回上一层视图

```
[Huawei]quit
```

4) 结束

- 返回用户视图

```
Ctrl+Z
```

- 结束当前进程

```
Ctrl+C
```

5) 重启

- 重启设备

```
<R1>reboot
```

2. 基础配置命令

1) 主机名

- 修改系统名称

```
[Huawei]sysname R1
```

2) 登录消息

- 设置登录前的消息

```
[R1]header login information "HCIA"
```

- 设置登录后的消息

```
[R1]header shell information "HCIE"
```

3）设置密码

● 进入 3A 视图

```
[Huawei]aaa
```

● 设置明文密码

```
[Huawei-aaa]local-user HCIA password simple HUAWEI
```

● 设置密文密码

```
[Huawei-aaa]local-user HCIE password cipher HUAWEI
```

● 设置用户级别(0～15，15 表示最高权限)

```
[Huawei-aaa]local-user HCIA privilege level 15
```

● 设置用户服务类型为 telnet

```
[Huawei-aaa]local-user HCIA service-type telnet
```

4）设置时间与日期和时区

● 设置时间与日期，时间格式为“时:分:秒”，日期格式为“年-月-日”

```
<R1>clock datetime 15:07:30 2019-9-5
```

● 修改时区，格式为“时区名(自定义)　时区”，由于我国属于东八区，所以数字前加 add，如果时区属于西区，则数字前加 minus。华为设备默认采用北京时间

```
<R1>clock timezone Beijing add 8
```

5）保存和删除配置

● 保存配置

```
<R1>save
```

● 删除配置，重启后生效

```
<R1>reset saved-configuration
```

6）配置接口 IP 地址

● 进入接口

```
[R1]interface g0/0/0
```

● 配置 IP 地址及掩码

```
[R1-GigabitEthernet0/0/0]ip address 192.168.1.1 24
```

● 关闭接口，华为路由器默认所有接口开启

```
[R1-GigabitEthernet0/0/0]shutdown
```

7）接口描述

● 设置接口描述信息

```
[R1-GigabitEthernet0/0/0]description R1
```

8）串行接口

● 配置串行接口

```
[R1]interface Serial 1/0/0
```

9）配置 console 密码

● 进入 console 接口

```
[Huawei]user-interface console 0
```

● 设置认证模式为 3A 模式

```
[Huawei-ui-console0]authentication-mode aaa
```

10）远程虚拟终端密码

● 进入虚拟终端接口

```
[R1]user-interface vty 0 4
```

● 设置远程登录密码

```
[R1-ui-vty0-4]set authentication password cipher HUAWEI
```

● 设置用户级别（最高为 15，管理员级别）

```
[R1-ui-vty0-4]user privilege level 15
```

11）FTP 服务器

● 进入 3A 模式

```
[Server]aaa
```

● 创建用户名和密码

```
[Server-aaa]local-user HUAWEI password cipher HUAWEI123
```

● 设置用户级别为 15 级

```
[Huawei-aaa]local-user HCIA privilege level 15
```

- 设置服务类型为 FTP

```
[Server-aaa]local-user HUAWEI service-type ftp
```

- 设置 FTP 目录

```
[Server-aaa]local-user HUAWEI ftp-directory flash:
```

- 开启 FTP 服务

```
[Server]ftp server enable
```

- 登录 FTP 服务器

```
<R1>ftp 192.168.1.1
```

- 向 FTP 服务器上传文件

```
[R1-ftp]put 1.txt
```

- 从 FTP 服务器下载文件

```
[R1-ftp]get 1.txt
```

12）查询命令

- 查看接口 IP 地址及简要信息

```
<Huawei>display ip interface brief
```

- 查看路由表

```
<Huawei>display ip routing-table
```

- 查看当前视图下的配置，华为特有

```
[Huawei-GigabitEthernet0/0/0]display this
```

- 查看内存中运行的配置信息

```
<Huawei>display current-configuration
```

- 查看配置文件信息

```
<Huawei>display saved-configuration
```

1.2.3 华为设备密码重置

模拟器不支持密码重置，只能在真机上完成，具体步骤如下。

1. 华为路由器密码重置

(1) 重启设备,观察终端在连接中显示的信息,当出现“press CTRL+B to enter extended boot menu”时迅速按下Ctrl+B快捷键,这样将进入扩展启动选项。

(2) 在扩展启动选项中有9个选项可选,选择第6项——ignore system configuration。

(3) 选择完毕后,接下来只需要选择第9项——reboot来重启路由器即可,在下一次启动过程中路由器将不加载原来保存在config文件中的任何信息。

(4) 重新启动路由器时不需要进行任何操作,也不用再次输入Ctrl+B来进入扩展启动选项。当路由器启动过程中出现“Configuration file is skipped. User interface con0 is available.”时,表明config文件没有被加载,而用户依然具备console控制权限。这时可以通过执行display current-configuration来查看配置,通过执行local-user来修改账户信息和密码,从而实现华为路由器密码恢复。

2. 华为交换机密码重置

(1) 重启设备,当界面出现“Press Ctrl+B or Ctrl+E to enter BootLoad menu:1”信息时,及时按下快捷键“Ctrl+B”并输入BootROM/BootLoad密码,进入BootROM/BootLoad主菜单。

(2) 密码:Admin@huawei.com(区分大小写)。

(3) 选择7——Clear password for console user,即选择清除console用户密码模式。

(4) 选择1——Boot with default mode,即键入1进入默认模式,进入后更改console及telnet密码。

1.3 SSH

1.3.1 SSH概述

SSH(secure shell,安全外壳)协议是由IETF制定的建立在应用层基础上的安全网络协议。它专门为远程登录会话(甚至可以用Windows远程登录Linux服务器进行文件互传——SFTP)和其他网络服务提供安全保障,可有效弥补网络中的漏洞。

传统的telnet协议基于明文,所以并不安全,现代系统和设备的远程管理都采用SSH协议,SSH协议基于密文,安全性更有保障。

1.3.2 SSH安全机制

SSH之所以能够保证安全性,原因在于它采用非对称加密技术(RSA)加密所有传输的数据。SSH本身提供了如下两种级别的验证。

(1) 基于口令的安全验证:只要知道自己的账号和口令,就可以登录远程主机。所有传输的数据都会被加密,但是不能保证正在连接的服务器就是想连接的服务器,可能会有别的服务器在冒充真正的服务器,即可能会受到“中间人攻击”。

(2) 基于密钥的安全验证:必须创建一对密钥,并把公钥放在需要访问的服务器上。如果要连接到SSH服务器上,客户端软件需要向服务器发出请求,请求用密钥进行安全验证。服务器收到请求之后,先在相应主目录下寻找公钥,然后把它和收到的公钥进行比较。如果两个密钥一致，服务器就用公钥加密“质询”并把它发送给客户端软件。客户端软件收到“质询”之后用私钥在本地解密，然后再把它发送给服务器完成登录。与第一种级别相比，第二种级别不仅加密所有传输的数据，而且不需要在网络上传送口令，因此安全性更高，可以有效防止“中间人攻击”。

1.3.3 SSH配置

1. 思科配置

- 创建本地用户名和密码

```
R1(config)#username CISCO password CISCO123
```

- 创建特权模式密文密码

```
R1(config)#enable secret CISCO123
```

- 配置域名，用于创建RSA

```
R1(config)#ip domain-name cisco.com
```

- 设置SSH版本2，创建长度在768以上的RSA以自动开启SSH V2

```
R1(config)#ip ssh version 2
R1(config)#crypto key generate rsa general-keys modulus 768
```

注意：V2版本密钥长度最小为768，否则无法开启SSH服务。当生成RSA密钥后，SSH服务会自动开启，反之无法开启。要删除RSA密钥对，请使用crypto key zeroize rsa全局配置模式命令。删除RSA密钥对之后，SSH服务将自动禁用。

- 设置远程登录时本地用户名和密码生效，先输入用户名，再输入密码，然后才能登录

```
R1(config)#line vty 0 4
R1(config-line)#login local
```

- 允许使用SSH协议登录

```
R1(config-line)#transport input ssh
```

- 设置超时退出时间

```
R1(config-line)#exec-timeout 5
```

- 打开日志同步功能

```
R1(config-line)#logging synchronous
```

- 创建ACL匹配IP地址

```
R1(config)#access-list 1 permit 12.1.1.0 0.0.0.255
```

- 应用 ACL 是基于对安全的考虑，只允许特定网段远程管理设备

```
R1(config)#line vty 0 4
R1(config-line)#access-class 1 in
```

- 路由器中使用 SSH 登录远程设备，cisco 为 SSH 用户名，不区分大小写

```
R2#ssh -l cisco 192.168.1.254
```

- 设置 SSH 超时时间

```
R1(config)#ip ssh time-out 120
```

- 设置允许 SSH 登录失败的次数

```
R1(config)#ip ssh authentication-retries 2
```

- 设置 SSH 服务源接口，当指定接口后，设备上的其他接口不能被 SSH 远程登录

```
R1(config)#ip ssh source-interface FastEthernet 0/0
```

- 更改 SSH 端口号，默认端口号为 22

```
R1(config)#ip ssh port 5123
```

2. 华为配置

- 创建用户名和密码

```
[R1]aaa
[R1-aaa]local-user HUAWEI password cipher HUAWEI123
```

- 设置用户级别

```
[R1-aaa]local-user HUAWEI privilege level 15
```

- 设置用户服务类型为 SSH

```
[R1-aaa]local-user HUAWEI service-type ssh
```

- 设置 SSH 用户的认证方式，默认使用密码认证

```
[R1]ssh HUAWEI ssh authentication-type password
```

- 开启 SSH 服务

```
[R1]stelnet server enable
```

- 创建本地密钥

```
[R1]rsa local-key-pair create
```

- 设置认证模式为3A本地模式

```
[R1]user-interface vty 0 4
[R1-ui-vty0-4]authentication-mode aaa
```

- 设置vty允许使用SSH登录

```
[R1-ui-vty0-4]protocol inbound ssh
```

- 允许特定用户远程登录设备

```
[R1-ui-vty0-4]acl 2000 inbound
```

- 配置ACL,设置允许使用SSH登录的网段

```
[R1]acl number 2000
[R1-acl-basic-2000]rule 5 permit source 192.168.1.0 0.0.0.255
```

- 设置SSH服务源接口,当指定接口后,设备上的其他接口不能被SSH远程登录。eNSP不支持此命令

```
[HUAWEI] ssh server-source -i loopback 0
```

- 启用SSH客户端首次登录功能

```
[R2]ssh client first-time enable
```

- 路由器中使用SSH登录远程设备

```
[R2]stelnet 192.168.1.254
```

- 设置允许SSH登录失败的次数,默认为3次

```
[R1]ssh server authentication-retries 2
```

- 更改SSH端口号,默认端口号为22

```
[R1]ssh server port 5123
```

- 设置认证类型为密码认证,华为交换机必须配置

```
[SW1]ssh user HUAWEI authentication-type password
```

- 设置登录方式为stelnet,华为交换机必须配置

```
[SW1]ssh user HUAWEI service-type stelnet
```

1.4 NTP

1.4.1 NTP 概述

NTP(network time protocol,网络时间协议)是用来使计算机时间同步化的一种协议,它可以使计算机对其服务器或时钟源(如石英钟、GPS 等)做同步化处理,且可以提供高精准度的时间校正(LAN 上与标准时间之差小于 1 ms,WAN 上相差几十毫秒),另外还可介由加密确认的方式来防止恶意的协议攻击。NTP 的目的是在无序的 Internet(因特网)环境中提供精确和可靠的时间服务。NTP 服务器默认使用 UDP 端口 123。

1.4.2 NTP 原理

NTP 要提供准确时间,首先要有准确的时间来源,应采用国际标准时间 UTC。NTP 获得 UTC 的时间来源可以是原子钟、天文台、卫星,也可以是 Internet。时间按 NTP 服务器的等级传播。

由于诸多原因,整个网络保持准确的时间十分重要。即使是较小的时间误差,也会引起较大的问题。例如,需要依靠协调的时间来保证按次序运行分配程序;安全机制需要依靠整个网络协调时间;由多个计算机执行的文件系统更新需要依靠时间同步;空中控制系统提供空域图像的描述时也需要依靠时间同步,飞行路线要求时间精确。

1.4.3 NTP 配置

1. 思科配置

- 创建 NTP 服务器

```
R1(config)#ntp master 1
```

- 设置 NTP 源接口,从这个接口同步时间

```
R1(config)#ntp source Ethernet0/0
```

- 设置时间,客户端不能修改时间

```
R1#clock set 16:36:00 Jan 13 2022
```

- 修改时区,客户端也必须修改至一致

```
R1(config)#clock timezone Beijing 8
```

- NTP 客户端设置 NTP 服务器地址

```
R2(config)#ntp server 192.168.1.254
```

- 客户端修改时区

```
R2(config)#clock timezone Beijing 8
```

- 使用特定源接口同步时间，源接口必须可以和 NTP 服务器通信

```
R2(config)#ntp server 8.8.8.8 source lo0
```

- 配置 NTP 对等体，相互同步时间，若源接口无法选择，请先配置接口地址

```
R2(config)#ntp peer 11.11.11.11 source loopback 0
```

- 查看 NTP 状态

```
R2#show ntp status
```

- 查看时间，思科设备默认使用世界标准时间，在 EVE-NG 中 NTP 同步时间较长

```
R2#show clock
```

2. 华为配置

- 创建 NTP 服务器

```
[R1]ntp-service refclock-master 1
```

- 设置 NTP 源接口，从这个接口同步时间

```
[R1]ntp-service source-interface g0/0/0
```

- 开启 NTP 服务器功能，默认开启

```
[R1]ntp-service enable
```

- 设置时间，客户端不能修改时间

```
<R1>clock datetime 16:48:00 2022-01-13
```

- 修改时区，客户端也必须修改至一致，华为设备默认使用北京时间，不需要修改

```
<R1>clock timezone Beijing add 8:00:00
```

- NTP 客户端设置 NTP 服务器地址

```
[R2]ntp-service unicast-server 192.168.1.254
```

- 使用特定源接口同步时间，源接口必须可以和 NTP 服务器通信

```
[R2]ntp-service unicast-server 8.8.8.8 source-interface lo0
```

- 配置 NTP 对等体，相互同步时间，若源接口无法选择，请先配置接口地址

```
[R2]ntp-service unicast-peer 11.11.11.11 source-interface LoopBack 0
```

- 查看本地设备的 NTP 状态

```
[R2]display ntp-service status
```

- 查看时间，华为设备默认使用北京时间

```
[R2]display clock
```

1.5 SSH 与 NTP 实验（实验 2）

【实验目的】

（1）掌握思科、华为设备上 SSH 服务的配置与使用 SSH 方式进行远程登录的方法。

（2）掌握思科、华为设备上 NTP 服务的配置与时间同步方法。

【实验步骤】

1. 思科设备上实施

如图 1－26 所示，实验中在 R1 上配置 SSH 服务，在 R2 上使用 SSH 协议登录 R1。R1 配置 NTP 服务器并修改当前时间，R2 从 R1 同步时间。

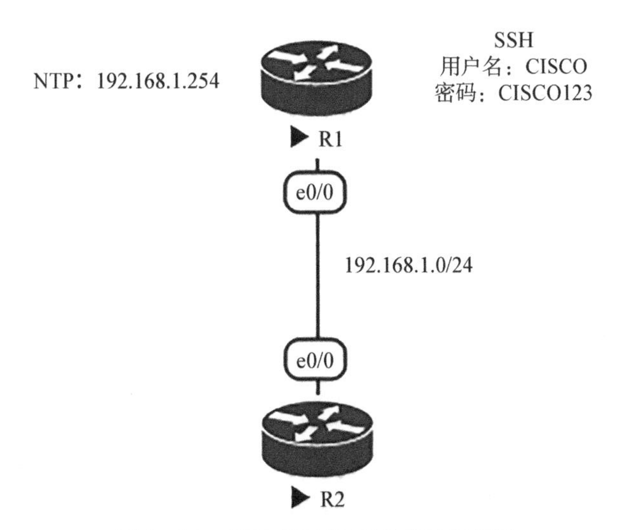

图 1－26　思科 SSH 与 NTP 实验拓扑图

1）在 R1 上配置 SSH 服务

```
R1(config)#username CISCO password CISCO123
```

```
R1(config)#enable secret CISCO123
R1(config)#ip domain-name cisco.com
R1(config)#crypto key generate rsa general-keys modulus 768
R1(config)#line vty 0 4
R1(config-line)#login local
R1(config-line)#transport input ssh
```

2) 在 R2 上使用 SSH 协议登录 R1

```
R2#ssh -l cisco 192.168.1.254
```

在图 1 - 27 中可以看到,已经正常登录 R1,图中选框内输入的是用户名(不区分大小写),为了保障安全性,输入的密码不显示。

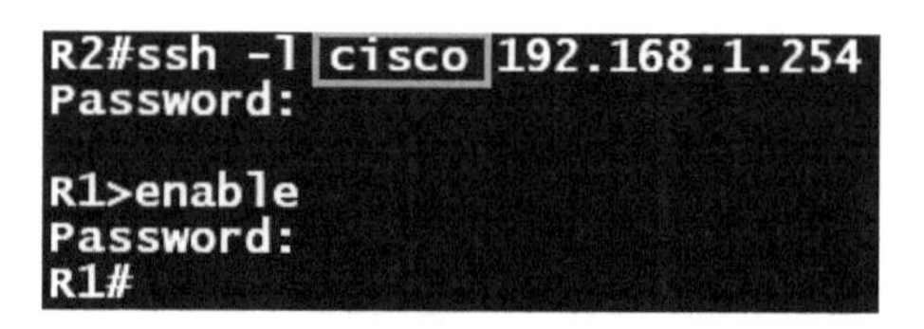

图 1 - 27　思科 SSH 登录界面

3) R1 配置 NTP 服务器并修改当前时间

```
R1(config)#ntp master 1
R1(config)#ntp source Ethernet0/0
R1#clock set 03:20:00 Jan 23 2022
R1(config)#clock timezone Beijing 8
```

4) R2 从 R1 同步时间(注意,同步时间较长)

```
R2(config)#ntp server 192.168.1.254
R2(config)#clock timezone Beijing 8
```

在图 1 - 28 中可以看到,R2 从 NTP 服务器 R1 上同步时间成功。

```
R2#show ntp status
Clock is synchronized, stratum 2, reference is 192.168.1.254
nominal freq is 250.0000 Hz, actual freq is 249.9998 Hz, precision is 2**10
ntp uptime is 111000 (1/100 of seconds), resolution is 4016
reference time is E596DD08.65E35510 (03:44:08.398 Beijing Sun Jan 23 2022)
clock offset is 0.0000 msec, root delay is 0.00 msec
root dispersion is 7.16 msec, peer dispersion is 2.88 msec
loopfilter state is 'CTRL' (Normal Controlled Loop), drift is 0.000000546 s/s
system poll interval is 64, last update was 64 sec ago.
R2#SHow CLOck
03:45:13.948 Beijing Sun Jan 23 2022
R2#
```

图 1 - 28　思科 NTP 时间同步成功界面

2. 华为设备上实施

华为 SSH 与 NTP 实验拓扑图如图 1-29 所示。

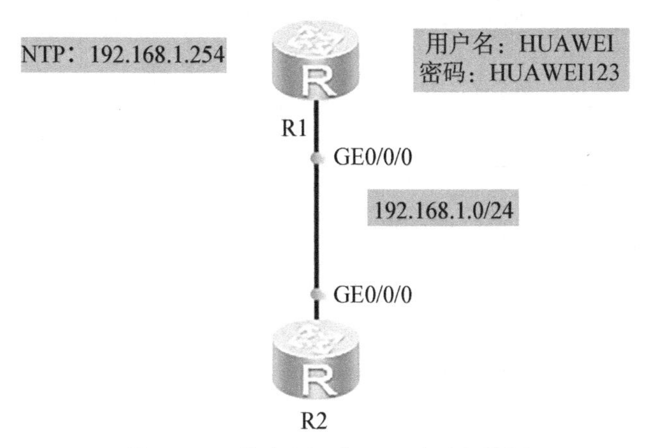

图 1-29　华为 SSH 与 NTP 实验拓扑图

1）在 R1 上配置 SSH 服务

```
[R1]aaa
[R1-aaa]local-user HUAWEI password cipher HUAWEI123
[R1-aaa]local-user HUAWEI privilege level 15
[R1-aaa]local-user HUAWEI service-type ssh
[R1]stelnet server enable
[R1]rsa local-key-pair create
[R1]user-interface vty 0 4
[R1-ui-vty0-4]authentication-mode aaa
[R1-ui-vty0-4]protocol inbound ssh
```

2）在 R2 上使用 SSH 协议登录 R1

```
[R2]ssh client first-time enable
[R2]stelnet 192.168.1.254
```

在图 1-30 中可以看到，已经正常登录 R1，图中两处选框内输入 y，为了保障安全性，输入的密码不显示。

```
[R2]ssh client first-time enable
[R2]stelnet 192.168.1.254
Please input the username:HUAWEI
Trying 192.168.1.254 ...
Press CTRL+K to abort
Connected to 192.168.1.254 ...
The server is not authenticated. Continue to access it? (y/n)[n]:y
Jan 13 2022 16:20:32-08:00 R2 %%01SSH/4/CONTINUE_KEYEXCHANGE(l)[2]:The server had
not been authenticated in the process of exchanging keys. When deciding whether to
 continue, the user chose Y.
[R2]
Save the server's public key? (y/n)[n]:y
The server's public key will be saved with the name 192.168.1.254. Please wait...

Jan 13 2022 16:20:38-08:00 R2 %%01SSH/4/SAVE_PUBLICKEY(l)[3]:When deciding whether
 to save the server's public key 192.168.1.254, the user chose Y.
[R2]
Enter password:
<R1>SYS
Enter system view, return user view with Ctrl+Z.
[R1]
```

图 1－30　华为 SSH 登录界面

3）R1 配置 NTP 服务器并修改当前时间

- 修改时间,华为设备不需要修改时区,默认使用北京时间

```
[R1]ntp-service refclock-master 1
[R1]ntp-service source-interface g0/0/0
<R1>clock datetime 04:50:00 2022-01-23
```

4）R2 从 R1 同步时间

```
[R2]ntp-service unicast-server 192.168.1.254
```

在图 1－31 中可以看到,R2 从 NTP 服务器 R1 上同步时间成功。

```
[R2]display ntp-service status
 clock status: synchronized
 clock stratum: 2
 reference clock ID: 192.168.1.254
 nominal frequency: 100.0000 Hz
 actual frequency: 100.0000 Hz
 clock precision: 2^17
 clock offset: -28799094.4905 ms
 root delay: 110.36 ms
 root dispersion: 1.31 ms
 peer dispersion: 0.02 ms
 reference time: 04:52:50.987 UTC Jan 23 2022(E5975DA2.FCDE4C51)
[R2]display clock
2022-01-23 04:53:03
Sunday
Time Zone(China-Standard-Time) : UTC-08:00
[R2]
```

图 1－31　华为 NTP 时间同步成功界面

【实验小结】

通过实验 2 可以了解到,SSH 的出现主要是为了解决使用 telnet 远程管理设备不安全的问题。NTP 主要是解决网络设备上由于时间不同步而出现的各种服务和协议工作不正常的问题。

第 2 章　网络基础与 IP 基础

2.1 网络基础

2.1.1 OSI 参考模型

如图 2-1 所示，OSI 参考模型将网络分为七层，分别是物理层、数据链路层、网络层、传输层、会话层、表示层和应用层，不同的层级分别代表着网络通信过程中不同的功能。

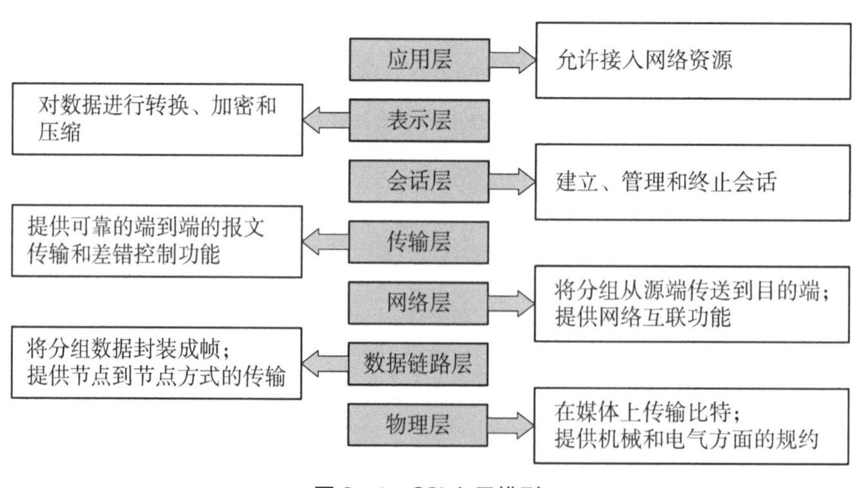

图 2-1　OSI 七层模型

1. 物理层

物理层主要用于定义物理设备的标准，如网线的接口类型、各种传输介质的传输速率等，与此同时将数据流以 bit 为单位转换为电气电压处理。属于该层级的常见设备：集线器。

2. 数据链路层

数据链路层为 OSI 模型的第二层，可控制网络层与物理层之间的通信，主要用于在不可靠的物理线路上进行数据的可靠传输。为了保证传输，从网络层接收的数据被分割成特定的可被物理层传输的帧。

3. 网络层

网络层的主要功能是将网络地址转换为对应的物理地址，并决定如何将数据从发送方路由到接收方。

4. 传输层

传输层是OSI模型中最重要的一层。传输协议可进行流量控制或者基于接收方可接受数据的快慢程度规定适当的发送速率。

5. 会话层

会话层负责在网络中的两个节点之间建立、维护和终止通信。常见的功能包括:建立通信链接、保持会话过程中通信链接的畅通、同步两个节点之间的对话、决定通信是否被中断以及通信中断时决定从何处重新发送数据。

6. 表示层

表示层为应用层和网络层之间的翻译官,能将数据转换成网络层能理解的格式。表示层通常也负责对数据进行解密与加密。另外,表示层协议还会对图片、视频、文本等文件格式信息进行解码和编码。

7. 应用层

应用层负责为操作系统或网络应用程序提供访问网络服务的接口。应用层协议包括FTP、telnet、HTTP、DNS等。

2.1.2 TCP/IP模型

TCP/IP协议起源于20世纪60年代末,发展至今,其包含的协议数不胜数。TCP/IP协议作为网络通信的核心,其定义了操作系统如何连接因特网,以及数据如何在它们之间进行传输。如图2-2所示,TCP/IP协议通常分为四层,分别为应用层、传输层、网络层及网络访问层,每一层负责不同的通信功能,运行着不同的协议。

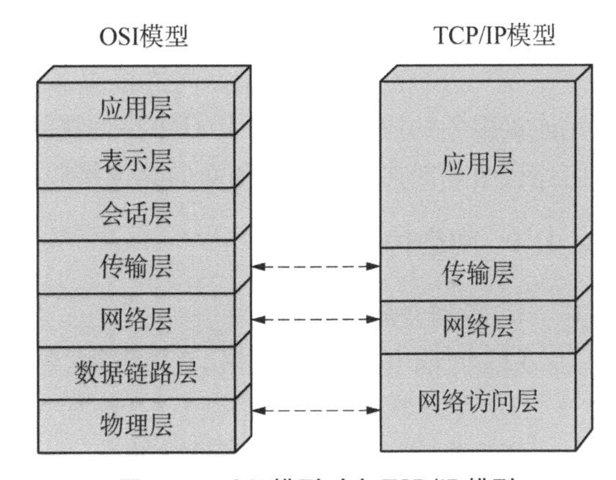

图2-2 OSI模型对应TCP/IP模型

1. 网络访问层

网络访问层合并了OSI模型的物理层和数据链路层功能,通常包含操作系统中的设备驱动程序和计算机中对应的网卡。网络访问层负责将数字信号转换为电信号并形成特定的数据帧,然后以广播的方式传输给相应的接收方。

2. 网络层

网络层又称为互联网层,负责处理以太帧在网络中的活动,如发送、接收、选路等。另外网络层使用IP地址作为网络层传输的网络地址,其有别于网络访问层的物理地址,能使操作系统进行跨网段的互访。网络层主要功能:定义网络地址、划分网段、MAC寻址、数据包路由等。

3. 传输层

传输层主要为主机之间提供端到端的通信。其主要功能包括端口定义、标识应用身份、端口之间的通信等。传输层使用两个不同的传输协议:TCP(传输控制协议)和UDP(用户数据报协议)。其中TCP为主机之间的通信提供了可靠的数据传输,使用三次握手的机制来建立相应的TCP连接,以确保双方通信的可靠性。而UDP则提供了一种简单的传输方式,简单意味着不可靠。

4. 应用层

应用层合并了 OSI 模型的应用层、表示层和会话层功能，在前面三层的多个协议及功能的支持下，应用层负责处理应用程序的相关数据。应用层定义了各种各样的协议来规范数据格式，并且可以按照对应的格式来解读数据。

2.1.3 OSI 与 TCP/IP 的区别

OSI 与 TCP/IP 的区别在于，OSI 模型是一个理论上的网络通信模型，其为网络通信提供了统一的标准。而 TCP/IP 协议则是实际运行的网络协议栈，在对应的分层上均有其对应的运行协议，是业界厂商标准。

(1) TCP/IP 与 OSI 相比，简化了高层的协议，将会话层和表示层融合到应用层中，减少了通信的层次，大大提高了通信的效率。

(2) 在模型和协议的关系上，OSI 抽象能力高，适合用于描述各种类型的网络。它采取自上向下的设计方式，先定义参考模型，然后逐步定义各层的协议，通用性强，但实现起来困难。而 TCP/IP 则正好相反，它先定义各层的协议，然后为了研究分析，制定了 TCP/IP 参考模型，实用性强，但是通用性不足，不适用于其他非 TCP/IP 网络。

(3) OSI 概念清晰，明确定义了服务、接口、协议的概念以及它们之间的关系。而 TCP/IP 模型没有明确区分这 3 个概念，功能描述和实现细节混淆在一起。

(4) OSI 的网络层提供面向连接服务和面向无连接服务的协议，但是传输层仅提供面向无连接服务的协议。而 TCP/IP 的网络层仅提供面向无连接服务的协议，但是传输层提供面向连接服务的协议(TCP)和面向无连接服务的协议(UDP)。

2.1.4 网络传输介质

1. 传输介质分类

(1) 同轴电缆(早期网络、有线电视、监控视频等)。

(2) 双绞线：UTP(非屏蔽双绞线)和 STP(屏蔽双绞线)。

(3) 光纤：单模光纤和多模光纤。

(4) 电磁波(无线传输)。

(5) 串行链路(广域网链路)。

2. 以太网线缆类型

如图 2-3 所示，双绞线线序分为 T568A 和 T568B 两种。

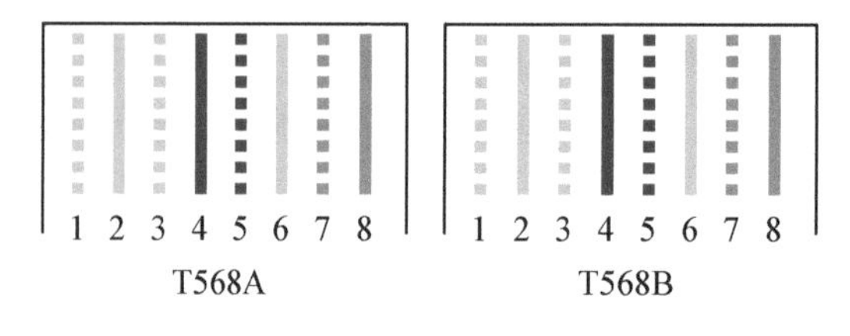

图 2-3 T568A 和 T568B 线序

(1) T568A 线序：白绿—绿—白橙—蓝—白蓝—橙—白棕—棕。

(2) T568B 线序：白橙—橙—白绿—蓝—白蓝—绿—白棕—棕。

DTE：数据终端设备，如路由器、PC 等。DCE：数据通信设备，如交换机、Hub 等。

现在的网络设备都支持端口自动翻转功能，使用T568B直通线即可，不用区分直通线和交叉线。

(1) 直通线：两端都采用T568B标准（常用标准）或T568A标准，用于DCE设备与DTE设备相连。

(2) 交叉线：一端采用T568B标准，另一端采用T568A标准，用于DCE设备与DCE设备相连或者DTE设备与DTE设备相连。

(3) 反转线：也就是console线（配置线），用于终端连接管理和配置路由器、交换机等网络设备。传统的console线一端是RS232串行接口，另一端是RJ45接口。如图2-4所示，现在有USB接口的console线，集成了RS232模块，使用更方便，但需要安装RS232模块驱动程序。终端仿真软件推荐SecureCRT，如图2-5所示，其支持SSH(SSH1和SSH2)、telnet和serial等协议。SecureCRT是用于连接运行包括Windows、Linux、UNIX和VMS等在内的远程系统的理想工具。

图2-4　USB接口console线

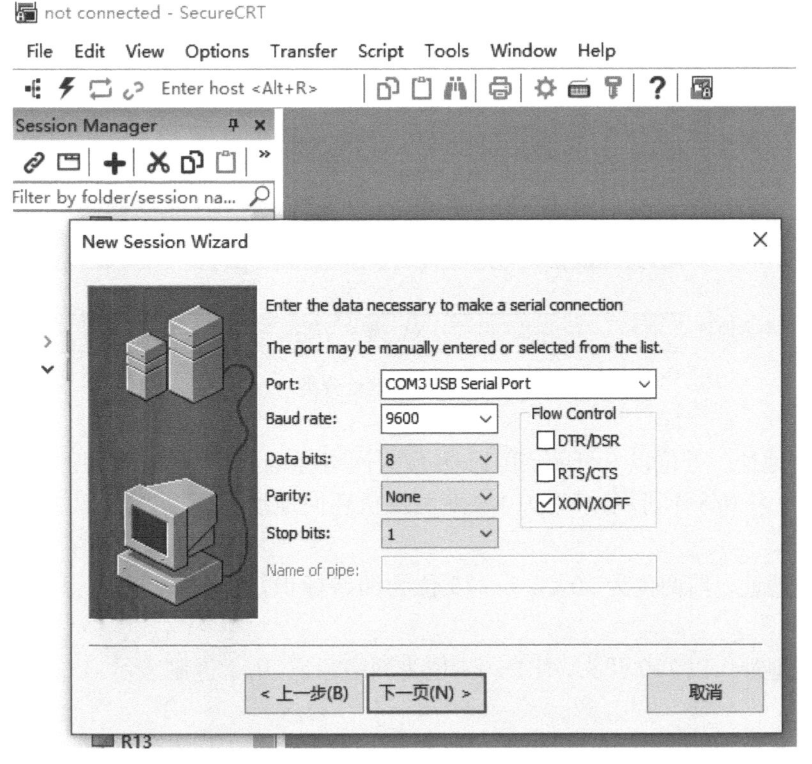

图2-5　SecureCRT串口连接设备界面

2.2 IP基础

2.2.1 IP地址概述

IP地址(IPv4地址)由32位二进制数表示。TCP/IP通信要求将这样的IP地址分配给每一个参与通信的主机。

IP地址由网络标识和主机标识两部分组成。IP的网络标识在数据链路的每段配置不同的值,网络标识必须保证相互连接的每个段地址不重复,而相同段内互联的主机必须具有相同的网络地址。IP的主机标识则不允许在同一个网段内重复出现。

由此,可以通过设置网络地址和主机地址,在主机相互连接的整个网络中保证每台主机的IP地址不会相互重叠,即IP地址具有唯一性。

2.2.2 IP地址分类

IP地址分类如图2-6所示。

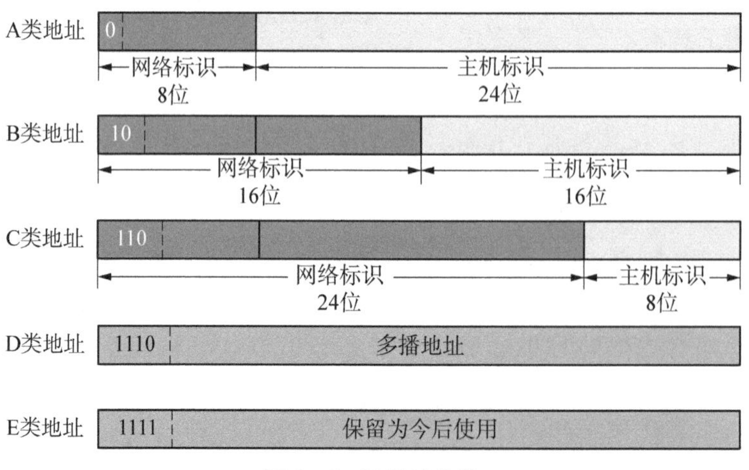

图2-6 IP地址分类

(1) A类地址。首位以0开头,第1~8位为网络标识,用十进制表示:0.0.0.0~127.0.0.0。其中0.0.0.0/8不可用,127.0.0.0/8为本机环回地址。所以,实际可用范围为1.0.0.0~126.0.0.0。

(2) B类地址。前两位为10,第1~16位为网络标识,用十进制表示:128.0.0.0~191.255.0.0。

(3) C类地址。以110开头,第1~24位为网络标识,用十进制表示:192.168.0.0~223.255.255.0。

(4) D类地址。以1110开头,第1~32位为网络标识,用十进制表示:224.0.0.0~239.255.255.255。属于组播地址。

(5) E类地址。保留地址。该类IP地址的最前面为“1111”,所以地址的网络号取值为

240～255。

2.2.3　IP 广播地址

广播分为本地广播、直接广播和全局广播。

(1) 在本网络内的广播叫做本地广播。例如，在网络地址为 192.168.0.0/24 的情况下，广播地址是 192.168.0.255。因为这个广播地址的 IP 包会被路由器屏蔽，所以不会到达 192.168.0.0/24 以外的其他链路上。

(2) 在不同网络之间的广播叫做直接广播。例如，网络地址为 192.168.0.0/24 的主机向 192.168.1.255/24 的目标主机发送 IP 包。收到 IP 包的路由器会将数据转发给 192.168.1.0/24，从而使 192.168.1.1～192.168.1.254 的主机都能收到 IP 包。

(3) 全局广播地址 255.255.255.255 是受限的广播地址，常用于计算机不知道自己 IP 地址的时候，如设备启动时向 DHCP 服务器索要地址等。一般情况下，路由器不会转发目标地址为受限广播地址的广播包。而且，有些路由器/WiFi 热点不支持该广播地址(如用 Android 手机作为 WiFi 热点的时候)，在程序中会出现"ENETUNREACH (Network is unreachable)"的异常，因此，为了保证程序成功发送广播包，建议使用直接广播地址。

2.2.4　IP 组播和组播地址

组播用于将包发送给特定组内的所有主机。由于其直接使用 IP 协议，因此不能进行可靠传输。

组播使用 D 类地址。因此，如果从首位开始到第 4 位是"1110"，则可以认为是组播地址，而剩下的 28 位可以成为组播的组编号。

见表 2-1，224.0.0.0～239.255.255.255 是组播地址的可选范围。其中 224.0.0.0～224.0.0.255 不需要路由控制，在同一个链路内也能实现组播，而在这个范围之外设置组播地址会向全网所有组内成员发送组播包[可以利用生存时间(time to live, TTL)限制包的达到范围]。

表 2-1　常见的组播地址

地址	含　义
224.0.0.0	基准地址(保留)
224.0.0.1	所有主机的地址(包括所有路由器地址)
224.0.0.2	所有组播路由器的地址
224.0.0.3	不分配
224.0.0.4	dvmrp 路由器
224.0.0.5	所有 ospf 路由器
224.0.0.6	ospf DR/BDR
224.0.0.7	st 路由器
224.0.0.8	st 主机
224.0.0.9	rip-2 路由器
224.0.0.10	Eigrp 路由器
224.0.0.11	活动代理

续表

地址	含　义
224.0.0.12	dhcp 服务器/中继代理
224.0.0.13	所有 pim 路由器
224.0.0.14	rsvp 封装
224.0.0.15	所有 cbt 路由器
224.0.0.16	指定 sbm
224.0.0.17	所有 sbms
224.0.0.18	vrrp 协议
224.0.0.22	IGMPv3

此外，对于组播，所有主机(路由器以外的主机和终端主机)必须属于 224.0.0.1 的组，所有路由器必须属于 224.0.0.2 的组。

2.2.5　子网和子网掩码

现在，一个 IP 地址的网络标识和主机标识已不再受限于该地址的类别，一个叫做“子网掩码”的识别码可通过子网网络地址细分出比标准的 A 类、B 类、C 类网络更小的网络(表 2-2)。这种方式实际上就是将原来 A 类、B 类、C 类等分类中的主机地址部分用作子网地址，将原网络分为多个物理网络。

表 2-2　A、B、C 类 IP 地址标准子网掩码表

默认子网掩码			
类别	子网掩码的二进制数值	子网掩码	掩码位
A	11111111 00000000 00000000 00000000	255.0.0.0	/8
B	11111111 11111111 00000000 00000000	255.255.0.0	/16
C	11111111 11111111 11111111 00000000	255.255.255.0	/24

2.2.6　CIDR 与 VLSM

CIDR(classless inter-domain routing，无分类域间路由选择)通常称为无分类编址，是用于构建超网的一种技术。CIDR 在一定程度上解决了路由表项目过多过大的问题。CIDR 之所以称为无分类编址，是因为 CIDR 完全放弃了之前的分类 IP 地址表示法，真正消除了传统的 A 类、B 类、C 类地址以及子网划分概念，它使用如下 IP 地址表示法：IP 地址＝{＜网络前缀＞，＜主机号＞}/网络前缀所占位数。

CIDR 仅将 IP 地址划分为网络前缀和主机号两个部分，可以说又回到了二级 IP 地址的表示。不过要注意，最后要用“/”分隔，并在其后写上网络前缀所占的位数，这样就不需要告知路由器地址掩码，仅通过网络前缀所占的位数就可以得到地址掩码。为了统一，CIDR 中的地址掩码依然称为子网掩码。CIDR 表示法给出任何一个 IP 地址，就相当于给出了一个 CIDR 地址块，它由连续的 IP 地址组成，所以 CIDR 表示法可用于构建超网，实现路由聚合，即从一个

IP地址就可以得知一个CIDR地址块。例如,已知一个IP地址是128.14.35.7/20,下面来分析一下这个地址。128.14.35.7/20 = 10000000 00001110 00100011 00000111,即前20位是网络前缀,后12位是主机号,那么通过令主机号分别为全0和全1可以得到一个CIDR地址块的最小地址和最大地址:最小地址是128.14.32.0 = 10000000 00001110 00100000 00000000,最大地址是128.14.47.255 = 10000000 00001110 00101111 11111111,子网掩码是255.255.240.0 = 11111111 11111111 11110000 00000000。可以看出,这个CIDR地址块可以指派(47－32＋1)×256＝4096个地址,这里没有把全0和全1除开。

2.2.7 全局地址与私有地址

起初,互联网中的任何一台主机或路由器必须配备一个唯一的IP地址,但一旦出现地址冲突,就会使发送端无法判断究竟应该把数据包发给哪个地址。而在接收端收到数据包并发送回执时,发送端也不知道究竟是哪个主机返回的信息。

随着互联网的迅速普及,IP地址不足的问题日趋显著。如果一直按照现行的方法采用唯一地址,IP会有耗尽的危险。于是出现了一种新技术,它不要求为每一台主机或路由器分配一个固定的IP地址,而是在必要的时候为相应数量的设备分配唯一的IP地址。

对于没有连接互联网的独立网络中的主机,只要保证在这个网络内地址唯一,就可以不用考虑互联网直接配置相应的IP地址。但这样也可能有问题(不小心误连到网络或者连接了两个本来独立的网络时),于是又出现了私有网络的IP地址,它的地址范围见表2-3。包含在这个范围内的IP地址都属于私有IP地址,除此之外的成为全局IP地址。私有地址最早没有用于连接互联网,而只用于互联网之外的独立网络。然而现在有了能够转换私有IP与全局IP的NAT技术后,配有私有地址的主机与配有全局地址的互联网主机能实现通信。全局IP地址基本上需要在整个互联网范围内保持唯一,但私有IP地址不需要,只要在同一个域内保证唯一即可。

表2-3 私有IP地址表

地址范围	掩码表示	地址类别
10.0.0.0～10.255.255.255	10/8	A类
172.16.0.0～172.31.255.255	172.16/12	B类
192.168.0.0～192.168.255.255	192.168/16	C类

2.2.8 全局IP地址管理

全局IP地址由ICANN(The Internet Corporation for Assigned Names and Numbers,互联网名称与数字地址分配机构)管理。在互联网被广泛商用之前,用户只有直接向管理机构申请公有IP地址后才能接入互联网。然而,随着ISP的出现,用户在向ISP申请接入互联网的同时,还会申请全局IP地址。在这种情况下,实际上是ISP代替用户向管理机构申请了公有IP地址。

2.3 子网划分

2.3.1 子网划分概述

IP 子网划分实际上就是设计子网掩码的过程。由于在五类 IP 地址中，网络号与主机号的位数并不一致，于是就造成了要么网络号太多，要么主机号太多。为了解决这个问题，需要划分子网。对一个网络进行子网划分的方法：采用借位的方式，从主机位最高位开始借位变为新的子网位，剩余的部分则仍为主机位。

2.3.2 子网划分实例

当对一个网络进行子网划分时，基本上就是将它分成小的网络。比如，当一组 IP 地址被指定给一个公司时，公司可能会将该网络“分割成”小的网络，每个部门一个。这样，技术部门和管理部门都可以有属于它们的小网络。通过划分子网，可以按照需要将网络分割成小网络。这样有助于降低流量和隐藏网络的复杂性，下面以一些实例来说明如何划分子网。

例 1 将 172.200.249.200/22 划分为 16 个子网，求每个子网的子网掩码，每个子网的主机数，最小子网的网络号，以及最大子网的 IP 范围。

首先，得到的是一个有子网掩码位数的 IP 地址，因此，要先找到这个 IP 的网络号。可以将 IP 和子网掩码转换成二进制数：①IP 地址为 10101100 11001000 11111001 11001000；②子网掩码为 11111111 11111111 11111100 00000000。所以，得到的网络号是 172.200.248.0/22。

接下来，开始划分子网。需要 16 个子网，也就是需要 2^4 个子网，需要向主机号借四位才足以构建子网的网络地址：①IP 地址为 10101100 11001000 11111000 00000000；②子网掩码为 11111111 11111111 11111111 11000000。此时，子网掩码是 255.255.255.192。

现在每个子网的主机数为 $2^{32-26}-2$ 个主机，即 62 个主机。最小子网的网络号为 172.200.248.0/22，最大子网的 IP 范围为 172.200.251.193/26～172.200.251.254/26。

例 2 将 10.0.0.0/8 划分为 32 个子网，然后将第 10 个子网划分为 64 个子网，求每个子网的子网掩码，每个子网的主机数，最小子网的网络号，以及最大子网的 IP 范围。

由例 1 可以得到第 10 个子网为 10.72.0.0/13，即：①IP 地址为 00001010 01001000 00000000 00000000；②子网掩码为 11111111 11111000 00000000 00000000。

要将此网络再划分为 64 个子网，也就是要向主机位借 6 位，所以子网掩码应该是 11111111 11111111 11100000 00000000，即 255.255.224.0。

由此可以得到每个子网的主机数为 $2^{32-19}-2=8190$，

最小子网的网络号为 10.72.0.0/19，最大子网的范围为 10.79.224.1/19～10.79.2225.254/19。

2.3.3 超网划分

如图 2－7 所示，超网(supernetting)是与子网类似的概念，IP 地址根据子网掩码分为独立的网络地址和主机地址。但是，与子网把大网络分成若干小网络相反，超网是把一些小网络组合成一个大网络。

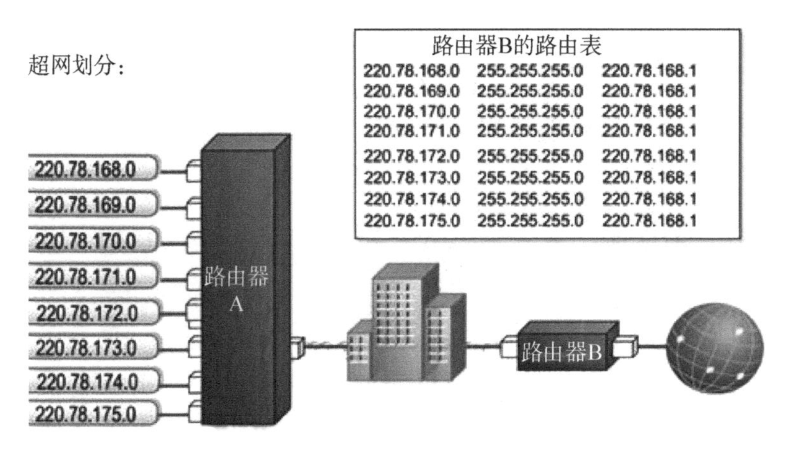

图 2-7　IP 地址超网划分

超网用来解决路由列表规模超出现有软件管理能力的问题以及提供 B 类网络地址空间耗尽的解决办法。超网允许用一个路由列表入口表示一个网络集合,就像用一个区域代码表示一个区域的电话号码的集合一样。

2.3.4　子网 IP 地址实验(实验 3)

此实验中,通过 IP 地址配置了解子网划分原理。R1 与 R2 上分别有 A、B、C 三组 IP 地址,测试 A、B、C 三组地址通信是否正常,并找出不正常的原因。

【实验目的】

(1) 掌握思科、华为设备接口 IP 地址配置规则。

(2) 通过配置接口 IP 地址,进一步理解子网划分原理和作用。

【实验步骤】

1. 思科设备上实施

如图 2-8 所示,具体配置步骤如下。

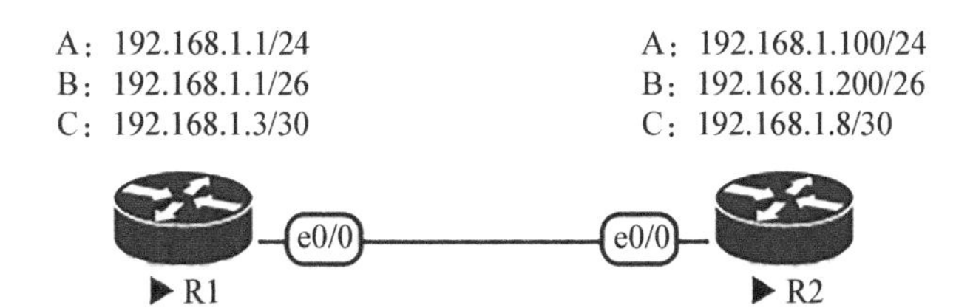

图 2-8　思科子网 IP 地址实验拓扑图

1) 在 R1 和 R2 的 e0/0 接口上配置 A 组 IP 地址

```
R1(config)#interface e0/0
R1(config-if)#ip add 192.168.1.1 255.255.255.0
R1(config-if)#no shutdown
```

```
R2(config)#interface e0/0
R2(config-if)#ip add 192.168.1.100 255.255.255.0
R2(config-if)#no shutdown
```

测试 R1 与 R2 通信是否正常：从图 2－9 中可以看出，R1 与 R2 通信正常，因为 A 组两个地址属于同一个标准 C 类网段。

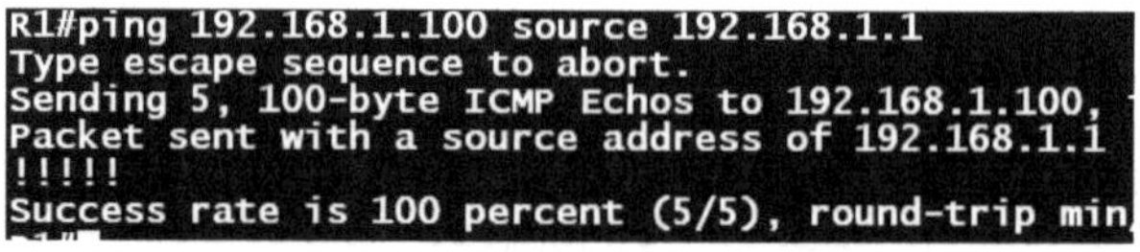

```
R1#ping 192.168.1.100 source 192.168.1.1
Type escape sequence to abort.
Sending 5, 100-byte ICMP Echos to 192.168.1.100,
Packet sent with a source address of 192.168.1.1
!!!!!
Success rate is 100 percent (5/5), round-trip min
```

图 2－9　R1 和 R2 通信测试

2）在 R1 和 R2 的 e0/0 接口上配置 B 组 IP 地址

26 位的掩码为 255.255.255.192。

```
R1(config)#interface e0/0
R1(config-if)#ip add 192.168.1.1 255.255.255.192
R2(config)#interface e0/0
R2(config-if)#ip add 192.168.1.200 255.255.255.192
```

测试 R1 与 R2 通信是否正常：从图 2－10 中可以看出，R1 与 R2 无法通信，因为 B 组两个地址属于不同子网。

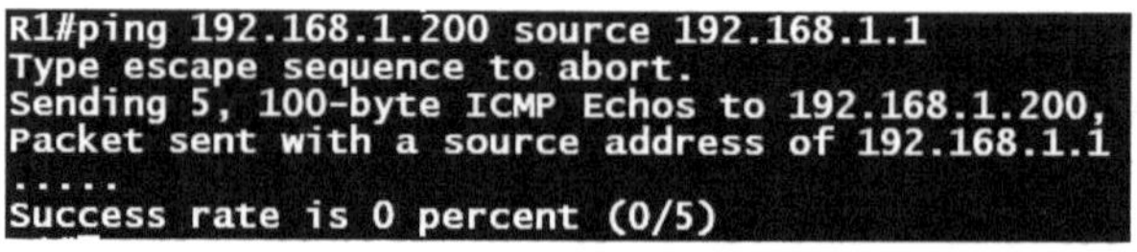

```
R1#ping 192.168.1.200 source 192.168.1.1
Type escape sequence to abort.
Sending 5, 100-byte ICMP Echos to 192.168.1.200,
Packet sent with a source address of 192.168.1.1
.....
Success rate is 0 percent (0/5)
```

图 2－10　R1 和 R2 通信测试

将 192.168.1.0/24 划分为 126 的子网，192.168.1.0/24 的第四段转换为二进制：00000000。要划分为/26 的子网，需要在第四段中借前两位作为网络位，前两位的变化形式有如下 4 种，所以可以划分为 4 个子网，后六位为主机位。

（1）子网 a：00 000000。①可用地址：192.168.1.1/26～192.168.1.62/26。②网络地址：192.168.1.0/26。③本地广播地址：192.168.1.63/26。④子网掩码：255.255.255.192。

（2）子网 b：01 000000。①可用地址：192.168.1.65/26～192.168.1.126/26。②网络地址：192.168.1.64/26。③本地广播地址：192.168.1.127/26。④子网掩码：255.255.255.192。

（3）子网 c：10 000000。①可用地址：192.168.1.129/26～192.168.1.190/26。②网络地址：192.168.1.128/26。③本地广播地址：192.168.1.191/26。④子网掩码：255.255.255.192。

（4）子网 d：11 000000。①可用地址：192.168.1.193/26～192.168.1.254/26。②网络地址：192.168.1.192/26。③本地广播地址：192.168.1.255/26。④子网掩码：255.255.

255.192。

从上面 4 个子网可以看出，192.168.1.1/26 属于子网 a，192.168.1.200/26 属于子网 d，不同子网的 IP 地址无法通信。

3）在 R1 和 R2 的 e0/0 接口上配置 C 组 IP 地址

（1）R1 提示掩码错误，IP 地址无法配置。

```
R1(config)#interface e0/0
R1(config-if)#ip add 192.168.1.3 255.255.255.252
Bad mask /30 for address 192.168.1.3
```

（2）R2 提示掩码错误，IP 地址无法配置。

```
R2(config)#interface e0/0
R2(config-if)#ip add 192.168.1.8 255.255.255.252
Bad mask /30 for address 192.168.1.8
```

C 组两个地址都无法在接口上配置，将 C 组两个地址的第四段转换为二进制，看看是什么原因。

（1）192.168.1.3/30 第四段转换为二进制：000000 11。/30 的子网中，前 30 位为网络位，最后两位为主机位，第四段转换为二进制后最后两位为 1，所以 192.168.1.3/30 是一个本地广播地址，无法配置在接口上。

（2）192.168.1.8/30 第四段转换为二进制：000010 00。/30 的子网中，前 30 位为网络位，最后两位为主机位，第四段转换为二进制后最后两位为 0，所以 192.168.1.8/30 是一个网络地址，无法配置在接口上。

由上述实验和计算可以得出结论，网络地址和广播地址无法配置在设备接口上。

2. 华为设备上实施

如图 2-11 所示，具体配置步骤如下。

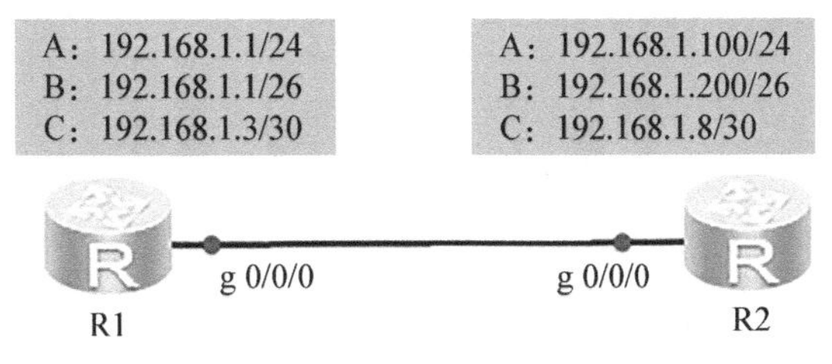

图 2-11　华为子网 IP 地址实验拓扑图

1）在 R1 和 R2 的 e0/0 接口上配置 A 组 IP 地址

```
[R1]interface g0/0/0
[R1-GigabitEthernet0/0/0]ip add 192.168.1.1 24
[R2]interface g0/0/0
[R2-GigabitEthernet0/0/0]ip add 192.168.1.100 24
```

测试 R1 与 R2 通信是否正常，从图 2-12 中可以看出，R1 与 R2 通信正常，因为 A 组两个地址属于同一个标准 C 类网段。

```
[R1]ping -a 192.168.1.1 192.168.1.100
  PING 192.168.1.100: 56  data bytes, press CTRL_C to break
    Reply from 192.168.1.100: bytes=56 Sequence=1 ttl=255 time=100 ms
    Reply from 192.168.1.100: bytes=56 Sequence=2 ttl=255 time=10 ms
    Reply from 192.168.1.100: bytes=56 Sequence=3 ttl=255 time=20 ms
    Reply from 192.168.1.100: bytes=56 Sequence=4 ttl=255 time=20 ms
    Reply from 192.168.1.100: bytes=56 Sequence=5 ttl=255 time=30 ms

  --- 192.168.1.100 ping statistics ---
    5 packet(s) transmitted
    5 packet(s) received
    0.00% packet loss
    round-trip min/avg/max = 10/36/100 ms
```

图 2-12　R1 和 R2 通信测试

2) 在 R1 和 R2 的 e0/0 接口上配置 B 组 IP 地址

26 位的掩码为 255.255.255.192。

```
[R1]interface g0/0/0
[R1-GigabitEthernet0/0/0]ip add 192.168.1.1 255.255.255.192
[R2]interface g0/0/0
[R2-GigabitEthernet0/0/0]ip add 192.168.1.200 26
```

华为设备支持子网掩码和掩码位两种配置方式，建议使用掩码位，配置更为简洁。

测试 R1 与 R2 通信是否正常，从图 2-13 中可以看出，R1 与 R2 无法通信，因为 B 组两个地址属于不同子网，192.168.1.1/26 属于子网 a，192.168.1.200/26 属于子网 d，不同子网的 IP 地址无法通信(子网 a～子网 d 的划分参见第 46 页)。

```
[R1]ping -a 192.168.1.1 192.168.1.200
  PING 192.168.1.200: 56  data bytes, press CTRL_C to break
    Request time out
    Request time out
    Request time out
    Request time out
    Request time out

  --- 192.168.1.200 ping statistics ---
    5 packet(s) transmitted
    0 packet(s) received
    100.00% packet loss
```

图 2-13　R1 和 R2 通信测试

3) 在 R1 和 R2 的 e0/0 接口上配置 C 组 IP 地址

(1) R1 提示 IP 地址无效，无法配置。

```
[R1]interface g0/0/0
[R1-GigabitEthernet0/0/0]ip add 192.168.1.3 30
Error: The specified IP address is invalid.
```

(2) R2 提示 IP 地址无效，无法配置。

```
[R2]interface g0/0/0
[R2-GigabitEthernet0/0/0]ip add 192.168.1.8 30
Error: The specified IP address is invalid.
```

C 组两个地址都无法在接口上配置，原因参见第 47 页。

由上述实验和计算可以得出结论，网络地址和广播地址无法配置在设备接口上。

【实验小结】

通过实验 3 可以了解到，思科 IOS 中接口 IP 地址后面只能配置子网掩码，华为 VRP 中 IP 地址后面可以配置子网掩码，也可以配置掩码位（配置更为简洁）。在标准 IP 地址分类中同一个网段的 IP 地址经过子网划分之后，可能不在同一个网段，也可能变成本地广播地址或者子网网络地址（这两种地址不能配置在接口上）。

第3章　路由基础与静态路由

3.1 路由基础

3.1.1 路由协议概述

路由协议(routing protocol)是一种用于指定数据包传送方式的网络协议。Internet 网络的主要节点设备是路由器,路由器通过路由表来转发收到的数据。转发策略可以由人工指定(通过静态路由、策略路由等方法)。在规模较小的网络中,人工指定转发策略没有任何问题。但是在规模较大的网络(如跨国企业网络、ISP 网络)中,如果通过人工指定转发策略,将会给网络管理员带来巨大的工作量,并且管理、维护路由表也变得十分困难。为了解决这个问题,动态路由协议应运而生。动态路由协议可以让路由器自动学习到其他路由器的网络,并且网络拓扑发生改变后自动更新路由表。网络管理员只需要配置动态路由协议即可,相比人工指定转发策略,工作量大大减少。

常用的路由协议中,静态路由常用作小型网络和企业出口网关静态默认路由,而 RIP 已经被淘汰。EIGRP 因为是思科私有,所以现实中只有思科设备才能使用。IS-IS 多用于运营商网络。OSPF 是企业网当中运用最多的内部网关协议。BGP 是跨 AS 的外部网关协议,多用于骨干网与大型企业网络。

3.1.2 路由协议分类

1. 按照获取方式分类

(1) 直连路由:本地端口配置地址激活后自动产生。

(2) 静态路由:由管理员手工指定去往目的地应该向哪个方向。

(3) 动态路由:由协议邻居将路由信息传递过来。

2. 按照范围分类

(1) IGP(内部网关协议):RIP、EIGRP(思科私有)、OSPF、IS-IS。

(2) EGB(外部网关协议):BGP。

3. 按照协议算法分类

(1) 距离矢量(见图 3-1):RIP、EIGRP(思科私有)、BGP。

(2) 链路状态(见图 3-2):OSPF、IS-IS(唯一基于 OSI 参考模型设计的路由协议,其他路由协议基于 TCP/IP 模型设计)。

图 3－1　距离矢量型路由算法如同看路标

图 3－2　链路状态型路由算法如同看地图

3.1.3 路由决策三原则

注意,以下三条原则按照顺序,从上到下依次生效。

1. 最长匹配原则

当有多条路由可以到达目标时,以 IP 地址或子网掩码能够实现最长匹配的作为最佳路由。

2. 不同路由协议,按最小管理距离(思科叫做管理距离,华为叫做路由优先级)优先

在匹配长度相同的情况下,管理距离越小,路由越优先。需要注意的是,同种路由协议也可能出现管理距离(路由优先级)不同的情况,如静态路由可以修改管理距离。思科 EIGRP 管理距离:内部路由为 90,外部路由为 170,汇总路由为 5。华为、华三 OSPF 路由优先级:内部路由为 10,外部路由为 150。BGP 各厂商的管理距离也不同,思科 EBGP 路由为 20,IBGP 路由为 200。

同种路由协议管理距离不同时,同样要遵循路由决策第二条原则。

3. 同种路由协议,按度量值最小优先

当匹配长度、管理距离都相同时,度量值越小越优先。

3.1.4 思科管理距离

思科、华为、华三路由优先级对照表见表 3-1。

表 3-1 思科、华为、华三路由优先级对照

路由协议	思科	华为	华三
直接路由	0	0	0
静态路由	1	60	60
RIP	120	100	110
OSPF	110	域内/域间为 10,域外为 150	域内为 10,域外为 150
IS-IS	115	15	15
BGP	内部为 200,外部为 20	内部为 255,外部为 255	本地为 130,内/外部为 255
IGRP	100	—	—
EIGRP	内部为 90,外部为 170,汇总为 5	—	—
未知	255	255	255

3.1.5 路由决策三原则实验(实验 4)

此实验中用环回接口模拟终端设备,环回接口可以配置 32 位子网掩码。

【实验目的】

(1) 掌握路由决策三原则在三层设备上的运行规则。

(2) 掌握思科、华为设备不同管理距离(路由优先级)对应第二条原则的方法。

【实验步骤】

1. 思科设备上实施

实验拓扑图如图 3-3 所示。

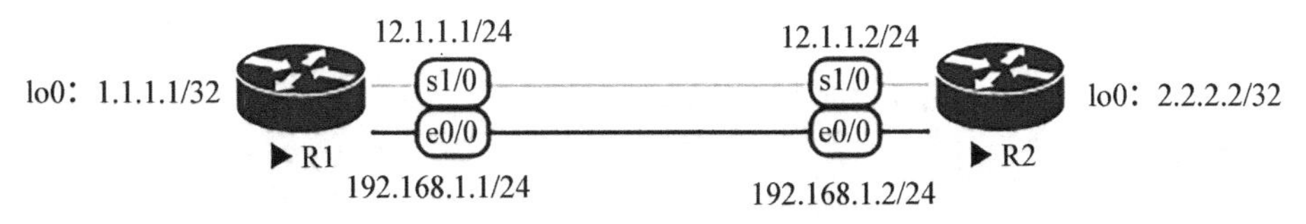

图 3－3　思科路由决策三原则实验拓扑图

1）最长匹配原则

对于第一条原则，采用静态路由方式完成实验，其中串行链路使用精准通告方式通告两端环回接口地址，以太网链路使用汇总方式通告两端环回接口网段，具体配置如下。

（1）配置 R1 与 R2 各接口 IP 地址及子网掩码。

```
R1(config)#interface s1/0
R1(config-if)#ip add 12.1.1.1 255.255.255.0
R1(config-if)#no shutdown
R1(config)#interface e0/0
R1(config-if)#ip add 192.168.1.1 255.255.255.0
R1(config-if)#no shutdown
R1(config)#interface lo0
R1(config-if)#ip add 1.1.1.1 255.255.255.255
R2(config)#interface s1/0
R2(config-if)#ip add 12.1.1.2 255.255.255.0
R2(config-if)#no shutdown
R2(config)#interface e0/0
R2(config-if)#ip add 192.168.1.2 255.255.255.0
R2(config-if)#no shutdown
R2(config)#interface lo0
R2(config-if)#ip add 2.2.2.2 255.255.255.255
```

（2）在 R1 和 R2 上实施静态路由（静态路由具体原理与配置会在本书 3.2 节中详细说明）。

```
R1(config)#ip route 2.2.2.2 255.255.255.255 12.1.1.2
R1(config)#ip route 2.2.2.0 255.255.255.0 192.168.1.2
R2(config)#ip route 1.1.1.1 255.255.255.255 12.1.1.1
R2(config)#ip route 1.1.1.0 255.255.255.0 192.168.1.1
```

（3）在 R1 上查看路由表。

```
R1#show ip route
```

从图 3－4 中可以看出，去往 R2 的环回接口 2.2.2.2/32 有两条静态路由可选，下一跳分别是 192.168.1.2 和 12.1.1.2，路由器此时会选择哪条路由呢？我们可以使用 traceroute 2.

2. 2. 2 source 1. 1. 1. 1 numeric 命令来测试。

```
Gateway of last resort is not set

      1.0.0.0/32 is subnetted, 1 subnets
C        1.1.1.1 is directly connected, Loopback0
      2.0.0.0/8 is variably subnetted, 2 subnets, 2 masks
S        2.2.2.0/24 [1/0] via 192.168.1.2
S        2.2.2.2/32 [1/0] via 12.1.1.2
      12.0.0.0/8 is variably subnetted, 2 subnets, 2 masks
C        12.1.1.0/24 is directly connected, Serial1/0
L        12.1.1.1/32 is directly connected, Serial1/0
      192.168.1.0/24 is variably subnetted, 2 subnets, 2 masks
C        192.168.1.0/24 is directly connected, Ethernet0/0
L        192.168.1.1/32 is directly connected, Ethernet0/0
R1#
```

图 3-4　R1 路由表

从图 3-5 中可以看出,路由器选择了下一跳为 12. 1. 1. 2 的串行链路,那么现在关闭串行链路接口,测试路由器会如何选择。

```
R1#traceroute 2.2.2.2 source 1.1.1.1 numeric
Type escape sequence to abort.
Tracing the route to 2.2.2.2
VRF info: (vrf in name/id, vrf out name/id)
  1 12.1.1.2 11 msec *  12 msec
R1#
```

图 3-5　R1 到 R2 路由选择

(4) 关闭串行链路接口。

```
R1(config)#interface s1/0
R1(config-if)#shutdown
```

从图 3-6 中可以看出,当串行链路接口关闭之后,路由器选择了下一跳为 192. 168. 1. 2 的以太网链路,由此可以验证 2. 2. 2. 0/24 这个网段包含 2. 2. 2. 2/32 这个主机地址。在两条路由同时可选的时候,路由器选择了目的地址为 2. 2. 2. 2/32 的串行链路,而不是 2. 2. 2. 0/24 的以太网链路。此时验证得出路由决策第一条原则,当有多条路由可以到达目标时,选择 IP 地址或子网掩码能够实现最长匹配的作为最佳路由。

```
R1#traceroute 2.2.2.2 source 1.1.1.1 numeric
Type escape sequence to abort.
Tracing the route to 2.2.2.2
VRF info: (vrf in name/id, vrf out name/id)
  1 192.168.1.2 1 msec
*Jan  8 10:01:15.645: %SYS-5-CONFIG_I: Configu
R1#
```

图 3-6　R1 到 R2 路由选择

2) 不同路由协议,按最小管理距离优先

第二条原则的实验中,我们需要在静态路由和 OSPF 动态路由(OSPF 路由协议的原理与具体配置会在本书 4. 1 节中详细说明)两种协议中通告相同长度的 IP 地址和子网掩码,这样就可以跳过第一条原则。这里可以发现静态路由通告的是本地路由器未知的目的 IP 地址或网段，而 OSPF 动态路由通告的是本地路由器已知的 IP 地址或网段。在思科的设备上静态路由的管理距离为 1，OSPF 动态路由的管理距离为 110。这里我们需要先删除 R1 和 R2 上的所有静态路由，然后让静态路由选择串行链路，OSPF 动态路由选择以太网链路，具体配置如下。

（1）在 R1 和 R2 上删除路由决策第一条原则实验中的静态路由。

```
R1(config)#no ip route 2.2.2.2 255.255.255.255 12.1.1.2
R1(config)#no ip route 2.2.2.0 255.255.255.0 192.168.1.2
R2(config)#no ip route 1.1.1.1 255.255.255.255 12.1.1.1
R2(config)#no ip route 1.1.1.0 255.255.255.0 192.168.1.1
```

（2）开启 R1 上的串行链路接口。

```
R1(config)#interface s1/0
R1(config-if)#no shutdown
```

（3）在 R1 和 R2 上实施静态路由。

```
R1(config)#ip route 2.2.2.2 255.255.255.255 12.1.1.2
R2(config)#ip route 1.1.1.1 255.255.255.255 12.1.1.1
```

（4）在 R1 和 R2 上实施 OSPF 动态路由。

```
R1(config)#router ospf 110
R1(config-router)#router-id 1.1.1.1
R1(config)#interface e0/0
R1(config-if)#ip ospf 110 area 0
R1(config)#interface lo0
R1(config-if)#ip ospf 110 area 0
R2(config)#router ospf 110
R2(config-router)#router-id 2.2.2.2
R2(config)#interface e0/0
R2(config-if)#ip ospf 110 area 0
R2(config)#interface lo0
R2(config-if)#ip ospf 110 area 0
```

从图 3-7 中可以看出，去往 R2 的环回接口 2.2.2.2/32 选择了静态路由，当我们关闭 R1 的串行链路接口之后路由表会有什么变化？

```
Gateway of last resort is not set

      1.0.0.0/32 is subnetted, 1 subnets
C        1.1.1.1 is directly connected, Loopback0
      2.0.0.0/32 is subnetted, 1 subnets
S        2.2.2.2 [1/0] via 12.1.1.2
      12.0.0.0/8 is variably subnetted, 2 subnets, 2 masks
C        12.1.1.0/24 is directly connected, Serial1/0
L        12.1.1.1/32 is directly connected, Serial1/0
      192.168.1.0/24 is variably subnetted, 2 subnets, 2 masks
C        192.168.1.0/24 is directly connected, Ethernet0/0
L        192.168.1.1/32 is directly connected, Ethernet0/0
R1#
```

图 3-7 R1 路由表

(5) 关闭串行链路接口。

```
R1(config)#interface s1/0
R1(config-if)#shutdown
```

从图 3-8 中可以看出,去往 R2 的环回接口 2.2.2.2/32 选择了 OSPF 路由,由此我们可以得出,当静态路由和 OSPF 路由中同时存在 2.2.2.2/32 这个路由条目时,在思科设备上,静态路由管理距离 1 小于 OSPF 路由管理距离 110,从而可以验证得出路由决策第二条原则,即在 IP 地址和子网掩码匹配长度相同的情况下,管理距离越小,路由越优先。

```
Gateway of last resort is not set

      1.0.0.0/32 is subnetted, 1 subnets
C        1.1.1.1 is directly connected, Loopback0
      2.0.0.0/32 is subnetted, 1 subnets
O        2.2.2.2 [110/11] via 192.168.1.2, 00:00:17, Ethernet0/0
      192.168.1.0/24 is variably subnetted, 2 subnets, 2 masks
C        192.168.1.0/24 is directly connected, Ethernet0/0
L        192.168.1.1/32 is directly connected, Ethernet0/0
R1#
```

图 3-8 R1 路由表

扩展小知识:静态路由的管理距离可以被修改,这样在思科设备上静态路由管理距离可能大于 OSPF 路由管理距离。

3) 同种路由协议,按度量值最小优先

第三条原则的实验中,我们选择用 OSPF 路由协议通告所有接口地址,在 OSPF 中串行链路和以太网链路的度量值不一样,这样我们就跳过了第一条和第二条原则。另外,我们要删除第二条原则实验中的静态路由配置,并改用 OSPF 路由协议,开启 R1 的串行链路接口,具体配置如下。

(1) 在 R1 和 R2 上删除静态路由。

```
R1(config)#no ip route 2.2.2.2 255.255.255.255 12.1.1.2
R2(config)#no ip route 1.1.1.1 255.255.255.255 12.1.1.1
```

（2）开启 R1 的串行链路接口。

```
R1(config)#interface s1/0
R1(config-if)#no shutdown
```

（3）在 R1 和 R2 上将串行链路接口通告给 OSPF。

```
R1(config)#interface s1/0
R1(config-if)#ip ospf 110 area 0
R1(config-if)#no shutdown
R2(config)#interface s1/0
R2(config-if)#ip ospf 110 area 0
R2(config-if)#no shutdown
```

从图 3-9 中可以看出，在 OSPF 中去往 R2 的环回接口 2.2.2.2/32 选择了以太网链路，此链路在 OSPF 中的度量值为 11，我们关闭 R1 上的以太网链路接口，看看路由表会发生什么变化。

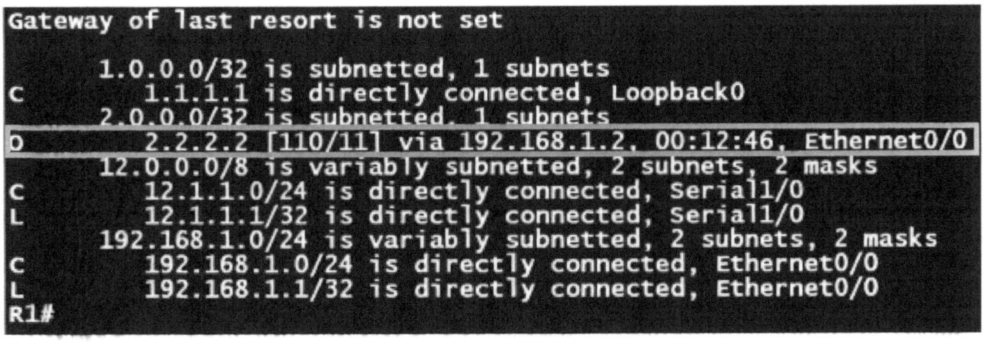

```
Gateway of last resort is not set

      1.0.0.0/32 is subnetted, 1 subnets
C        1.1.1.1 is directly connected, Loopback0
      2.0.0.0/32 is subnetted, 1 subnets
O        2.2.2.2 [110/11] via 192.168.1.2, 00:12:46, Ethernet0/0
      12.0.0.0/8 is variably subnetted, 2 subnets, 2 masks
C        12.1.1.0/24 is directly connected, Serial1/0
L        12.1.1.1/32 is directly connected, Serial1/0
      192.168.1.0/24 is variably subnetted, 2 subnets, 2 masks
C        192.168.1.0/24 is directly connected, Ethernet0/0
L        192.168.1.1/32 is directly connected, Ethernet0/0
R1#
```

图 3-9　R1 路由表

（4）关闭以太网链路接口。

```
R1(config)#interface e0/0
R1(config-if)#shutdown
```

从图 3-10 中可以看出，去往 R2 的环回接口 2.2.2.2/32 此时选择了串行链路，此链路度量值为 65，所以在 OSPF 中，同时有两条路由可选时，会优先选择度量值较小的路由，由此可以验证得出路由决策第三条原则，即当匹配长度、管理距离都相同时，度量值越小越优先。

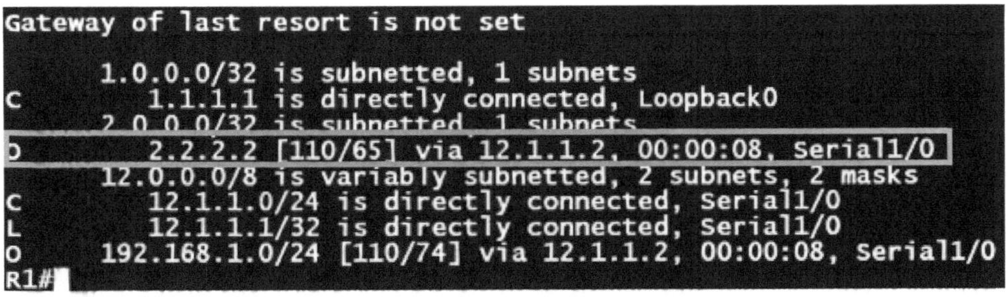

```
Gateway of last resort is not set

      1.0.0.0/32 is subnetted, 1 subnets
C        1.1.1.1 is directly connected, Loopback0
      2.0.0.0/32 is subnetted, 1 subnets
O        2.2.2.2 [110/65] via 12.1.1.2, 00:00:08, Serial1/0
      12.0.0.0/8 is variably subnetted, 2 subnets, 2 masks
C        12.1.1.0/24 is directly connected, Serial1/0
L        12.1.1.1/32 is directly connected, Serial1/0
O     192.168.1.0/24 [110/74] via 12.1.1.2, 00:00:08, Serial1/0
R1#
```

图 3-10　R1 路由表

扩展小知识：如果是同种路由协议，两条路由度量值也相同，路由表会出现什么状态？我们在以后的实验当中会看到这样的情况，即等价负载均衡，设备会同时选择这两条路由。

2. 华为设备上实施

实验拓扑图如图 3－11 所示。

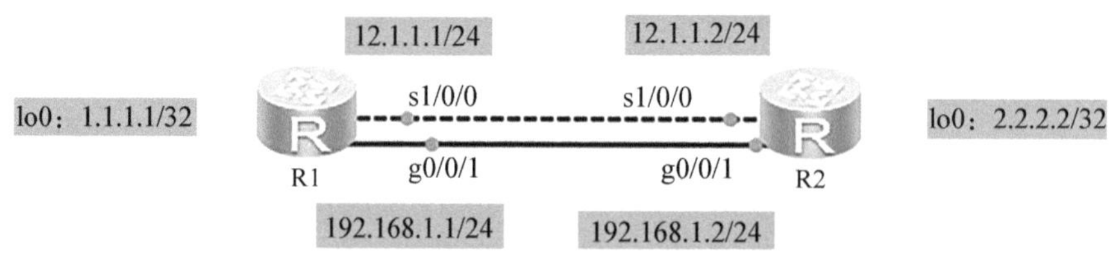

图 3－11 华为路由决策三原则实验拓扑图

1）最长匹配原则

对于第一条原则，采用静态路由方式完成实验，其中串行链路使用精准通告方式通告两端环回接口地址，以太网链路使用汇总方式通告两端环回接口网段，具体配置如下。

(1) 配置 R1 和 R2 各接口 IP 地址及子网掩码。

```
[R1]interface s1/0/0
[R1-Serial1/0/0]ip add 12.1.1.1 24
[R1]interface g0/0/1
[R1-GigabitEthernet0/0/1]ip add 192.168.1.1 24
[R1]interface lo0
[R1-LoopBack0]ip add 1.1.1.1 32
[R2]interface s1/0/0
[R2-Serial1/0/0]ip add 12.1.1.2 24
[R2]interface g0/0/1
[R2-GigabitEthernet0/0/1]ip add 192.168.1.2 24
[R2]interface lo0
[R2-LoopBack0]ip add 2.2.2.2 32
```

(2) 在 R1 和 R2 上实施静态路由（静态路由具体原理与配置会在本书 3.2 节中详细说明）。

```
[R1]ip route-static 2.2.2.2 32 12.1.1.2
[R1]ip route-static 2.2.2.0 24 192.168.1.2
[R2]ip route-static 1.1.1.1 32 12.1.1.1
[R2]ip route-static 1.1.1.0 24 192.168.1.1
```

(3) 在 R1 上查看路由表。

```
[R1]display ip routing-table
```

从图3-12中可以看出,去往R2的环回接口2.2.2.2/32有两条静态路由可选,下一跳分别是192.168.1.2和12.1.1.2,路由器此时会选择哪条路由呢?我们可以使用tracert -a 1.1.1.1 2.2.2.2命令来测试。

```
Routing Tables: Public
         Destinations : 14       Routes : 14

Destination/Mask    Proto   Pre  Cost      Flags NextHop         Interface

        1.1.1.1/32  Direct  0    0           D   127.0.0.1       LoopBack0
        2.2.2.0/24  Static  60   0           RD  192.168.1.2     GigabitEthernet0/0/1
        2.2.2.2/32  Static  60   0           RD  12.1.1.2        Serial1/0/0
        12.1.1.0/24 Direct  0    0           D   12.1.1.1        Serial1/0/0
       12.1.1.1/32  Direct  0    0           D   127.0.0.1       Serial1/0/0
       12.1.1.2/32  Direct  0    0           D   12.1.1.2        Serial1/0/0
     12.1.1.255/32  Direct  0    0           D   127.0.0.1       Serial1/0/0
       127.0.0.0/8  Direct  0    0           D   127.0.0.1       InLoopBack0
      127.0.0.1/32  Direct  0    0           D   127.0.0.1       InLoopBack0
127.255.255.255/32  Direct  0    0           D   127.0.0.1       InLoopBack0
    192.168.1.0/24  Direct  0    0           D   192.168.1.1     GigabitEthernet0/0/1
    192.168.1.1/32  Direct  0    0           D   127.0.0.1       GigabitEthernet0/0/1
  192.168.1.255/32  Direct  0    0           D   127.0.0.1       GigabitEthernet0/0/1
255.255.255.255/32  Direct  0    0           D   127.0.0.1       InLoopBack0

[R1]
```

图3-12 R1路由表

从图3-13中可以看出,路由器选择了下一跳为12.1.1.2的串行链路,那么现在关闭串行链路接口,测试路由器会怎么选择。

```
[R1]tracert -a 1.1.1.1 2.2.2.2
 traceroute to  2.2.2.2(2.2.2.2), max hops: 30 ,packet length: 40
 1 12.1.1.2 120 ms  10 ms  10 ms
[R1]
```

图3-13 R1到R2路由选择

(4)关闭串行链路接口。

```
[R1]interface s1/0/0
[R1-Serial1/0/0]shutdown
```

从图3-14中可以看出,当串行链路接口关闭之后,路由器选择了下一跳为192.168.1.2的以太网链路,由此可以验证2.2.2.0/24这个网段包含2.2.2.2/32这个主机地址。在两条路由同时可选的时候,路由器选择了目的地址为2.2.2.2/32的串行链路,而不是2.2.2.0/24的以太网链路。此时验证得出路由决策第一条原则,即当有多条路由可以到达目标时,以IP地址或子网掩码能够实现最长匹配的作为最佳路由。

```
[R1]tracert -a 1.1.1.1 2.2.2.2
 traceroute to  2.2.2.2(2.2.2.2), max hops: 30
 1 192.168.1.2 110 ms  20 ms  30 ms
[R1]
```

图3-14 R1到R2路由选择

2)不同路由协议,按最低路由优先级优先

第二条原则的实验中,我们需要在静态路由和OSPF动态路由(OSPF路由协议的原理与具体配置会在本书 4.1 节中详细说明)两种协议中通告相同长度的 IP 地址和子网掩码,这样就可以跳过第一条原则。这里可以发现静态路由通告的是本地路由器未知的目的 IP 地址或网段,而 OSPF 动态路由通告的是本地路由器已知的 IP 地址或网段。在华为的设备上静态路由的路由优先级为 60,OSPF 动态路由的路由优先级为 10。这里我们需要先删除 R1 和 R2 上的所有静态路由,然后让静态路由选择串行链路,OSPF 动态路由选择以太网链路,具体配置如下。

(1) 删除路由决策第一条原则实验中的静态路由。

```
[R1]undo ip route-static 2.2.2.0 255.255.255.0 192.168.1.2
[R1]undo ip route-static 2.2.2.2 255.255.255.255 12.1.1.2
[R2]undo ip route-static 1.1.1.0 255.255.255.0 192.168.1.1
[R2]undo ip route-static 1.1.1.1 255.255.255.255 12.1.1.1
```

(2) 开启 R1 上的串行链路接口。

```
[R1]interface s1/0/0
[R1-Serial1/0/0]undo shutdown
```

(3) 在 R1 和 R2 上实施静态路由。

```
[R1]ip route-static 2.2.2.2 32 12.1.1.2
[R2]ip route-static 1.1.1.1 32 12.1.1.1
```

(4) 在 R1 和 R2 上实施 OSPF 动态路由。

```
[R1]ospf 10 router-id 1.1.1.1
[R1-ospf-10]area 0
[R1]interface g0/0/1
[R1-GigabitEthernet0/0/1]ospf enable 10 area 0
[R1]interface lo0
[R1-LoopBack0]ospf enable 10 area 0
[R2]ospf 10 router-id 2.2.2.2
[R2-ospf-10]area 0
[R2]interface g0/0/1
[R2-GigabitEthernet0/0/1]ospf enable 10 area 0
[R2]interface lo0
[R2-LoopBack0]ospf enable 10 area 0
```

从图 3-15 中可以看出,去往 R2 的环回接口 2.2.2.2/32 选择了 OSPF 动态路由,当我们关闭 R1 的以太网链路接口之后,路由表会有什么变化?

```
Destination/Mask    Proto   Pre  Cost      Flags NextHop         Interface

        1.1.1.1/32  Direct  0    0           D   127.0.0.1       LoopBack0
        2.2.2.2/32  OSPF    10   1           D   192.168.1.2     GigabitEthernet0/0/1
       12.1.1.0/24  Direct  0    0           D   12.1.1.1        Serial1/0/0
       12.1.1.1/32  Direct  0    0           D   127.0.0.1       Serial1/0/0
       12.1.1.2/32  Direct  0    0           D   12.1.1.2        Serial1/0/0
     12.1.1.255/32  Direct  0    0           D   127.0.0.1       Serial1/0/0
        127.0.0.0/8 Direct  0    0           D   127.0.0.1       InLoopBack0
       127.0.0.1/32 Direct  0    0           D   127.0.0.1       InLoopBack0
127.255.255.255/32  Direct  0    0           D   127.0.0.1       InLoopBack0
    192.168.1.0/24  Direct  0    0           D   192.168.1.1     GigabitEthernet0/0/1
    192.168.1.1/32  Direct  0    0           D   127.0.0.1       GigabitEthernet0/0/1
  192.168.1.255/32  Direct  0    0           D   127.0.0.1       GigabitEthernet0/0/1
255.255.255.255/32  Direct  0    0           D   127.0.0.1       InLoopBack0

[R1]
```

图 3－15　R1 路由表

（5）关闭 R1 上的以太网链路接口。

```
[R1]interface g0/0/1
[R1-GigabitEthernet0/0/1]shutdown
```

从图 3－16 中可以看出，去往 R2 的环回接口 2.2.2.2/32 选择了静态路由。由此我们可以得出，当静态路由和 OSPF 动态路由中同时存在 2.2.2.2/32 这个路由条目时，在华为设备上，静态路由的路由优先级（60）大于 OSPF 动态路由的路由优先级（10），从而验证得出路由决策第二条原则，即在匹配长度相同的情况下，路由优先级越低，路由越优先。

```
Destination/Mask    Proto   Pre  Cost      Flags NextHop         Interface

        1.1.1.1/32  Direct  0    0           D   127.0.0.1       LoopBack0
        2.2.2.2/32  Static  60   0          RD   12.1.1.2        Serial1/0/0
       12.1.1.0/24  Direct  0    0           D   12.1.1.1        Serial1/0/0
       12.1.1.1/32  Direct  0    0           D   127.0.0.1       Serial1/0/0
       12.1.1.2/32  Direct  0    0           D   12.1.1.2        Serial1/0/0
     12.1.1.255/32  Direct  0    0           D   127.0.0.1       Serial1/0/0
        127.0.0.0/8 Direct  0    0           D   127.0.0.1       InLoopBack0
       127.0.0.1/32 Direct  0    0           D   127.0.0.1       InLoopBack0
127.255.255.255/32  Direct  0    0           D   127.0.0.1       InLoopBack0
255.255.255.255/32  Direct  0    0           D   127.0.0.1       InLoopBack0

[R1]
```

图 3－16　R1 路由表

扩展小知识：静态路由的路由优先级可以被修改，这样在华为设备上静态路由的路由优先级可能低于 OSPF 动态路由。

3）同种路由协议，按度量值最小优先

第三条原则的实验中，我们选择用 OSPF 路由协议通告所有接口地址，在 OSPF 中串行链路和以太网链路的度量值不一样，这样我们就跳过了第一条和第二条原则。另外，我们要删除第二条原则实验中的静态路由配置，并改用 OSPF 路由协议，开启 R1 的以太网链路接口，具体配置如下。

（1）在 R1 和 R2 上删除静态路由。

```
[R1]undo ip route-static 2.2.2.2 255.255.255.255 12.1.1.2
[R2]undo ip route-static 1.1.1.1 255.255.255.255 12.1.1.1
```

（2）开启 R1 的以太网链路接口。

```
[R1]interface g0/0/1
[R1-GigabitEthernet0/0/1]undo shutdown
```

（3）将串行链路接口通告给 OSPF。

```
[R1]interface s1/0/0
[R1-Serial1/0/0]ospf enable 10 area 0
[R2]interface s1/0/0
[R2-Serial1/0/0]ospf enable 10 area 0
```

从图 3－17 中可以看出，在 OSPF 中去往 R2 的环回接口 2.2.2.2/32 选择了以太网链路，此链路在 OSPF 中的度量值为 1，我们关闭 R1 上的以太网链路接口，看看路由表会发生什么变化。

```
Destination/Mask    Proto   Pre  Cost      Flags NextHop         Interface

        1.1.1.1/32  Direct  0    0           D   127.0.0.1       LoopBack0
        2.2.2.2/32  OSPF    10   1           D   192.168.1.2     GigabitEthernet0/0/1
       12.1.1.0/24  Direct  0    0           D   12.1.1.1        Serial1/0/0
       12.1.1.1/32  Direct  0    0           D   127.0.0.1       Serial1/0/0
       12.1.1.2/32  Direct  0    0           D   12.1.1.2        Serial1/0/0
     12.1.1.255/32  Direct  0    0           D   127.0.0.1       Serial1/0/0
      127.0.0.0/8   Direct  0    0           D   127.0.0.1       InLoopBack0
      127.0.0.1/32  Direct  0    0           D   127.0.0.1       InLoopBack0
127.255.255.255/32  Direct  0    0           D   127.0.0.1       InLoopBack0
    192.168.1.0/24  Direct  0    0           D   192.168.1.1     GigabitEthernet0/0/1
    192.168.1.1/32  Direct  0    0           D   127.0.0.1       GigabitEthernet0/0/1
  192.168.1.255/32  Direct  0    0           D   127.0.0.1       GigabitEthernet0/0/1
255.255.255.255/32  Direct  0    0           D   127.0.0.1       InLoopBack0

[R1]
```

图 3－17　R1 路由表

（4）关闭以太网链路接口。

```
[R1]interface g0/0/1
[R1-GigabitEthernet0/0/1]shutdown
```

从图 3－18 中可以看出，去往 R2 的环回接口 2.2.2.2/32 此时选择了串行链路，此链路度量值为 48，所以在 OSPF 中，同时有两条路由可选时，会优先选择度量值较小的路由，由此可以验证得出路由决策第三条原则，即当匹配长度、路由优先级都相同时，度量值越小越优先。

```
Destination/Mask    Proto   Pre  Cost      Flags NextHop         Interface

        1.1.1.1/32  Direct  0    0           D   127.0.0.1       LoopBack0
        2.2.2.2/32  OSPF    10   48          D   12.1.1.2        Serial1/0/0
       12.1.1.0/24  Direct  0    0           D   12.1.1.1        Serial1/0/0
       12.1.1.1/32  Direct  0    0           D   127.0.0.1       Serial1/0/0
       12.1.1.2/32  Direct  0    0           D   12.1.1.2        Serial1/0/0
     12.1.1.255/32  Direct  0    0           D   127.0.0.1       Serial1/0/0
      127.0.0.0/8   Direct  0    0           D   127.0.0.1       InLoopBack0
      127.0.0.1/32  Direct  0    0           D   127.0.0.1       InLoopBack0
127.255.255.255/32  Direct  0    0           D   127.0.0.1       InLoopBack0
255.255.255.255/32  Direct  0    0           D   127.0.0.1       InLoopBack0

[R1]
```

图 3－18　R1 路由表

扩展小知识： 如果是同种路由协议，两条路由度量值也相同，路由表会出现什么状态？我们在以后的实验当中会看到这样的情况，即等价负载分担，设备会同时选择这两条路由。

【实验小结】

通过实验 4 我们可以了解到，路由决策三原则是按照从前到后的规则进行匹配的，若找到最优匹配项，则不继续往下匹配，三条原则均匹配时路由表会形成等价负载均衡（负载分担）。由于思科与华为设备的管理距离（路由优先级）不同，在第二条原则的实验中两种设备会呈现不同的实验结果。

3.2 静态路由

3.2.1 静态路由概述

静态路由（static routing）是指由用户或网络管理员手工配置的路由。当网络的拓扑结构或链路的状态发生变化时，网络管理员需要手工修改路由表中相关的静态路由信息。静态路由信息在默认情况下是私有的，不会传递给其他的路由器。当然，网络管理员也可以通过对路由器进行设置使其成为共享信息。静态路由一般适用于比较简单的网络（小型网络、临时调整的网络）环境，在这样的环境中，网络管理员易于清楚地了解网络的拓扑结构，设置正确的路由信息。

3.2.2 静态路由配置

地址和掩码后配置出接口或者下一跳地址。出接口被认为是直连路由，在多点接入网络时不要使用出接口配置静态路由。建议所有网络配置静态路由时使用出接口加下一跳。

- 思科配置

```
R1(config)#ip route 10.1.1.0 255.255.255.0 e0/0 10.1.1.2
```

- 华为配置

```
[R1]ip route-static 10.1.1.0 24 g0/0/0 10.1.1.2
```

3.2.3 浮动静态路由与负载均衡

浮动静态路由是一种特殊的静态路由，通过配置一个比主路由的管理距离（路由优先级）更大的静态路由，保证在网络中主路由失效的情况下提供备份路由。但在主路由存在的情况下，它不会出现在路由表中。浮动静态路由主要用于链路备份。

当数据有多条可选路由前往同一目的网络时，可以通过配置相同优先级和开销的静态路由来实现负载均衡，使得数据的传输均衡地分配到多条路由上，从而实现数据分流，减少单条路由负载过重的情况。而且当其中某一条路由失效时，其他的路由仍然可以正常地传输数据。

- 思科配置

```
R1(config)#ip route 10.1.1.0 255.255.255.0 e0/0 10.1.1.2 permanent
(1-255)
```

- 华为配置

```
[R1]ip route-static 10.1.1.0 24 g0/0/0 10.1.1.2 preference(1-255)
```

3.2.4 静态默认路由

静态默认路由是一种特殊的静态路由，当路由表中没有与数据包目的地址匹配的表项时，数据包将根据默认路由条目进行转发。默认路由在某些时候非常有效，例如，在末梢网络中，默认路由可以大大简化路由器的配置，减轻网络管理员的工作负担。IPv4 默认路由是 0.0.0.0/0。静态默认路由常用于连接互联网的出口网关。

- 思科配置

```
R1(config)#ip route 0.0.0.0 0.0.0.0 e0/0 10.1.1.2
```

- 华为配置

```
[R1]ip route-static 0.0.0.0 0 g0/0/0 10.1.1.2
```

3.2.5 静态路由实验(实验 5)

在此实验中，使用静态路由使得 R1 与 R3 的环回接口之间可以相互通信，R2 的环回接口用来模拟互联网，R3 上配置静态默认路由使得 R3 的环回接口可以访问互联网，R1 和 R2 之间配置浮动静态路由，将串行链路作为备份链路。

【实验目的】

(1) 掌握思科、华为设备上静态路由的基本配置。

(2) 掌握思科、华为设备上浮动静态路由与静态默认路由的配置。

【实验步骤】

1. 思科设备上实施

实验拓扑图如图 3-19 所示，具体配置步骤如下。

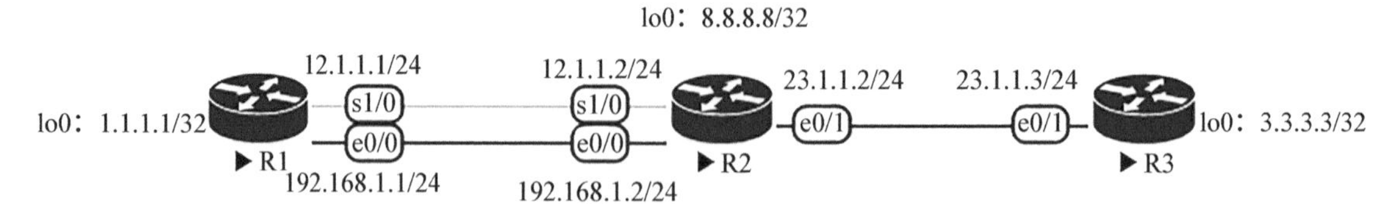

图 3-19 思科静态路由实验拓扑图

(1) 配置接口地址(此处省略)。

(2) R1 与 R2 之间实施浮动静态路由。

- R1 上此链路为主链路

```
R1(config)#ip route 3.3.3.3 255.255.255.255 192.168.1.2
```

● R1 上将管理距离修改为 2,静态路由管理距离默认值为 1,此链路成为备份链路

```
R1(config)#ip route 3.3.3.3 255.255.255.255 12.1.1.2 permanent 2
```

● R2 上此链路为主链路

```
R2(config)#ip route 1.1.1.1 255.255.255.255 192.168.1.1
```

● R2 上将管理距离修改为 2,静态路由管理距离默认值为 1,此链路成为备份链路

```
R2(config)#ip route 1.1.1.1 255.255.255.255 12.1.1.1 permanent 2
```

(3) R2 上配置到 R3 环回接口的静态路由。

```
R2(config)#ip route 3.3.3.3 255.255.255.255 23.1.1.3
```

(4) R3 上配置静态默认路由。配置默认路由之后,路由表包含所有目的地址条目。

```
R3(config)#ip route 0.0.0.0 0.0.0.0 23.1.1.2
```

测试 R1 与 R3 环回接口互访。从图 3-20 中可以看出,R1 和 R3 环回接口正常通信。

```
R1#ping 3.3.3.3 source 1.1.1.1
Type escape sequence to abort.
Sending 5, 100-byte ICMP Echos to 3.3.3.3, timeout is 2 seconds:
Packet sent with a source address of 1.1.1.1
!!!!!
Success rate is 100 percent (5/5), round-trip min/avg/max = 1/1/1 ms
R1#
```

图 3-20　R1 和 R3 通信测试

测试 R3 环回接口访问互联网。从图 3-21 中可以看出,R3 环回接口可以正常访问互联网。

```
R3#ping 8.8.8.8 source 3.3.3.3
Type escape sequence to abort.
Sending 5, 100-byte ICMP Echos to 8.8.8.8, timeout is 2 seconds:
Packet sent with a source address of 3.3.3.3
!!!!!
Success rate is 100 percent (5/5), round-trip min/avg/max = 1/1/1 ms
R3#
```

图 3-21　R3 访问互联网测试

测试 R1 与 R3 环回接口互访路由。从图 3-22 中可以看出,选择了主链路进行通信,我们关闭 R1 与 R2 上的 e0/0 接口,看看会有什么变化。

```
R1#traceroute 3.3.3.3 source 1.1.1.1 numeric
Type escape sequence to abort.
Tracing the route to 3.3.3.3
VRF info: (vrf in name/id, vrf out name/id)
  1 192.168.1.2 0 msec 1 msec 0 msec
  2 23.1.1.3 1 msec *  1 msec
R1#
```

图 3-22　R1 到 R3 路由选择(1)

从图 3 - 23 中可以看出，选择了备份链路，因为主链路无法进行通信。

```
R1#traceroute 3.3.3.3 source 1.1.1.1 numeric
Type escape sequence to abort.
Tracing the route to 3.3.3.3
VRF info: (vrf in name/id, vrf out name/id)
  1 12.1.1.2 9 msec 10 msec 10 msec
  2 23.1.1.3 10 msec *  8 msec
R1#
```

图 3 - 23　R1 到 R3 路由选择(2)

2. 华为设备上实施

实验拓扑图如图 3 - 24 所示，具体配置步骤如下。

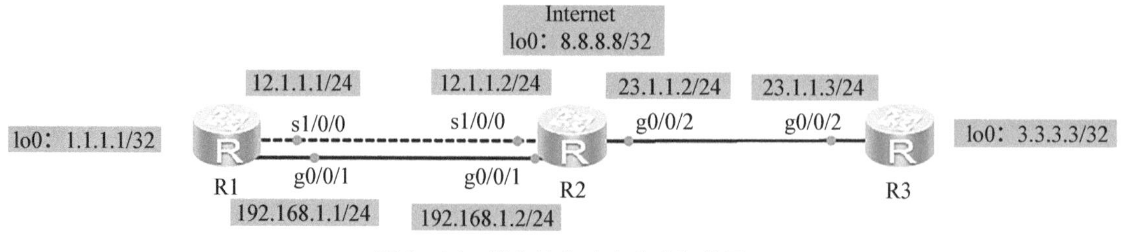

图 3 - 24　华为静态路由实验拓扑图

(1) 配置接口地址(此处省略)。

(2) R1 与 R2 之间实施浮动静态路由。

- R1 上此链路为主链路

```
[R1]ip route-static 3.3.3.3 32 192.168.1.2
```

- R1 上将路由优先级修改为 61，静态路由路由优先级默认值为 60，此链路成为备份链路

```
[R1]ip route-static 3.3.3.3 32 12.1.1.2 preference 61
```

- R2 上此链路为主链路

```
[R2]ip route-static 1.1.1.1 32 192.168.1.1
```

- R2 上将路由优先级修改为 61，静态路由路由优先级默认值为 60，此链路成为备份链路

```
[R2]ip route-static 1.1.1.1 32 12.1.1.1 preference 61
```

(3) R2 上配置到 R3 环回接口的静态路由。

```
[R2]ip route-static 3.3.3.3 32 23.1.1.3
```

(4) R3 上配置静态默认路由。配置默认路由之后，路由表包含所有目的地址条目。

```
[R3]ip route-static 0.0.0.0 0 23.1.1.2
```

测试 R1 与 R3 环回接口互访。从图 3 - 25 中可以看出，R1 和 R3 环回接口正常通信。

```
[R1]ping -a 1.1.1.1 3.3.3.3
  PING 3.3.3.3: 56  data bytes, press CTRL_C to break
    Reply from 3.3.3.3: bytes=56 Sequence=1 ttl=254 time=50 ms
    Reply from 3.3.3.3: bytes=56 Sequence=2 ttl=254 time=30 ms
    Reply from 3.3.3.3: bytes=56 Sequence=3 ttl=254 time=30 ms
    Reply from 3.3.3.3: bytes=56 Sequence=4 ttl=254 time=30 ms
    Reply from 3.3.3.3: bytes=56 Sequence=5 ttl=254 time=30 ms

  --- 3.3.3.3 ping statistics ---
    5 packet(s) transmitted
    5 packet(s) received
    0.00% packet loss
    round-trip min/avg/max = 30/34/50 ms

[R1]
```

图 3-25　R1 和 R3 通信测试

测试 R3 环回接口访问互联网。从图 3-26 中可以看出，R3 环回接口可以正常访问互联网。

```
[R3]ping -a 3.3.3.3 8.8.8.8
  PING 8.8.8.8: 56  data bytes, press CTRL_C to break
    Reply from 8.8.8.8: bytes=56 Sequence=1 ttl=255 time=20 ms
    Reply from 8.8.8.8: bytes=56 Sequence=2 ttl=255 time=20 ms
    Reply from 8.8.8.8: bytes=56 Sequence=3 ttl=255 time=20 ms
    Reply from 8.8.8.8: bytes=56 Sequence=4 ttl=255 time=20 ms
    Reply from 8.8.8.8: bytes=56 Sequence=5 ttl=255 time=20 ms

  --- 8.8.8.8 ping statistics ---
    5 packet(s) transmitted
    5 packet(s) received
    0.00% packet loss
    round-trip min/avg/max = 20/20/20 ms

[R3]
```

图 3-26　R3 访问互联网测试

测试 R1 与 R3 环回接口互访路由。从图 3-27 中可以看出，选择了主链路进行通信，我们关闭 R1 与 R2 上的 g0/0/1 接口，看看会有什么变化。

```
[R1]tracert -a 1.1.1.1 3.3.3.3
 traceroute to  3.3.3.3(3.3.3.3), max hops:
 1 192.168.1.2 40 ms  10 ms  10 ms
 2 23.1.1.3 20 ms  20 ms  20 ms
[R1]
```

图 3-27　R1 到 R3 路由选择(1)

从图 3-28 中可以看出，选择了备份链路，因为主链路无法进行通信。

```
[R1]tracert -a 1.1.1.1 3.3.3.3
 traceroute to  3.3.3.3(3.3.3.3), max
 1 12.1.1.2 30 ms  20 ms  10 ms
 2 23.1.1.3 20 ms  30 ms  20 ms
[R1]
```

图 3-28　R1 到 R3 路由选择(2)

【实验小结】

通过实验 5 我们可以了解到，思科与华为设备的静态路由配置差异不大，配置静态路由时我们需要手工通告本地未知的目的网段地址，且必须进行双向配置，因为通信是双向的。浮动静态路由的主要作用是实现线路的备份（如拨号线路作为备份线路），静态默认路由主要用于出口网关接入互联网。

第 4 章　OSPF、EBGP 与路由重分布

4.1 OSPF

4.1.1　OSPF 概述

OSPF(open shortest path first,开放最短路径优先)协议是由因特网工程任务组(Internet Engineering Task Force, IETF)开发的路由协议。OSPF 协议是一个链路状态协议,使用的最短路径优先(shortest path first, SPF)算法是开放的,并不为任何一个厂商或组织所私有。OSPF 协议的发展经历了几个 RFC, OSPFv2 是目前 IPv4 网络所使用的 OSPF 版本,具体说明参见 RFC 2328。它的 IP 协议号是 89,其目的是创建 IP 路由表,使得路由器完成决策后进一步转发数据。

4.1.2　OSPF 的优点

(1) 适用范围:OSPF 支持各种规模的网络,最多可支持几百台路由器。

(2) 最佳路径:OSPF 基于带宽来选择路径。

(3) 快速收敛:如果网络的拓扑结构发生变化,OSPF 会立即发送更新报文,使这一变化在自治系统(autonomous system, AS)中同步。

(4) 无自环:OSPF 通过收集到的链路状态和最短路径树算法计算路由,故从算法本身保证了不会生成自环路由。

(5) 子网掩码:由于 OSPF 在描述路由时携带了网段的掩码信息,所以 OSPF 协议不受子网掩码的限制,能对 VLSM 和 CIDR 提供很好的支持。

(6) 区域划分:OSPF 协议允许自治系统的网络被划分成区域来管理,区域间传送的路由信息被进一步抽象化,从而减小了占用的网络带宽。

(7) 等值路由:OSPF 支持到同一个目的地址的多条等值路由。

(8) 路由分级:OSPF 使用 4 类不同的路由,按优先顺序依次是区域内路由、区域间路由、第一类外部路由、第二类外部路由。

(9) 支持验证:OSPF 支持基于接口的报文验证以保证路由计算的安全性。

4.1.3　OSPF 基本原理

(1) 运行了 OSPF 的路由器从所有启用 OSPF 协议的接口上发出 Hello 数据包。直连的 OSPF 路由器会对比各自的 Hello 数据包中所指定的某些参数,如果一致,它们就成了邻居。

(2) 建立邻接关系。OSPF 协议定义了一些网络类型和一些路由器类型的邻接关系。

(3) 邻接关系的建立完成后，路由器开始发送链路状态通告(link state advertisement, LSA)，用于同步链路状态数据库(link state database, LSDB)。

(4) 各个区域的 LSDB 完成同步后，每一台路由器以自己为根，使用 SPF 算法计算一个无环路的拓扑图，用来描述自己到达所知的每一个目的网络的最短路径(最小的代价)。

(5) 将 SPF 算法得到的最优路径写入路由表中。至此，网络中所有的 OSPF 路由器已经算好各自的路径，互相发送 Hello 数据包来维持邻居关系，并且每隔 30 min 将全部 LSA 重新发送一次。

4.1.4 OSPF 区域

如图 4-1 所示，OSPF 中划分区域的目的在于控制链路状态信息 LSA 泛洪范围、减小链路状态数据库 LSDB 的大小、改善网络的可扩展性、实现快速地收敛。

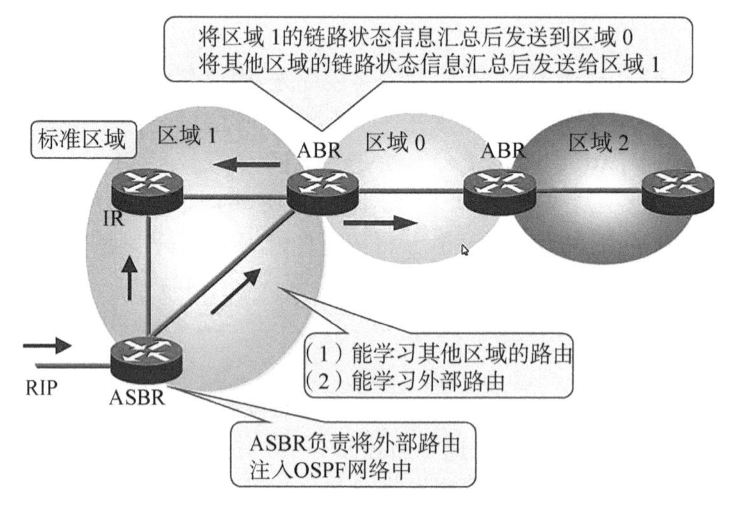

图 4-1 OSPF 区域和路由器角色

OSPF 将区域划分为以下几种类型。

(1) 骨干区域：作为中央实体，其他区域与之相连，骨干区域编号为 0，在该区域中，各种类型的 LSA 均允许发布。

(2) 标准区域：除骨干区域外的默认区域类型，在该区域中，各种类型的 LSA 均允许发布。

(3) 末梢区域：即 STUB 区域，该区域不接受 AS 外部的路由信息，即不接受类型 5 的 AS 外部 LSA，需要路由到自治系统外部的网络时，路由器使用默认路由(0.0.0.0)；不能包含自治系统边界路由器 ASBR。

(4) 完全末梢区域：该区域不接受 AS 外部的路由信息，同时也不接受 AS 中其他区域的汇总路由，即不接受类型 3、类型 4、类型 5 的 LSA；不能包含自治系统边界路由器 ASBR。

4.1.5 OSPF 网络类型

1. 点到点网络

点到点(point-to-point)网络：T1 链路(串行链路)的默认网络类型，一段链路上只存在两台设备。在点到点网络中，有效的 OSPF 邻居会形成邻接关系。

2. 广播型网络

广播(broadcast)型网络：以太网的默认网络类型，也可以定义为广播型多路访问，以便与 NBMA 网络进行区分。广播型网络中，可以连接两台以上的设备。

3. NBMA 网络

NBMA 网络：X. 25、帧中继和 ATM 的默认网络类型，可以连接两台以上的路由器，但是它们没有广播数据包的能力，OSPF 路由器不需要选举 DR(designated router，指定路由器)和 BDR(backup designated router，备份指定路由器)。

4. 点到多点网络

点到多点(point-to-multipoint)网络：NBMA 网络的一个特殊配置，可以被看作一群点到点链路的集合。在这种网络中 OSPF 路由器不需要选举 DR 和 BDR，OSPF 数据包以单播方式发送给每一个已知的邻居。

5. 虚链路

虚链路(virtual links)主要解决同一个 OSPF 网络中骨干区域不相连和非骨干区域没有直接与骨干区域相连这两种情况造成的路由表缺失问题。它可以被路由器认为是特殊的点到点网络。在虚链路上 OSPF 的数据包以单播方式发送。

4.1.6　DR 和 BDR

如图 4-2 所示，在广播型网络和 NBMA 网络中，任意两台路由器之间需要传递路由信息。如果网络中有 n 台路由器，则需要建立 $n\times(n-1)/2$ 个邻接关系。这使得任何一台路由器的路由变化都会导致多次传递，浪费了带宽资源。为解决这一问题，OSPF 协议定义了指定路由器 DR，所有路由器都只将信息发送给 DR，由 DR 将网络链路状态广播出去。

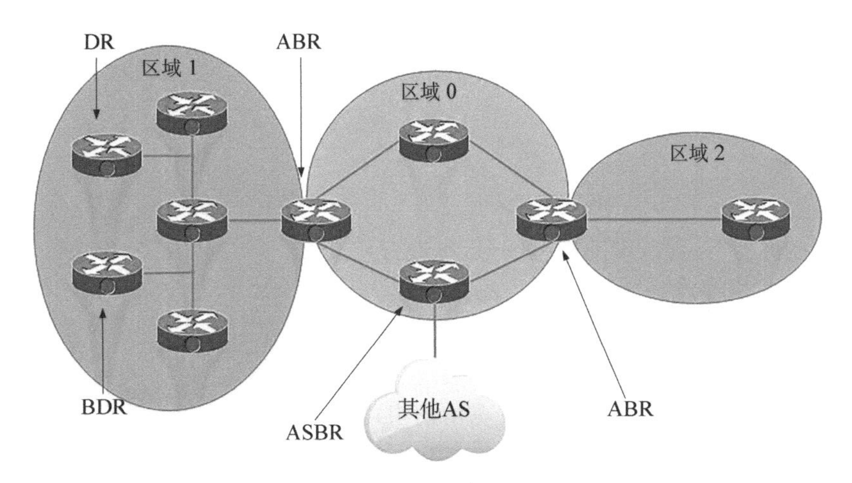

图 4-2　DR 和 BDR

BDR 实际上是 DR 的一个备份，在选举 DR 的同时也选举出 BDR，BDR 也和本网段内的所有路由器建立邻接关系并交换路由信息。当 DR 失效后，BDR 会立即成为 DR。

除 DR 和 BDR 之外的路由器之间将不再建立邻接关系，也不再交换任何路由信息，这样就减少了广播网和 NBMA 网络上路由器之间邻接关系的数量。DR 和 BDR 就是为了减少网络资源占用率。

4.1.7 DR 和 BDR 的选举

指定路由器依靠 Hello 包中的路由器优先级和路由器 ID 两个字段进行选举。

每台路由器的每一个多路访问接口都有一个路由器优先级，用一个 8 位二进制的无符号整数表示，范围为 0～255。在思科设备中，默认的优先级为 1，可以在接口下通过命令(ip ospf priority)修改。优先级为 0 的路由器接口将不参与选举(不能成为 DR 或 BDR)。

邻居关系的建立完成后，如果网络需要进行 DR 选举，则开始选举，否则跳过选举过程。

选举过程中，拥有最高优先级的接口将被选举为 DR，拥有次高优先级的接口将被选举为 BDR。如果优先级相同，则比较路由器 ID，最高为 DR，次高为 BDR。如果只有一个接口的优先级大于 0，那么网络中只有 DR，没有 BDR。

DR 和 BDR 选举完成后，所有路由器与 DR 以及 BDR 建立邻接关系。

DR 的选举结果是“终身制”。DR 失效，BDR 便成为 DR，然后再重新选举一个 BDR 并建立邻接关系。BDR 失效，则重新选举 BDR 并建立邻接关系。

4.1.8 OSPF LSA 的类型和作用

类型 1：路由器 LSA，用于区域内传递链路状态信息。

类型 2：网络 LSA(由 DR 所在设备形成)，用于决定多路访问环境中哪些设备参与 SPF 计算。

类型 3 和类型 4：汇总 LSA，用于区域间传递链路状态信息。

类型 5：自治系统外部 LSA，引入外部路由。

类型 6：OSPF 组播 LSA(淘汰)。

类型 7：标识外部特殊区域的路由。

类型 8：外部属性 LSA，承载 BGP。

类型 9～11：不透明 LSA。

4.1.9 OSPF 配置

1. 思科配置

(1) 下通告。

① 方法一：进程下通告，借助进程编号，本地有意义。

- 进入 OSPF 进程，编号范围为 1～65535

```
R1(config)#router ospf 110
```

- 配置路由器 ID，OSPF 中必须配置路由器 ID

```
R1(config-router)#router-id 1.1.1.1
```

- 进程下通告，部分厂商的设备只支持进程下通告

```
R1(config-router)#network 12.1.1.0 0.0.0.255 area 0
```

② 方法二：接口下通告。接口下通告的方法优先于进程下通告，如果在一个设备上使用了两种方法进行通告，则以接口下的通告为准，建议使用接口下通告。

- 进入要通告的接口

```
R1(config)#router ospf 110
R1(config-router)#router-id 1.1.1.1
R1(config)#interface s1/0
```

- 接口下通告,建议优先使用

```
R1(config-if)#ip ospf 110 area 0
```

- 查看 OSPF 的三张表:邻居表、拓扑表、路由表

```
R1#show ip ospf neighbor
R1#show ip ospf database
R1#show ip route ospf
```

(2) 配置 OSPF 被动接口。

- OSPF 的被动接口是只能用于连接终端的接口,不发送 Hello 数据包,路由依旧被通告,可避免和主机建立邻居关系,防止黑客攻击

```
R1(config)#router ospf 110
R1(config-router)#passive-interface loopback 0
```

(3) 配置 OSPF 接口优先级。

- 取值为 0,则丧失被选举为 DR/BDR 的能力。取值为 1～255,则可以被选举为 DR/BDR,默认值为 1

```
R1(config)#interface e0/1
R1(config-if)#ip ospf priority 0-255
```

(4) 修改 OSPF 网路类型(为了适应各种复杂的网络环境)。

```
R1(config)#interface e0/0
R1(config-if)#ip ospf network ?
```

- 广播

  ```
  broadcast
  ```

- NBMA

  ```
  non-broadcast
  ```

- 点到多点

  ```
  point-to-multipoint
  ```

- 点到点

  ```
  point-to-point
  ```

（5）手工汇总 OSPF 路由。

- 汇总区域内路由

```
R1(config)#router ospf 110
R1(config-router)#area 2 range 10.1.2.0 255.255.255.0
```

- 汇总外部路由

```
R1(config-router)#summary-address 10.1.2.0 255.255.255.0
```

2. 华为配置

（1）下通告。

① 方法一：进程下通告，借助进程编号，本地有意义。

- 进入 OSPF 进程，编号范围为 1～65535，并配置路由器 ID，OSPF 中必须配置路由器 ID

```
[R1]ospf 10 router-id 1.1.1.1
```

- 华为设备上必须激活区域

```
[R1-ospf-10]area 0
```

- 进程下通告，部分厂商的设备只支持进程下通告

```
[R1-ospf-10-area-0.0.0.0]network 12.1.1.0 0.0.0.255
```

② 方法二：接口下通告。

接口下通告的方法优先于进程下通告，如果在一个设备上使用了两种方法进行通告，则以接口下的通告为准，建议使用接口下通告。

- 进入要通告的接口

```
[R1]ospf 10 router-id 1.1.1.1
[R1-ospf-10]area 0
[R1]interface s1/0/0
```

- 接口下通告，建议优先使用

```
[R1-Serial1/0/0]ospf enable 10 area 0
```

- 查看 OSPF 的三张表：邻居表、拓扑表、路由表

```
[R1]display ospf peer
[R1]display ospf lsdb
[R1]display ip routing-table protocol ospf
```

（2）配置 OSPF 静默接口。

- OSPF 的静默接口是只能用于连接终端的接口，不发送 Hello 数据包，路由依旧被通告，可避免和主机建立邻居关系，防止黑客攻击

```
[R1]ospf 10 router-id 1.1.1.1
[R1-ospf-10]silent-interface LoopBack 0
```

(3) 配置 OSPF 接口优先级。

- 取值为 0,则丧失被选举为 DR/BDR 的能力。取值为 1～255,则可以被选举为 DR/BDR,默认值为 1

```
[R1]interface g0/0/0
[R1-GigabitEthernet0/0/0]ospf dr-priority 0-255
```

(4) 修改 OSPF 网路类型(为了适应各种复杂的网络环境)。

```
[R1]interface g0/0/0
[R1-GigabitEthernet0/0/0]ospf network-type ?
```

- 广播

```
broadcast
```

- NBMA

```
nbma
```

- 点到多点

```
p2mp
```

- 点到点

```
p2p
```

(5) 手工汇总 OSPF 路由。

- 汇总区域内路由

```
[R1]ospf 10 router-id 1.1.1.1
[R1-ospf-10]area 2
[R1-ospf-10-area-0.0.0.2]abr-summary 10.1.1.0 255.255.255.0
```

- 汇总外部路由

```
[R1-ospf-10]asbr-summary 12.1.1.0 255.255.255.0
```

4.1.10 OSPF 实验(实验 6)

在此实验中,配置多区域 OSPF,使得 R1 与 R3 环回接口可以相互通信。在 R2 和 R3 上配置 OSPF 虚链路,解决因骨干区域 0 不连续而无法正常获取路由的问题。在 R1 上手工汇总收到的 1.1.1.1/32 和 1.1.1.2/32 两条路由。将 R3 的直连路由 33.33.33.33/32 以 OSPF 外部路由类型 1 的方式重分布(华为设备上叫做引入)到 OSPF 中。在 R3 上配置静态默认路由并实现等价负载均衡(华为设备上叫做负载分担),在 OSPF 中下发默认路由,使得 R1 和 R3 的环回接口可以访问 R2 上模拟互联网的地址 8.8.8.8/32。通过修改 OSPF 度量值干涉选路,使得 R3 的环回接口与 R1 的环回接口选择 R1 和 R2 之间的串行链路进行通信。

【实验目的】

(1) 掌握思科、华为设备上 OSPF 路由协议的基本配置。

(2) 掌握思科、华为设备上 OSPF 虚链路的配置。

(3) 掌握思科、华为设备上 OSPF 路由的手工汇总方法。

(4) 掌握思科、华为设备上 OSPF 外部路由的引入方法。

(5) 掌握思科、华为设备上 OSPF 利用修改 Cost 值干涉选路的方法。

【实验步骤】

1. 思科设备上实施

实验拓扑图如图 4-3 所示,具体配置步骤如下。

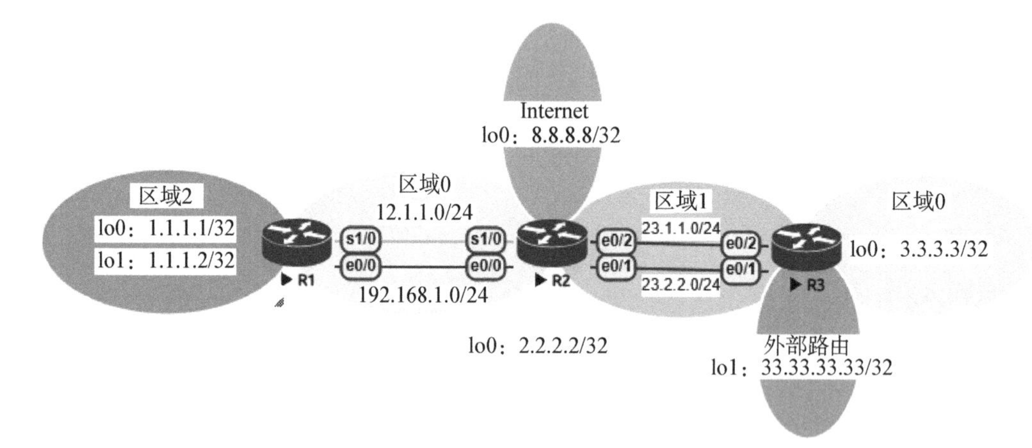

图 4-3 思科 OSPF 实验拓扑图

(1) 配置接口地址(此处省略)。

(2) 在 R1、R2、R3 上完成 OSPF 多区域配置。

```
R1(config)#router ospf 110
R1(config-router)#router-id 1.1.1.1
R1(config)#interface s1/0
R1(config-if)#ip ospf 110 area 0
R1(config)#interface e0/0
R1(config-if)#ip ospf 110 area 0
R1(config)#interface lo0
R1(config-if)#ip ospf 110 area 2
R1(config)#interface lo1
R1(config-if)#ip ospf 110 area 2
R2(config)#router ospf 110
R2(config-router)#router-id 2.2.2.2
```

```
R2(config)#interface s1/0
R2(config-if)#ip ospf 110 area 0
R2(config)#interface e0/0
R2(config-if)#ip ospf 110 area 0
R2(config)#interface e0/1
R2(config-if)#ip ospf 110 area 1
R2(config)#interface e0/2
R2(config-if)#ip ospf 110 area 2
R3(config)#router ospf 110
R3(config-router)#router-id 3.3.3.3
R3(config)#interface e0/1
R3(config-if)#ip ospf 110 area 1
R3(config)#interface e0/2
R3(config-if)#ip ospf 110 area 1
R3(config)#interface lo0
R3(config-if)#ip ospf 110 area 0
```

在 R3 上查看路由表，从图 4-4 中可以看出，R3 以 OSPF 区域间路由的方式获取到了 R1 上 lo0 和 lo1 的路由，并且实现了 OSPF 中的等价负载均衡。

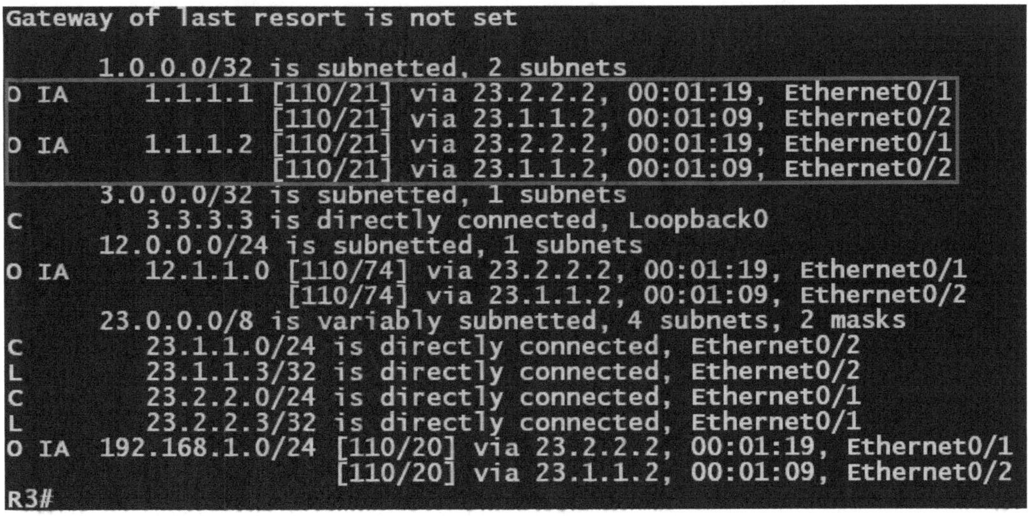

```
Gateway of last resort is not set

      1.0.0.0/32 is subnetted, 2 subnets
O IA     1.1.1.1 [110/21] via 23.2.2.2, 00:01:19, Ethernet0/1
                 [110/21] via 23.1.1.2, 00:01:09, Ethernet0/2
O IA     1.1.1.2 [110/21] via 23.2.2.2, 00:01:19, Ethernet0/1
                 [110/21] via 23.1.1.2, 00:01:09, Ethernet0/2
      3.0.0.0/32 is subnetted, 1 subnets
C        3.3.3.3 is directly connected, Loopback0
      12.0.0.0/24 is subnetted, 1 subnets
O IA     12.1.1.0 [110/74] via 23.2.2.2, 00:01:19, Ethernet0/1
                  [110/74] via 23.1.1.2, 00:01:09, Ethernet0/2
      23.0.0.0/8 is variably subnetted, 4 subnets, 2 masks
C        23.1.1.0/24 is directly connected, Ethernet0/2
L        23.1.1.3/32 is directly connected, Ethernet0/2
C        23.2.2.0/24 is directly connected, Ethernet0/1
L        23.2.2.3/32 is directly connected, Ethernet0/1
O IA  192.168.1.0/24 [110/20] via 23.2.2.2, 00:01:19, Ethernet0/1
                     [110/20] via 23.1.1.2, 00:01:09, Ethernet0/2
R3#
```

图 4-4 R3 路由表

在 R1 上查看路由表，从图 4-5 中可以看出，R1 的路由表中并没有出现 R3 上 lo0 的路由，这是因为图 4-3 中有两个骨干区域 0，骨干区域不相连或者非骨干区域没有直接和骨干区域相连，都会造成路由缺失的问题，这个问题本书后面通过 OSPF 虚链路技术解决。

(3) 在 R2 和 R3 上配置 OSPF 虚链路。

● 在实施虚链路时，需要观察两个骨干区域之间的区域或者非骨干区域和骨干区域之间的区域，此实验中两个骨干区域 0 之间为区域 1，所以虚链路需要在区域 1 中配置，并分别指

```
Gateway of last resort is not set

      1.0.0.0/32 is subnetted, 2 subnets
C        1.1.1.1 is directly connected, Loopback0
C        1.1.1.2 is directly connected, Loopback1
      12.0.0.0/8 is variably subnetted, 2 subnets, 2 masks
C        12.1.1.0/24 is directly connected, Serial1/0
L        12.1.1.1/32 is directly connected, Serial1/0
      23.0.0.0/24 is subnetted, 2 subnets
O IA     23.1.1.0 [110/20] via 192.168.1.2, 00:02:15, Ethernet0/0
O IA     23.2.2.0 [110/20] via 192.168.1.2, 00:02:05, Ethernet0/0
      192.168.1.0/24 is variably subnetted, 2 subnets, 2 masks
C        192.168.1.0/24 is directly connected, Ethernet0/0
L        192.168.1.1/32 is directly connected, Ethernet0/0
R1#
```

图 4-5　R1 路由表

向对端区域边界路由器(ABR)的路由器 ID3.3.3.3 和 2.2.2.2

```
R2(config)#router ospf 110
R2(config-router)#area 1 virtual-link 3.3.3.3
R3(config)#router ospf 110
R3(config-router)#area 1 virtual-link 2.2.2.2
```

从图 4-6 中可以看出，在 R2 和 R3 上实施虚链路后，通过虚链路将两个骨干区域合并，此时 R1 的路由表中出现了 R3 环回接口的路由。

```
Gateway of last resort is not set

      1.0.0.0/32 is subnetted, 2 subnets
C        1.1.1.1 is directly connected, Loopback0
C        1.1.1.2 is directly connected, Loopback1
      3.0.0.0/32 is subnetted, 1 subnets
O        3.3.3.3 [110/21] via 192.168.1.2, 00:15:15, Ethernet0/0
      12.0.0.0/8 is variably subnetted, 2 subnets, 2 masks
C        12.1.1.0/24 is directly connected, Serial1/0
L        12.1.1.1/32 is directly connected, Serial1/0
      23.0.0.0/24 is subnetted, 2 subnets
O IA     23.1.1.0 [110/20] via 192.168.1.2, 00:42:53, Ethernet0/0
O IA     23.2.2.0 [110/20] via 192.168.1.2, 00:42:43, Ethernet0/0
      192.168.1.0/24 is variably subnetted, 2 subnets, 2 masks
C        192.168.1.0/24 is directly connected, Ethernet0/0
L        192.168.1.1/32 is directly connected, Ethernet0/0
R1#
```

图 4-6　R1 路由表

(4) 在 R1 上手工汇总收到的 1.1.1.1/32 和 1.1.1.2/32 两条路由。

- 修改 R1 的 OSPF 参考带宽为 1000，默认情况下 OSPF 度量值＝100÷带宽(Mbps)，OSPF 默认参考带宽为 100，修改参考带宽后度量值会发生改变，所以必须在同一个网络中运行 OSPF 的所有路由器上都进行修改

```
R1(config)#router ospf 110
R1(config-router)#auto-cost reference-bandwidth 1000
```

- 在 ABR 上汇总区域内的多条路由，主要目的是减少路由条目，避免设备资源被占用

```
R1(config-router)#area 2 range 1.1.1.0 255.255.255.0
```

- 修改 R3 的 OSPF 参考带宽为 1000

```
R3(config)#router ospf 110
R3(config-router)#auto-cost reference-bandwidth 1000
```

- 修改 R2 的 OSPF 参考带宽为 1000

```
R2(config)#router ospf 110
R2(config-router)#auto-cost reference-bandwidth 1000
```

从图 4-7 中可以看出,R1 上的 3.3.3.3/32 路由度量值为 201,图 4-6 中此路由度量值为 21,参考带宽改大之后度量值变大。最新的设备接口带宽有 1 Gbps、10 Gbps 等,当接口带宽为 100 Mbps 时度量值为 1,当接口带宽为 1000 Mbps 时度量值也为 1,所以现代网络中接口带宽都比较大,实施 OSPF 时应该将参考带宽改大,这样有利于 OSPF 正确地计算度量值,完成最优选路。

```
Gateway of last resort is not set

      1.0.0.0/8 is variably subnetted, 3 subnets, 2 masks
O        1.1.1.0/24 is a summary, 00:19:10, Null0
C        1.1.1.1/32 is directly connected, Loopback0
C        1.1.1.2/32 is directly connected, Loopback1
      3.0.0.0/32 is subnetted, 1 subnets
O        3.3.3.3 [110/201] via 192.168.1.2, 00:19:10, Ethernet0/0
      12.0.0.0/8 is variably subnetted, 2 subnets, 2 masks
C        12.1.1.0/24 is directly connected, Serial1/0
L        12.1.1.1/32 is directly connected, Serial1/0
      23.0.0.0/24 is subnetted, 2 subnets
O IA     23.1.1.0 [110/200] via 192.168.1.2, 00:19:10, Ethernet0/0
O IA     23.2.2.0 [110/200] via 192.168.1.2, 00:19:10, Ethernet0/0
      192.168.1.0/24 is variably subnetted, 2 subnets, 2 masks
C        192.168.1.0/24 is directly connected, Ethernet0/0
L        192.168.1.1/32 is directly connected, Ethernet0/0
R1#
```

图 4-7　R1 路由表

从图 4-8 中可以看出,R1 的 1.1.1.1/32 和 1.1.1.2/32 两条路由汇总成 1.1.1.0/24 这一条路由传递到 R3,减少了路由条目。

```
Gateway of last resort is not set

      1.0.0.0/24 is subnetted, 1 subnets
O IA     1.1.1.0 [110/201] via 23.2.2.2, 00:41:14, Ethernet0/1
                 [110/201] via 23.1.1.2, 00:41:14, Ethernet0/2
      3.0.0.0/32 is subnetted, 1 subnets
C        3.3.3.3 is directly connected, Loopback0
      12.0.0.0/24 is subnetted, 1 subnets
O        12.1.1.0 [110/747] via 23.2.2.2, 01:21:22, Ethernet0/1
                  [110/747] via 23.1.1.2, 01:21:22, Ethernet0/2
      23.0.0.0/8 is variably subnetted, 4 subnets, 2 masks
C        23.1.1.0/24 is directly connected, Ethernet0/2
L        23.1.1.3/32 is directly connected, Ethernet0/2
C        23.2.2.0/24 is directly connected, Ethernet0/1
L        23.2.2.3/32 is directly connected, Ethernet0/1
O     192.168.1.0/24 [110/200] via 23.2.2.2, 01:21:22, Ethernet0/1
                     [110/200] via 23.1.1.2, 01:21:22, Ethernet0/2
R3#
```

图 4-8　R3 路由表

(5) 将 R3 的直连路由 33.33.33.33/32 以 OSPF 外部路由类型 1 的方式重分布(华为设备上叫做引入)到 OSPF 中。

- 以 OSPF 外部路由类型 1 的方式重分布直连路由到 OSPF,不选择类型时默认重分布为类型 2

```
R3(config)#router ospf 110
R3(config-router)#redistribute connected metric-type 1 subnets
```

从图 4-9 中可以看出,R1 收到了从 R3 重分布的为外部路由类型 1 的 33.33.33.33/32 这条路由。

```
Gateway of last resort is not set

      1.0.0.0/8 is variably subnetted, 3 subnets, 2 masks
O        1.1.1.0/24 is a summary, 00:54:51, Null0
C        1.1.1.1/32 is directly connected, Loopback0
C        1.1.1.2/32 is directly connected, Loopback1
      3.0.0.0/32 is subnetted, 1 subnets
O        3.3.3.3 [110/201] via 192.168.1.2, 00:54:51, Ethernet0/0
      12.0.0.0/8 is variably subnetted, 2 subnets, 2 masks
C        12.1.1.0/24 is directly connected, Serial1/0
L        12.1.1.1/32 is directly connected, Serial1/0
      23.0.0.0/24 is subnetted, 2 subnets
O IA     23.1.1.0 [110/200] via 192.168.1.2, 00:54:51, Ethernet0/0
O IA     23.2.2.0 [110/200] via 192.168.1.2, 00:54:51, Ethernet0/0
      33.0.0.0/32 is subnetted, 1 subnets
O E1     33.33.33.33 [110/220] via 192.168.1.2, 00:00:41, Ethernet0/0
      192.168.1.0/24 is variably subnetted, 2 subnets, 2 masks
C        192.168.1.0/24 is directly connected, Ethernet0/0
L        192.168.1.1/32 is directly connected, Ethernet0/0
R1#
```

图 4-9　R1 路由表

(6) 在 R3 上配置静态默认路由并实现负载均衡(华为设备上叫做负载分担),在 OSPF 中下发默认路由,使得 R1 和 R3 的环回接口可以访问 R2 上模拟互联网的 8.8.8.8/32。

- 配置静态默认路由并实现负载均衡

```
R3(config)#ip route 0.0.0.0 0.0.0.0 23.1.1.2
R3(config)#ip route 0.0.0.0 0.0.0.0 23.2.2.2
```

- OSPF 中下发默认路由,前提是有其他任何形式的默认路由存在,这里我们配置了静态默认路由

```
R3(config)#router ospf 110
R3(config-router)#default-information originate
```

从图 4-10 中可以看出,R3 上存在两条负载均衡的静态默认路由。

```
Gateway of last resort is 23.2.2.2 to network 0.0.0.0

S*    0.0.0.0/0 [1/0] via 23.2.2.2
                [1/0] via 23.1.1.2
      1.0.0.0/24 is subnetted, 1 subnets
O IA     1.1.1.0 [110/201] via 23.2.2.2, 01:08:34, Ethernet0/1
                 [110/201] via 23.1.1.2, 01:08:34, Ethernet0/2
      3.0.0.0/32 is subnetted, 1 subnets
C        3.3.3.3 is directly connected, Loopback0
      12.0.0.0/24 is subnetted, 1 subnets
O        12.1.1.0 [110/747] via 23.2.2.2, 01:48:42, Ethernet0/1
                  [110/747] via 23.1.1.2, 01:48:42, Ethernet0/2
      23.0.0.0/8 is variably subnetted, 4 subnets, 2 masks
C        23.1.1.0/24 is directly connected, Ethernet0/2
L        23.1.1.3/32 is directly connected, Ethernet0/2
C        23.2.2.0/24 is directly connected, Ethernet0/1
L        23.2.2.3/32 is directly connected, Ethernet0/1
      33.0.0.0/32 is subnetted, 1 subnets
C        33.33.33.33 is directly connected, Loopback1
O     192.168.1.0/24 [110/200] via 23.2.2.2, 01:48:42, Ethernet0/1
                     [110/200] via 23.1.1.2, 01:48:42, Ethernet0/2
R3#
```

图4-10 R3路由表

从图4-11中可以看出,R1上存在一条为OSPF外部路由类型2的默认路由。

```
Gateway of last resort is 12.1.1.2 to network 0.0.0.0

O*E2  0.0.0.0/0 [110/1] via 12.1.1.2, 00:00:03, Serial1/0
      1.0.0.0/8 is variably subnetted, 3 subnets, 2 masks
O        1.1.1.0/24 is a summary, 00:00:54, Null0
C        1.1.1.1/32 is directly connected, Loopback0
C        1.1.1.2/32 is directly connected, Loopback1
      3.0.0.0/32 is subnetted, 1 subnets
O        3.3.3.3 [110/191] via 12.1.1.2, 00:00:03, Serial1/0
      12.0.0.0/8 is variably subnetted, 2 subnets, 2 masks
C        12.1.1.0/24 is directly connected, Serial1/0
L        12.1.1.1/32 is directly connected, Serial1/0
      23.0.0.0/24 is subnetted, 2 subnets
O IA     23.1.1.0 [110/190] via 12.1.1.2, 00:01:04, Serial1/0
O IA     23.2.2.0 [110/190] via 12.1.1.2, 00:01:04, Serial1/0
      33.0.0.0/32 is subnetted, 1 subnets
O E1     33.33.33.33 [110/210] via 12.1.1.2, 00:00:03, Serial1/0
      192.168.1.0/24 is variably subnetted, 2 subnets, 2 masks
C        192.168.1.0/24 is directly connected, Ethernet0/0
L        192.168.1.1/32 is directly connected, Ethernet0/0
R1#
```

图4-11 R1路由表

(7) 通过修改OSPF度量值干涉选路,使得R3的环回接口与R1的环回接口选择R1和R2之间的串行链路进行通信。

- 查看OSPF接口信息

```
R1#show ip ospf interface e0/0
```

从图4-12中可以看出,R1的接口e0/0的COST值为100,将R1和R2的s1/0的度量值修改为小于100就可以实现优选串行链路进行通信。

```
R1#show ip ospf interface e0/0
Ethernet0/0 is up, line protocol is up
  Internet Address 192.168.1.1/24, Area 0, Attached via Interface Enable
  Process ID 110, Router ID 1.1.1.1, Network Type BROADCAST, Cost: 100
  Topology-MTID    Cost    Disabled    Shutdown      Topology Name
        0           100       no          no            Base
```

图 4-12　R1 OSPF 接口信息

- R1 上修改度量值为 90

```
R1(config)#interface s1/0
R1(config-if)#ip ospf cost 90
```

- R2 上修改度量值为 90

```
R2(config)#interface s1/0
R2(config-if)#ip ospf cost 90
```

从图 4-13 中可以看出，R1 上到 3.3.3.3/32 选择了串行链路接口 s1/0。

```
Gateway of last resort is 12.1.1.2 to network 0.0.0.0

O*E2  0.0.0.0/0 [110/1] via 12.1.1.2, 00:01:48, Serial1/0
      1.0.0.0/8 is variably subnetted, 3 subnets, 2 masks
O        1.1.1.0/24 is a summary, 01:21:52, Null0
C        1.1.1.1/32 is directly connected, Loopback0
C        1.1.1.2/32 is directly connected, Loopback1
      3.0.0.0/32 is subnetted, 1 subnets
O        3.3.3.3 [110/191] via 12.1.1.2, 00:01:48, Serial1/0
      12.0.0.0/8 is variably subnetted, 2 subnets, 2 masks
C        12.1.1.0/24 is directly connected, Serial1/0
L        12.1.1.1/32 is directly connected, Serial1/0
      23.0.0.0/24 is subnetted, 2 subnets
O IA     23.1.1.0 [110/190] via 12.1.1.2, 00:01:48, Serial1/0
O IA     23.2.2.0 [110/190] via 12.1.1.2, 00:01:48, Serial1/0
      33.0.0.0/32 is subnetted, 1 subnets
O E1     33.33.33.33 [110/210] via 12.1.1.2, 00:01:48, Serial1/0
      192.168.1.0/24 is variably subnetted, 2 subnets, 2 masks
C        192.168.1.0/24 is directly connected, Ethernet0/0
L        192.168.1.1/32 is directly connected, Ethernet0/0
R1#
```

图 4-13　R1 路由表

从图 4-14 中可以看出，R2 上到 1.1.1.0/24 选择了串行链路接口 s1/0。双向干涉选路成功。

```
Gateway of last resort is 23.2.2.3 to network 0.0.0.0

O*E2  0.0.0.0/0 [110/1] via 23.2.2.3, 00:16:17, Ethernet0/1
                [110/1] via 23.1.1.3, 00:16:17, Ethernet0/2
      1.0.0.0/24 is subnetted, 1 subnets
O IA     1.1.1.0 [110/91] via 12.1.1.1, 00:01:04, Serial1/0
      3.0.0.0/32 is subnetted, 1 subnets
O        3.3.3.3 [110/101] via 23.2.2.3, 01:26:04, Ethernet0/1
                 [110/101] via 23.1.1.3, 00:01:04, Ethernet0/2
      8.0.0.0/32 is subnetted, 1 subnets
C        8.8.8.8 is directly connected, Loopback0
      12.0.0.0/8 is variably subnetted, 2 subnets, 2 masks
C        12.1.1.0/24 is directly connected, Serial1/0
L        12.1.1.2/32 is directly connected, Serial1/0
      23.0.0.0/8 is variably subnetted, 4 subnets, 2 masks
C        23.1.1.0/24 is directly connected, Ethernet0/2
L        23.1.1.2/32 is directly connected, Ethernet0/2
C        23.2.2.0/24 is directly connected, Ethernet0/1
L        23.2.2.2/32 is directly connected, Ethernet0/1
      33.0.0.0/32 is subnetted, 1 subnets
O E1     33.33.33.33 [110/120] via 23.2.2.3, 00:27:55, Ethernet0/1
                     [110/120] via 23.1.1.3, 00:27:55, Ethernet0/2
      192.168.1.0/24 is variably subnetted, 2 subnets, 2 masks
C        192.168.1.0/24 is directly connected, Ethernet0/0
L        192.168.1.2/32 is directly connected, Ethernet0/0
R2#
```

图 4－14　R2 路由表

(8) 通信测试。从图 4－15 中可以看出，R1 与 R3 环回接口通信正常。从图 4－16 中可以看出，R1 环回接口访问互联网正常。从图 4－17 中可以看出，R1 环回接口访问 R3 环回接口选择了串行链路。

```
R3#ping 1.1.1.1 source 3.3.3.3
Type escape sequence to abort.
Sending 5, 100-byte ICMP Echos to 1.1.1.1, timeout is 2 seconds:
Packet sent with a source address of 3.3.3.3
!!!!!
Success rate is 100 percent (5/5), round-trip min/avg/max = 10/11/13 ms
R3#
```

图 4－15　R1 和 R3 通信测试

```
R1#ping 8.8.8.8 source 1.1.1.1
Type escape sequence to abort.
Sending 5, 100-byte ICMP Echos to 8.8.8.8, timeout is 2 seconds:
Packet sent with a source address of 1.1.1.1
!!!!!
Success rate is 100 percent (5/5), round-trip min/avg/max = 8/9/11 ms
R1#
```

图 4－16　R1 访问互联网测试

```
R1#traceroute 3.3.3.3 source 1.1.1.1 numeric
Type escape sequence to abort.
Tracing the route to 3.3.3.3
VRF info: (vrf in name/id, vrf out name/id)
  1 12.1.1.2 10 msec 10 msec 10 msec
  2 23.1.1.3 10 msec *  11 msec
R1#
```

图 4－17　R1 访问 R3 路由测试

2. 华为设备上实施

实验拓扑图如图 4－18 所示,具体配置步骤如下。

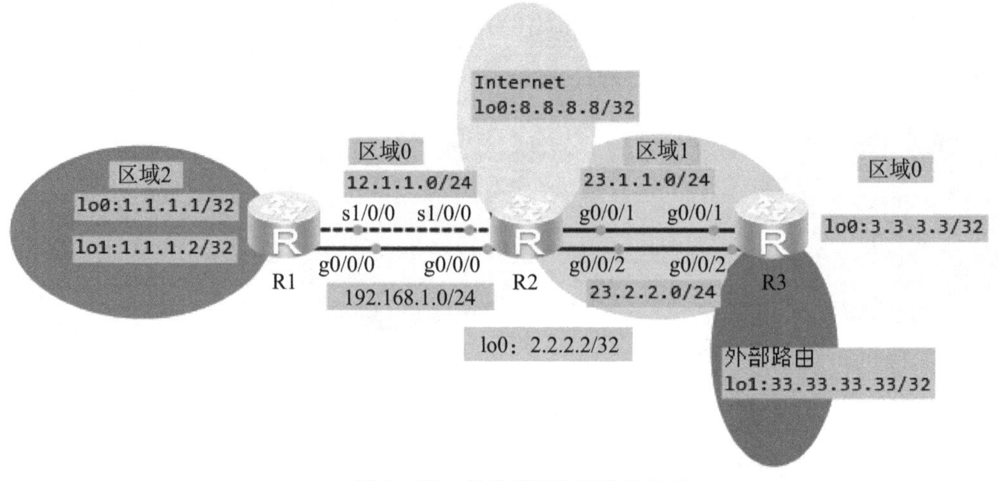

图 4－18　华为 OSPF 实验拓扑图

(1) 配置接口地址(此处省略)。

(2) 在 R1、R2、R3 上完成 OSPF 多区域配置。

```
[R1]ospf 10 router-id 1.1.1.1
[R1-ospf-10]area 0
[R1-ospf-10]area 2
[R1]interface s1/0/0
[R1-Serial1/0/0]ospf enable 10 area 0
[R1]interface g0/0/0
[R1-GigabitEthernet0/0/0]ospf enable 10 area 0
[R1]interface lo0
[R1-LoopBack0]ospf enable 10 area 2
[R1]interface lo1
[R1-LoopBack1]ospf enable 10 area 2
[R2]ospf 10 router-id 2.2.2.2
[R2-ospf-10]area 0
[R2-ospf-10]area 1
[R2]interface s1/0/0
[R2-Serial1/0/0]ospf enable 10 area 0
[R2]interface g0/0/0
[R2-GigabitEthernet0/0/0]ospf enable 10 area 0
[R2]interface g0/0/1
[R2-GigabitEthernet0/0/1]ospf enable 10 area 1
[R2]interface g0/0/2
[R2-GigabitEthernet0/0/2]ospf enable 10 area 1
```

```
[R3]ospf 10 router-id 3.3.3.3
[R3-ospf-10]area 0
[R3-ospf-10]area 1
[R3]interface lo0
[R3-LoopBack0]ospf enable 10 area 0
[R3]interface g0/0/1
[R3-GigabitEthernet0/0/1]ospf enable 10 area 1
[R3]interface g0/0/2
[R3-GigabitEthernet0/0/2]ospf enable 10 area 1
```

在 R3 上查看路由表，从图 4－19 中可以看出，R3 以 OSPF 区域间路由的方式获取到了 R1 的 lo0 和 lo1 的路由，并且实现了 OSPF 中的等价负载分担。

```
Destination/Mask    Proto   Pre  Cost      Flags NextHop         Interface

        1.1.1.1/32  OSPF    10   2           D   23.1.1.2        GigabitEthernet0/0/1
                    OSPF    10   2           D   23.2.2.2        GigabitEthernet0/0/2
        1.1.1.2/32  OSPF    10   2           D   23.1.1.2        GigabitEthernet0/0/1
                    OSPF    10   2           D   23.2.2.2        GigabitEthernet0/0/2
        3.3.3.3/32  Direct  0    0           D   127.0.0.1       LoopBack0
       12.1.1.0/24  OSPF    10   49          D   23.1.1.2        GigabitEthernet0/0/1
                    OSPF    10   49          D   23.2.2.2        GigabitEthernet0/0/2
       23.1.1.0/24  Direct  0    0           D   23.1.1.3        GigabitEthernet0/0/1
       23.1.1.3/32  Direct  0    0           D   127.0.0.1       GigabitEthernet0/0/1
     23.1.1.255/32  Direct  0    0           D   127.0.0.1       GigabitEthernet0/0/1
       23.2.2.0/24  Direct  0    0           D   23.2.2.3        GigabitEthernet0/0/2
       23.2.2.3/32  Direct  0    0           D   127.0.0.1       GigabitEthernet0/0/2
     23.2.2.255/32  Direct  0    0           D   127.0.0.1       GigabitEthernet0/0/2
    33.33.33.33/32  Direct  0    0           D   127.0.0.1       LoopBack1
        127.0.0.0/8 Direct  0    0           D   127.0.0.1       InLoopBack0
      127.0.0.1/32  Direct  0    0           D   127.0.0.1       InLoopBack0
127.255.255.255/32  Direct  0    0           D   127.0.0.1       InLoopBack0
    192.168.1.0/24  OSPF    10   2           D   23.1.1.2        GigabitEthernet0/0/1
                    OSPF    10   2           D   23.2.2.2        GigabitEthernet0/0/2
255.255.255.255/32  Direct  0    0           D   127.0.0.1       InLoopBack0

[R3]
```

图 4－19 R3 路由表

在 R1 上查看路由表，从图 4－20 中可以看出，R1 的路由表中并没有出现 R3 的 lo0 的路由，这是因为图 4－18 中有两个骨干区域 0，骨干区域不相连或者非骨干区域没有直接和骨干区域相连，都会造成路由缺失的问题，这个问题本书后面通过 OSPF 虚链路技术解决。

```
Destination/Mask    Proto   Pre  Cost      Flags NextHop         Interface

        1.1.1.1/32  Direct  0    0           D   127.0.0.1       LoopBack0
        1.1.1.2/32  Direct  0    0           D   127.0.0.1       LoopBack1
       12.1.1.0/24  Direct  0    0           D   12.1.1.1        Serial1/0/0
       12.1.1.1/32  Direct  0    0           D   127.0.0.1       Serial1/0/0
       12.1.1.2/32  Direct  0    0           D   12.1.1.2        Serial1/0/0
     12.1.1.255/32  Direct  0    0           D   127.0.0.1       Serial1/0/0
       23.1.1.0/24  OSPF    10   2           D   192.168.1.2     GigabitEthernet0/0/0
       23.2.2.0/24  OSPF    10   2           D   192.168.1.2     GigabitEthernet0/0/0
        127.0.0.0/8 Direct  0    0           D   127.0.0.1       InLoopBack0
      127.0.0.1/32  Direct  0    0           D   127.0.0.1       InLoopBack0
127.255.255.255/32  Direct  0    0           D   127.0.0.1       InLoopBack0
    192.168.1.0/24  Direct  0    0           D   192.168.1.1     GigabitEthernet0/0/0
    192.168.1.1/32  Direct  0    0           D   127.0.0.1       GigabitEthernet0/0/0
  192.168.1.255/32  Direct  0    0           D   127.0.0.1       GigabitEthernet0/0/0
255.255.255.255/32  Direct  0    0           D   127.0.0.1       InLoopBack0

[R1]
```

图 4－20 R1 路由表

（3）在 R2 和 R3 上配置 OSPF 虚链路。

● 在实施虚链路时，需要观察两个骨干区域之间的区域或者非骨干区域和骨干区域之间的区域，此实验中两个骨干区域 0 之间为区域 1，所以虚链路需要在区域 1 中配置，并分别指向对端区域边界路由器（ABR）的路由器 ID3.3.3.3 和 2.2.2.2

```
[R2]ospf 10 router-id 2.2.2.2
[R2-ospf-10]area 1
[R2-ospf-10-area-0.0.0.1]vlink-peer 3.3.3.3
[R3]ospf 10 router-id 3.3.3.3
[R3-ospf-1]area 1
[R3-ospf-1-area-0.0.0.1]vlink-peer 2.2.2.2
```

从图 4－21 中可以看出，在 R2 和 R3 上实施虚链路后，通过虚链路将两个骨干区域合并，此时 R1 的路由表中出现了 R3 环回接口的路由。

Destination/Mask	Proto	Pre	Cost	Flags	NextHop	Interface
1.1.1.1/32	Direct	0	0	D	127.0.0.1	LoopBack0
1.1.1.2/32	Direct	0	0	D	127.0.0.1	LoopBack1
3.3.3.3/32	OSPF	10	2	D	192.168.1.2	GigabitEthernet0/0/0
12.1.1.0/24	Direct	0	0	D	12.1.1.1	Serial1/0/0
12.1.1.1/32	Direct	0	0	D	127.0.0.1	Serial1/0/0
12.1.1.2/32	Direct	0	0	D	12.1.1.2	Serial1/0/0
12.1.1.255/32	Direct	0	0	D	127.0.0.1	Serial1/0/0
23.1.1.0/24	OSPF	10	2	D	192.168.1.2	GigabitEthernet0/0/0
23.2.2.0/24	OSPF	10	2	D	192.168.1.2	GigabitEthernet0/0/0
127.0.0.0/8	Direct	0	0	D	127.0.0.1	InLoopBack0
127.0.0.1/32	Direct	0	0	D	127.0.0.1	InLoopBack0
127.255.255.255/32	Direct	0	0	D	127.0.0.1	InLoopBack0
192.168.1.0/24	Direct	0	0	D	192.168.1.1	GigabitEthernet0/0/0
192.168.1.1/32	Direct	0	0	D	127.0.0.1	GigabitEthernet0/0/0
192.168.1.255/32	Direct	0	0	D	127.0.0.1	GigabitEthernet0/0/0
255.255.255.255/32	Direct	0	0	D	127.0.0.1	InLoopBack0

[R1]

图 4－21　R1 路由表

（4）在 R1 上手工汇总收到的 1.1.1.1/32 和 1.1.1.2/32 两条路由。

● 修改 R1 的 OSPF 参考带宽为 10000，默认情况下 OSPF 度量值＝100÷带宽（Mbps），OSPF 默认参考带宽为 100，修改参考带宽后度量值会发生改变，所以必须在同一个网络中运行 OSPF 的所有路由器上都进行修改

```
[R1]ospf 10 router-id 1.1.1.1
[R1-ospf-10]bandwidth-reference 10000
```

● 在 ABR 上汇总区域内的多条路由，主要目的是减少路由条目，避免设备资源被占用

```
[R1-ospf-10]area 2
[R1-ospf-10-area-0.0.0.2]abr-summary 1.1.1.0 255.255.255.0
```

● 修改 R3 的 OSPF 参考带宽为 1000

```
[R3]ospf 10 router-id 3.3.3.3
[R3-ospf-10]bandwidth-reference 10000
```

- 修改 R2 的 OSPF 参考带宽为 1000

```
[R2]ospf 10 router-id 2.2.2.2
[R2-ospf-10]bandwidth-reference 10000
```

从图 4-22 中可以看出，R1 上的 3.3.3.3/32 路由度量值为 20，图 4-21 中此路由度量值为 2，参考带宽改大之后度量值变大。最新的设备接口带宽有 1 Gbps、10 Gbps 等，当接口带宽为 100 Mbps 时度量值为 1，当接口带宽为 1000 Mbps 时度量值也为 1，所以现代网络中接口带宽都比较大，实施 OSPF 时应该将参考带宽改大，这样有利于 OSPF 正确地计算度量值，完成最优选路。

Destination/Mask	Proto	Pre	Cost	Flags	NextHop	Interface
1.1.1.1/32	Direct	0	0	D	127.0.0.1	LoopBack0
1.1.1.2/32	Direct	0	0	D	127.0.0.1	LoopBack1
3.3.3.3/32	OSPF	10	20	D	192.168.1.2	GigabitEthernet0/0/0
12.1.1.0/24	Direct	0	0	D	12.1.1.1	Serial1/0/0
12.1.1.1/32	Direct	0	0	D	127.0.0.1	Serial1/0/0
12.1.1.2/32	Direct	0	0	D	12.1.1.2	Serial1/0/0
12.1.1.255/32	Direct	0	0	D	127.0.0.1	Serial1/0/0
23.1.1.0/24	OSPF	10	20	D	192.168.1.2	GigabitEthernet0/0/0
23.2.2.0/24	OSPF	10	20	D	192.168.1.2	GigabitEthernet0/0/0
33.33.33.33/32	O_ASE	150	21	D	192.168.1.2	GigabitEthernet0/0/0
127.0.0.0/8	Direct	0	0	D	127.0.0.1	InLoopBack0
127.0.0.1/32	Direct	0	0	D	127.0.0.1	InLoopBack0
127.255.255.255/32	Direct	0	0	D	127.0.0.1	InLoopBack0
192.168.1.0/24	Direct	0	0	D	192.168.1.1	GigabitEthernet0/0/0
192.168.1.1/32	Direct	0	0	D	127.0.0.1	GigabitEthernet0/0/0
192.168.1.255/32	Direct	0	0	D	127.0.0.1	GigabitEthernet0/0/0
255.255.255.255/32	Direct	0	0	D	127.0.0.1	InLoopBack0

[R1]

图 4-22　R1 路由表

从图 4-23 中可以看出，R1 的 1.1.1.1/32 和 1.1.1.2/32 两条路由汇总成 1.1.1.0/24 这一条路由传递到 R3，减少了路由条目。

Destination/Mask	Proto	Pre	Cost	Flags	NextHop	Interface
1.1.1.0/24	OSPF	10	20	D	23.1.1.2	GigabitEthernet0/0/1
	OSPF	10	20	D	23.2.2.2	GigabitEthernet0/0/2
3.3.3.3/32	Direct	0	0	D	127.0.0.1	LoopBack0
12.1.1.0/24	OSPF	10	4892	D	23.1.1.2	GigabitEthernet0/0/1
	OSPF	10	4892	D	23.2.2.2	GigabitEthernet0/0/2
23.1.1.0/24	Direct	0	0	D	23.1.1.3	GigabitEthernet0/0/1
23.1.1.3/32	Direct	0	0	D	127.0.0.1	GigabitEthernet0/0/1
23.1.1.255/32	Direct	0	0	D	127.0.0.1	GigabitEthernet0/0/1
23.2.2.0/24	Direct	0	0	D	23.2.2.3	GigabitEthernet0/0/2
23.2.2.3/32	Direct	0	0	D	127.0.0.1	GigabitEthernet0/0/2
23.2.2.255/32	Direct	0	0	D	127.0.0.1	GigabitEthernet0/0/2
33.33.33.33/32	Direct	0	0	D	127.0.0.1	LoopBack1
127.0.0.0/8	Direct	0	0	D	127.0.0.1	InLoopBack0
127.0.0.1/32	Direct	0	0	D	127.0.0.1	InLoopBack0
127.255.255.255/32	Direct	0	0	D	127.0.0.1	InLoopBack0
192.168.1.0/24	OSPF	10	20	D	23.1.1.2	GigabitEthernet0/0/1
	OSPF	10	20	D	23.2.2.2	GigabitEthernet0/0/2
255.255.255.255/32	Direct	0	0	D	127.0.0.1	InLoopBack0

[R3]

图 4-23　R3 路由表

（5）将 R3 的直连路由 33.33.33.33/32 以 OSPF 外部路由类型 1 的方式引入 OSPF 中。

● 以 OSPF 外部路由类型 1 的方式引入直连路由到 OSPF，不选择类型时默认引入类型 2

```
[R3]ospf 10 router-id 3.3.3.3
[R3-ospf-10]import-route direct type 1
```

从图 4-24 中可以看出，R1 收到了从 R3 引入的为外部路由类型 1 的 33.33.33.33/32 这条路由。

```
Destination/Mask    Proto   Pre  Cost      Flags NextHop         Interface

        1.1.1.1/32  Direct  0    0           D   127.0.0.1       LoopBack0
        1.1.1.2/32  Direct  0    0           D   127.0.0.1       LoopBack1
        3.3.3.3/32  OSPF    10   20          D   192.168.1.2     GigabitEthernet0/0/0
       12.1.1.0/24  Direct  0    0           D   12.1.1.1        Serial1/0/0
       12.1.1.1/32  Direct  0    0           D   127.0.0.1       Serial1/0/0
       12.1.1.2/32  Direct  0    0           D   12.1.1.2        Serial1/0/0
     12.1.1.255/32  Direct  0    0           D   127.0.0.1       Serial1/0/0
       23.1.1.0/24  OSPF    10   20          D   192.168.1.2     GigabitEthernet0/0/0
       23.2.2.0/24  OSPF    10   20          D   192.168.1.2     GigabitEthernet0/0/0
    33.33.33.33/32  O_ASE   150  21          D   192.168.1.2     GigabitEthernet0/0/0
        127.0.0.0/8 Direct  0    0           D   127.0.0.1       InLoopBack0
       127.0.0.1/32 Direct  0    0           D   127.0.0.1       InLoopBack0
127.255.255.255/32  Direct  0    0           D   127.0.0.1       InLoopBack0
    192.168.1.0/24  Direct  0    0           D   192.168.1.1     GigabitEthernet0/0/0
    192.168.1.1/32  Direct  0    0           D   127.0.0.1       GigabitEthernet0/0/0
  192.168.1.255/32  Direct  0    0           D   127.0.0.1       GigabitEthernet0/0/0
255.255.255.255/32  Direct  0    0           D   127.0.0.1       InLoopBack0

[R1]
```

图 4-24　R1 路由表

(6) 在 R3 上配置静态默认路由并实现负载分担，在 OSPF 中下发默认路由，使得 R1 和 R3 的环回接口可以访问 R2 上模拟互联网的地址 8.8.8.8/32。

● 配置静态默认路由并实现负载分担

```
[R3]ip route-static 0.0.0.0 0 23.1.1.2
[R3]ip route-static 0.0.0.0 0 23.2.2.2
```

● OSPF 中下发默认路由，前提是有其他任何形式的默认路由存在，这里我们配置了静态默认路由

```
[R3]ospf 10 router-id 3.3.3.3
[R3-ospf-10]default-route-advertise
```

从图 4-25 中可以看出，存在两条负载分担的静态默认路由。从图 4-26 中可以看出，存在一条为 OSPF 外部路由类型 2 的默认路由。

```
Destination/Mask    Proto   Pre  Cost       Flags NextHop         Interface

        0.0.0.0/0   Static  60   0            RD   23.1.1.2        GigabitEthernet0/0/1
                    Static  60   0            RD   23.2.2.2        GigabitEthernet0/0/2
        1.1.1.0/24  OSPF    10   20           D    23.1.1.2        GigabitEthernet0/0/1
                    OSPF    10   20           D    23.2.2.2        GigabitEthernet0/0/2
        3.3.3.3/32  Direct  0    0            D    127.0.0.1       LoopBack0
       12.1.1.0/24  OSPF    10   4892         D    23.1.1.2        GigabitEthernet0/0/1
                    OSPF    10   4892         D    23.2.2.2        GigabitEthernet0/0/2
       23.1.1.0/24  Direct  0    0            D    23.1.1.3        GigabitEthernet0/0/1
       23.1.1.3/32  Direct  0    0            D    127.0.0.1       GigabitEthernet0/0/1
     23.1.1.255/32  Direct  0    0            D    127.0.0.1       GigabitEthernet0/0/1
       23.2.2.0/24  Direct  0    0            D    23.2.2.3        GigabitEthernet0/0/2
       23.2.2.3/32  Direct  0    0            D    127.0.0.1       GigabitEthernet0/0/2
     23.2.2.255/32  Direct  0    0            D    127.0.0.1       GigabitEthernet0/0/2
    33.33.33.33/32  Direct  0    0            D    127.0.0.1       LoopBack1
      127.0.0.0/8   Direct  0    0            D    127.0.0.1       InLoopBack0
      127.0.0.1/32  Direct  0    0            D    127.0.0.1       InLoopBack0
127.255.255.255/32  Direct  0    0            D    127.0.0.1       InLoopBack0
    192.168.1.0/24  OSPF    10   20           D    23.1.1.2        GigabitEthernet0/0/1
                    OSPF    10   20           D    23.2.2.2        GigabitEthernet0/0/2
255.255.255.255/32  Direct  0    0            D    127.0.0.1       InLoopBack0

[R3]
```

图 4-25　R3 路由表

```
Destination/Mask    Proto   Pre  Cost       Flags NextHop         Interface

        0.0.0.0/0   O_ASE   150  1            D    192.168.1.2     GigabitEthernet0/0/0
        1.1.1.1/32  Direct  0    0            D    127.0.0.1       LoopBack0
        1.1.1.2/32  Direct  0    0            D    127.0.0.1       LoopBack1
        3.3.3.3/32  OSPF    10   20           D    192.168.1.2     GigabitEthernet0/0/0
       12.1.1.0/24  Direct  0    0            D    12.1.1.1        Serial1/0/0
       12.1.1.1/32  Direct  0    0            D    127.0.0.1       Serial1/0/0
       12.1.1.2/32  Direct  0    0            D    12.1.1.2        Serial1/0/0
     12.1.1.255/32  Direct  0    0            D    127.0.0.1       Serial1/0/0
       23.1.1.0/24  OSPF    10   20           D    192.168.1.2     GigabitEthernet0/0/0
       23.2.2.0/24  OSPF    10   20           D    192.168.1.2     GigabitEthernet0/0/0
    33.33.33.33/32  O_ASE   150  21           D    192.168.1.2     GigabitEthernet0/0/0
      127.0.0.0/8   Direct  0    0            D    127.0.0.1       InLoopBack0
      127.0.0.1/32  Direct  0    0            D    127.0.0.1       InLoopBack0
127.255.255.255/32  Direct  0    0            D    127.0.0.1       InLoopBack0
    192.168.1.0/24  Direct  0    0            D    192.168.1.1     GigabitEthernet0/0/0
    192.168.1.1/32  Direct  0    0            D    127.0.0.1       GigabitEthernet0/0/0
  192.168.1.255/32  Direct  0    0            D    127.0.0.1       GigabitEthernet0/0/0
255.255.255.255/32  Direct  0    0            D    127.0.0.1       InLoopBack0

[R1]
```

图 4-26　R1 路由表

(7) 通过修改 OSPF 度量值干涉选路，使得 R3 的环回接口与 R1 的环回接口选择 R1 和 R2 之间的串行链路进行通信。

- 查看 OSPF 接口信息

```
[R1]display ospf interface g0/0/0
```

从图 4-27 中可以看到，R1 的接口 e0/0 的 COST 值为 10，我们将 R1 和 R2 的 s1/0/0 的 COST 值修改小于 10 就可以使得串行链路优选通信。

```
[R1]display ospf interface g0/0/0

        OSPF Process 10 with Router ID 1.1.1.1
                Interfaces


 Interface: 192.168.1.1 (GigabitEthernet0/0/0)
 Cost: 10       State: DR        Type: Broadcast     MTU: 1500
 Priority: 1
 Designated Router: 192.168.1.1
 Backup Designated Router: 192.168.1.2
 Timers: Hello 10 , Dead 40 , Poll  120 , Retransmit 5 , Transmit Delay 1
[R1]
```

图 4-27　R1 OSPF 接口信息

- R1 上修改度量值为 9

```
[R1]interface s1/0/0
[R1-Serial1/0/0]ospf cost 9
```

- R2 上修改度量值为 9

```
[R2]interface s1/0/0
[R2-Serial1/0/0]ospf cost 9
```

从图 4 - 28 中可以看出，R1 上到 3.3.3.3/32 选择了串行链路接口 s1/010。

```
Destination/Mask    Proto   Pre  Cost      Flags NextHop         Interface

        0.0.0.0/0   O_ASE   150  1           D   12.1.1.2        Serial1/0/0
        1.1.1.1/32  Direct  0    0           D   127.0.0.1       LoopBack0
        1.1.1.2/32  Direct  0    0           D   127.0.0.1       LoopBack1
        3.3.3.3/32  OSPF    10   19          D   12.1.1.2        Serial1/0/0
       12.1.1.0/24  Direct  0    0           D   12.1.1.1        Serial1/0/0
       12.1.1.1/32  Direct  0    0           D   127.0.0.1       Serial1/0/0
       12.1.1.2/32  Direct  0    0           D   12.1.1.2        Serial1/0/0
     12.1.1.255/32  Direct  0    0           D   127.0.0.1       Serial1/0/0
       23.1.1.0/24  OSPF    10   19          D   12.1.1.2        Serial1/0/0
       23.2.2.0/24  OSPF    10   19          D   12.1.1.2        Serial1/0/0
    33.33.33.33/32  O_ASE   150  20          D   12.1.1.2        Serial1/0/0
      127.0.0.0/8   Direct  0    0           D   127.0.0.1       InLoopBack0
      127.0.0.1/32  Direct  0    0           D   127.0.0.1       InLoopBack0
127.255.255.255/32  Direct  0    0           D   127.0.0.1       InLoopBack0
    192.168.1.0/24  Direct  0    0           D   192.168.1.1     GigabitEthernet0/0/0
    192.168.1.1/32  Direct  0    0           D   127.0.0.1       GigabitEthernet0/0/0
  192.168.1.255/32  Direct  0    0           D   127.0.0.1       GigabitEthernet0/0/0
255.255.255.255/32  Direct  0    0           D   127.0.0.1       InLoopBack0

[R1]
```

图 4 - 28 R1 路由表

从图 4 - 29 中可以看出，R2 上到 1.1.1.0/24 选择了串行链路接口 s1/010。双向干涉选路成功。

```
Destination/Mask    Proto   Pre  Cost      Flags NextHop         Interface

        1.1.1.0/24  OSPF    10   9           D   12.1.1.1        Serial1/0/0
        3.3.3.3/32  OSPF    10   10          D   23.1.1.3        GigabitEthernet0/0/1
                    OSPF    10   10          D   23.2.2.3        GigabitEthernet0/0/2
        8.8.8.8/32  Direct  0    0           D   127.0.0.1       LoopBack0
       12.1.1.0/24  Direct  0    0           D   12.1.1.2        Serial1/0/0
       12.1.1.1/32  Direct  0    0           D   12.1.1.1        Serial1/0/0
       12.1.1.2/32  Direct  0    0           D   127.0.0.1       Serial1/0/0
     12.1.1.255/32  Direct  0    0           D   127.0.0.1       Serial1/0/0
       23.1.1.0/24  Direct  0    0           D   23.1.1.2        GigabitEthernet0/0/1
       23.1.1.2/32  Direct  0    0           D   127.0.0.1       GigabitEthernet0/0/1
     23.1.1.255/32  Direct  0    0           D   127.0.0.1       GigabitEthernet0/0/1
       23.2.2.0/24  Direct  0    0           D   23.2.2.2        GigabitEthernet0/0/2
       23.2.2.2/32  Direct  0    0           D   127.0.0.1       GigabitEthernet0/0/2
     23.2.2.255/32  Direct  0    0           D   127.0.0.1       GigabitEthernet0/0/2
    33.33.33.33/32  O_ASE   150  11          D   23.1.1.3        GigabitEthernet0/0/1
                    O_ASE   150  11          D   23.2.2.3        GigabitEthernet0/0/2
      127.0.0.0/8   Direct  0    0           D   127.0.0.1       InLoopBack0
      127.0.0.1/32  Direct  0    0           D   127.0.0.1       InLoopBack0
127.255.255.255/32  Direct  0    0           D   127.0.0.1       InLoopBack0
    192.168.1.0/24  Direct  0    0           D   192.168.1.2     GigabitEthernet0/0/0
    192.168.1.2/32  Direct  0    0           D   127.0.0.1       GigabitEthernet0/0/0
  192.168.1.255/32  Direct  0    0           D   127.0.0.1       GigabitEthernet0/0/0
255.255.255.255/32  Direct  0    0           D   127.0.0.1       InLoopBack0

[R2]
```

图 4 - 29 R2 路由表

(8) 通信测试。

从图 4 - 30 中可以看出，R1 与 R3 环回接口通信正常。

```
[R3]ping -a 3.3.3.3 1.1.1.1
  PING 1.1.1.1: 56  data bytes, press CTRL_C to break
    Reply from 1.1.1.1: bytes=56 Sequence=1 ttl=254 time=100 ms
    Reply from 1.1.1.1: bytes=56 Sequence=2 ttl=254 time=20 ms
    Reply from 1.1.1.1: bytes=56 Sequence=3 ttl=254 time=30 ms
    Reply from 1.1.1.1: bytes=56 Sequence=4 ttl=254 time=20 ms
    Reply from 1.1.1.1: bytes=56 Sequence=5 ttl=254 time=30 ms

  --- 1.1.1.1 ping statistics ---
    5 packet(s) transmitted
    5 packet(s) received
    0.00% packet loss
    round-trip min/avg/max = 20/40/100 ms
```

图 4 - 30　R1 和 R3 通信测试

从图 4 - 31 中可以看出，R1 环回接口访问互联网正常。

```
[R1]ping -a 1.1.1.1 8.8.8.8
  PING 8.8.8.8: 56  data bytes, press CTRL_C to break
    Reply from 8.8.8.8: bytes=56 Sequence=1 ttl=255 time=30 ms
    Reply from 8.8.8.8: bytes=56 Sequence=2 ttl=255 time=30 ms
    Reply from 8.8.8.8: bytes=56 Sequence=3 ttl=255 time=20 ms
    Reply from 8.8.8.8: bytes=56 Sequence=4 ttl=255 time=30 ms
    Reply from 8.8.8.8: bytes=56 Sequence=5 ttl=255 time=10 ms

  --- 8.8.8.8 ping statistics ---
    5 packet(s) transmitted
    5 packet(s) received
    0.00% packet loss
    round-trip min/avg/max = 10/24/30 ms
```

图 4 - 31　R1 访问互联网测试

从图 4 - 32 中可以看出，R1 环回接口访问 R3 环回接口选择了串行链路。

```
[R1]tracert -a 1.1.1.1 3.3.3.3
 traceroute to  3.3.3.3(3.3.3.3), max hops: 30 ,
 1 12.1.1.2 30 ms  20 ms  30 ms
 2 23.2.2.3 10 ms 23.1.1.3 10 ms 23.2.2.3 10 ms
[R1]
```

图 4 - 32　R1 访问 R3 路由测试

【实验小结】

通过实验 6 我们可以了解到，华为设备上实施 OSPF 时一定要激活对应区域，否则无法建立邻接关系。使用 OSPF 虚链路技术主要是为了解决网络重组合并造成骨干区域不相连或非骨干区域不与骨干区域相连两种情况下获取的路由不完整的问题。OSPF 只支持手工汇总路由，区域内汇总需要在 ABR 上完成，外部路由汇总需要在 ASBR 上完成。OSPF 引入外部路由分为类型 1 和类型 2，类型 1 取实际度量值，类型 2 度量值为 20，但是按最大度量值计算，类型 1 优于类型 2，默认引入类型 2。思科 OSPF 内部路由和外部路由的管理距离都为 110，华为 OSPF 内部路由的路由优先级为 10，外部路由为 150，所以思科外部路由类型 1 可能优于内部路由，华为内部路由肯定优于外部路由（路由决策三原则的第二条原则）。OSPF 中我们可以使用修改接口度量值的方法干涉选路，因为现在设备的接口带宽一般都是千兆起步，所以不管是手工干涉或者协议自动计算选路，为了更科学精准地选择最优路由，建议根据设备接口带宽修改 OSPF 带宽参考值（默认值为 100），度量值＝100/带宽。

4.2 EBGP

4.2.1 BGP 概述

BGP（border gateway protocol，边界网关协议）是一种用于实现 AS 之间的路由可达，并选择最佳路由的距离矢量路由协议，能实现 AS 间交换路由信息，目前广为使用的是 BGP－4，支持 CIDR，使用 TCP 179 端口传输数据。用于在同一个 AS 的路由之间传输数据的协议称为 IBGP，用于在不同 AS 的路由之间传输数据的协议称为 EBGP，BGP 采用增量更新策略，不会定期同步路由。

AS 内，管理者可以自主决定路由的所有操作，AS 之间通过 BGP 等外部路由协议交换信息。提供互联网服务的 ISP 必须注册并分配 AS 号，该 AS 号全网唯一，中国的 AS 号管理者是中国互联网络信息中心（China Internet Network Information Center，CNNIC）。私有 AS 号的范围是 64512～65535，不需要注册，类似于私有 IP 地址。

BGP 连接是一对一连接，建立 BGP 连接的双方称为对等体，对等体通过 AS 号进行识别，AS 号相同的称为内部对等体，使用 IBGP 协议，AS 号不同的称为外部对等体，使用 EBGP 协议。

4.2.2 BGP 的优点

（1）BGP 从多个方面保证了网络的安全性、灵活性、稳定性、可靠性和高效性。

（2）BGP 采用认证和 GTSM 方式，保证了网络的安全性。

（3）BGP 提供了丰富的路由策略，能够灵活地进行路由选择，并且能指导邻居按策略发布路由。

（4）BGP 提供的路由聚合和路由衰减功能用于防止路由出现震荡，有效提高了网络的稳定性。

（5）BGP 使用 TCP 作为其传输层协议（目的端口号 179），并支持与 BGP 与 BFD 联动、BGP 跟踪、BGP GR 和 NSR，提高了网络的可靠性。

（6）在邻居数目多、路由量大且大部分邻居具有相同出口的场景下，BGP 使用的按组打包技术极大地提高了 BGP 打包发包性能。

4.2.3 EBGP 配置

1. 思科配置

- 启动 BGP 进程并指定 AS 号，一台路由器只能有一个 BGP 进程

```
R1(config)#router bgp 100
```

• 配置 BGP 路由器 ID

```
R1(config-router)#bgp router-id 1.1.1.1
```

• 指定 BGP 邻居地址及对应的 AS 号

```
R1(config-router)#neighbor 12.1.1.2 remote-as 200
```

• 路由可以是本地路由，也可以是获取的外部路由，地址以及掩码必须严格匹配

```
R1(config-router)#network 1.1.1.1 mask 255.255.255.255
```

• 查看 BGP 邻居表

```
R1#show ip bgp summary
```

• 查看 BGP 路由表

```
R1#show ip bgp
```

• 查看路由表中的 BGP 路由

```
R1#show ip route bgp
```

2. 华为配置

• 启动 BGP 进程并指定 AS 号，一台路由器只能有一个 BGP 进程

```
[R1]bgp 100
```

• 配置 BGP 路由器 ID

```
[R1-bgp]router-id 1.1.1.1
```

• 指定 BGP 邻居地址及对应的 AS 号

```
[R1-bgp]peer 12.1.1.2 as-number 200
```

• 路由可以是本地路由，也可以是获取的外部路由，地址以及掩码必须严格匹配

```
[R1-bgp]network 1.1.1.1 255.255.255.255
```

• 查看 BGP 邻居表

```
[R1]display bgp peer
```

• 查看 BGP 路由表

```
[R1]display bgp routing-table
```

- 查看路由表中的 BGP 路由

```
[R1]display ip routing-table protocol bgp
```

4.2.4 EBGP 实验(实验 7)

在此实验中，配置 EBGP，使得 R1 和 R2 建立 EBGP 邻居关系，在 BGP 中通告 R1 和 R2 的环回接口，使得两端的环回接口可以相互通信。

【实验目的】

(1) 掌握思科、华为设备上 EBGP 路由协议的基本配置。

(2) 掌握思科、华为设备上 EBGP 的路由通告规则。

【实验步骤】

1. 思科设备上实施

实验拓扑图如图 4-33 所示，具体配置步骤如下。

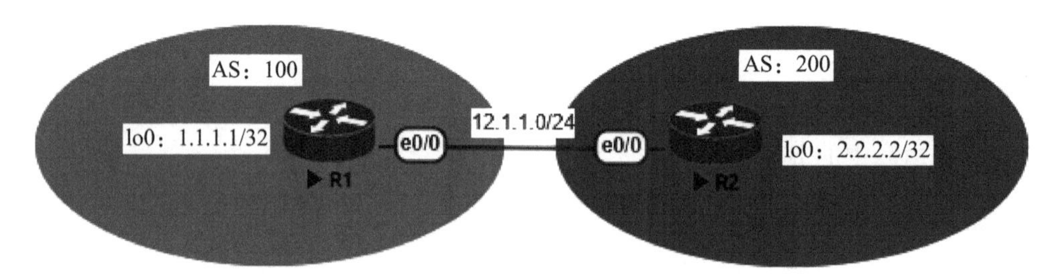

图 4-33 思科 EBGP 实验拓扑图

(1) 配置接口地址(此处省略)。

(2) 在 R1、R2 上完成 EBGP 邻居关系的建立。

```
R1(config)#router bgp 100
R1(config-router)#bgp router-id 1.1.1.1
R1(config-router)#neighbor 12.1.1.2 remote-as 200
R2(config)#router bgp 200
R2(config-router)#bgp router-id 2.2.2.2
R2(config-router)#neighbor 12.1.1.1 remote-as 100
```

(3) 在 R1、R2 的 BGP 中通告两端的环回接口地址，使得它们可以正常通信。

```
R1(config-router)#network 1.1.1.1 mask 255.255.255.255
R2(config-router)#network 2.2.2.2 mask 255.255.255.255
```

(4) 查看 BGP 路由表。从图 4-34 中可以看出，存在 1.1.1.1/32 和 2.2.2.2/32 两条路由。

```
R1#show ip bgp
BGP table version is 3, local router ID is 1.1.1.1
Status codes: s suppressed, d damped, h history, * valid, > best, i -
              r RIB-failure, S Stale, m multipath, b backup-path, f RT-
              x best-external, a additional-path, c RIB-compressed,
              t secondary path,
Origin codes: i - IGP, e - EGP, ? - incomplete
RPKI validation codes: V valid, I invalid, N Not found

     Network          Next Hop            Metric LocPrf Weight Path
 *>  1.1.1.1/32       0.0.0.0                  0         32768 i
 *>  2.2.2.2/32       12.1.1.2                 0             0 200 i
R1#
```

图 4－34　R1 BGP 路由表

(5) R1 与 R2 环回接口进行通信测试。从图 4－35 中可以看出,两端的环回接口通信正常。

```
R1#ping 2.2.2.2 source 1.1.1.1
Type escape sequence to abort.
Sending 5, 100-byte ICMP Echos to 2.2.2.2, timeout is 2
Packet sent with a source address of 1.1.1.1
!!!!!
Success rate is 100 percent (5/5), round-trip min/avg/m
R1#
```

图 4－35　R1 和 R2 通信测试

2. 华为设备上实施

实验拓扑图如图 4－36 所示,具体配置步骤如下。

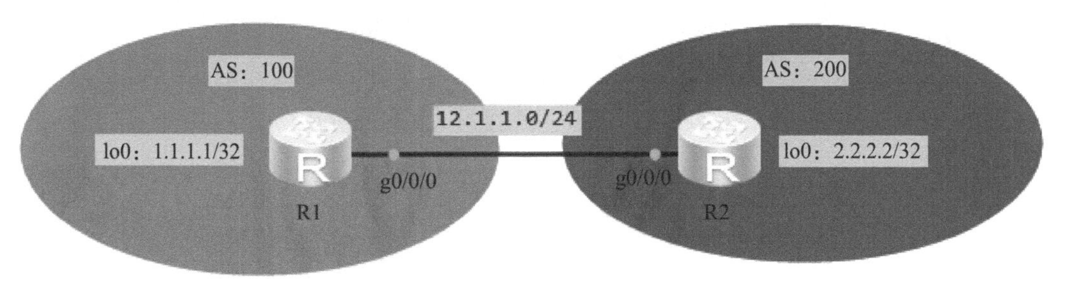

图 4－36　华为 EBGP 实验拓扑图

(1) 配置接口地址(此处省略)。

(2) 在 R1、R2 上完成 EBGP 邻居关系的建立。

```
[R1]bgp 100
[R1-bgp]router-id 1.1.1.1
[R1-bgp]peer 12.1.1.2 as-number 200
[R2]bgp 200
[R2-bgp]router-id 2.2.2.2
[R2-bgp]peer 12.1.1.1 as-number 100
```

(3) 在 R1、R2 的 BGP 中通告两端的环回接口地址,使得它们可以正常通信。

```
[R1-bgp]network 1.1.1.1 32
[R2-bgp]network 2.2.2.2 32
```

(4) 查看 BGP 路由表。从图 4-37 中可以看出,存在 1.1.1.1/32 和 2.2.2.2/32 两条路由。

```
[R1]display bgp routing-table

 BGP Local router ID is 1.1.1.1
 Status codes: * - valid, > - best, d - damped,
               h - history,  i - internal, s - suppressed, S - Stale
               Origin : i - IGP, e - EGP, ? - incomplete


 Total Number of Routes: 2
      Network            NextHop        MED        LocPrf    PrefVal Path/Ogn

 *>   1.1.1.1/32         0.0.0.0         0                     0      i
 *>   2.2.2.2/32         12.1.1.2        0                     0      200i
[R1]
```

图 4-37 R1 BGP 路由表

(5) R1 与 R2 环回接口进行通信测试。从图 4-38 中可以看出,两端的环回接口通信正常。

```
[R1]ping -a 1.1.1.1 2.2.2.2
  PING 2.2.2.2: 56  data bytes, press CTRL_C to break
    Reply from 2.2.2.2: bytes=56 Sequence=1 ttl=255 time=40 ms
    Reply from 2.2.2.2: bytes=56 Sequence=2 ttl=255 time=30 ms
    Reply from 2.2.2.2: bytes=56 Sequence=3 ttl=255 time=20 ms
    Reply from 2.2.2.2: bytes=56 Sequence=4 ttl=255 time=30 ms
    Reply from 2.2.2.2: bytes=56 Sequence=5 ttl=255 time=30 ms

  --- 2.2.2.2 ping statistics ---
    5 packet(s) transmitted
    5 packet(s) received
    0.00% packet loss
    round-trip min/avg/max = 20/30/40 ms
```

图 4-38 R1 和 R2 通信测试

【实验小结】

通过实验 7 我们可以了解到,BGP 路由协议是在 IGP 的基础上建立单播邻居关系,此实验中是在直连路由的基础上建立邻居关系。BGP 中通告的路由可以是本地产生或者以任何形式学习到的路由,地址和掩码必须和路由表中的路由条目严格匹配,否则不会通告。BGP 可以选择性地通告路由,以及更好地控制路由。

4.3 路由重分布(华为:路由引入)

4.3.1 路由重分布概述

要想在同一个网络中有效地支持多种路由协议,必须在不同的路由协议之间共享路由信息。在不同的路由协议之间交换路由信息的过程称为路由重分布。路由重分布可以是单向的,也可以是双向的。用于实现重分布的路由器称为边界路由器。

重分布只能在使用同一种第三层协议的路由选择进程之间进行,也就是说,OSPF、BGP、EIGRP、IS-IS等之间可以进行重分布,因为它们都属于TCP/IP协议栈的协议,而AppleTalk或者IPX协议栈的协议与TCP/IP协议栈的路由选择协议不能相互重分布路由。

4.3.2 路由重分布存在的问题与解决方案

存在的问题如下。

(1) 路由回环:根据重分布的使用方法,路由器有可能将它从一个AS收到的路由信息发回这个AS中,这种回馈与距离矢量路由协议的水平分割问题类似。

(2) 路由信息不兼容:不同的路由协议使用不同的量度值,这些量度值可能无法被正确引入不同的路由协议中,使用重分布的路由信息来进行路径选择可能不是最优的。

(3) 收敛时间不一致:不同的路由协议收敛速率不同,例如,RIP比EIGRP收敛得慢,因此如果一条链路失效,EIGRP网络将比RIP网络更早得知这一信息。

解决方案如下。

(1) 熟悉网络:用于实现重分布的方式有很多,熟悉网络有助于做出最好的决定。

(2) 不要重叠使用路由协议:不要在同一个网络里使用两个不同的路由协议,使用不同路由协议的网络之间应该有明显的边界。

(3) 在有多个边界路由器的情况下使用单向重分布:如果有一台以上的路由器作为重分布点,使用单向重分布可以避免出现回环和收敛问题。在不需要接收外部路由的路由器上使用默认路由。

(4) 在单边界条件下使用双向重分布:当一个网络中只有一个边界路由器时,双向重分布工作得很稳定。如果没有任何机制来防止出现路由回环,不要在一个多边界网络中使用双向重分布。综合使用默认路由、路由过滤以及修改管理距离可以防止出现路由回环。

4.3.3 路由重分布配置

1. 思科配置

1) OSPF重分布

注意:OSPF在任何情况下都不允许将默认路由重分布进来。

- OSPF下发默认路由

```
R1(config-router)#default-information originate
```

- 注入直连路由

```
R1(config)#router ospf 110
R1(config-router)#redistribute connected subnets
```

- 注入静态路由

```
R1(config-router)#redistribute static subnets
```

● 注入 BGP

默认情况下 metric 值为 20

```
R1(config-router)#redistribute bgp 100 subnets
```

● 类型 1 使用实际的 metric 值,类型 2 使用默认值 20,但实际 metric 值为最大,默认使用类型 2

```
R1(config-router)#redistribute bgp 100 subnets metric-type 1
```

● 注入不同进程的 OSPF

```
R1(config)#router ospf 110
R1(config-router)#redistribute ospf 10 subnets
```

2) BGP 重发布

● 注入直连路由

```
R1(config)#router bgp 100
R1(config-router)#redistribute connected
```

● 注入静态路由

```
R1(config-router)#redistribute static
```

● 注入 OSPF

```
R1(config-router)#redistribute ospf 110
```

● 注入不同 AS 的 BGP

```
R1(config)#router bgp 100
R1(config-router)#redistribute bgp 200
```

2. 华为配置

1) OSPF 引入

注意:OSPF 在任何情况下都不允许引入默认路由。

● OSPF 下发默认路由

```
[R1-ospf-10]default-route-advertise
```

● 注入直连路由

```
[R1]ospf 10 router-id 1.1.1.1
[R1-ospf-10]import-route direct
```

● 注入静态路由

```
[R1-ospf-10]import-route static
```

- 注入BGP
- 类型1使用实际的Metric值，类型2使用默认值20，但实际Metric值为最大，默认使用类型2

```
[R1-ospf-10]import-route bgp
[R1-ospf-10]import-route bgp type 1
```

- 注入不同进程的OSPF

```
[R1]ospf 10 router-id 1.1.1.1
[R1-ospf-10]import-route ospf 100
```

2）BGP引入
- 注入直连路由

```
[R1]bgp 100
[R1-bgp]import-route direct
```

- 注入静态路由

```
[R1-bgp]import-route static
```

- 注入OSPF

```
[R1-bgp]import-route ospf 10
```

注意：华为不支持，注入不同AS的BGP。

4.3.4　路由重分布实验(实验8)

在此实验中，R1与R2之间配置OSPF，R3与R4之间配置OSPF。R2与R3之间实施EBGP，R2在BGP中只通告R1的1.1.1.1/32这条路由，R3在BGP中通告R4的4.4.4.4/32这条路由。R1的11.11.11.11/32这条路由只能在AS内部访问。在R2与R3的OSPF中重分布BGP，使得R1的lo0与R4的lo0可以相互通信。

【实验目的】

(1) 掌握思科、华为设备上重分布(引入)的配置。

(2) 掌握思科、华为设备上重分布的规则。

【实验步骤】

1. 思科设备上实施

实验拓扑图如图4-39所示，具体配置步骤如下。

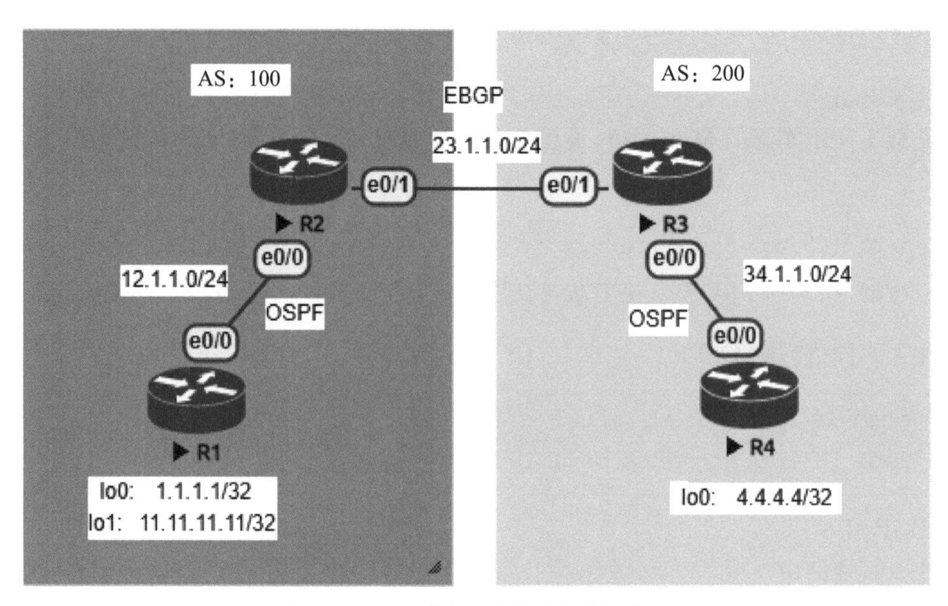

图 4-39 思科路由重分布实验拓扑图

(1) 配置接口地址(此处省略)。

(2) R1 与 R2 之间配置 OSPF,R3 与 R4 之间配置 OSPF。

```
R1(config)#router ospf 110
R1(config-router)#router-id 1.1.1.1
R1(config)#interface e0/0
R1(config-if)#ip ospf 110 area 0
R1(config)#interface lo0
R1(config-if)#ip ospf 110 area 0
R1(config)#interface lo1
R1(config-if)#ip ospf 110 area 0
R2(config)#router ospf 110
R2(config-router)#router-id 2.2.2.2
R2(config)#interface e0/0
R2(config-if)#ip ospf 110 area 0
R4(config)#router ospf 110
R4(config-router)#router-id 4.4.4.4
R4(config)#interface e0/0
R4(config-if)#ip ospf 110 area 0
R4(config)#interface lo0
R4(config-if)#ip ospf 110 area 0
R3(config)#router ospf 110
R3(config-router)#router-id 3.3.3.3
```

```
R3(config)#interface e0/0
R3(config-if)#ip ospf 110 area 0
```

(3) R2与R3之间实施EBGP,R2在BGP中只通告R1的1.1.1.1/32这条路由,R3在BGP中通告R4的4.4.4.4/32这条路由。

```
R2(config)#router bgp 100
R2(config-router)#bgp router-id 2.2.2.2
R2(config-router)#neighbor 23.1.1.3 remote-as 200
R2(config-router)#network 1.1.1.1 mask 255.255.255.255
R3(config)#router bgp 200
R3(config-router)#bgp router-id 3.3.3.3
R3(config-router)#neighbor 23.1.1.2 remote-as 100
R3(config-router)#network 4.4.4.4 mask 255.255.255.255
```

(4) 在R2与R3的OSPF中重发布BGP。

```
R2(config)#router ospf 110
R2(config-router)#redistribute bgp 100 subnets
R3(config)#router ospf 110
R3(config-router)#redistribute bgp 200 subnets
```

(5) R1的lo0与R4的lo0进行通信测试。从图4-40中可以看出,R1与R4的lo0接口通信正常。BGP路由协议在此实验中最大的优势就是可以选择性地通告路由,我们不希望R1的lo1被外网访问,这样能更好地控制路由,满足不同的需求。

```
R4#ping 1.1.1.1 source 4.4.4.4
Type escape sequence to abort.
Sending 5, 100-byte ICMP Echos to 1.1.1.1, timeout is 2 seconds:
Packet sent with a source address of 4.4.4.4
!!!!!
Success rate is 100 percent (5/5), round-trip min/avg/max = 1/1/3 ms
```

图4-40　R1和R4通信测试

2. 华为设备上实施

实验拓扑图如图4-41所示,具体配置步骤如下。

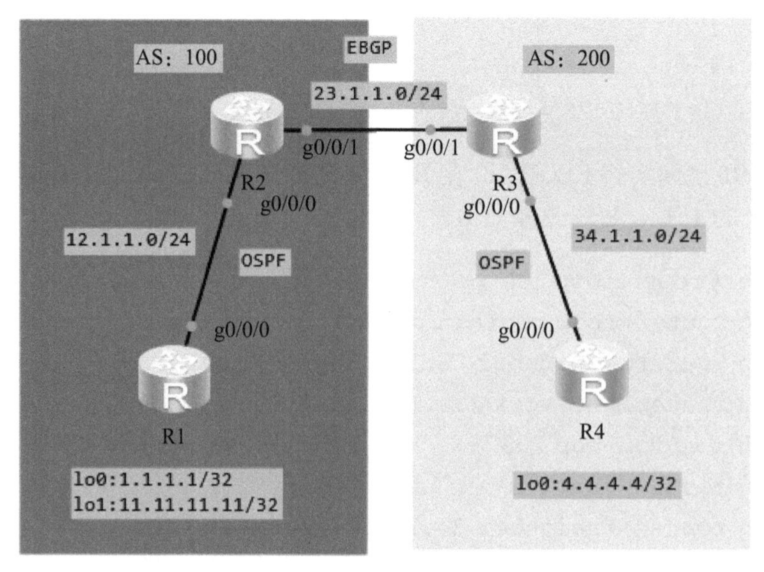

图 4-41　华为路由引入实验拓扑图

(1) 配置接口地址(此处省略)。

(2) R1 与 R2 之间配置 OSPF,R3 与 R4 之间配置 OSPF。

```
[R1]ospf 10 router-id 1.1.1.1
[R1-ospf-10]area 0
[R1]interface g0/0/0
[R1-GigabitEthernet0/0/0]ospf enable 10 area 0
[R1]interface lo0
[R1-LoopBack0]ospf enable 10 area 0
[R1]interface lo1
[R1-LoopBack1]ospf enable 10 area 0
[R2]ospf 10 router-id 2.2.2.2
[R2-ospf-1]area 0
[R2]interface g0/0/0
[R2-GigabitEthernet0/0/0]ospf enable 10 area 0
[R4]ospf 10 router-id 4.4.4.4
[R4-ospf-10]area 0
[R4]interface g0/0/0
[R4-GigabitEthernet0/0/0]ospf enable 10 area 0
[R4]interface lo0
[R4-LoopBack0]ospf enable 10 area 0
[R3]ospf 10 router-id 3.3.3.3
[R3-ospf-10]area 0
[R3]interface g0/0/0
[R3-GigabitEthernet0/0/0]ospf enable 10 area 0
```

(3) R2 与 R3 之间实施 EBGP，R2 在 BGP 中只通告 R1 的 1.1.1.1/32 这条路由，R3 在 BGP 中通告 R4 的 4.4.4.4/32 这条路由。

```
[R2]bgp 100
[R2-bgp]router-id 2.2.2.2
[R2-bgp]peer 23.1.1.3 as-number 200
[R2-bgp]network 1.1.1.1 32
[R3]bgp 200
[R3-bgp]router-id 3.3.3.3
[R3-bgp]peer 23.1.1.2 as-number 100
[R3-bgp]network 4.4.4.4 32
```

(4) 在 R2 与 R3 的 OSPF 中重发布 BGP。

```
[R2]ospf 10 router-id 2.2.2.2
[R2-ospf-10]import-route bgp
[R3]ospf 10 router-id 3.3.3.3
[R3-ospf-10]import-route bgp
```

(5) R1 的 lo0 与 R4 的 lo0 进行通信测试。从图 4 - 42 中可以看出，R1 与 R4 的 lo0 接口通信正常。BGP 路由协议在此实验中最大的优势就是可以选择性地通告路由，我们不希望 R1 的 lo1 被外网访问，这样能更好地控制路由，满足不同的需求。

```
[R4]ping -a 4.4.4.4 1.1.1.1
  PING 1.1.1.1: 56  data bytes, press CTRL_C to break
    Reply from 1.1.1.1: bytes=56 Sequence=1 ttl=253 time=50 ms
    Reply from 1.1.1.1: bytes=56 Sequence=2 ttl=253 time=30 ms
    Reply from 1.1.1.1: bytes=56 Sequence=3 ttl=253 time=40 ms
    Reply from 1.1.1.1: bytes=56 Sequence=4 ttl=253 time=40 ms
    Reply from 1.1.1.1: bytes=56 Sequence=5 ttl=253 time=40 ms

  --- 1.1.1.1 ping statistics ---
    5 packet(s) transmitted
    5 packet(s) received
    0.00% packet loss
    round-trip min/avg/max = 30/40/50 ms
```

图 4 - 42　R1 和 R4 通信测试

【实验小结】

通过实验 8 我们可以了解到，IGP 路由协议之间需要双向重分布才能正常通信。此实验将 EGP(BGP)单向重分布到 IGP(OSPF)中，因为 BGP 可以通告收到的 OSPF 路由。IGP 与 EGP(BGP)之间一般不会采用双向重分布，而是将 BGP 引入 IGP，然后再在 BGP 中选择性地进行通告，以更好地控制路由。

第5章　交换基础与VLAN、VLAN间路由

5.1 交换基础

5.1.1　以太网概述

在传统的以太网中，站点之间通过集线器(hub)相连，主机只能以半双工模式通信，是一种共享式以太网，整个网络处于一个冲突域。hub、同轴电缆都是典型的物理层设备，所有互联的设备位于一个冲突域中，网络流量增大时冲突不断发生，网络吞吐量严重降低。

现代以太网通过交换机进行站点之间的连接，是一种交换式以太网，主机工作在全双工模式下。交换机通过识别数据帧的MAC地址将帧转换到特定端口，而不是像集线器将数据复制到所有端口(广播)，所以交换机可以隔离冲突域。

5.1.2　MAC地址

每个以太网帧的帧头都包含一个目的MAC和一个源MAC，其作用是标识帧的源节点和目的节点的物理地址。MAC地址长度为48位，由6个字节的16进制数组成，前24位为组织唯一标识符(organizational unique identifier, OUI)，后24位由厂家自定义(见图5-1)。

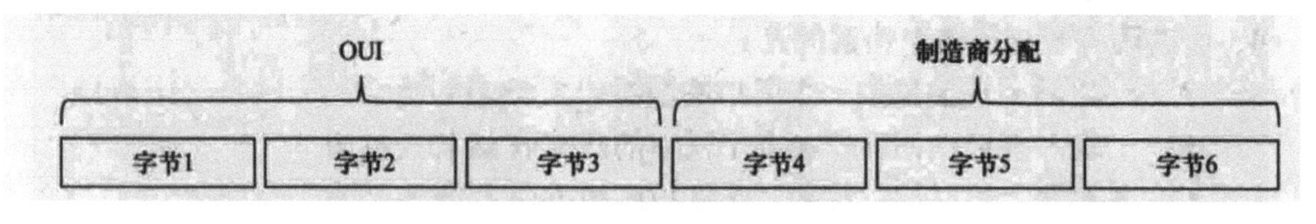

图5-1　MAC地址组成

如图5-2所示，从应用上MAC地址分为单播地址、组播地址、广播地址。

(1) 单播地址：第一个字节的最低位为0，用于标识唯一的设备。

(2) 组播地址：第一个字节的最低位为1，用于标识属于同一组的多个设备。

(3) 广播地址：48位全为1，用于标识同一个网段中的所有设备。

图5-3为各类MAC地址示例。

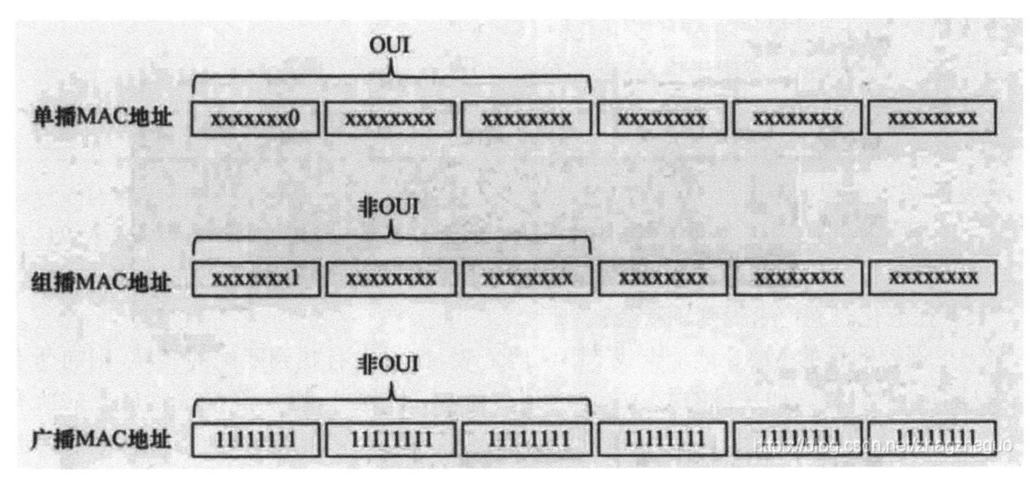

图 5－2　MAC 地址分类

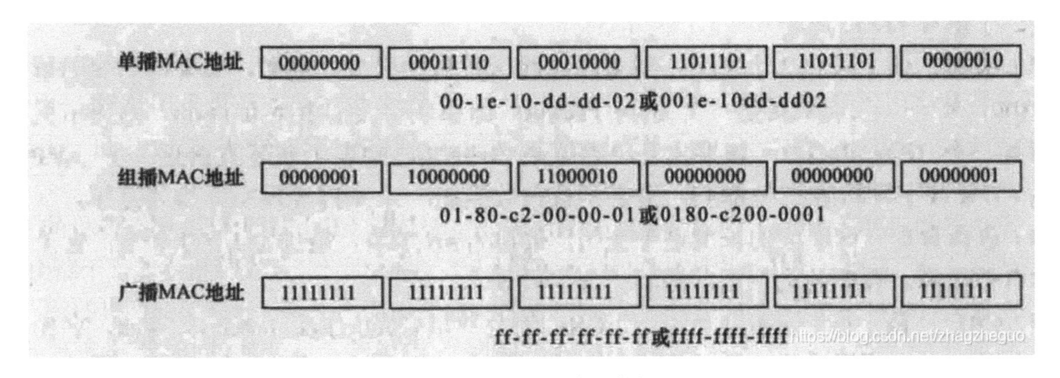

图 5－3　MAC 地址举例

5.1.3　交换机简介

交换机基于硬件实现对数据的转发。它可以为任意两个交换数据帧的端口建立一条数据通道，大大提高了数据交换速率。

依据二层（数据链路层）信息进行数据帧转发称为二层交换，仅支持二层交换的交换机称为二层交换机。依据三层（网络层）信息进行数据包转发称为三层转发，支持三层转发的交换机称为三层交换机。

5.1.4　二层交换原理

二层交换机工作在 OSI 模型的第二层，即数据链路层，它对数据包的转发建立在数据链路层 MAC 地址的基础之上，内部使用硬件交换芯片（ASIC）实现转发。由于是硬件转发，其转发性能很高。二层交换机不同端口属于不同的冲突域，接收和发送数据独立，因此有效地隔离了物理层冲突域。

二层交换机通过学习和解析以太网帧的源 MAC 来维护 MAC 地址与端口的对应关系（保存 MAC 与端口的对应关系形成 MAC 地址表），通过目的 MAC 地址来查找 MAC 表并决定向哪个端口转发数据。

交换机对帧的转发操作主要有以下几种。

(1) 泛洪(flooding):应用于广播、未知单播。

(2) 转发(forwarding):针对单播帧而且 MAC 地址表中存在。

(3) 丢弃(discarding):针对 FCS 校验失败时。

转发的基本流程如下。

(1) 二层交换机收到以太网帧,将其源 MAC 地址与接收端口的对应关系写入 MAC 地址表,作为以后的二层转发依据。如果 MAC 表中已有相同表项,则刷新该表项的老化时间。MAC 表项在老化时间内未得到刷新会被删除。

(2) 根据帧的目的 MAC 地址查找 MAC 地址表,如果没有找到匹配的表项,则向所有端口转发(除接收端口)。如果目的 MAC 地址是广播 MAC 地址,则向除接收端口外的所有端口转发。如果找到匹配的表项,则向表项所对应的端口转发。如果表项所对应的端口与收到以太网帧的端口相同,则丢弃该帧。

5.1.5 三层交换原理

路由器通过 IP 转发(三层转发)实现不同网络的互连。三层交换机将二层交换机的高性能转发特性应用到三层转发中,实现了高速三层转发。大多数三层交换机采用 ASIC 硬件芯片完成转发,ASIC 芯片内部集成了 IP 三层转发功能,包括检查 IP 报文头、修改 TTL、重新计算与校验 IP 头和 IP 包的数据链路封装等。

路由器和三层交换机的区别:路由器的三层转发主要依靠 CPU 进行,而三层交换机的三层转发依靠 ASIC 芯片完成。芯片转发性能优于 CPU 转发性能,因此三层交换机性能优于路由器,但路由器具有接口类型丰富、能进行流量服务等级控制、路由能力强等优于三层交换机的特性。

目前三层交换机一般通过 VLAN 划分二层网络并实现二层交换,同时能够实现不同 VLAN 间的三层 IP 互访。

1. 同一网段

源主机在发起通信前,比较自己的 IP 地址和目的 IP 地址,如果两者属于同一个网段,则源主机发起 ARP 请求,以请求目的主机的 MAC 地址,收到目的主机的 ARP 应答后便得到目的主机的 MAC 地址,然后用目的主机的 MAC 地址作为报文的目的 MAC 地址进行报文发送。

2. 不同网段

当源主机判断出自己的 IP 地址与目的主机的 IP 地址不在同一个网段时,通过网关来递交报文,即通过发起 ARP 请求来获取网关 IP 地址对应的 MAC 地址,在得到网关的 ARP 应答后,用网关的 MAC 地址作为报文的目的 MAC 地址进行报文发送。报文的源 IP 地址仍是源主机的 IP 地址,目的 IP 地址仍是目的主机的 IP 地址。

5.2 VLAN

5.2.1 VLAN 概述

VLAN(virtual local area network)即虚拟局域网,是将一个物理的 LAN 在逻辑上划分成多个广播域的通信技术。VLAN 内的主机间可以直接通信,而 VLAN 间不能直接互通,从而将广播报文限制在同一个VLAN内。以太网是一种基于CSMA/CD(carrier sense multiple access with collision detection,带冲突检测的载波监听多路访问)的共享通信介质的数据网络通信技术,当主机数目较多时,会出现冲突严重、广播泛滥、转发性能显著下降甚至网络不可用等问题。通过交换机实现LAN互连,虽然可以解决冲突严重的问题,但仍然不能隔离广播报文和提升网络质量。在这种情况下出现了VLAN技术,这种技术可以把一个LAN划分成多个逻辑上的VLAN,每个VLAN是一个广播域,VLAN内主机间的通信就和在一个LAN内一样,而VLAN间则不能直接互通,这样广播报文就被限制在同一个VLAN内。

5.2.2　VLAN的优点

(1) 限制广播域:广播域被限制在同一个VLAN内,节省了带宽,提高了网络的处理能力。

(2) 增强局域网的安全性:不同VLAN内的报文在传输时是相互隔离的,即一个VLAN内的用户不能和其他VLAN内的用户直接通信。

(3) 提高了网络的可靠性:故障被限制在同一个VLAN内,一个VLAN内的故障不会影响其他VLAN的正常工作。

(4) 灵活构建虚拟工作组:用VLAN可以将不同的用户划分到不同的工作组,同一个工作组的用户不必局限于某一固定的物理范围,网络构建和维护更加方便灵活。

5.2.3　VLAN中继

一台交换机上的VLAN配置信息可以传播、复制到网络中与其相连的其他交换机上。思科采用VTP(VLAN trunking protocol,虚拟局域网中继协议)来实现,华为则采用GVRP(GVRP VLAN注册协议)自动注册来实现。它们都是私有协议,实现原理完全不同,在现网中并不建议使用,一旦出现问题会造成局域网大面积产生故障。中继端口必须是trunk(中继)端口,一个交换机端口允许一个或多个VLAN与网络中相连的另一台交换机上相同的VLAN通信。

5.2.4　VLAN链路类型

VLAN链路类型如图5-4所示。

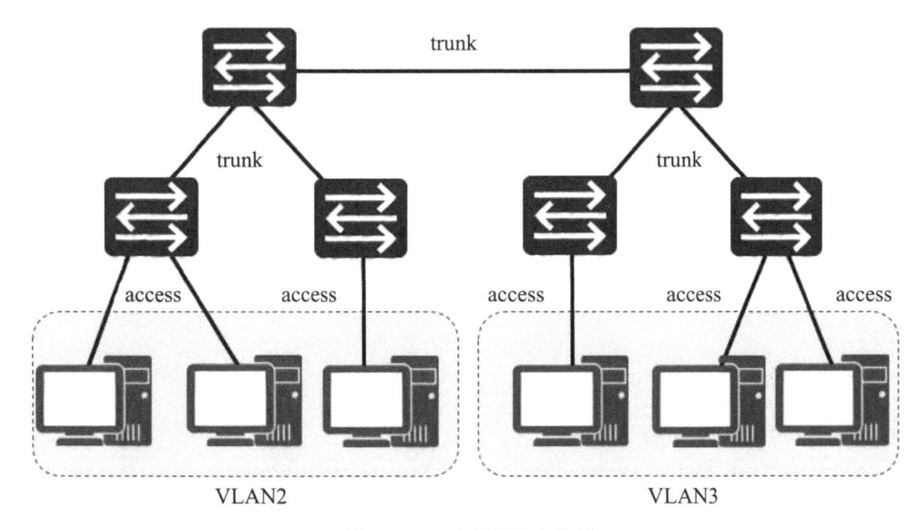

图5-4　VLAN链路类型

（1）接入链路(access link)：用于连接用户主机和交换机的链路。通常情况下，主机并不需要知道自己属于哪个VLAN，主机硬件通常也不能识别带有VLAN标记的帧。因此，主机发送和接收的帧都是untagged(未加标签的)帧。

（2）干道链路(trunk link)：用于交换机之间的互连或交换机与路由器之间的连接。干道链路可以承载多个不同VLAN的数据，数据帧在干道链路传输时，干道链路两端的设备需要识别数据帧属于哪个VLAN，所以在干道链路上传输的帧都是tagged(加标签的)帧。

（3）混合链路(hybrid link)：允许多个VLAN通过，可以接收和发送多个VLAN的报文，可以用于交换机之间的连接，也可以用于连接用户的计算机。混合链路类型只有华为、华三设备上有，思科设备上没有。

hybrid端口与trunk端口的区别：hybrid端口允许多个VLAN的报文在发送时不打标签，而trunk端口只允许一个VLAN的报文不带标签。

hybrid端口配置为打标签或不打标签只跟出方向有关，与入方向无关。同时只有hybrid端口才能配置为打标签或不打标签，其余两种端口无法进行配置。无论哪种端口，报文在交换机内部都是带标签的。

5.2.5 VLAN配置

1. 思科配置

EVE-NG模拟器中路由器模拟PC配置。

- 关闭路由功能

```
PC1(config)#no ip routing
```

- 配置网关地址

```
PC1(config)#ip default-gateway 192.168.10.254
```

- 配置主机地址

```
PC1(config)#interface e0/0
PC1(config-if)#ip add 192.168.10.1 255.255.255.0
PC1(config-if)#no shutdown
```

1）创建VLAN

- 创建单个VLAN

```
SW1(config)#vlan 10
```

- VLAN命名

```
SW1(config-vlan)#name AAA
```

• 批量创建 VLAN

```
SW1(config)#vlan 10,20
```

2）设置 access 接口

• 修改接口模式为 access

```
SW1(config)#interface f0/1
SW1(config-if)#switchport mode access
```

• 将接口划分到 VLAN

```
SW1(config-if)#switchport access vlan 10
```

3）设置 trunk 接口

• 思科三层交换机上需要修改 trunk 封装模式为 dot1q，然后才能修改接口模式为 trunk。思科二层交换机不需要修改 trunk 封装模式

```
SW1(config)#interface e0/0
SW1(config-if)#switchport trunk encapsulation dot1q
```

• 修改接口模式为 trunk

```
SW1(config-if)#switchport mode trunk
```

• 允许 VLAN 10 和 VLAN 20 通过 trunk 链路，思科交换机默认允许所有 VLAN 通过，执行此命令后只允许相应 VLAN 通过

```
SW1(config-if)#switchport trunk allowed vlan 10,20
```

4）查看

• 查看 VLAN 信息

```
SW1#show vlan
```

2. 华为配置

1）创建 VLAN

• 创建单个 VLAN

```
[SW1]vlan 10
```

• VLAN 命名

```
[SW1-vlan10]description AAA
```

- 批量创建 VLAN

```
[SW1]vlan batch 10 20
```

2）设置 access 接口

- 修改接口模式为 access

```
[SW1]interface g0/0/1
[SW1-GigabitEthernet0/0/1]port link-type access
```

- 将接口划分到 VLAN

```
[SW1-GigabitEthernet0/0/1]port default vlan 10
```

3）设置 trunk 接口

- 修改接口模式为 trunk

```
[SW1]interface g0/0/3
[SW1-GigabitEthernet0/0/3]port link-type trunk
```

- 允许 VLAN 10 和 VLAN 20 通过 trunk 链路，华为交换机默认只允许 VLAN 1 通过

```
[SW1-GigabitEthernet0/0/3]port trunk allow-pass vlan 10 20
```

- 不允许 VLAN 1 通过，不执行此命令则默认允许 VLAN 1 通过

```
[SW1-GigabitEthernet0/0/3]undo port trunk allow-pass vlan 1
```

4）查看

- 查看 VLAN 信息

```
[SW1]display vlan
```

5.2.6 VLAN 实验(实验 9)

在此实验中，创建 VLAN 10、VLAN 20，将 PC1、PC3 加入 VLAN 10，将 PC2、PC4 加入 VLAN 20，测试同一 VLAN 通信和不同 VLAN 通信。

【实验目的】

(1) 掌握思科、华为设备上 VLAN 的基本配置。

(2) 掌握思科、华为设备上 trunk 链路的配置。

【实验步骤】

1. 思科设备上实施

实验拓扑图如图 5－5 所示，具体配置步骤如下。

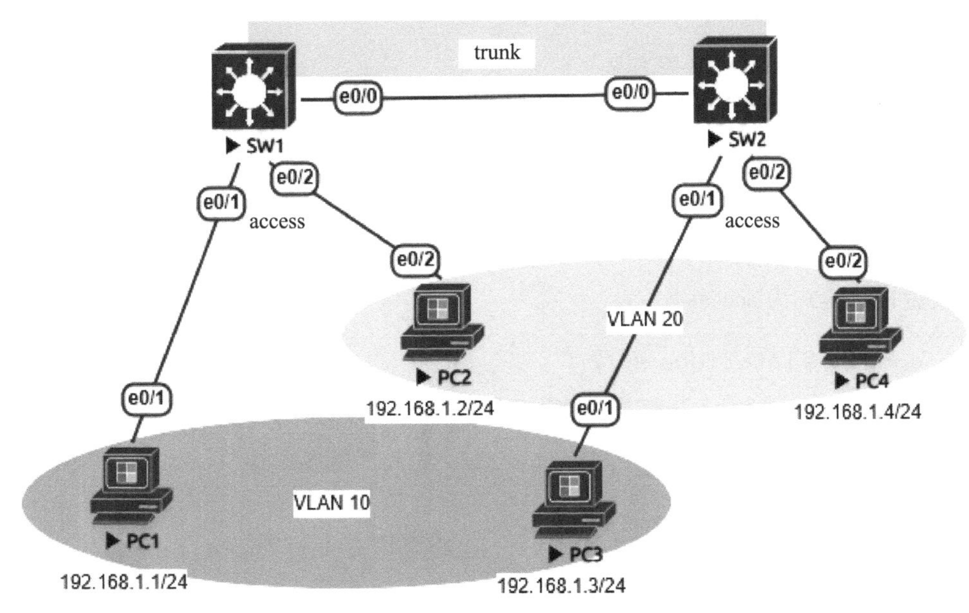

图 5-5　思科 VLAN 实验拓扑图

(1) 在 SW1 和 SW2 上分别创建 VLAN 10、VLAN 20，注意在同一个交换网络中，所有交换机的 VLAN 信息必须保持一致。

- 批量创建 VLAN 10、VLAN 20

```
SW1(config)#vlan 10,20
SW2(config)#vlan 10,20
```

(2) 将交换机之间的链路模式设置为 trunk。

- 修改 trunk 封装模式为 dot1q

```
SW1(config)#interface e0/0
SW1(config-if)#switchport trunk encapsulation dot1q
```

- 设置接口模式为 trunk

```
SW1(config-if)#switchport mode trunk
```

- 允许 VLAN 10、VLAN 20 通过 trunk 链路

```
SW1(config-if)#switchport trunk allowed vlan 10,20
SW2(config)#interface e0/0
SW2(config-if)#switchport trunk encapsulation dot1q
SW2(config-if)#switchport mode trunk
SW2(config-if)#switchport trunk allowed vlan 10,20
```

(3) 将交换机连接 PC 的接口模式设置为 access，加入相应的 VLAN。

- 设置接口模式为 access

```
SW1(config)#interface e0/1
SW1(config-if)#switchport mode access
```

- 将接口加入 VLAN 10

```
SW1(config-if)#switchport access vlan 10
```

- 设置接口模式为 access

```
SW1(config)#interface e0/2
SW1(config-if)#switchport mode access
```

- 将接口加入 VLAN 20

```
SW1(config-if)#switchport access vlan 20
SW2(config)#interface e0/1
SW2(config-if)#switchport mode access
SW2(config-if)#switchport access vlan 10
SW2(config)#interface e0/2
SW2(config-if)#switchport mode access
SW2(config-if)#switchport access vlan 20
```

(4) 配置 PC1、PC2、PC3、PC4,EVE-NG 模拟器中需要路由器模拟 PC。

```
PC1(config)#no ip routing
PC1(config)#interface e0/0
PC1(config-if)#ip add 192.168.1.1 255.255.255.0
PC1(config-if)#no shutdown
PC2(config)#no ip routing
PC2(config)#interface e0/0
PC2(config-if)#ip add 192.168.1.2 255.255.255.0
PC2(config-if)#no shutdown
PC3(config)#no ip routing
PC3(config)#interface e0/0
PC3(config-if)#ip add 192.168.1.3 255.255.255.0
PC3(config-if)#no shutdown
PC4(config)#no ip routing
PC4(config)#interface e0/0
PC4(config-if)#ip add 192.168.1.4 255.255.255.0
PC4(config-if)#no shutdown
```

(5) 测试同一 VLAN 通信和不同 VLAN 通信。测试 VLAN 10 中的 PC1 和 PC3 通信。

从图 5－6 中可以看出,PC1 与 PC3 正常通信。

```
PC1#ping 192.168.1.3 source 192.168.1.1
Type escape sequence to abort.
Sending 5, 100-byte ICMP Echos to 192.168.1.3, timeout is 2 seconds:
Packet sent with a source address of 192.168.1.1
!!!!!
Success rate is 100 percent (5/5), round-trip min/avg/max = 1/1/2 ms
PC1#
```

图 5－6　PC1 和 PC3 通信测试

测试 VLAN 10 中的 PC1 和 VLAN 20 中的 PC2 通信。从图 5－7 中可以看出,PC1 与 PC2 无法通信,因为处于不同 VLAN 的主机无法直接通信。

```
PC1#ping 192.168.1.2 source 192.168.1.1
Type escape sequence to abort.
Sending 5, 100-byte ICMP Echos to 192.168.1.2, timeout is 2 seconds:
Packet sent with a source address of 192.168.1.1
.....
Success rate is 0 percent (0/5)
PC1#
```

图 5－7　PC1 和 PC2 通信测试

2. 华为设备上实施

实验拓扑图如图 5－8 所示,具体配置步骤如下。

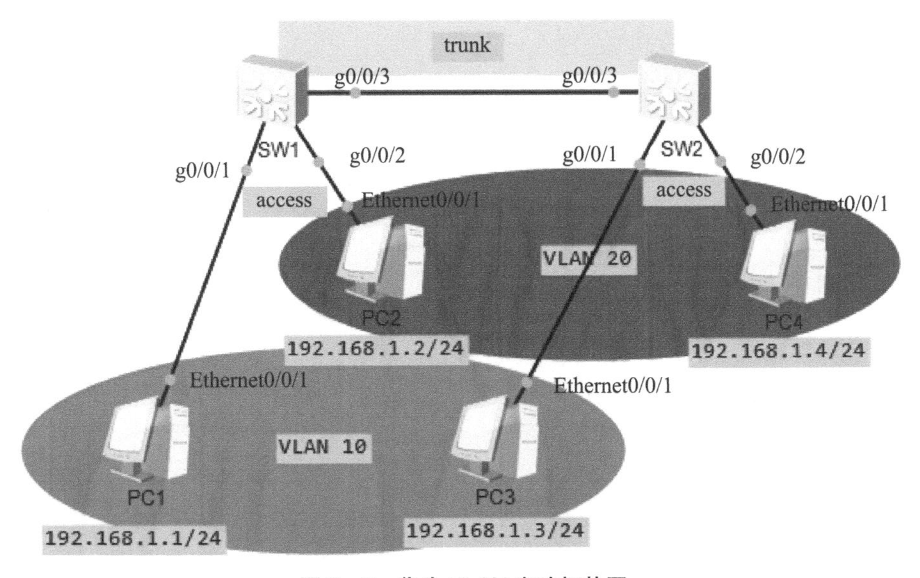

图 5－8　华为 VLAN 实验拓扑图

(1) 在 SW1 和 SW2 上分别创建 VLAN 10、VLAN 20,注意在同一个交换网络中,所有交换机的 VLAN 信息必须保持一致。

- 批量创建 VLAN 10、VLAN 20

```
[SW1]vlan batch 10 20
[SW2]vlan batch 10 20
```

（2）将交换机之间的链路模式设置为 trunk。

- 设置接口模式为 trunk

```
[SW1]interface g0/0/3
[SW1-GigabitEthernet0/0/3]port link-type trunk
```

- 允许 VLAN 10、VLAN 20 通过 trunk 链路

```
[SW1-GigabitEthernet0/0/3]port trunk allow-pass vlan 10 20
```

- 不允许 VLAN 1 通过 trunk 链路

```
[SW1-GigabitEthernet0/0/3]undo port trunk allow-pass vlan 1
[SW2]interface g0/0/3
[SW2-GigabitEthernet0/0/3]port link-type trunk
[SW2-GigabitEthernet0/0/3]port trunk allow-pass vlan 10 20
[SW2-GigabitEthernet0/0/3]undo port trunk allow-pass vlan 1
```

（3）将交换机连接 PC 的接口模式设置为 access，加入相应的 VLAN。

- 设置接口模式为 access

```
[SW1]interface g0/0/1
[SW1-GigabitEthernet0/0/1]port link-type access
```

- 将接口加入 VLAN 10

```
[SW1-GigabitEthernet0/0/1]port default vlan 10
```

- 设置接口模式为 access

```
[SW1]interface g0/0/2
[SW1-GigabitEthernet0/0/2]port link-type access
```

- 将接口加入 VLAN 20

```
[SW1-GigabitEthernet0/0/2]port default vlan 20
[SW2]interface g0/0/1
[SW2-GigabitEthernet0/0/1]port link-type access
[SW2-GigabitEthernet0/0/1]port default vlan 10
[SW2]interface g0/0/2
[SW2-GigabitEthernet0/0/2]port link-type access
[SW2-GigabitEthernet0/0/2]port default vlan 20
```

(4) 华为 eNSP 中 PC 地址在选项卡中配置。配置完地址一定要用鼠标左键单击图 5-9 中右下角的“应用”保存配置，PC2、PC3、PC4 参照 PC1 配置。

PC1

基础配置　命令行　组播　UDP发包工具　串口

主机名：

MAC 地址：54-89-98-94-6F-82

IPv4 配置

静态　DHCP　自动获取 DNS 服务器地址

IP 地址：192 . 168 . 1 . 1　DNS1：0 . 0 . 0 . 0

子网掩码：255 . 255 . 255 . 0　DNS2：0 . 0 . 0 . 0

网关：0 . 0 . 0 . 0

IPv6 配置

静态　DHCPv6

IPv6 地址：::

前缀长度：128

IPv6 网关：::

应用

图 5-9　eNSP 中配置 PC 的 IP 地址

(5) 测试同一 VLAN 通信和不同 VLAN 通信。测试 VLAN 10 中的 PC1 和 PC3 通信，从图 5-10 中可以看出，PC1 与 PC3 正常通信。

```
PC>ping 192.168.1.3

Ping 192.168.1.3: 32 data bytes, Press Ctrl_C to break
From 192.168.1.3: bytes=32 seq=1 ttl=128 time=78 ms
From 192.168.1.3: bytes=32 seq=2 ttl=128 time=78 ms
From 192.168.1.3: bytes=32 seq=3 ttl=128 time=79 ms
From 192.168.1.3: bytes=32 seq=4 ttl=128 time=94 ms
From 192.168.1.3: bytes=32 seq=5 ttl=128 time=62 ms

--- 192.168.1.3 ping statistics ---
  5 packet(s) transmitted
  5 packet(s) received
  0.00% packet loss
  round-trip min/avg/max = 62/78/94 ms
```

图 5-10　PC1 和 PC3 通信测试

测试 VLAN 10 中的 PC1 和 VLAN 20 中的 PC2 通信，从图 5－11 中可以看出，PC1 与 PC2 无法通信，因为处于不同 VLAN 的主机无法直接通信。

```
PC>ping 192.168.1.2

Ping 192.168.1.2: 32 data bytes, Press Ctrl_C to break
From 192.168.1.1: Destination host unreachable
From 192.168.1.1: Destination host unreachable
From 192.168.1.1: Destination host unreachable
From 192.168.1.1: Destination host unreachable
From 192.168.1.1: Destination host unreachable

--- 192.168.1.2 ping statistics ---
  5 packet(s) transmitted
  0 packet(s) received
  100.00% packet loss
```

图 5－11　PC1 和 PC2 通信测试

【实验小结】

通过实验 9 我们可以了解到，思科、华为交换机上 VLAN 的配置命令差异较大，但原理相同。思科交换机上 trunk 链路默认允许所有 VLAN 通过，配置允许特定 VLAN 通过后，剩余 VLAN 被拒绝通过。华为交换机上 trunk 链路默认只允许 VLAN 1 通过，配置允许特定 VLAN 通过后，还需要拒绝 VLAN 1 通过。

5.3 VLAN 间路由

5.3.1 VLAN 间路由概述

VLAN 间通信发生在不同广播域之间，这是通过第三层设备实现的。在 VLAN 环境中，只在位于同一个广播域的端口之间交换帧。VLAN 在第二层对网络进行分段以及对数据流进行隔离。如果没有第三层设备（如路由器、三层交换机），VLAN 间通信将无法完成。在路由器接口上，使用 IEEE 802.1Q 来实现中继。在三层交换机上使用 SVI 接口实现通信。

5.3.2 单臂路由

单臂路由（router on a stick）是指在路由器的一个接口上通过配置子接口（或“逻辑接口”，并不存在真正的物理接口）的方式，实现原来相互隔离的不同 VLAN 之间的互联互通。

5.3.3 单臂路由配置

1. 思科配置

（1）将交换机和路由器相连接口设置为 trunk 模式。

● 如果是三层交换机，则需要修改封装方式，二层交换机不用

```
S1(config)#interface g0/1
SW1(config-if)#switchport trunk encapsulation dot1q
```

● 允许 VLAN 10、VLAN 20 通过 trunk 链路，出于对安全的考虑，规避广播

```
S1(config-if)#switchport mode trunk
S1(config-if)#switchport trunk allowed vlan 10,20
```

(2) 开启路由器和交换机相连的物理接口。

● 思科路由器默认关闭所有接口，需要开启物理接口

```
R1(config)#interface g0/1
R1(config-if)#no shutdown
```

(3) 设置路由子接口。

● 进入路由子接口

```
R1(config)#interface g0/1.1
```

● 封装 VLAN ID，一定要和交换机上创建的 VLAN 一致

```
R1(config-subif)#encapsulation dot1Q 10
```

● 配置网关地址

```
R1(config-subif)#ip address 192.168.1.254 255.255.255.0
```

● 查看交换机接口信息

```
R1(config)#interface g0/1.2
R1(config-subif)#encapsulation dot1Q 20
R1(config-subif)#ip address 192.168.2.254 255.255.255.0
Switch#show interfaces switchport
```

2. 华为配置

(1) 将交换机和路由器相连端口设置为 trunk 模式。

● 不允许 VLAN 1 通过 trunk 链路，出于对安全的考虑，规避广播

```
[SW1]interface GigabitEthernet0/0/1
[SW1-GigabitEthernet0/0/1]port link-type trunk
[SW1-GigabitEthernet0/0/1]undo port trunk allow-pass vlan 1
```

● 允许 VLAN 10、VLAN 20 通过 trunk 链路

```
[SW1-GigabitEthernet0/0/1]port trunk allow-pass vlan 10 20
```

(2) 设置路由子接口。

● 进入路由子接口

```
[R1]interface g0/0/1.1
```

● 封装 VLAN ID,一定要和交换机上创建的 VLAN 一致

```
[R1-GigabitEthernet0/0/1.1]dot1q termination vid 10
```

● 配置网关地址

```
[R1-GigabitEthernet0/0/1.1]ip address 192.168.1.254 24
```

● 华为设备上只有开启 ARP 广播功能才能实现不同 VLAN 通信

```
[R1-GigabitEthernet0/0/1.1]arp broadcast enable
```

● 查看 VLAN 接口信息

```
[R1]interface g0/0/1.2
[R1-GigabitEthernet0/0/1.2]dot1q termination vid 20
[R1-GigabitEthernet0/0/1.2]ip address 192.168.2.254 24
[R1-GigabitEthernet0/0/1.2]arp broadcast enable
[Huawei]display port vlan
```

5.3.4 三层交换 SVI

因为单臂路由有带宽限制和单点故障问题,所以更多地使用 SVI(switch virtual interface,交换机虚拟接口)来实现不同 VLAN 通信。VLAN 将一个物理 LAN 在逻辑上划分成多个广播域,不同 VLAN 不能直接互通,三层交换机在二层交换机的基础上增加了路由功能,利用 SVI 配置 IP 地址,借助 SVI 接口实现路由转发功能。

5.3.5 三层交换 SVI 配置

1. 思科配置

● 对于 EVE - NG 模拟器,如果最终实验中无法通信,需要关闭交换机快速转发功能,此问题和镜像版本有关,有的版本中正常,如果不正常请关闭,真机不要关闭 CEF 功能

```
MS01(config)#no ip cef
```

● 思科三层交换机默认关闭路由功能,需要自行开启路由功能

```
MS01(config)#ip routing
```

● 进入VLAN虚拟接口

```
MS01(config)#interface f0/24
MS01(config-if)#switchport trunk encapsulation dot1q
MS01(config-if)#switchport mode trunk
MS01(config-if)#switchport trunk allowed vlan 10,20
```

● 配置网关地址

```
MS01(config)#interface vlan 10
MS01(config-if)#ip address 192.168.1.254 255.255.255.0
MS01(config)#interface vlan 20
MS01(config-if)#ip address 192.168.2.254 255.255.255.0
```

2. 华为配置

● 进入VLAN虚拟接口

```
[SW3]interface g0/0/1
[SW3-GigabitEthernet0/0/2]port link-type trunk
[SW3-GigabitEthernet0/0/2]undo port trunk allow-pass vlan 1
[SW3-GigabitEthernet0/0/2]port trunk allow-pass vlan 10 20
```

● 配置网关地址

```
[SW3]interface Vlanif10
[SW3-Vlanif10]ip address 192.168.1.254 24
[SW3]interface Vlanif 20
[SW3-Vlanif20]ip address 192.168.2.254 24
```

5.3.6 VLAN间路由实验(实验10)

在此实验中,创建VLAN 10、VLAN 20、VLAN 100、VLAN 200,其中VLAN 10、VLAN 20使用单臂路由方式完成VLAN间通信,VLAN 100、VLAN 200使用三层交换机SVI接口完成VLAN间路由。

【实验目的】

(1) 掌握思科、华为设备上单臂路由的配置。

(2) 掌握思科、华为设备上三层交换机SVI的配置。

【实验步骤】

1. 思科设备上实施

实验拓扑图如图5-12所示,具体配置步骤如下。

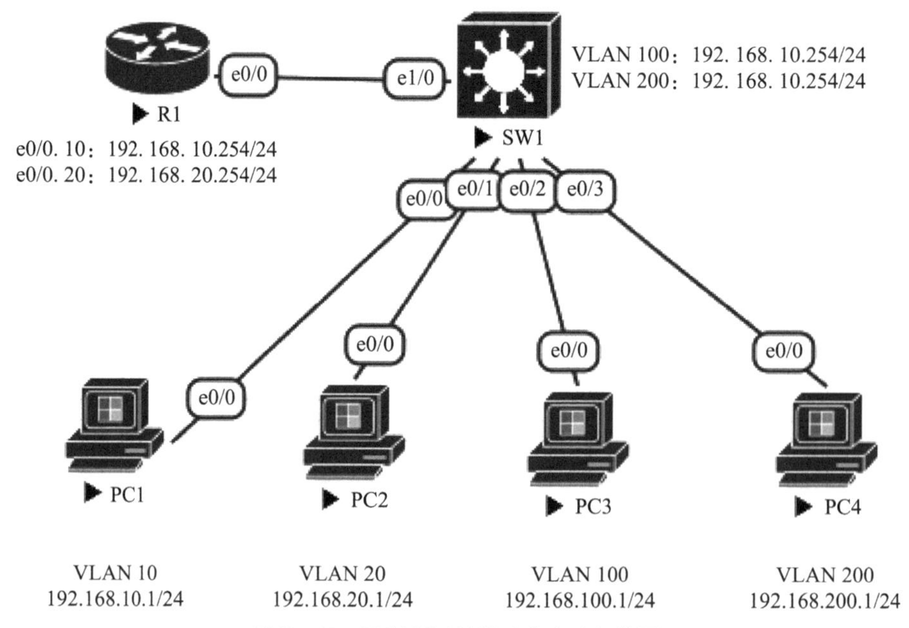

图 5－12　思科 VLAN 间路由实验拓扑图

(1) 在 SW1 上创建 VLAN 10、VLAN 20、VLAN 100、VLAN 200。

```
SW1(config)#vlan 10,20,100,200
```

(2) 将交换机连接路由器的接口设置为 trunk 并且允许相应 VLAN 通过。

```
SW1(config)#interface e1/0
SW1(config-if)#switchport trunk encapsulation dot1q
SW1(config-if)#switchport mode trunk
SW1(config-if)#switchport trunk allowed vlan 10,20
```

(3) 将交换机连接 PC 的接口模式设置为 access,并加入相应的 VLAN。

```
SW1(config)#interface e0/0
SW1(config-if)#switchport mode access
SW1(config-if)#switchport access vlan 10
SW1(config)#interface e0/1
SW1(config-if)#switchport mode access
SW1(config-if)#switchport access vlan 20
SW1(config)#interface e0/2
SW1(config-if)#switchport mode access
SW1(config-if)#switchport access vlan 100
SW1(config)#interface e0/3
SW1(config-if)#switchport mode access
SW1(config-if)#switchport access vlan 200
```

(4) 在路由器上打开 e0/0 接口，并且建立和配置子接口，实现单臂路由。

```
R1(config)#interface e0/0
R1(config-if)#no shutdown
R1(config)#interface e0/0.10
R1(config-subif)#encapsulation dot1Q 10
R1(config-subif)#ip add 192.168.10.254 255.255.255.0
R1(config)#interface e0/0.20
R1(config-subif)#encapsulation dot1Q 20
R1(config-subif)#ip add 192.168.20.254 255.255.255.0
```

(5) 在三层交换机上打开路由功能，配置 SVI 接口使得 VLAN 100、VLAN 200 可以通信。

```
SW1(config)#ip routing
SW1(config)#interface vlan 100
SW1(config-if)#ip add 192.168.100.254 255.255.255.0
SW1(config-if)#no shutdown
SW1(config)#interface vlan 200
SW1(config-if)#ip add 192.168.200.254 255.255.255.0
SW1(config-if)#no shutdown
```

(6) 配置 PC1、PC2、PC3、PC4，EVE－NG 模拟器中需要用路由器模拟 PC。

```
PC1(config)#no ip routing
PC1(config)#ip default-gateway 192.168.10.254
PC1(config)#interface e0/0
PC1(config-if)#ip add 192.168.10.1 255.255.255.0
PC1(config-if)#no shutdown
PC2(config)#no ip routing
PC2(config)#ip default-gateway 192.168.20.254
PC2(config)#interface e0/0
PC2(config-if)#ip add 192.168.20.1 255.255.255.0
PC2(config-if)#no shutdown
PC3(config)#no ip routing
PC3(config)#ip default-gateway 192.168.100.254
PC3(config)#interface e0/0
PC3(config-if)#ip add 192.168.100.1 255.255.255.0
PC3(config-if)#no shutdown
PC4(config)#no ip routing
PC4(config)#ip default-gateway 192.168.200.254
PC4(config)#interface e0/0
```

```
PC4(config-if)#ip add 192.168.200.1 255.255.255.0
PC4(config-if)#no shutdown
```

(7) 测试 PC1 与 PC2 通信,验证单臂路由配置。测试 PC3 与 PC4 通信,验证三层交换 SVI 配置。如果测试中无法通信,请关闭三层交换机 CEF 功能后再次尝试,有些版本的镜像会有此问题。

```
SW1(config)#no ip cef
```

测试 VLAN 10 中的 PC1 和 VLAN 20 中的 PC2 通信。从图 5-13 中可以看出,PC1 与 PC2 正常通信。

```
PC1#ping 192.168.20.1 source 192.168.10.1
Type escape sequence to abort.
Sending 5, 100-byte ICMP Echos to 192.168.20.1, timeou
Packet sent with a source address of 192.168.10.1
!!!!!
Success rate is 100 percent (5/5), round-trip min/avg/
PC1#
```

图 5-13　PC1 和 PC2 通信测试

测试 VLAN 100 中的 PC3 和 VLAN 200 中的 PC4 通信。从图 5-14 中可以看出,PC3 与 PC4 正常通信。

```
PC3#ping 192.168.200.1 source 192.168.100.1
Type escape sequence to abort.
Sending 5, 100-byte ICMP Echos to 192.168.200.
Packet sent with a source address of 192.168.1
!!!!!
Success rate is 100 percent (5/5), round-trip
PC3#
```

图 5-14　PC3 和 PC4 通信测试

2. 华为设备上实施

实验拓扑图如图 5-15 所示,具体配置步骤如下。

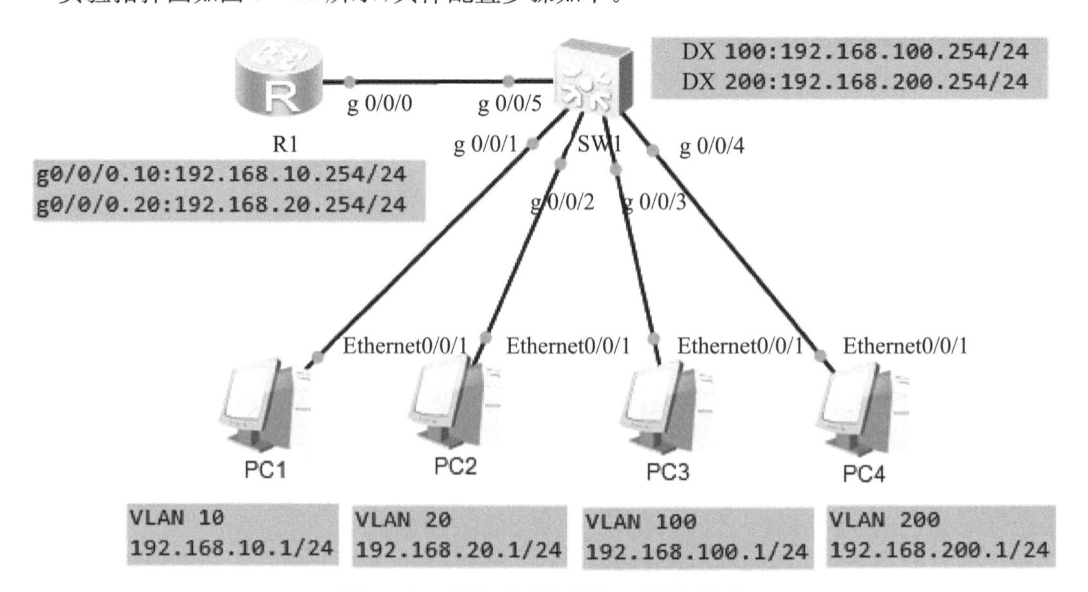

图 5-15　华为 VLAN 间路由实验拓扑图

（1）在SW1上创建VLAN 10、VLAN 20、VLAN 100、VLAN 200。

```
[SW1]vlan batch 10 20 100 200
```

（2）将交换机连接路由器的接口模式设置为trunk并且允许相应VLAN通过，拒绝VLAN 1通过。

```
[SW1]interface g0/0/5
[SW1-GigabitEthernet0/0/5]port link-type trunk
[SW1-GigabitEthernet0/0/5]undo port trunk allow-pass vlan 1
[SW1-GigabitEthernet0/0/5]port trunk allow-pass vlan 10 20
```

（3）将交换机连接PC的接口模式设置为access，并加入相应的VLAN。

```
[SW1]interface g0/0/1
[SW1-GigabitEthernet0/0/1]port link-type access
[SW1-GigabitEthernet0/0/1]port default vlan 10
[SW1]interface g0/0/2
[SW1-GigabitEthernet0/0/2]port link-type access
[SW1-GigabitEthernet0/0/2]port default vlan 20
[SW1]interface g0/0/3
[SW1-GigabitEthernet0/0/3]port link-type access
[SW1-GigabitEthernet0/0/3]port default vlan 100
[SW1]interface g0/0/4
[SW1-GigabitEthernet0/0/4]port link-type access
[SW1-GigabitEthernet0/0/4]port default vlan 200
```

（4）在路由器上建立和配置子接口，打开子接口ARP广播功能，实现单臂路由。

```
[R1]interface g0/0/0.10
[R1-GigabitEthernet0/0/0.10]dot1q termination vid 10
[R1-GigabitEthernet0/0/0.10]ip add 192.168.10.254 24
[R1-GigabitEthernet0/0/0.10]arp broadcast enable
[R1]interface g0/0/0.20
[R1-GigabitEthernet0/0/0.20]dot1q termination vid 20
[R1-GigabitEthernet0/0/0.20]ip add 192.168.20.254 24
[R1-GigabitEthernet0/0/0.20]arp broadcast enable
```

（5）在三层交换机上配置SVI接口使得VLAN 100、VLAN 200可以通信。

```
[SW1]interface Vlanif 100
[SW1-Vlanif100]ip add 192.168.100.254 24
[SW1]interface Vlanif 200
```

```
[SW1-Vlanif200]ip add 192.168.200.254 24
```

(6) 为 PC 配置 IP 地址和网关地址。PC2、PC3、PC4 请参照图 5-16 中 PC1 的配置。

PC1
基础配置 命令行 组播 UDP发包工具 串口
主机名:
MAC 地址: 54-89-98-94-6F-82
IPv4 配置
静态 DHCP 自动获取 DNS 服务器地址
IP 地址: 192 . 168 . 10 . 1 DNS1: 0 . 0 . 0 . 0
子网掩码: 255 . 255 . 255 . 0 DNS2: 0 . 0 . 0 . 0
网关: 192 . 168 . 10 . 254
IPv6 配置
静态 DHCPv6
IPv6 地址: ::
前缀长度: 128
IPv6 网关: ::
应用

图 5-16 PC1 地址配置

(7) 测试 PC1 与 PC2 通信,验证单臂路由配置。测试 PC3 与 PC4 通信,验证三层交换 SVI 配置。测试 VLAN 10 中的 PC1 和 VLAN 20 中的 PC2 通信,从图 5-17 中可以看出,PC1 与 PC2 正常通信。

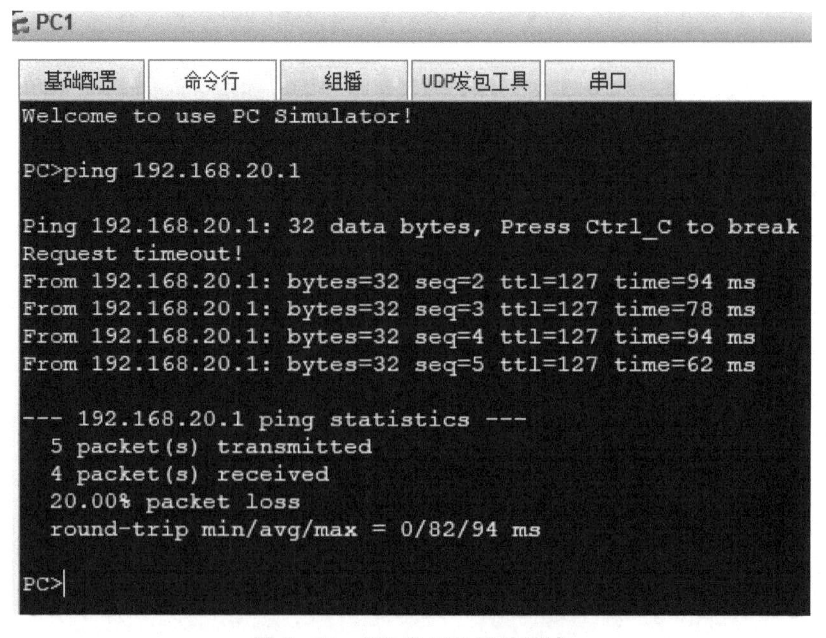

图 5-17 PC1 和 PC2 通信测试

测试 VLAN 100 中的 PC3 和 VLAN 200 中的 PC4 通信，从图 5－18 中可以看出，PC3 与 PC4 正常通信。

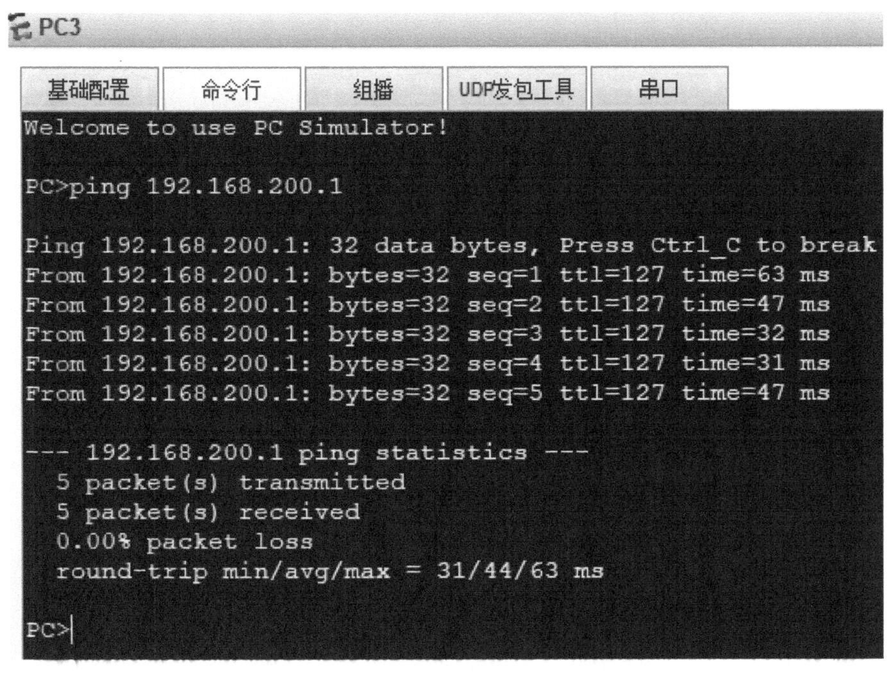

图 5－18　PC3 和 PC4 通信测试

【实验小结】

通过实验 10 我们可以了解到，思科路由器上由于默认关闭所有接口，需要先开启连接交换机的物理接口，然后再配置路由子接口，子接口中封装的 VLAN ID 一定要和交换机上创建的 VLAN ID 对应，交换机连接路由器的接口需要配置为 trunk 模式。华为路由器上所有接口默认开启，直接配置路由子接口，子接口中封装的 VLAN ID 一定要和交换机上创建的 VLAN ID 对应，并且一定要在路由子接口下开启 ARP 广播功能，交换机连接路由器的接口需要配置为 trunk 模式。思科三层交换机真机上，默认关闭路由功能，需要自行开启路由功能，创建 SVI 接口后接口自动开启。但在 EVE－NG 中三层交换机默认开启路由功能，创建 SVI 接口之后需要开启接口。华为三层交换机默认开启路由功能，创建 SVI 接口后接口自动开启。现网中一般使用三层交换机 SVI 接口实现 VLAN 间路由，单臂路由只有在网络中没有三层交换机的情况下才会使用。

第6章　STP与链路聚合

6.1 STP

6.1.1　STP概述

STP(spanning tree protocol,生成树协议)是一种工作在OSI参考模型第二层(数据链路层)中的通信协议,用于防止交换机冗余链路产生环路,确保以太网中无环路的逻辑拓扑结构,从而避免广播风暴,大量占用交换机的资源。STP又称作传统生成树协议,标准名称为802.1D。PVST是思科在虚拟局域网中处理生成树的特有解决方案。PVST为每个虚拟局域网运行单独的生成树实例,一般情况下PVST要求在交换机之间的中继链路上运行Cisco的ISL。其他厂商的做法是所有VLAN共用同一个生成树。这两者的区别在于,为每个VLAN创建生成树虽然效率高,但是占用的设备资源多,所有VLAN共用生成树虽然占用的设备资源少,但是效率低。MSTP多实例生成树是一种折中的方案,现实中应用最为广泛。

6.1.2　STP的作用

利用生成树算法,在以太网中创建一个以某台交换机的某个端口为根的生成树,自动地在逻辑上阻塞一个或多个冗余端口,避免形成环路。

(1) 消除环路:通过阻断冗余链路来消除网络中可能存在的环路。

(2) 链路备份:当活动路径发生故障时,激活备份链路,及时恢复网络连通性。

6.1.3　STP工作原理

如图6-1所示,通过BPDU(bridge protocol data unit,网桥协议数据单元)的交互来传递

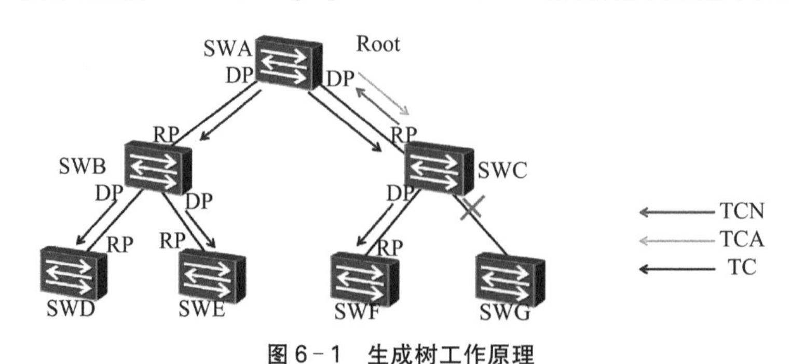

图6-1　生成树工作原理

STP计算所需要的条件，随后根据特定的算法，阻塞特定端口，从而得到无环的树形拓扑。BPDU类型：配置(TC)BPDU，拓扑变更通告(TCN)BPDU。

6.1.4 STP工作流程

(1) 选举根网桥/根桥(root bridge)：根桥或者根交换机位于整个逻辑树的根部，是STP网络的逻辑中心，非根桥是根桥的下游设备。

(2) 选举根端口(root port)：非根交换机去往根桥的路径最优的端口(有且只有一个)。

(3) 选举指定端口(designated port)：交换机向所连网段转发配置BPDU的端口，每个网段有且只能有一个指定端口。一般情况下，根桥的每个端口总是指定端口。

(4) 阻塞预备端口(alternate port)：既不是指定端口，也不是根端口。

6.1.5 根桥、根端口和指定端口的选举

1. 根桥选举

STP中根桥的选举依据的是桥ID(bridge ID, BID)，STP中的每个交换机都会有一个桥ID。桥ID由16位的桥优先级(bridge priority)和48位的MAC地址构成。在STP网络中，桥优先级是可以配置的，取值范围是0～65535，默认值为32768。优先级最高的设备(数值越小越优先)会被选举为根桥。如果优先级相同，则会比较MAC地址，MAC地址越小则越优先。这里需要注意的是，旧设备的MAC地址一般都会比新设备的MAC地址小。

2. 根端口选举

非根交换机在选举根端口时分别依据端口的根路径开销、对端BID、对端PID(Port ID，端口ID)和本端PID。交换机的每个端口都有一个端口开销(port cost)参数，此参数表示端口在STP中的开销值。默认情况下端口的开销和端口的带宽有关，带宽越高，开销越小。从非根桥到达根桥的路径可能有多条，每一条路径都有一个总开销值，此开销值是该路径上所有接收BPDU端口数据的端口开销的总和(即BPDU的入方向端口)，称为路径开销。非根桥通过对比多条路径的路径开销，选出到达根桥的最短路径，这条最短路径的路径开销称为RPC(root path cost，根路径开销)，并生成无环树状网络。根桥的根路径开销是0。如果有两个或两个以上的端口计算得到的累计路径开销相同，那么选择BID最小的那个端口作为根端口。运行STP的交换机的每个端口都有一个端口ID，端口ID由端口优先级和端口号构成。端口优先级取值范围是0～240，步长为16，即取值必须为16的整数倍。默认情况下，端口优先级是128。端口ID可以用来确定端口角色，值小者优先。

3. 指定端口选举

在网段上抑制其他端口(无论是本设备的还是其他设备的)发送BPDU报文的端口，就是该网段的指定端口。根桥的每个端口总是指定端口。与根端口相对应的端口(即与根端口直连的端口)皆为指定端口。指定端口的选举也是首先比较累计路径开销，累计路径开销最小的端口就是指定端口。如果累计路径开销相同，则比较端口所在的交换机的桥ID，桥ID最小的端口被选举为指定端口。如果通过累计路径开销和桥ID选举不出来，则比较端口ID，端口ID最小的被选举为指定端口(同根端口选举)。

4. 阻塞预备端口

网络收敛后，只有指定端口和根端口可以转发数据。其他端口为预备端口，被阻塞，不能转发数据，只能从所连网段的指定交换机接收BPDU报文，并以此来监测链路的状态。

6.1.6 STP 端口状态

(1) forwarding:转发状态。端口既可转发用户数据也可转发 BPDU 报文,只有根端口和指定端口才能进入 Forwarding 状态。

(2) learning:学习状态。端口可根据收到的用户数据构建 MAC 地址表,但不转发用户数据。增加 Learning 状态是为了防止形成临时环路。

(3) listening:侦听状态。端口可以转发 BPDU 报文,但不能转发用户数据。

(4) blocking:阻塞状态。端口仅能接收并处理 BPDU 报文,不能转发 BPDU 报文,也不能转发用户数据。此状态是预备端口的最终状态。

(5) disabled:禁用状态。端口既不处理和转发 BPDU 报文,也不转发用户数据。

6.1.7 STP 配置

1. 思科配置

1) 开启和关闭生成树

- 关闭生成树,生成树协议在交换机上默认开启,关闭之后会造成二层环路

```
SW1(config)#no spanning-tree vlan 1-4094
```

- 开启生成树

```
SW1(config)#spanning-tree vlan 1-4094
```

2) 更改生成树模式

- 更改模式

```
SW1(config)#spanning-tree mode ?
```

- 多实例生成树

```
  mst
```

- 传统生成树

```
  pvst
```

- 快速生成树

```
  rapid-pvst
```

3) 设置主备根网桥

- 设置为主根

```
Switch(config)#spanning-tree vlan 10,20 root primary
```

● 设置为备份根

```
Switch(config)#spanning-tree vlan 10,20 root secondary
```

4) 修改网桥优先级

● 默认值为 32768,修改时必须按照 4096 的倍数,干涉根桥选举,优先级小的优先

```
Switch(config)#spanning-tree vlan 10,20 priority <0-61440>
```

5) 修改端口开销

● 干涉端口角色选举,开销值小的优先

```
Switch(config-if)#spanning-tree vlan 10,20 cost <1-200000000>
```

6) 修改端口优先级

● 干涉端口角色选举,优先级小的优先,默认值为 128,修改时必须按 16 的倍数

```
Switch(config-if)#spanning-tree vlan 10,20 port-priority <0-240>
```

7) 配置上行速链路(备份链路迅速启动,不能是根设备)

```
Switch(config)#spanning-tree uplinkfast
```

8) 配置端口速链路

● 一般用于重要服务器,支持 Dot1Q 的服务器可以用 trunk

```
SW2(config-if)#spanning-tree portfast edge
```

● 全局配置,access 模式缩短端口迁移时间

```
S2928(config)#spanning-tree portfast default edge
```

9) BPDU 保护(防止 PC 端攻击并关闭端口)

● 全局配置必须让 portfast 接口有效

```
S3750(config-if)#spanning-tree bpduguard enable
S3750(config)#spanning-tree portfast edge bpduguard default
```

BPDU 是根桥发送的。

BPDU 保护关闭后恢复端口。

(1) 先 shutdown 再 no shutdown。

(2) 原因恢复。

```
Switch(config)#errdisanle recovery cause bpduguard
```

(3) 时间恢复。

```
S3750(config)#errdisable recovery interval 30
```

最常使用组合

```
S3750(config)#spanning-tree portfast edge default
S3750(config)#spanning-tree portfast edge bpduguard default
```

10) BPDU过滤(主要用于防止边缘端口发送BPDU,减小主机的资源消耗)

```
S2(config)#spanning-tree portfast edge bpdufilter default
S2(config-if)#spanning-tree bpdufilter enable
```

11) 根防护(防止非法设备抢占根桥,通常在指定端口上配置)

```
S2(config-if)#spanning-tree guard root
```

12) 环路防护(一般不使用,通常使用UDLD)

- 与根端口防护冲突,不能在一个端口上配置

```
S2(config)#spanning-tree loopguard default
S2(config-if)#spanning-tree guard loop
```

13) UDLD向链路检测(物理层检测)所有端口

- 主动模式

```
Switch(config)#udld aggressive
```

- 普通模式

```
Switch(config)#udld enable
```

- 指定时间发送一个消息

```
Switch(config)#udld message time 10
Switch(config-if)#udld port aggressive
Switch(config-if)#udld port
```

14) 查看生成树配置

```
Switch#show spanning-tree
```

2. 华为配置

1) 开启和关闭生成树

- 关闭生成树,生成树协议在交换机上默认开启,关闭之后会造成二层环路

```
[SW1]undo stp enable
```

● 开启生成树

```
[SW1]stp enable
```

2）更改生成树模式

● 更改模式

```
[SW1]stp mode ?
```

● 多实例生成树

```
mstp
```

● 快速生成树

```
rstp
```

● 传统生成树

```
stp
```

3）设置主备根网桥

● 设置为主根(通过宏命令将优先级设为0)

```
[SW1]stp root primary
```

● 设置为备份根(通过宏命令将优先级设为4096)

```
[SW2]stp root secondary
```

这里需要注意的是，华为交换机上所有VLAN共用一棵树，所以无法像思科设备那样为不同VLAN配置不同主备根。

4）修改网桥优先级

● 默认值为32768，修改时必须按照4096的倍数，干涉根桥选举，优先级小的优先

```
[SW1]stp priority <0-61440>
```

5）修改端口开销

● 干涉端口角色选举，开销值小的优先

```
[SW2-GigabitEthernet0/0/2]stp cost <1-200000000>
```

6）修改端口优先级

● 干涉端口角色选举，优先级小的优先，默认值为128，修改时必须按16的倍数

```
[SW1-GigabitEthernet0/0/2]stp port priority <0-240>
```

7）边缘端口、BPDU 保护及其他配置

- 开启边缘端口

```
[SW5-GigabitEthernet0/0/10]stp edged-port enable
```

- 全局开启边缘端口，开启后所有接口都会成为边缘端口

```
[SW5]stp edged-port default
```

- BPDU 保护，配合边缘端口，收到 BPDU 后关闭接口

```
[SW5]stp bpdu-protection
```

- 将边缘端口变成非边缘端口

```
[SW5-GigabitEthernet0/0/10]stp edged-port disable
```

- 关闭增强的 PA 机制

```
[SW5-GigabitEthernet0/0/10]stp no-agreement-check
```

- 更改生成树接口类型为共享

```
[SW5-GigabitEthernet0/0/10]stp point-to-point force-false
```

- 自动检测生成树接口类型

```
[SW5-GigabitEthernet0/0/10]stp point-to-point auto
```

- 更改生成树接口类型为点到点

```
[SW5-GigabitEthernet0/0/10]stp point-to-point force-true
```

- BPDU 过滤，不接收也不发送，只能在边缘端口配置，不然有形成环路的风险

```
[Huawei-GigabitEthernet0/0/10]stp bpdu-filter enable
```

- 环路保护，然后再做过滤

```
[Huawei-GigabitEthernet0/0/10]stp loop-protection
```

- 根保护，做在根设备的指定端口

```
[SW6-GigabitEthernet0/0/3]stp root-protection
```

- TC 保护，2 s 处理 2 个 BPDU，不建议修改和配置

```
[SW6]stp tc-protection threshold 2
```

- 设备链路单向故障检测，物理问题，思科设备上叫做 UDLD

```
[SW6-GigabitEthernet0/0/1]dldp enable
```

- 兼容模式

```
[SW6-GigabitEthernet0/0/1]dldp compatible-mode enable
```

8）查看生成树配置

```
[SW1]display stp
```

6.2 RSTP

6.2.1 RSTP 概述

RSTP(rapid spanning tree protocol，快速生成树协议)，最早在 IEEE 802.1W 中被提出，这种协议在网络结构发生变化时，能更快地收敛网络。它比 802.1D 多了一种端口类型：备份端口(backup port)类型，用来作为指定端口的备份。

6.2.2 RSTP 端口角色

RSTP 端口角色共有 4 种：根端口、指定端口、alternate 端口和 backup 端口。

alternate 端口：由于学习到其他网桥发送的配置更优的 BPDU 报文而阻塞的端口，作为根端口的备份端口。

backup 端口：由于学习到自己发送的配置更优的 BPDU 报文而阻塞的端口，作为指定端口的备份端口。

6.2.3 RSTP 端口状态

(1) discarding 状态：端口既不转发用户数据，也不学习 MAC 地址。

(2) learning 状态：端口不转发用户数据，但是会学习 MAC 地址。

(3) forwarding 状态：端口既转发用户数据，又学习 MAC 地址。

6.2.4 RSTP 原理

RSTP 收敛遵循 STP 基本原理。网络初始化时，网络中所有的 RSTP 交换机都认为自己是“根桥”，并设置每个端口为指定端口，此时，端口为 discarding 状态。

每个认为自己是“根桥”的交换机通过生成一个 RST BPDU 报文来协商指定网段的端口状态，此 RST BPDU 报文 flags 字段里面的 proposal 位需要置位。当一个端口收到 RST BPDU 报文时，此端口会比较收到的 RST BPDU 报文和本地的 RST BPDU 报文。如果本地的 RST BPDU 报文优于接收的 RST BPDU 报文，则端口会丢弃接收的 RST BPDU 报文，并通过发送 proposal 位置位的本地 RST BPDU 报文来回复对端设备。

当确认下游指定端口迁移到 discarding 状态后，设备发送 RST BPDU 报文回复上游交换机发送的 proposal 消息。在此过程中，端口已经被确认为根端口，因此 RST BPDU 报文 flags 字段里面设置了 agreement 标记位和根端口角色。

在 P/A 进程的最后阶段，上游交换机收到 agreement 置位的 RST BPDU 报文后，指定端口立即从 discarding 状态迁移为 forwarding 状态，然后下游网段开始使用同样的 P/A 进程协商端口角色。

6.2.5 RSTP 配置

RSTP 和 STP、MSTP 可以相互兼容，但建议同一交换网络中所有交换机生成树模式一致。

1. 思科配置

- 修改生成树模式为 RSTP

```
SW1(config)#spanning-tree mode rapid-pvst
```

2. 华为配置

- 修改生成树模式为 RSTP

```
[SW1]stp mode rstp
```

6.3 MSTP

6.3.1 MSTP 概述

MSTP(multiple spanning tree protocol，多生成树协议)将环路网络修剪成一个无环的树型网络，以避免报文在环路网络中增生和无限循环，同时还提供了关于数据转发的多个冗余路径，在数据转发过程中实现 VLAN 数据的负载均衡。MSTP 兼容 STP 和 RSTP，并且可以弥补 STP 和 RSTP 的缺陷。它既可以快速收敛，也能使不同 VLAN 的数据沿各自的路径分发，从而为冗余链路提供了更好的负载分担机制。

不管是 STP 还是 RSTP，在网络中进行生成树计算时都没有考虑 VLAN。它们都是针对单一生成树实例进行应用，也就是说，在 STP 和 RSTP 中所有 VLAN 都共享相同的生成树。为了解决这一个问题，思科提出了第二代生成树——PVST、PVST+。按照 PVST 协议的规定，每一个 VLAN 都有一个生成树，而且每隔 2 s 就会发送一个 BPDU，这对于一个有着上千个 VLAN 的网络来说，一方面这么多生成树维护起来比较困难；另一方面，为每个 VLAN 每隔 2 s 就发送一个 BPDU，交换机难以实现。为了解决 PVST 带来的困难，思科又提出了第三代生成树——MST。MSTP 可以对网络中众多的 VLAN 进行分组，这里的组就是后面要讲的 MST 实例。每个实例对应一个生成树，BPDU 只对实例进行发送，这样就实现了负载均衡。

6.3.2　MSTP术语

1. 实例和域

多生成树协议MSTP是IEEE 802.1s中定义的一种新型生成树协议。简单来说，STP/RSTP基于端口，PVST+基于VLAN，而MSTP基于实例。与STP/RSTP和PVST+相比，MSTP中引入了"实例"和"域"的概念。

所谓"实例"，就是指多个VLAN的一个集合，将多个VLAN捆绑到一个实例中的方法可以降低通信开销和资源占用率。MSTP中各个实例的拓扑计算是相互独立的，在这些实例上可以实现负载均衡。使用时，可以把多个拓扑结构相同的VLAN映射到某一个实例中，这些VLAN在端口上的转发状态将取决于对应实例在MSTP里的转发状态。

所谓"域"，即MST域，由域名、修订级别、格式选择器、VLAN与实例的映射关系组成，其中域名、修订级别和格式选择器在BPDU报文中都有相关字段，而VLAN与实例的映射关系在BPDU报文中表现为摘要信息，该摘要信息是根据映射关系计算得到的一个16字节的签名。只有上述四者都一致且相互连接的交换机才被认为在同一个域内。每个域内所有交换机都有相同的MST域配置(具有相同的域名、相同的VLAN到生成树实例的映射配置和相同的MSTP修订级别配置)。默认情况下，域名就是交换机的桥MAC地址，修订级别为0，格式选择器为0，所有VLAN都映射到实例0上。

MSTP的实例0具有特殊的作用，称为CIST(common internal spanning tree，公共与内部生成树)，其他的实例称为MSTI(multiple spanning tree instance，多生成树实例)。CIST由STP/RSTP计算得到的单生成树和MSTP计算得到的域组成，其作用是保证所有桥接的局域网是全连接的。CST(common spanning tree，公共生成树)是STP/RSTP或MSTP计算出的用于连接MST域的单生成树。IST(internal spanning tree，内部生成树)是在一个给定的MST域内由CIST提供的连通性。如果把每个MST域看作一个交换机，CST就是这些交换机通过STP/RSTP或者MSTP计算生成的一棵生成树。IST是CIST在MST域内的片段，是一个特殊的多生成树实例。

2. 总根和域根

与STP和RSTP相比，MSTP中引入了总根和域根的概念。总根是一个全局概念，对于所有互连的运行STP/RSTP/MSTP的交换机而言，只能有一个总根，即CIST的根；而域根是一个局部概念，是相对于某个域的某个实例而言的。所有相连的设备，总根只有一个，而每个域所包含的域根数目与实例个数相关。

3. 外部路径开销和内部路径开销

与STP和RSTP相比，MSTP中引入了外部路径开销和内部路径开销的概念。外部路径开销是相对于CIST而言的，同一个域内外部路径开销相同；内部路径开销是相对于域内某个实例而言的，同一端口对于不同实例对应不同的内部路径开销。

4. 域边缘端口、master端口和alternate端口

与STP和RSTP相比，MSTP中引入了域边缘端口和master端口的概念。域边缘端口是连接不同MST域、MST域和运行STP的区域、MST域和运行RSTP的区域的端口，位于MST域的边缘。在某个不包含总根的域中，master端口是所有边缘端口中到达总根开销最小的端口，也就是连接MST域与总根的端口，位于整个域到总根的最短路径上。alternate端口是master端口的备份端口，如果master端口被阻塞，alternate端口将成为新的master端口。

6.3.3 MSTP 工作原理

MSTP 协议在计算生成树时使用的算法和原理与 STP/RSTP 大同小异，只是因为在 MSTP 中引入了域和内部路径开销等参数，故 MSTP 中的优先级向量是 7 维，而 STP/RSTP 是 5 维。

(1) STP/RSTP 中的优先级向量：根桥标识符，根路径开销，桥标识符，发送 BPDU 报文端口标识符，接收 BPDU 报文端口标识符。

(2) MSTP 中的优先级向量：CIST 根桥标识符，CIST 外部根路径开销，CIST 域根标识符，CIST 内部根路径开销，CIST 指定桥标识符，CIST 指定端口标识符，CIST 接收端口标识符。

STP/RSTP 中的桥标识符实际上是发送 BPDU 的设备的标识符，与 MSTP 中的 CIST 指定桥标识符对应。MSTP 中的 CIST 域根标识符有两种情况，一种是总根所在域内，BPDU 报文中该字段是参考总根的标识符；另一种情况是不包含总根的域中，BPDU 报文中该字段是参考主设备的标识符。运行 MSTP 的实例初始化时认为自己是总根或域根，通过交换配置消息，按照上面介绍的 7 维向量计算 CIST 生成树和 MSTI。

6.3.4 CIST 生成树的计算

网络中的设备发送、接收 BPDU 报文时，在比较配置消息后，在整个网络中选择一个优先级最高的交换机作为 CIST 的树根。在每个 MST 域内 MSTP 通过计算生成 IST；同时 MSTP 将每个 MST 域作为单台交换机对待，通过计算在 MST 域间生成 CST。如前所述，CST 和 IST 构成了整个交换机网络的 CIST。

6.3.5 MSTI 的计算

在 MST 域内，MSTP 根据 VLAN 和生成树实例的映射关系，针对不同的 VLAN 生成不同的生成树实例。每棵生成树独立进行计算，计算过程与 STP/RSTP 计算生成树的过程类似。

MSTI 的特点如下。

(1) 每个 MSTI 独立计算自己的生成树，互不干扰。

(2) 每个 MSTI 的生成树计算方法与 STP 基本相同。

(3) 每个 MSTI 的生成树可以有不同的根和不同的拓扑。

(4) 每个 MSTI 在自己的生成树内发送 BPDU。

(5) 每个 MSTI 的拓扑通过命令配置决定。

(6) 每个端口在不同 MSTI 上的生成树参数可以不同。

(7) 每个端口在不同 MSTI 上的角色、状态可以不同。

(8) 在 MST 域内，沿着其对应的 MSTI 转发 VLAN 报文。

(9) 在 MST 域间，沿着 CST 转发 VLAN 报文。

6.3.6 MSTP 对拓扑变化的处理

MSTP 拓扑变化处理过程与 RSTP 拓扑变化处理过程类似。在 RSTP 中检测拓扑是否发生变化只有一个标准：一个非边缘端口是否迁移到 forwarding 状态。

为交换设备的所有非边缘指定端口启动一个 TC while timer，该计时器的值是 hello

timer 的两倍。在这个时间内，清空所有端口学习到的 MAC 地址。同时，由非边缘端口向外发送 RST BPDU，其中 TC 置位。一旦 TC while timer 超时，则停止发送 RST BPDU。其他交换设备收到 RST BPDU 后，除了收到 RST BPDU 的端口，清空所有端口学习到的 MAC 地址然后也为所有非边缘指定端口和根端口启动 TC while timer，重复上述过程。如此，网络中就会产生 RST BPDU 泛洪。

6.3.7 MSTP 配置

1. 思科配置

- 修改生成树模式为 MSTP

```
SW1(config)#spanning-tree mode mst
```

- 进入 MSTP 配置

```
SW1(config)#spanning-tree mst configuration
```

- 配置域名

```
SW1(config-mst)#name CISCO
```

- 配置修订版本号

```
SW1(config-mst)#revision 100
```

- 将 VLAN 10、VLAN 30 加入实例 1

```
SW1(config-mst)#instance 1 vlan 10,30
```

- 将 VLAN 20、VLAN 40 加入实例 2

```
SW1(config-mst)#instance 2 vlan 20,40
```

- 将交换机作为实例 1 的主根桥设备

```
SW1(config)#spanning-tree mst 1 root primary
```

- 将交换机作为实例 2 的备份根桥设备

```
SW1(config)#spanning-tree mst 2 root secondary
```

- 查询多实例生成树配置信息

```
SW1#show spanning-tree mst configuration
```

2. 华为配置

- 修改生成树模式为 MSTP

```
[SW1]stp mode mstp
```

- 进入 MSTP 配置

```
[SW1]stp region-configuration
```

- 配置域名

```
[SW1-mst-region]region-name HUAWEI
```

- 配置修订版本号

```
[SW1-mst-region]revision-level 100
```

- 将 VLAN 10、VLAN 30 加入实例 1

```
[SW1-mst-region]instance 1 vlan 10 30
```

- 将 VLAN 20、VLAN 40 加入实例 2

```
[SW1-mst-region]instance 2 vlan 20 40
```

- 在华为设备上必须激活才能生效

```
[SW1-mst-region]active region-configuration
```

- 将交换机作为实例 1 的主根桥设备

```
[SW1]stp instance 1 root primary
```

- 将交换机作为实例 2 的备份根桥设备

```
[SW1]stp instance 2 root secondary
```

- 查询多实例生成树配置信息

```
[SW1]display stp region-configuration
```

6.4 链路聚合

6.4.1 链路聚合概述

链路聚合指将多个物理端口汇聚在一起，形成一个逻辑端口，以实现各成员端口共同分担负荷，交换机根据用户配置的端口负荷分担策略决定网络封包从哪个成员端口发送到对端交换机。当交换机检测到其中一个成员端口的链路发生故障时，则停止在此端口上发送封包，并根据负荷分担策略在剩下的链路中重新选择报文的发送端口，发生故障的端口恢复正常后再次成为收发端口。链路聚合在增加链路带宽、实现链路传输弹性等方面很重要。思科的Etherchannel 最多支持 16 条链路捆绑，其中有 8 条为活动链路。华为的 Eth-Trunk 最多支持 8 条链路捆绑，8 条均为活动链路。

6.4.2 链路聚合的优点

链路聚合的优点如下。

(1) 可以根据需要灵活地增加网络设备之间的带宽。

(2) 可以增强网络设备之间连接的可靠性。

(3) 节约成本。

6.4.3 链路聚合技术的运用场景

链路聚合也称为链路捆绑。链路聚合技术不仅可以运用在交换机之间，还可以应用在交换机与路由器之间、路由器与路由器之间、交换机与服务器之间、路由器与服务器之间、服务器与服务器之间。从原理上看，PC 上也可以实现链路聚合，但是成本较高，所以现实中没有真正地实现。

6.4.4 链路聚合的前提条件

1. 聚合链路两端的物理参数必须保持一致

(1) 进行聚合的链路的数目要保持一致。

(2) 进行聚合的链路的速率要保持一致。

(3) 进行聚合的链路为全双工模式。

2. 聚合链路两端的逻辑参数必须保持一致

(1) 同一个汇聚组中端口的基本配置必须保持一致。

(2) 基本配置主要包括 STP、QoS、VLAN、端口等的相关配置。

6.4.5 链路聚合术语

1. 链路聚合

链路聚合是指将多个以太网接口捆绑在一起，多个以太网接口捆绑后形成一个聚合组，聚合组内的所有物理链路作为一条逻辑链路来传送数据，多个端口汇聚形成的逻辑接口称为聚合接口，一个聚合组和一个聚合接口形成一条聚合链路。端口汇聚可以实现聚合组中各成员端口之间的负载分担，增加链路带宽，同时同一个聚合组内各个成员端口之间彼此动态备份，从而提高了链路的可靠性，一般用于交换机的互连中，以实现具有高可靠性和高可用性的数据链路。

2. 聚合接口

聚合组将物理端口绑定在一个逻辑接口下，每个聚合组唯一对应一个逻辑接口，称为聚合接口，每个聚合接口用一个用户自定义的聚合接口 ID 唯一标识。

3. 成员端口

聚合组内的各个端口称为该聚合组的成员端口，聚合组中的成员端口主要有以下三种状态。

（1）绑定状态：此状态下的端口已经成功加入聚合链路并可以参与数据转发。

（2）未启动状态：此状态下的成员端口不参与数据转发。

（3）独立状态：此状态下的端口并未加入聚合组，而是作为独立端口正常转发数据。

6.4.6 链路聚合协议

1. PAgP 协议

PAgP(port aggregation protocol，端口汇聚协议)是思科私有的动态链路汇聚协议，启用PAgP协议后，端口通过交换PAgP数据包获取对端端口参数，并根据数据信息自动形成聚合链路，指定哪些端口发送PAgP包，哪些端口接收PAgP包。这种协议只能在思科设备上运行。

2. LACP 协议

LACP(link aggregation control protocol，链路汇聚控制协议)是基于IEEE 802.3ad标准的用于实现链路动态汇聚与解汇聚的协议，大部分厂商的设备都兼容。LACP协议通过LACPDU(link aggregation control protocol data unit，链路汇聚控制协议数据单元)与对端交换端口信息和进行协商，实现对汇聚的自动化控制。

6.4.7 链路聚合模式

思科交换机的链路聚合根据使用的协议可以分为三种工作模式：LACP协议模式、PAgP协议模式和on模式。这三种工作模式下共有5种不同的端口模式：active、passive、auto、desirable、on。其中active和passive模式使用LACP协议进行工作，auto和desirable模式使用PAgP协议进行工作，on模式则强制启用链路聚合，相当于华为、华三设备的手工聚合模式，华为、华三设备的链路聚合模式只有手工模式和LACP模式两种。下面具体介绍这几种链路聚合模式的特点。

1. LACP 协议模式

这种链路聚合模式使用LACP协议进行链路协商以形成聚合链路。这种模式下有两种端口模式可选，即active和passive。active模式下不管对端设备是否支持LACP协议，本地都会无条件启用LACP协议，这种模式下端口处于主动协商状态；而passive模式下只有检测到对端设备支持LACP协议，本地才会启用LACP协议，这种模式下端口处于被动协商状态。

2. PAgP 协议模式

这种链路聚合模式使用思科私有的PAgP协议进行链路协商以形成聚合链路。这种模式下也有两种端口模式可选，即desirable和auto。跟LACP模式下的两种端口模式相似，desirable模式下不管对端是否支持PAgP协议，本地都会启用PAgP协议；auto模式下只有检测到对端设备支持PAgP协议，本地才会启用PAgP协议。

3. on 模式(华为手工模式)

使用on模式时不经过协商(不使用任何链路聚合协议)，直接强制进行链路聚合，只要两端端口二层配置一致(端口速率和所属VLAN一致)，就可以直接将端口加入聚合接口，建立聚合链路。这种模式在两端设备不都支持PAgP协议或LACP协议的情况下比较有用，兼容性强，配置起来也比较方便，在实际项目中用得比较多。

4. 链路聚合的负载分担模式

聚合链路可以在多条物理链路上对数据流实现负载均衡，一般可以选择以下 6 种方式进行负载分担。

（1）dest-ip：基于目的 IP 地址进行负载分担。

（2）src-ip：基于源 IP 地址进行负载分担。

（3）dest-mac：基于目的 MAC 地址进行负载分担。

（4）src-mac：基于源 MAC 地址进行负载分担。

（5）src-dst-ip：基于源 IP 地址和目的 IP 地址进行负载分担。

（6）src-dst-mac：基于源 MAC 地址和目的 MAC 地址进行负载分担。

一般默认基于源 MAC 地址进行负载分担，二层交换机没有特殊要求的话，使用默认的负载分担模式即可。

6.4.8 链路聚合配置

1. 思科配置

1）二层链路聚合配置

- 进入多个接口

```
SW1(config)#interface range e0/0-1
```

- LACP 主动模式

```
SW1(config-if-range)#channel-group 1 mode ?
  active     Enable LACP unconditionally
```

- LACP 被动模式

```
  passive     Enable LACP only if a LACP device is detected
```

- PAgP 主动模式

```
  desirable   Enable PAgP unconditionally
```

- PAgP 被动模式

```
  auto        Enable PAgP only if a PAgP device is detected
```

- on 模式

```
  on          Enable Etherchannel only
```

- 另一种接口加入方式（不建议使用，配置繁琐）

```
SW1(config)#interface e0/0
```

```
SW1(config-if)#channel-group 1 mode on
```

2）三层链路聚合配置

- 进入链路聚合组

```
SW1(config)#interface port-channel 1
```

- 将二层接口转换成三层接口

```
SW1(config-if)#no switchport
```

- 配置 IP 地址

```
SW1(config-if)#ip add 10.1.1.1 255.255.255.0
```

3）负载分担模式

- 修改负载分担模式

```
SW1(config)#port-channel load-balance?
  dst-ip          Dst IP Addr
  dst-mac         Dst Mac Addr
  src-dst-ip      Src XOR Dst IP Addr
  src-dst-mac     Src XOR Dst Mac Addr
  src-ip          Src IP Addr
  src-mac         Src Mac Addr
```

- 查看以太通道信息

```
SW1#show etherchannel summary
```

2. 华为配置

1）二层链路聚合配置

- 进入链路聚合组

```
[SW1]interface Eth-Trunk 1
```

- LACP 静态模式

```
[SW1-Eth-Trunk1]mode ?
  lacp-static   Static working mode
```

- 手工模式

```
  manual        Manual working mode
```

- 将接口加入链路聚合组

```
[SW1-Eth-Trunk1]trunkport GigabitEthernet 0/0/1 0/0/2
```

- 另一种接口加入方式(不建议使用,配置繁琐)

```
[SW1]interface g0/0/1
[SW1-GigabitEthernet0/0/1]eth-trunk 1
```

2) 三层链路聚合配置

- 进入链路聚合组

```
[R1]interface Eth-Trunk 1
```

- 将二层接口转换成三层接口

```
[R1-Eth-Trunk1]undo portswitch
```

- 配置 IP 地址

```
[R1-Eth-Trunk1]ip add 10.1.1.1 24
[R1-Eth-Trunk1]mode lacp-static
[R1-Eth-Trunk1]trunkport GigabitEthernet 0/0/1 0/0/2
```

3) 负载分担模式

- 修改负载分担模式

```
[SW1]interface Eth-Trunk 1
[SW1-Eth-Trunk1]load-balance ?
  dst-ip        According to destination IP hash arithmetic
  dst-mac       According to destination MAC hash arithmetic
  src-dst-ip    According to source/destination IP hash arithmetic
  src-dst-mac   According to source/destination MAC hash arithmetic
  src-ip        According to source IP hash arithmetic
  src-mac       According to source MAC hash arithmetic
```

- 查看链路聚合(思科叫做以太通道)信息

```
[SW1]display eth-trunk 1
```

4) LACP 链路、LACP 抢占

- 设置最低活动链路数目

```
[SW1]interface Eth-Trunk 1
[SW1-Eth-Trunk1]least active-linknumber 2
```

- 设置最高活动链路数目

```
[R1-Eth-Trunk1]max active-linknumber 8
```

- 配置影响链路聚合带宽的最大连接数目，主要用于 STP 计算，默认值为 8

```
[SW1-Eth-Trunk1]max bandwidth-affected-linknumber 8
```

- 开启抢占功能

```
[Huawei-Eth-Trunk1]lacp preempt enable
```

- LACP 协议配置的抢占延时

```
[Huawei-Eth-Trunk1]lacp preempt delay 10
```

- 配置 LACP 优先级，默认值为 32768，值越小优先级越高

```
[SW1]lacp priority 100
```

- 配置接口 LACP 优先级为 100。在静态 LACP 模式下，聚合组两端的设备中 LACP 优先级较高(数值较小)的一端为主动端，LACP 优先级较低(数值较大)的一端为被动端。如果两端设备的 LACP 优先级相同，则需要按照系统 MAC 来选择主动端，系统 MAC 较小的一端优先级较高

```
[SW2]interface g0/0/1
[SW2-GigabitEthernet0/0/1]lacp priority 100
```

6.5 MSTP 与 LACP 模式链路聚合实验(实验 11)

在此实验中，在交换网络中实施 MSTP，SW1 作为实例 1 的主根桥设备、实例 2 的备份根桥设备，SW2 作为实例 2 的主根桥设备、实例 1 的备份根桥设备。在 SW1 和 SW2 之间实施 LACP 链路聚合。完成实验后保存拓扑图和配置，后续实验会用到此拓扑图与配置。

【实验目的】

(1) 掌握思科、华为设备上二层 LACP 模式链路聚合的配置。

(2) 掌握思科、华为设备上三层 LACP 模式链路聚合的配置。

(3) 掌握思科、华为设备上 MSTP 多实例生成树的配置。

(4) 掌握思科、华为设备上 MSTP 实例主备根桥的配置。

【实验步骤】

1. 思科设备上实施

实验拓扑图如图 6-2 所示，具体配置步骤如下。

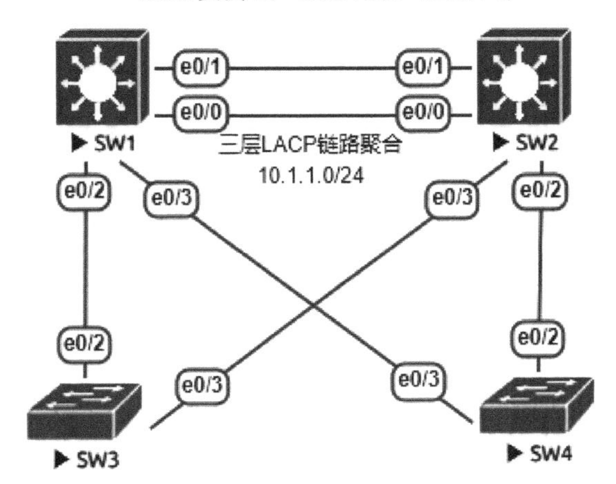

图 6-2　思科 MSTP 与 LACP 模式链路聚合实验拓扑图

(1) 在 SW1、SW2、SW3、SW4 上分别创建 VLAN 10、VLAN 20、VLAN 30、VLAN 40，注意在同一个交换网络中，所有交换机的 VLAN 信息必须保持一致。

- 批量创建 VLAN 10、VLAN 20

```
SW1(config)#vlan 10,20,30,40
SW2(config)#vlan 10,20,30,40
SW3(config)#vlan 10,20,30,40
SW4(config)#vlan 10,20,30,40
```

(2) 在 SW1 和 SW2 之间完成 LACP 模式链路聚合。

- 进入接口组

```
SW1(config)#interface range e0/0-1
```

- 配置 LACP 主动模式链路聚合

```
SW1(config-if-range)#channel-group 1 mode active
SW1(config-if-range)#switchport trunk encapsulation dot1q
SW1(config-if-range)#switchport mode trunk
SW1(config-if-range)#switchport trunk allowed vlan 10,20,30,40
SW2(config)#interface range e0/0-1
SW2(config-if-range)#channel-group 1 mode active
SW2(config-if-range)#switchport trunk encapsulation dot1q
SW2(config-if-range)#switchport mode trunk
SW2(config-if-range)#switchport trunk allowed vlan 10,20,30,40
```

(3) 将交换机之间的链路模式设置为 trunk。

```
SW1(config)#interface range e0/2-3
```

```
SW1(config-if-range)#switchport trunk encapsulation dot1q
SW1(config-if-range)#switchport mode trunk
SW1(config-if-range)#switchport trunk allowed vlan 10,20,30,40
SW2(config)#interface range e0/2-3
SW2(config-if-range)#switchport trunk encapsulation dot1q
SW2(config-if-range)#switchport mode trunk
SW2(config-if-range)#switchport trunk allowed vlan 10,20,30,40
SW3(config)#interface range e0/2-3
SW3(config-if-range)#switchport trunk encapsulation dot1q
SW3(config-if-range)#switchport mode trunk
SW3(config-if-range)#switchport trunk allowed vlan 10,20,30,40
SW4(config)#interface range e0/2-3
SW4(config-if-range)#switchport trunk encapsulation dot1q
SW4(config-if-range)#switchport mode trunk
SW4(config-if-range)#switchport trunk allowed vlan 10,20,30,40
```

(4) 在交换网络中实施 MSTP,SW1 作为实例 1 的主根桥设备、实例 2 的备份根桥设备,SW2 作为实例 2 的主根桥设备、实例 1 的备份根桥设备。

- 修改生成树模式为 MSTP

```
SW1(config)#spanning-tree mode mst
```

- 进入 MSTP 配置

```
SW1(config)#spanning-tree mst configuration
```

- 配置域名

```
SW1(config-mst)#name CISCO
```

- 配置修订版本号

```
SW1(config-mst)#revision 100
```

- 创建实例 1,加入 VLAN 10、VLAN 30

```
SW1(config-mst)#instance 1 vlan 10,30
```

- 创建实例 2,加入 VLAN 20、VLAN 40

```
SW1(config-mst)#instance 2 vlan 20,40
```

- 将交换机作为实例 1 的主根桥设备

```
SW1(config)#spanning-tree mst 1 root primary
```

● 将交换机作为实例2的备份根桥设备

```
SW1(config)#spanning-tree mst 2 root secondary
SW2(config)#spanning-tree mode mst
SW2(config)#spanning-tree mst configuration
SW2(config-mst)#name CISCO
SW2(config-mst)#revision 100
SW2(config-mst)#instance 1 vlan 10,30
SW2(config-mst)#instance 2 vlan 20,40
SW2(config)#spanning-tree mst 2 root primary
SW2(config)#spanning-tree mst 1 root secondary
SW3(config)#spanning-tree mode mst
SW3(config)#spanning-tree mst configuration
SW3(config-mst)#name CISCO
SW3(config-mst)#revision 100
SW3(config-mst)#instance 1 vlan 10,30
SW3(config-mst)#instance 2 vlan 20,40
SW4(config)#spanning-tree mode mst
SW4(config)#spanning-tree mst configuration
SW4(config-mst)#name CISCO
SW4(config-mst)#revision 100
SW4(config-mst)#instance 1 vlan 10,30
SW4(config-mst)#instance 2 vlan 20,40
```

(5) 查看以太通道信息。从图6-3中可以看出,二层LACP模式链路聚合正常运行。

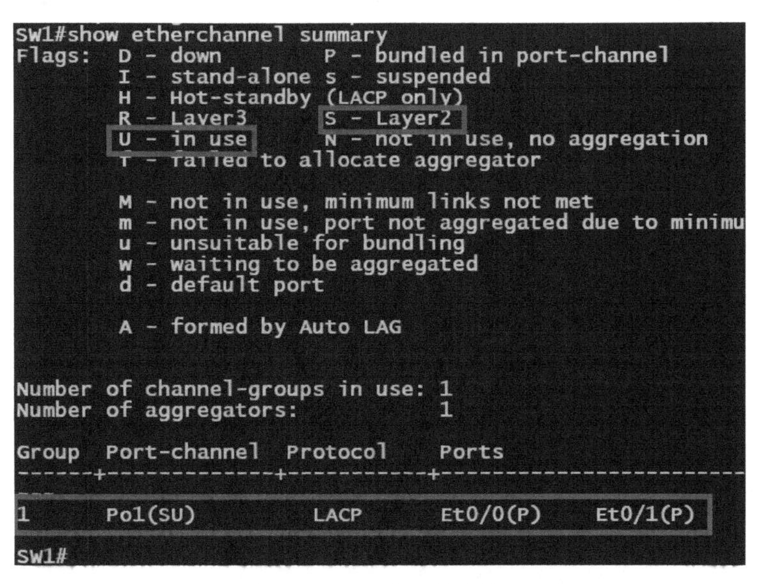

图6-3 SW1链路聚合信息

(6) 查看 MSTP 信息。从图 6-4 中可以看出,实例 1 中端口全部为指定端口,所以 SW1 是实例 1 的主根桥设备,实例 2 中有一个端口为根端口,所以 SW1 是实例 2 的备份根桥设备。

(7) 将二层链路聚合修改为三层链路聚合。

- 进入链路聚合组

```
SW1(config)#interface port-channel 1
```

- 将二层端口修改为三层端口

```
SW1(config-if)#no switchport
```

- 配置 IP 地址

```
SW1#show spanning-tree mst 1

##### MST1    vlans mapped:   10,30
Bridge        address aabb.cc00.1000  priority      24577 (24576 sysid 1)
Root          this switch for MST1

Interface        Role Sts Cost      Prio.Nbr Type
---------------- ---- --- --------- -------- --------------------------------
Et0/2            Desg FWD 2000000   128.3    P2p
Et0/3            Desg FWD 2000000   128.4    P2p
Po1              Desg FWD 1000000   128.65   P2p

SW1#show spanning-tree mst 2

##### MST2    vlans mapped:   20,40
Bridge        address aabb.cc00.1000  priority      28674 (28672 sysid 2)
Root          address aabb.cc00.2000  priority      24578 (24576 sysid 2)
              port    Po1             cost          1000000   rem hops 19

Interface        Role Sts Cost      Prio.Nbr Type
---------------- ---- --- --------- -------- --------------------------------
Et0/2            Desg FWD 2000000   128.3    P2p
Et0/3            Desg FWD 2000000   128.4    P2p
Po1              Root FWD 1000000   128.65   P2p
```

图 6-4 SW1 多实例生成树端口信息

```
SW1(config-if)#ip add 10.1.1.1 255.255.255.0
SW2(config)#interface port-channel 1
SW2(config-if)#no switchport
SW2(config-if)#ip add 10.1.1.2 255.255.255.0
SW1(config)#interface range e0/0-1
SW1(config-if-range)#no switchport
SW1(config-if-range)#channel-group 1 mode active
SW2(config)#int range e0/0-1
SW2(config-if-range)#no switchport
SW2(config-if-range)#channel-group 1 mode active
SW1(config)#ip routing
SW2(config)#ip routing
```

(8) 查看以太通道信息。从图 6－5 中可以看出，三层的 LACP 模式链路聚合正常运行。

```
SW1#show etherchannel summary
Flags:  D - down        P - bundled in port-channel
        I - stand-alone s - suspended
        H - Hot-standby (LACP only)
        R - Layer3      S - Layer2
        U - in use      N - not in use, no aggregation
        f - failed to allocate aggregator

        M - not in use, minimum links not met
        m - not in use, port not aggregated due to minimu
        u - unsuitable for bundling
        w - waiting to be aggregated
        d - default port

        A - formed by Auto LAG


Number of channel-groups in use: 1
Number of aggregators:           1

Group  Port-channel  Protocol    Ports
------+-------------+-----------+-----------------------
1      Po1(RU)         LACP      Et0/0(P)    Et0/1(P)
```

图 6－5　SW1 链路聚合模式信息

(9) 查看 MSTP 信息。从图 6－6 中可以看出，修改为三层链路聚合之后，链路聚合组端口从 MSTP 中消失，因为已经转换为三层接口，MSTP 只负责管理二层接口，三层链路聚合进一步划分了广播域，优化了网络性能，所以实例 1 与实例 2 中二层端口全部成为指定接口。此时，如图 6－7 所示，交换网络链路聚合链路不属于二层链路。

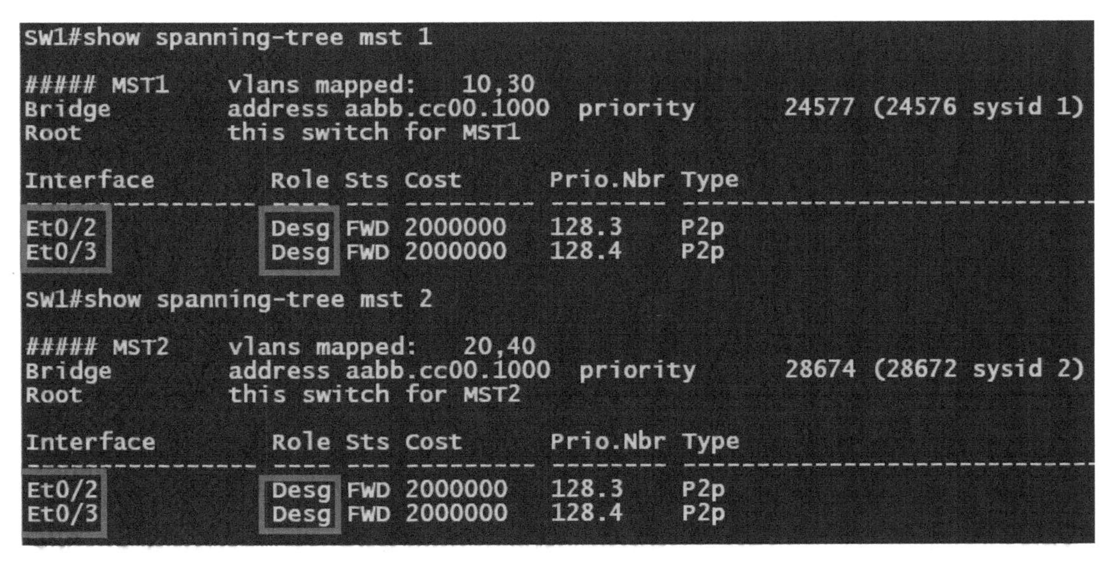

```
SW1#show spanning-tree mst 1

##### MST1    vlans mapped:   10,30
Bridge        address aabb.cc00.1000  priority      24577 (24576 sysid 1)
Root          this switch for MST1

Interface        Role Sts Cost      Prio.Nbr Type
---------------- ---- --- --------- -------- --------------------------------
Et0/2            Desg FWD 2000000   128.3    P2p
Et0/3            Desg FWD 2000000   128.4    P2p

SW1#show spanning-tree mst 2

##### MST2    vlans mapped:   20,40
Bridge        address aabb.cc00.1000  priority      28674 (28672 sysid 2)
Root          this switch for MST2

Interface        Role Sts Cost      Prio.Nbr Type
---------------- ---- --- --------- -------- --------------------------------
Et0/2            Desg FWD 2000000   128.3    P2p
Et0/3            Desg FWD 2000000   128.4    P2p
```

图 6－6　SW1 多实例生成树端口信息

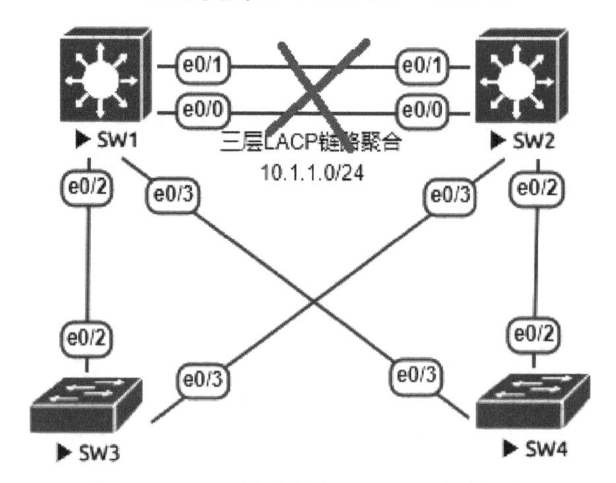

图 6-7　二层链路聚合改为三层链路聚合

2. 华为设备上实施

实验拓扑图如图 6-8 所示，具体配置步骤如下。

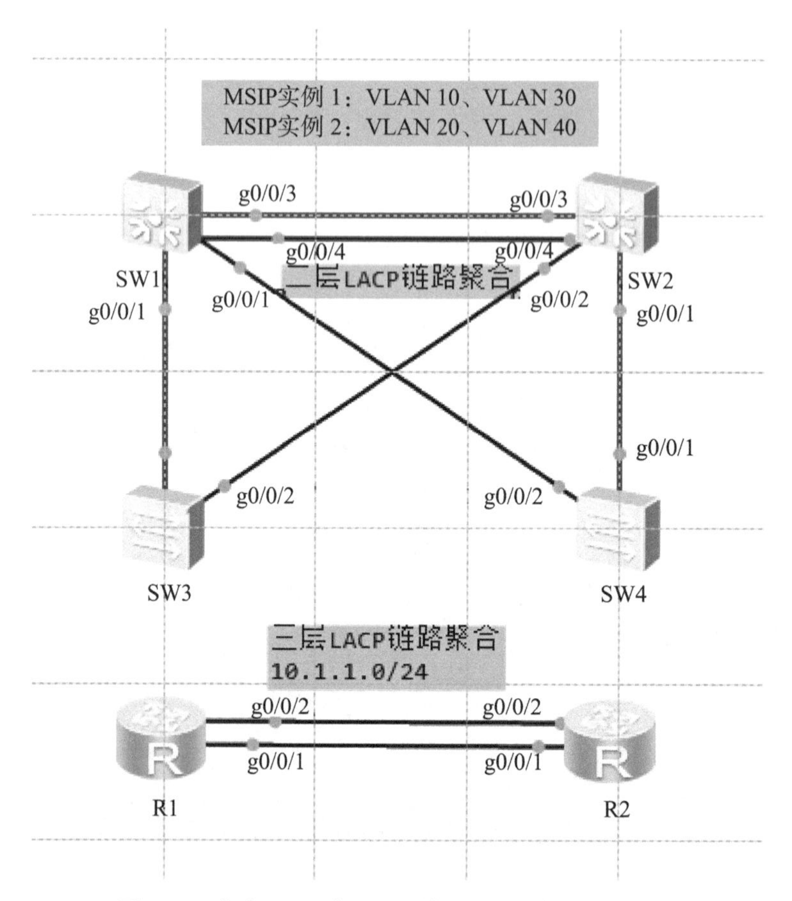

图 6-8　华为 MSTP 与 LACP 模式链路聚合实验拓扑图

(1) 在SW1、SW2、SW3、SW4上分别创建VLAN 10、VLAN 20、VLAN 30、VLAN 40，注意在同一个交换网络中，所有交换机的VLAN信息必须保持一致。

- 批量创建VLAN 10、VLAN 20、VLAN 30、VLAN 40

```
[SW1]vlan batch 10 20 30 40
[SW2]vlan batch 10 20 30 40
[SW3]vlan batch 10 20 30 40
[SW4]vlan batch 10 20 30 40
```

(2) 在SW1和SW2之间完成LACP模式链路聚合。

- 进入链路聚合组

```
[SW1]interface Eth-Trunk 1
```

- 设置为LACP静态模式

```
[SW1-Eth-Trunk1]mode lacp-static
```

- 将接口加入链路聚合组

```
[SW1-Eth-Trunk1]trunkport g0/0/3 0/0/4
[SW1-Eth-Trunk1]port link-type trunk
[SW1-Eth-Trunk1]port trunk allow-pass vlan 10 20 30 40
[SW1-Eth-Trunk1]undo port trunk allow-pass vlan 1
[SW2]interface Eth-Trunk 1
[SW2-Eth-Trunk1]mode lacp-static
[SW2-Eth-Trunk1]trunkport g0/0/3 0/0/4
[SW2-Eth-Trunk1]port link-type trunk
[SW2-Eth-Trunk1]port trunk allow-pass vlan 10 20 30 40
[SW2-Eth-Trunk1]undo port trunk allow-pass vlan 1
```

(3) 将交换机之间的链路模式设置为trunk。

```
[SW1]interface g0/0/1
[SW1-GigabitEthernet0/0/1]port link-type trunk
[SW1-GigabitEthernet0/0/1]port trunk allow-pass vlan 10 20 30 40
[SW1-GigabitEthernet0/0/1]undo port trunk allow-pass vlan 1
[SW1]interface g0/0/2
[SW1-GigabitEthernet0/0/2]port link-type trunk
[SW1-GigabitEthernet0/0/2]port trunk allow-pass vlan 10 20 30 40
[SW1-GigabitEthernet0/0/2]undo port trunk allow-pass vlan 1
[SW2]interface g0/0/1
```

```
[SW2-GigabitEthernet0/0/1]port link-type trunk
[SW2-GigabitEthernet0/0/1]port trunk allow-pass vlan 10 20 30 40
[SW2-GigabitEthernet0/0/1]undo port trunk allow-pass vlan 1
[SW2]interface g0/0/2
[SW2-GigabitEthernet0/0/2]port link-type trunk
[SW2-GigabitEthernet0/0/2]port trunk allow-pass vlan 10 20 30 40
[SW2-GigabitEthernet0/0/2]undo port trunk allow-pass vlan 1
[SW3]interface g0/0/1
[SW3-GigabitEthernet0/0/1]port link-type trunk
[SW3-GigabitEthernet0/0/1]port trunk allow-pass vlan 10 20 30 40
[SW3-GigabitEthernet0/0/1]undo port trunk allow-pass vlan 1
[SW3]interface g0/0/2
[SW3-GigabitEthernet0/0/2]port link-type trunk
[SW3-GigabitEthernet0/0/2]port trunk allow-pass vlan 10 20 30 40
[SW3-GigabitEthernet0/0/2]undo port trunk allow-pass vlan 1
[SW4]interface g0/0/1
[SW4-GigabitEthernet0/0/1]port link-type trunk
[SW4-GigabitEthernet0/0/1]port trunk allow-pass vlan 10 20 30 40
[SW4-GigabitEthernet0/0/1]undo port trunk allow-pass vlan 1
[SW4]interface g0/0/2
[SW4-GigabitEthernet0/0/2]port link-type trunk
[SW4-GigabitEthernet0/0/2]port trunk allow-pass vlan 10 20 30 40
[SW4-GigabitEthernet0/0/2]undo port trunk allow-pass vlan 1
```

(4) 在交换网络中实施 MSTP,SW1 作为实例 1 的主根桥设备、实例 2 的备份根桥设备，SW2 作为实例 2 的主根桥设备、实例 1 的备份根桥设备。

- 修改生成树模式为 MSTP

```
[SW1]stp mode mstp
```

- 进入 MSTP 配置

```
[SW1]stp region-configuration
```

- 配置域名

```
[SW1-mst-region]region-name HUAWEI
```

- 配置修订版本号

```
[SW1-mst-region]revision-level 100
```

● 创建实例1，加入VLAN 10、VLAN 30

```
[SW1-mst-region]instance 1 vlan 10 30
```

● 创建实例2，加入VLAN 20、VLAN 40

```
[SW1-mst-region]instance 2 vlan 20 40
```

● 华为设备上必须激活MSTP配置

```
[SW1-mst-region]active region-configuration
```

● 将交换机作为实例1的主根桥设备

```
[SW1]stp instance 1 root primary
```

● 将交换机作为实例2的备份根桥设备

```
[SW1]stp instance 2 root secondary
[SW2]stp mode mstp
[SW2]stp region-configuration
[SW2-mst-region]region-name HUAWEI
[SW2-mst-region]revision-level 100
[SW2-mst-region]instance 1 vlan 10 30
[SW2-mst-region]instance 2 vlan 20 40
[SW2-mst-region]active region-configuration
[SW2]stp instance 2 root primary
[SW2]stp instance 1 root secondary
[SW3]stp mode mstp
[SW3]stp region-configuration
[SW3-mst-region]region-name HUAWEI
[SW3-mst-region]revision-level 100
[SW3-mst-region]instance 1 vlan 10 30
[SW3-mst-region]instance 2 vlan 20 40
[SW3-mst-region]active region-configuration
[SW4]stp mode mstp
[SW4]stp region-configuration
[SW4-mst-region]region-name HUAWEI
[SW4-mst-region]revision-level 100
[SW4-mst-region]instance 1 vlan 10 30
[SW4-mst-region]instance 2 vlan 20 40
[SW4-mst-region]active region-configuration
```

(5) 查看链路聚合信息。从图6-9中可以看出，二层的LACP模式链路聚合正常运行。

```
[SW1]display eth-trunk 1
Eth-Trunk1's state information is:
Local:
LAG ID: 1                      WorkingMode: STATIC
Preempt Delay: Disabled        Hash arithmetic: According to SIP-XOR-DIP
System Priority: 32768         System ID: 4c1f-ccca-599e
Least Active-linknumber: 1     Max Active-linknumber: 8
Operate status: up             Number Of Up Port In Trunk: 2
--------------------------------------------------------------------------------
ActorPortName          Status   PortType PortPri PortNo PortKey PortState Weight
GigabitEthernet0/0/3   Selected 1GE      32768   4      305     10111100  1
GigabitEthernet0/0/4   Selected 1GE      32768   5      305     10111100  1

Partner:
--------------------------------------------------------------------------------
ActorPortName          SysPri   SystemID        PortPri PortNo PortKey PortState
GigabitEthernet0/0/3   32768    4c1f-cc19-48b3  32768   4      305     10111100
GigabitEthernet0/0/4   32768    4c1f-cc19-48b3  32768   5      305     10111100
```

图 6-9　SW1 链路聚合信息

(6) 查看 MSTP 信息。从图 6-10 中可以看出，实例 1 中端口全部为指定端口，所以 SW1 是实例 1 的主根桥设备，实例 2 中有一个端口为根端口，所以 SW1 是实例 2 的备份根桥设备。

```
[SW1]display stp instance 1 brief
 MSTID  Port                        Role  STP State     Protection
   1    GigabitEthernet0/0/1        DESI  FORWARDING      NONE
   1    GigabitEthernet0/0/2        DESI  FORWARDING      NONE
   1    Eth-Trunk1                  DESI  FORWARDING      NONE
[SW1]display stp instance 2 brief
 MSTID  Port                        Role  STP State     Protection
   2    GigabitEthernet0/0/1        DESI  FORWARDING      NONE
   2    GigabitEthernet0/0/2        DESI  FORWARDING      NONE
   2    Eth-Trunk1                  ROOT  FORWARDING      NONE
[SW1]
```

图 6-10　SW1 多实例生成树端口信息

(7) 华为 eNSP 中交换机不支持三层链路聚合，所以在路由器上完成三层链路聚合。

- 进入链路聚合组

```
[R1]interface Eth-Trunk 1
```

- 将二层端口改为三层端口

```
[R1-Eth-Trunk1]undo portswitch
```

- 配置 IP 地址

```
[R1-Eth-Trunk1]ip add 10.1.1.1 24
[R1-Eth-Trunk1]mode lacp-static
[R1-Eth-Trunk1]trunkport GigabitEthernet 0/0/1 0/0/2
[R2]interface Eth-Trunk 1
[R2-Eth-Trunk1]undo portswitch
[R2-Eth-Trunk1]ip add 10.1.1.2 24
```

```
[R2-Eth-Trunk1]mode lacp-static
[R2-Eth-Trunk1]trunkport GigabitEthernet 0/0/1 0/0/2
```

(8) 查看链路聚合信息。从图 6 - 11 中可以看出，三层的 LACP 模式链路聚合正常运行，华为设备上通过查看信息无法分辨二层和三层链路聚合，只能通过查看配置才能看到。

```
[R1]display eth-trunk 1
Eth-Trunk1's state information is:
Local:
LAG ID: 1                     WorkingMode: STATIC
Preempt Delay: Disabled       Hash arithmetic: According to SIP-XOR-DIP
System Priority: 32768        System ID: 00e0-fc5f-474d
Least Active-linknumber: 1    Max Active-linknumber: 8
Operate status: up            Number Of Up Port In Trunk: 2
--------------------------------------------------------------------------------
ActorPortName          Status   PortType PortPri PortNo PortKey PortState Weight
GigabitEthernet0/0/1   Selected 1GE      32768   1      305     10111100  1
GigabitEthernet0/0/2   Selected 1GE      32768   2      305     10111100  1

Partner:
--------------------------------------------------------------------------------
ActorPortName          SysPri   SystemID        PortPri PortNo PortKey PortState
GigabitEthernet0/0/1   32768    00e0-fcb0-20f2  32768   1      305     10111100
GigabitEthernet0/0/2   32768    00e0-fcb0-20f2  32768   2      305     10111100
```

```
interface Eth-Trunk1
 undo portswitch
 ip address 10.1.1.1 255.255.255.0
 mode lacp-static
```

图 6 - 11 R1 链路聚合模式信息

【实验小结】

通过实验 11 我们可以了解到，二层链路聚合无法分割广播域，三层链路聚合可以分割广播域。思科路由器不支持以太通道技术。华为 eNSP 中 S5700 三层交换机不支持三层链路聚合，路由器支持三层链路聚合。华为交换机上配置 MSTP 后必须激活才能生效。在 MSTP 中存在多台核心交换机的情况下，可以在不同的交换机上针对不同的实例做主备根桥，这样有利于设备资源得到合理利用，防止某些设备被闲置或者负载过重。

第7章 VRRP与端口安全

7.1 VRRP

7.1.1 VRRP概述

VRRP (virtual router redundancy protocol,虚拟路由冗余协议)是一种选择协议,它可以把一个虚拟路由器的任务动态分配到局域网的其中一台VRRP路由器上。控制虚拟路由器IP地址的VRRP路由器称为主路由器,它负责转发数据包到虚拟IP地址。一旦主路由器不可使用,这种选择过程就会提供动态的故障转移机制,允许虚拟路由器的IP地址作为终端主机的默认第一跳地址。

7.1.2 VRRP术语

(1) 虚拟设备:由一个主(master)设备和多个备份(backup)设备组成的一个虚拟网关。

(2) master设备:负责转发数据报文和周期性地向backup设备发送VRRP协议报文。

(3) backup设备:不负责转发数据报文,在master设备发生故障时会通过选举方式成为新的master设备,接收来自master设备的VRRP报文并加以分析。

(4) VRID:用来表示一个VRRP组。对于VRID优先级(1～255),数值越小,优先级则越高。

(5) 虚拟IP:配置在虚拟设备上的虚拟IP地址,一个虚拟设备可以拥有一个或者多个虚拟IP地址。

(6) IP地址拥有者:虚拟设备的虚拟IP的真实拥有者(如分配给虚拟路由器的IP为192.168.1.1,但是这个IP已经分配给物理接口g0/0/1,那么这个接口就是“IP拥有者”),IP拥有者会直接跳过选举成为master设备,并且不可抢占。

(7) 虚拟MAC地址:由虚拟设备生成虚拟MAC地址,每一个虚拟设备都会自动生成一个虚拟MAC地址,这个MAC地址用于虚拟设备处理ARP报文。

(8) 优先级:用于表示物理设备的优先级,一般用于master设备的选举,取值范围是0～255,数值越大越优先。这个优先级有两个比较特殊的值,分别是0和255,优先级0代表master设备,表示设备不加入VRRP组;优先级255代表IP拥有者,拥有这个优先级的设备会直接成为master设备。

(9) 抢占模式:当backup设备收到VRRP报文并通过分析得出当前master设备的优先级低于backup设备时,backup设备会切换为master设备。

7.1.3 VRRP工作流程

VRRP备份组会通过优先级选举出master设备，master设备会使用虚拟MAC发送ARP报文，使与master设备连接的主机或者客户端建立与虚拟MAC对应的ARP映射表，同时master设备会周期性地发布VRRP报文以向所有backup设备通告其配置信息与工作状态。

如果当前master设备出现故障，backup设备会在定时器（MASTER_DOWN_INTERVAL）超时或者其他联动技术检测到master设备出现故障时根据backup组内成员的优先级选举出新的master设备，如果只有一台backup设备，则它直接成为master设备。

新的master设备使用虚拟MAC发送ARP报文，使连接在当前VRRP组内的客户端或者设备刷新其ARP映射表。当原来的master设备从故障中恢复时，如果其优先级为255，则会直接切换到master状态，若不为255，则会恢复到backup状态。如果当前为抢占模式，当原来的master设备收到新的master设备的VRRP报文并发现其优先级较高时，原来的master设备会直接恢复为master设备。如果处于非抢占模式，则原来的master设备会在新的master设备出现故障时通过选举等方式恢复为master设备。

7.1.4 VRRP选举

VRRP通过优先级来确定设备为master设备还是backup设备，优先级取值越大，则优先级越高。

初始创建的VRRP设备处于初始状态，在该状态下，如果设备的优先级为255，则直接成为master设备并且跳过接下来的选举，若不为255，则会切换到backup状态，然后等超时（MASTER_DOWN_INTERVAL）后成为master设备。

切换到master状态的设备会通过VRRP报文获取其他设备的优先级，然后通过以下规则进行选举。

（1）如果backup设备收到来自master设备的VRRP报文并发现其优先级高于自己，则继续处于backup状态。

（2）如果backup设备收到来自master设备的VRRP报文并发现其优先级低于自己，则切换到master状态，而master设备会切换到backup状态。如果处在非抢占模式下，则backup设备将仍然处于backup状态。

（3）如果同时有多个设备切换到master状态，则互相通过VRRP报文确定其优先级，优先级高的则成为master设备，若优先级一样，则对比IP地址，IP地址大的则成为master设备。

7.1.5 VRRP的两种模式

1. 主备备份模式

在主备备份模式下，master设备负责转发数据，而backup设备则处于待机备份模式下，不参与数据转发，只有当master设备出现故障时，backup设备才会切换到master状态进行数据转发。

2. 负载分担模式

在主备备份模式下，若master设备一直正常工作，那么backup设备则会长期处于待机状态，显然这种做法比较浪费资源，所以一般会采用负载分担模式，负载分担模式会使主备设备都处于工作状态。但这种负载分担模式并没有实现真正意义上的负载分担，只是把不同VLAN的流量分配到不同设备上，无法将同一个VLAN的流量分配到多个设备上。思科的私有协议HSRP类似于VRRP协议，而思科的私有协议GLBP可以从真正意义上实现负载分担，但只有思科高端交换机支持。大部分厂商只支持公有的VRRP协议。

7.1.6 VRRP配置

1. 思科配置

- 配置虚拟网关地址

```
SW1(config)#interface vlan 10
SW1(config-if)#ip add 192.168.10.252 255.255.255.0
SW1(config-if)#no shutdown
SW1(config-if)#vrrp 10 ip 192.168.10.254
```

- 修改优先级，默认值为100，值越大越优先

```
SW1(config-if)#vrrp 10 priority 200
```

- 开启抢占模式，延时5 s

```
SW1(config-if)#vrrp 10 preempt delay minimum 5
```

- 查看VRRP简要信息

```
SW1#show vrrp brief
```

2. 华为配置

- 配置虚拟网关地址

```
[SW1]interface Vlanif 10
[SW1-Vlanif10]ip address 192.168.10.252 24
[SW1-Vlanif10]vrrp vrid 10 virtual-ip 192.168.10.254
```

- 修改优先级，默认值为100，值越大越优先

```
[SW1-Vlanif10]vrrp vrid 10 priority 200
```

- 开启抢占模式，延时5 s

```
[SW1-Vlanif10]vrrp vrid 10 preempt-mode timer delay 5
```

- 查看VRRP简要信息

```
[SW1]display vrrp brief
```

7.2 端口安全

7.2.1 端口安全概述

端口安全(port security)策略通过配置静态安全 MAC 地址实现仅允许固定设备进行连接,允许在一个端口上配置最大安全 MAC 地址数,使少于该数量的识别到的设备连接在该端口上。当超过所设置的最大安全端口数时,将触发一个安全违例事件,在端口上配置的基于违例行为模式的违例行为将被执行。

7.2.2 安全 MAC 地址

端口安全策略支持的安全 MAC 地址类型如下。

(1) 静态绑定:手工添加 MAC 地址与端口的对应关系(将端口与 MAC 地址绑定),并且保存到 MAC 地址表和 running-config 中。华为交换机不支持这种绑定模式。

(2) 动态绑定:将端口动态学习到的 MAC 地址作为安全 MAC 地址保存在 MAC 地址表中,重启后丢失。

(3) Sticky(动态学习静态绑定):结合静态手工配置与动态学习 MAC 地址的优势,将动态学习到的 MAC 地址作为安全 MAC 地址保存到 running-config 中(将 MAC 与端口进行绑定)。

一个安全端口默认有一个最大安全 MAC 地址数,可以改变这个默认值,思科设备的取值范围为 1~4097,华为设备的取值范围为 1~4096。当接收的 MAC 地址超过 3000 个时,可能想要老化安全 MAC 地址,以便将一些长时间没有进行连接的安全 MAC 地址从 MAC 地址表中除去。需要注意的是,粘性(sticky)安全 MAC 地址不支持老化。

7.2.3 端口安全策略

端口安全策略的模式如下。

(1) shutdown(默认模式):将端口变成 err-disabled 状态并 shutdown,并且端口的 LED 灯会关闭,同时会发送 SNMP trap,并会记录 syslog。

(2) protect:只丢弃不允许进行访问的 MAC 地址的数据,其他合法数据正常转发,但不会通知有数据违规。

(3) restrict:只丢弃不允许进行访问的 MAC 地址的数据,其他合法数据正常转发,但会通知有非法数据,同时会发送 SNMP trap,并会记录 syslog。

端口安全策略触发条件如下。

(1) 当端口上的 MAC 地址数达到允许的最大 MAC 地址数后,若还有 MAC 要访问,则算违规。

(2) 一个端口已经绑定的合法 MAC 在另一个端口上进行访问,则算违规。

7.2.4 端口安全策略应用场景

(1) 应用于接入层设备:通过配置端口安全策略可以防止非法用户从其他端口进行攻击。

（2）应用于汇聚层设备：通过配置端口安全策略可以控制接入用户的数量。

在接入层使用时应注意：如果接入的用户变动比较频繁，可以通过端口安全策略把动态MAC地址转换为动态安全MAC地址，以便在用户发生变动时，及时清除绑定的MAC地址表项；如果接入的用户变动较少，可以通过端口安全策略把动态MAC地址转换为sticky MAC地址，以确保在保存配置并重启设备后，绑定的MAC地址表项不会丢失。

7.2.5 端口隔离

（1）端口单向隔离。接入同一个设备不同端口的多台主机中，若某台主机存在安全隐患，往其他主机发送大量的广播报文，则可以通过配置端口间的单向隔离来实现其他主机对该主机发送的报文的隔离。同一个端口隔离组的端口之间互相隔离，不同端口隔离组的端口之间不互相隔离。不同端口隔离组的端口之间的隔离，可以通过配置端口之间的单向隔离来实现。

（2）端口隔离组。为了实现端口之间二层数据的隔离，可以将不同的端口加入不同的VLAN，但这样会浪费有限的VLAN资源。基于端口隔离特性，可以实现同一个VLAN内端口之间的隔离。用户只需要将端口加入隔离组中，就可以实现隔离组内端口之间二层数据的隔离。端口隔离功能为用户提供了更安全、更灵活的组网方案。思科交换机不支持端口隔离组。

7.2.6 端口安全策略配置

1. 思科配置

1）静态方式

```
S1(config)#interface f0/1
S1(config-if)#switchport port-security mac-address 0009.7CB7.C3EB
```

2）动态方式

自动获取。

3）粘贴方式

- 开启端口安全策略

```
S1(config)#interface f0/1
S1(config-if)#switchport mode access
S1(config-if)#switchport port-security
```

- 最多容纳1个MAC地址，默认值为1

```
S1(config-if)#switchport port-security maximum 1
```

- 动态粘贴MAC

```
S1(config-if)#switchport port-security mac-address sticky
```

- 静态粘贴MAC，需要先执行上一条命令

```
S1(config-if)#switchport port-security mac-address sticky 0009.
7CB7.C3EB
```

4）安全策略的模式

- 记录，在状态中可以查询
- 丢弃非法数据，合法数据通过

```
S1(config-if)#switchport port-security violation ?
  protect   Security violation protect mode
```

- 不断警告，丢弃非法数据，合法数据通过

```
  restrict   Security violation restrict mode
```

- 关闭端口，端口被禁用后开启

```
  shutdown   Security violation shutdown mode
```

- 端口关闭后开启的方法

```
S1(config)#interface f0/1
S1(config-if)#shutdown
S1(config-if)#no shutdown
```

5）全局禁止 MAC 地址

```
SW2(config)#port-security mac-address forbidden aabb.cc00.8010
```

6）端口隔离（启用后的端口无法实现二层互访，但可以实现三层访问）

```
S1(config)#interface f0/1
S1(config-if)#switchport protected
```

2. 华为配置

1）静态方式

华为不支持。

2）动态方式

自动获取。

3）粘贴方式

- 开启端口安全策略

```
[SW4]interface e0/0/1
[SW4-Ethernet0/0/1]port link-type access
[SW4-Ethernet0/0/1]port-security enable
```

- 最多容纳 1 个 MAC 地址，默认值为 1

```
[SW4-Ethernet0/0/1]port-security max-mac-num 1
```

- 动态粘贴 MAC

```
[SW4-Ethernet0/0/1]port-security mac-address sticky
```

- 静态粘贴 MAC

```
[SW4-Ethernet0/0/1]port-security mac-address sticky 0009.7CB7.C3EB
```

4）安全策略的模式

- 记录，在状态中可以查询
- 丢弃非法数据，合法数据通过

```
[SW4-Ethernet0/0/1]port-security protect-action ?
  protect   Discard packets
```

- 不断警告，丢弃非法数据，合法数据通过

```
restrict   Discard packets and warning
```

- 关闭端口，端口被禁用后开启

```
shutdown   Shutdown
```

端口关闭后开启的方法

```
[SW4]interface e0/0/1
[SW4-Ethernet0/0/1]shutdown
[SW4-Ethernet0/0/1]undo shutdown
```

5）端口隔离模式，默认二层隔离、三层互通

```
[SW4]port-isolate mode ?
  all   All
  l2   L2 only
```

6）端口隔离（启用后端口无法实现二层互访，但可以实现三层访问）

```
[SW4]interface e0/0/1
[SW4-Ethernet0/0/1]port-isolate enable
```

7）端口隔离组

```
[SW4-Ethernet0/0/1]port-isolate enable group 1
```

7.3 VRRP 与端口安全策略实验(实验 12)

在 MSTP 与 LACP 模式链路聚合实验(实验 11)拓扑的基础上增加 PC1,配置沿用至此实验中。在 SW1 和 SW2 上配置 VLAN SVI 接口地址,实施 VRRP。在 SW3 连接 PC1 的交换机接口上实施端口安全策略,使用 PC1 进行验证。

【实验目的】

(1) 掌握思科、华为设备上 VRRP 的配置。

(2) 掌握思科、华为设备上端口安全策略的配置。

【实验步骤】

1. 思科设备上实施

实验拓扑图如图 7-1 所示,具体配置步骤如下。

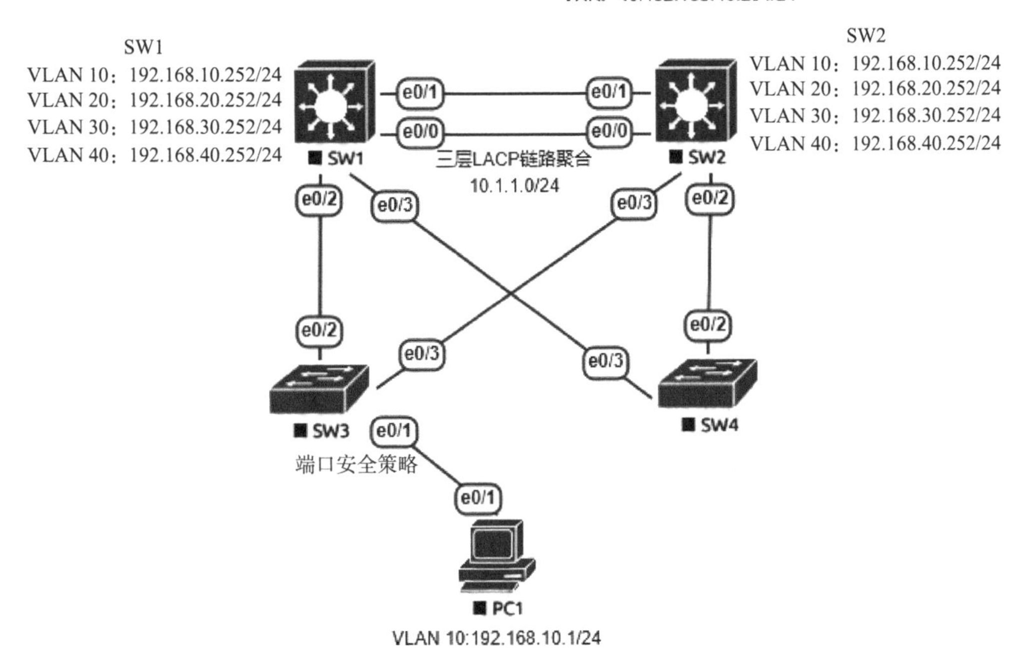

图 7-1　思科 VRRP 与端口安全策略实验拓扑图

(1) 在 SW1 和 SW2 上配置 VLAN SVI 接口地址,实施 VRRP。

- 配置虚拟网关地址

```
SW1(config)#interface vlan 10
SW1(config-if)#ip address 192.168.10.252 255.255.255.0
```

```
SW1(config-if)#no shutdown
SW1(config-if)#vrrp 10 ip 192.168.10.254
```

- 修改优先级,默认值为100,值越大越优先

```
SW1(config-if)#vrrp 10 priority 200
```

- 设置抢占模式,延时5 s

```
SW1(config-if)#vrrp 10 preempt delay minimum 5
SW1(config)#interface vlan 20
SW1(config-if)#ip address 192.168.20.252 255.255.255.0
SW1(config-if)#no shutdown
SW1(config-if)#vrrp 20 ip 192.168.20.254
SW1(config)#interface vlan 30
SW1(config-if)#ip address 192.168.30.252 255.255.255.0
SW1(config-if)#no shutdown
SW1(config-if)#vrrp 30 ip 192.168.30.254
SW1(config-if)#vrrp 30 priority 200
SW1(config-if)#vrrp 30 preempt delay minimum 5
SW1(config)#interface vlan 40
SW1(config-if)#ip address 192.168.40.252 255.255.255.0
SW1(config-if)#no shutdown
SW1(config-if)#vrrp 40 ip 192.168.40.254
SW2(config)#interface vlan 10
SW2(config-if)#ip address 192.168.10.253 255.255.255.0
SW2(config-if)#no shutdown
SW2(config-if)#vrrp 10 ip 192.168.10.254
SW2(config)#interface vlan 20
SW2(config-if)#ip address 192.168.20.253 255.255.255.0
SW2(config-if)#no shutdown
SW2(config-if)#vrrp 20 ip 192.168.20.254
SW2(config-if)#vrrp 20 priority 200
SW2(config-if)#vrrp 20 preempt delay minimum 5
SW2(config)#interface vlan 30
SW2(config-if)#ip address 192.168.30.253 255.255.255.0
SW2(config-if)#no shutdown
SW2(config-if)#vrrp 30 ip 192.168.30.254
SW2(config)#interface vlan 40
SW2(config-if)#ip address 192.168.40.253 255.255.255.0
SW2(config-if)#no shutdown
```

```
SW2(config-if)#vrrp 40 ip 192.168.40.254
SW2(config-if)#vrrp 40 priority 200
SW2(config-if)#vrrp 40 preempt delay minimum 5
```

(2) 查看VRRP信息。从图7-2中可以看出,SW1和SW2的VRRP状态显示它们都为主设备,这是不正常的,原因在于实施了三层链路聚合,导致SW1和SW2的SVI接口无法进行通信。解决方案:将三层链路聚合修改为二层链路聚合。

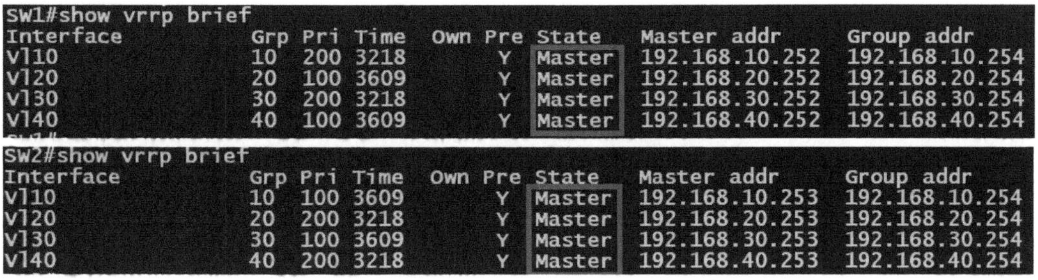

```
SW1#show vrrp brief
Interface          Grp Pri Time  Own Pre State   Master addr     Group addr
Vl10               10  200 3218       Y  Master  192.168.10.252  192.168.10.254
Vl20               20  100 3609       Y  Master  192.168.20.252  192.168.20.254
Vl30               30  200 3218       Y  Master  192.168.30.252  192.168.30.254
Vl40               40  100 3609       Y  Master  192.168.40.252  192.168.40.254
SW2#show vrrp brief
Interface          Grp Pri Time  Own Pre State   Master addr     Group addr
Vl10               10  100 3609       Y  Master  192.168.10.253  192.168.10.254
Vl20               20  200 3218       Y  Master  192.168.20.253  192.168.20.254
Vl30               30  100 3609       Y  Master  192.168.30.253  192.168.30.254
Vl40               40  200 3218       Y  Master  192.168.40.253  192.168.40.254
```

图7-2　SW1的VRRP信息(1)

(3) 将SW1和SW2之间的LACP三层链路聚合修改为LACP二层链路聚合。

```
SW1(config)#no interface port-channel 1
SW2(config)#no interface port-channel 1
SW1(config)#interface range e0/0-1
SW1(config-if-range)#switchport
SW1(config-if-range)#channel-group 1 mode active
SW1(config-if-range)#switchport trunk encapsulation dot1q
SW1(config-if-range)#switchport mode trunk
SW1(config-if-range)#switchport trunk allowed vlan add 10,20,30,40
SW1(config-if-range)#switchport trunk allowed vlan remove 1
SW1(config-if-range)#no shutdown
SW2(config)#interface range e0/0-1
SW2(config-if-range)#switchport
SW2(config-if-range)#channel-group 1 mode active
SW2(config-if-range)#switchport trunk encapsulation dot1q
SW2(config-if-range)#switchport mode trunk
SW2(config-if-range)#switchport trunk allowed vlan add 10,20,30,40
SW2(config-if-range)#switchport trunk allowed vlan remove 1
SW2(config-if-range)#no shutdown
```

(4) 查看VRRP信息。从图7-3中可以看出,SW1和SW2的VRRP状态显示它们互为主备设备,此时VRRP正常工作。

```
SW1#show vrrp brief
Interface          Grp Pri Time  Own Pre State   Master addr     Group addr
Vl10               10  200 3218       Y  Master  192.168.10.252  192.168.10.254
Vl20               20  100 3609       Y  Backup  192.168.20.253  192.168.20.254
Vl30               30  200 3218       Y  Master  192.168.30.252  192.168.30.254
Vl40               40  100 3609       Y  Backup  192.168.40.253  192.168.40.254
SW2#show vrrp brief
Interface          Grp Pri Time  Own Pre State   Master addr     Group addr
Vl10               10  100 3609       Y  Backup  192.168.10.252  192.168.10.254
Vl20               20  200 3218       Y  Master  192.168.20.253  192.168.20.254
Vl30               30  100 3609       Y  Backup  192.168.30.252  192.168.30.254
Vl40               40  200 3218       Y  Master  192.168.40.253  192.168.40.254
```

图 7-3　SW1 的 VRRP 信息(2)

(5) 在 SW3 连接 PC1 的交换机接口上实施端口安全策略，为 PC1 配置 IP 地址。

- 开启端口安全策略

```
SW3(config)#interface e0/1
SW3(config-if)#switchport mode access
SW3(config-if)#switchport access vlan 10
SW3(config-if)#switchport port-security
```

- 最多容纳 1 个 MAC 地址，默认值为 1

```
SW3(config-if)#switchport port-security maximum 1
```

- 动态粘贴 MAC 地址

```
SW3(config-if)#switchport port-security mac-address sticky
```

- 设置安全策略为关闭接口

```
SW3(config-if)#switchport port-security violation shutdown
PC1(config)#no ip routing
PC1(config)#ip default-gateway 192.168.10.254
PC1(config)#interface e0/1
PC1(config-if)#ip add 192.168.10.1 255.255.255.0
PC1(config-if)#no shutdown
```

(6) PC1 与 VLAN 10 的虚拟网关 192.168.10.254 进行通信测试(如果 EVE-NG 中出现问题，MSTP 运行不正常，导致无法进行通信，请重新建立拓扑图，配置三层链路聚合时会出现这种问题)。从图 7-4 中可以看出，PC1 与 VLAN 10 的虚拟网关 192.168.10.254 正常通信。

```
PC1#ping 192.168.10.254
Type escape sequence to abort.
Sending 5, 100-byte ICMP Echos to 192.168.10.254,
!!!!!
Success rate is 100 percent (5/5), round-trip min,
```

图 7-4　PC1 和虚拟网关的通信测试

(7) 查看 SW3 在端口安全策略下的 MAC 地址信息。从图 7-5 中可以看出,SW3 已经动态粘贴到 PC1 的 MAC 地址。

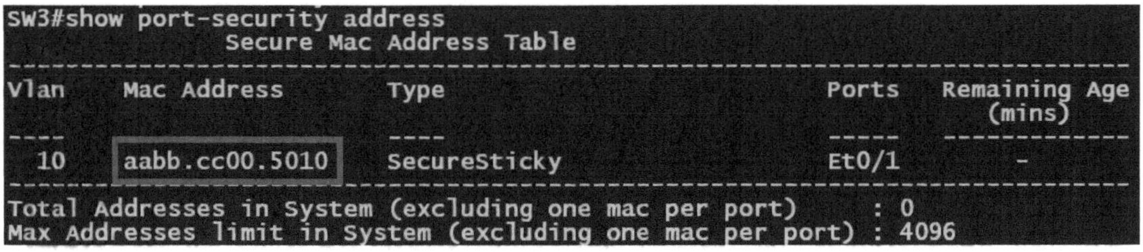

```
SW3#show port-security address
               Secure Mac Address Table
-----------------------------------------------------------------------------
Vlan    Mac Address       Type                          Ports   Remaining Age
                                                                   (mins)
----    -----------       ----                          -----   -------------
  10    aabb.cc00.5010    SecureSticky                  Et0/1         -
-----------------------------------------------------------------------------
Total Addresses in System (excluding one mac per port)     : 0
Max Addresses limit in System (excluding one mac per port) : 4096
```

图 7-5　SW3 端口安全策略信息

(8) 修改 PC1 的 MAC 地址。

```
PC1(config)#interface e0/1
PC1(config-if)#mac-address aabb.cc00.6020
```

从图 7-6 中可以看出,PC1 此时无法与 VLAN 10 的虚拟网关 192.168.20.254 通信,并且 SW3 上显示触发了端口安全策略,SW3 连接 PC1 的交换机接口 e0/1 状态为“down”(关闭),端口安全策略生效。

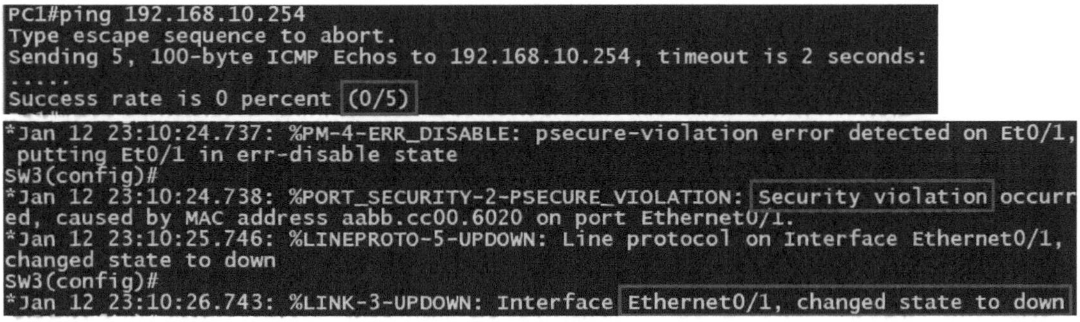

```
PC1#ping 192.168.10.254
Type escape sequence to abort.
Sending 5, 100-byte ICMP Echos to 192.168.10.254, timeout is 2 seconds:
.....
Success rate is 0 percent (0/5)
```

```
*Jan 12 23:10:24.737: %PM-4-ERR_DISABLE: psecure-violation error detected on Et0/1,
 putting Et0/1 in err-disable state
SW3(config)#
*Jan 12 23:10:24.738: %PORT_SECURITY-2-PSECURE_VIOLATION: Security violation occurr
ed, caused by MAC address aabb.cc00.6020 on port Ethernet0/1.
*Jan 12 23:10:25.746: %LINEPROTO-5-UPDOWN: Line protocol on Interface Ethernet0/1,
changed state to down
SW3(config)#
*Jan 12 23:10:26.743: %LINK-3-UPDOWN: Interface Ethernet0/1, changed state to down
```

图 7-6　PC1 和虚拟网关的通信测试(1)

(9) 还原 PC1 的 MAC 地址,并且在 SW3 上恢复关闭的端口。EVE-NG 模拟器中新建的拓扑图的 MAC 地址可能会改变,以图 7-5 中的查询结果为准。

```
PC1(config)#interface e0/1
PC1(config-if)#mac-address aabb.cc00.5010
SW3(config)#interface e0/1
SW3(config-if)#shutdown
SW3(config-if)#no shutdown
```

从图 7-7 中可以看出,PC1 此时与 VLAN 10 的虚拟网关 192.168.10.254 恢复正常通信。

```
PC1#ping 192.168.10.254
Type escape sequence to abort.
Sending 5, 100-byte ICMP Echos to 192.168.10.254,
!!!!!
Success rate is 100 percent (5/5), round-trip min
```

图 7-7　PC1 和虚拟网关的通信测试(2)

2. 华为设备上实施

实验拓扑图如图 7-8 所示,具体配置步骤如下。

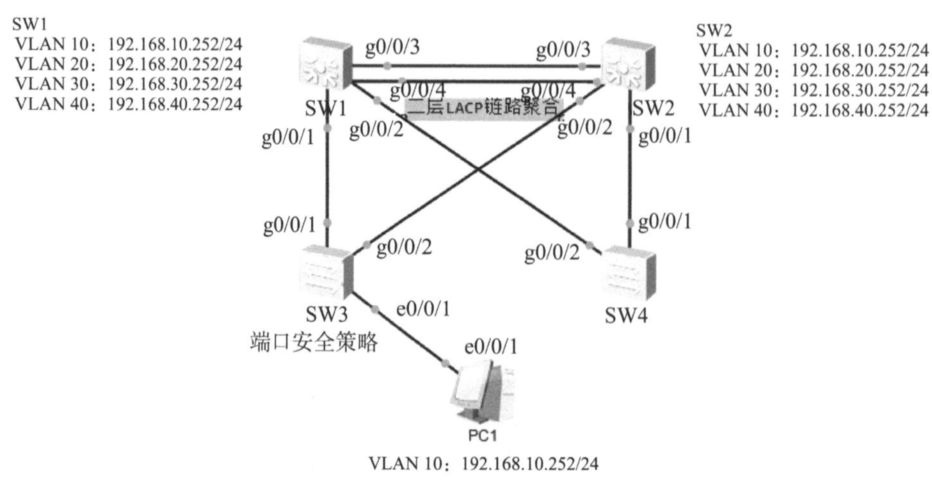

图 7-8　华为 VRRP 与端口安全实验拓扑图

(1) 在 SW1 和 SW2 上配置 VLAN SVI 接口地址,实施 VRRP。

- 配置虚拟网关地址

```
[SW1]interface Vlanif 10
[SW1-Vlanif10]ip add 192.168.10.252 24
[SW1-Vlanif10]vrrp vrid 10 virtual-ip 192.168.10.254
```

- 修改优先级,默认值为 100,值越大越优先

```
[SW1-Vlanif10]vrrp vrid 10 priority 200
```

- 设置抢占模式,延时 5 s

```
[SW1-Vlanif10]vrrp vrid 10 preempt-mode timer delay 5
[SW1]interface Vlanif 20
[SW1-Vlanif20]ip add 192.168.20.252 24
[SW1-Vlanif20]vrrp vrid 20 virtual-ip 192.168.20.254
[SW1]interface Vlanif 30
```

```
[SW1-Vlanif30]ip add 192.168.30.252 24
[SW1-Vlanif30]vrrp vrid 30 virtual-ip 192.168.30.254
[SW1-Vlanif30]vrrp vrid 30 priority 200
[SW1-Vlanif30]vrrp vrid 30 preempt-mode timer delay 5
[SW1]interface Vlanif 40
[SW1-Vlanif40]ip add 192.168.40.252 24
[SW1-Vlanif40]vrrp vrid 40 virtual-ip 192.168.40.254
[SW2]interface Vlanif 10
[SW2-Vlanif10]ip add 192.168.10.253 24
[SW2-Vlanif10]vrrp vrid 10 virtual-ip 192.168.10.254
[SW2]interface Vlanif 20
[SW2-Vlanif20]ip add 192.168.20.253 24
[SW2-Vlanif20]vrrp vrid 20 virtual-ip 192.168.20.254
[SW2-Vlanif20]vrrp vrid 20 priority 200
[SW2-Vlanif20]vrrp vrid 20 preempt-mode timer delay 5
[SW2]interface Vlanif 30
[SW2-Vlanif30]ip add 192.168.30.253 24
[SW2-Vlanif30]vrrp vrid 30 virtual-ip 192.168.30.254
[SW2]interface Vlanif 40
[SW2-Vlanif40]ip add 192.168.40.253 24
[SW2-Vlanif40]vrrp vrid 40 virtual-ip 192.168.40.254
[SW2-Vlanif40]vrrp vrid 40 priority 200
[SW2-Vlanif40]vrrp vrid 40 preempt-mode timer delay 5
```

(2) 查看VRRP信息。从图7-9中可以看出,SW1和SW2的VRRP状态显示它们互为主备设备,此时VRRP正常工作。

```
[SW1]display vrrp brief
VRID  State        Interface                 Type     Virtual IP
----------------------------------------------------------------
10    Master       Vlanif10                  Normal   192.168.10.254
20    Backup       Vlanif20                  Normal   192.168.20.254
30    Master       Vlanif30                  Normal   192.168.30.254
40    Backup       Vlanif40                  Normal   192.168.40.254
----------------------------------------------------------------
Total:4     Master:2     Backup:2     Non-active:0
```

```
[SW2]display vrrp brief
VRID  State        Interface                 Type     Virtual IP
----------------------------------------------------------------
10    Backup       Vlanif10                  Normal   192.168.10.254
20    Master       Vlanif20                  Normal   192.168.20.254
30    Backup       Vlanif30                  Normal   192.168.30.254
40    Master       Vlanif40                  Normal   192.168.40.254
----------------------------------------------------------------
Total:4     Master:2     Backup:2     Non-active:0
```

图7-9 SW1的VRRP信息

(3) 在 SW3 连接 PC1 的交换机接口上实施端口安全策略，为 PC1 配置 IP 地址(见图 7－10)。

图 7－10　配置 PC1 的 IP 地址和网关

- 开启端口安全策略

```
[SW3]interface e0/0/1
[SW3-Ethernet0/0/1]port link-type access
[SW3-Ethernet0/0/1]port default vlan 10
[SW3-Ethernet0/0/1]port-security enable
```

- 最多容纳 1 个 MAC 地址，默认值为 1

```
[SW3-Ethernet0/0/1]port-security max-mac-num 1
```

- 动态粘贴 MAC 地址

```
[SW3-Ethernet0/0/1]port-security mac-address sticky
```

- 设置安全策略为关闭接口

```
[SW3-Ethernet0/0/1]port-security protect-action shutdown
```

(4) PC1 与 VLAN 10 的虚拟网关 192.168.10.254 进行通信测试。从图 7-11 中可以看出，PC1 与 VLAN 10 的虚拟网关 192.168.10.254 正常通信。

```
PC>ping 192.168.10.254

Ping 192.168.10.254: 32 data bytes, Press Ctrl_C to break
From 192.168.10.254: bytes=32 seq=1 ttl=255 time=78 ms
From 192.168.10.254: bytes=32 seq=2 ttl=255 time=32 ms
From 192.168.10.254: bytes=32 seq=3 ttl=255 time=46 ms
From 192.168.10.254: bytes=32 seq=4 ttl=255 time=32 ms
From 192.168.10.254: bytes=32 seq=5 ttl=255 time=62 ms

--- 192.168.10.254 ping statistics ---
  5 packet(s) transmitted
  5 packet(s) received
  0.00% packet loss
  round-trip min/avg/max = 32/50/78 ms
```

图 7-11　PC1 和虚拟网关的通信测试

(5) 查看 SW3 在端口安全策略下的 MAC 地址信息。从图 7-12 中可以看出，SW3 已经动态粘贴到 PC1 的 MAC 地址。

```
[SW3]display mac-address sticky
MAC address table of slot 0:
-------------------------------------------------------------------------------
MAC Address    VLAN/       PEVLAN CEVLAN Port            Type      LSP/LSR-ID
               VSI/SI                                              MAC-Tunnel
-------------------------------------------------------------------------------
5489-98a9-73aa 10          -      -      Eth0/0/1        sticky    -
-------------------------------------------------------------------------------
Total matching items on slot 0 displayed = 1
```

图 7-12　SW3 端口安全策略信息

(6) 修改 PC1 的 MAC 地址，如图 7-13 所示。从图 7-14 中可以看出，PC1 此时无法与 VLAN 10 的虚拟网关 192.168.10.254 通信，并且 SW3 上显示触发了端口安全策略，SW3 连接 PC1 的交换机接口 e0/1 状态为“down”(关闭)，端口安全策略生效。

(7) 还原 PC1 的 MAC 地址，并且在 SW3 上恢复关闭的端口。如图 7-15 所示，还原 MAC 地址，eNSP 模拟器中新建的拓扑图的 MAC 地址可能会改变，以图 7-12 中的查询结果为准。

```
[SW3]interface e0/0/1
[SW3-Ethernet0/0/1]undo shutdown
```

从图 7-16 中可以看出，PC1 此时与 VLAN 10 的虚拟网关 192.168.10.254 恢复正常通信。

PC1

基础配置 | 命令行 | 组播 | UDP发包工具 | 串口

主机名：

MAC 地址：54-89-98-A9-73-AB

IPv4 配置

◉静态 ○DHCP □自动获取 DNS 服务器地址

IP 地址：192 . 168 . 10 . 1　　DNS1：0 . 0 . 0 . 0

子网掩码：255 . 255 . 255 . 0　　DNS2：0 . 0 . 0 . 0

网关：192 . 168 . 10 . 254

IPv6 配置

◉静态 ○DHCPv6

IPv6 地址：::

前缀长度：128

IPv6 网关：::

应用

图 7－13　修改 PC1 的 MAC 地址

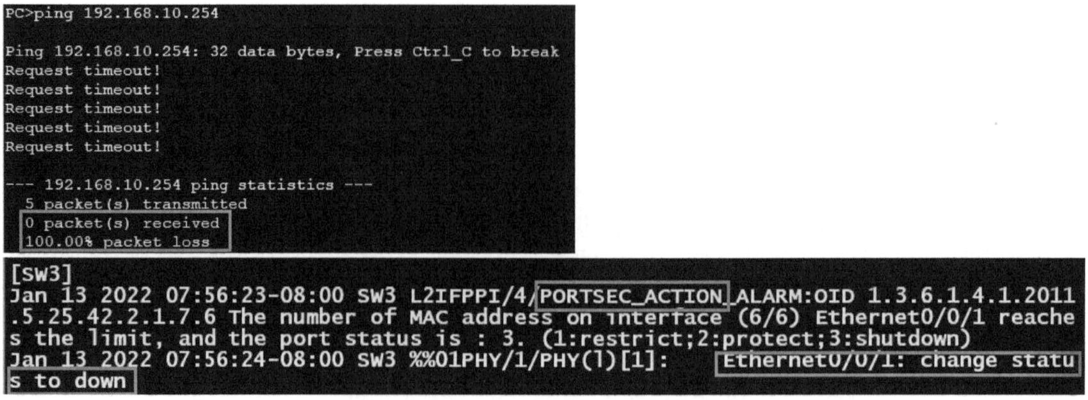

```
PC>ping 192.168.10.254

Ping 192.168.10.254: 32 data bytes, Press Ctrl_C to break
Request timeout!
Request timeout!
Request timeout!
Request timeout!
Request timeout!

--- 192.168.10.254 ping statistics ---
  5 packet(s) transmitted
  0 packet(s) received
  100.00% packet loss
```

```
[SW3]
Jan 13 2022 07:56:23-08:00 SW3 L2IFPPI/4/PORTSEC_ACTION_ALARM:OID 1.3.6.1.4.1.2011
.5.25.42.2.1.7.6 The number of MAC address on interface (6/6) Ethernet0/0/1 reache
s the limit, and the port status is : 3. (1:restrict;2:protect;3:shutdown)
Jan 13 2022 07:56:24-08:00 SW3 %%01PHY/1/PHY(l)[1]:    Ethernet0/0/1: change statu
s to down
```

图 7－14　PC1 和虚拟网关的通信测试

PC1

基础配置 | 命令行 | 组播 | UDP发包工具 | 串口

主机名：

MAC 地址：54-89-98-A9-73-AA

IPv4 配置

◉静态 ○DHCP ☐自动获取 DNS 服务器地址

IP 地址：192 . 168 . 10 . 1 DNS1：0 . 0 . 0 . 0

子网掩码：255 . 255 . 255 . 0 DNS2：0 . 0 . 0 . 0

网关：192 . 168 . 10 . 254

IPv6 配置

◉静态 ○DHCPv6

IPv6 地址：::

前缀长度：128

IPv6 网关：::

应用

图 7-15 还原 PC1 的 MAC 地址

```
PC>ping 192.168.10.254

Ping 192.168.10.254: 32 data bytes, Press Ctrl_C to break
From 192.168.10.254: bytes=32 seq=1 ttl=255 time=63 ms
From 192.168.10.254: bytes=32 seq=2 ttl=255 time=46 ms
From 192.168.10.254: bytes=32 seq=3 ttl=255 time=47 ms
From 192.168.10.254: bytes=32 seq=4 ttl=255 time=32 ms
From 192.168.10.254: bytes=32 seq=5 ttl=255 time=46 ms

--- 192.168.10.254 ping statistics ---
  5 packet(s) transmitted
  5 packet(s) received
  0.00% packet loss
  round-trip min/avg/max = 32/46/63 ms
```

图 7-16 PC1 和虚拟网关的通信测试

【实验小结】

通过实验 12 可以了解到，VRRP 协议中的虚拟路由 ID 越小越优先，同一个虚拟路由中优先级取值越大越优先，VRRP 选举完成后如果不开启抢占模式，则即使优先级高也不会重新选举，一般会让不同的设备作为不同虚拟网关的 master 设备，这样有利于合理利用设备资源，防止设备处于空闲状态或者负载过重。端口安全策略一般会实施在汇聚层和接入层的设备上，可以防止非法用户接入，有利于提高网络内部的安全性，如果惩罚策略选择关闭接口，恢复接入合法设备后，一定要先用命令关闭接口，再开启接口，这样才能正常转发数据。

第 8 章　DHCP 与 DHCP Snooping

8.1 DHCP

8.1.1 DHCP 概述

DHCP(dynamic host configuration protocol,动态主机配置协议),是一个应用层协议。当我们将客户端主机 IP 地址设置为动态获取方式时,DHCP 服务器会根据 DHCP 协议给客户端分配 IP 地址,使得客户端能够利用这个 IP 地址上网。

8.1.2 DHCP 的优点

1. 降低网络接入成本

采用静态方式时,需要考虑主机所处的物理位置,人力成本大。采用 DHCP 方式时,管理员只需要在服务器上统一配置,降低了网络接入成本。

2. 降低主机配置成本

静态方式的配置成本高,对配置人员的技术要求也高。而 DHCP 方式只需要保证主机正常上电,无需进行其他配置,对配置人员的技术要求低,降低了主机配置成本。

3. 提高 IP 地址利用率

静态方式下,主机和 IP 地址绑定在一起。DHCP 方式下,当主机退出网络时,其 IP 地址可以分配给其他主机继续使用,提高了 IP 地址的利用率。

4. 方便统一管理

静态方式下,如果配置信息发生变化(如主机网关地址发生变化),需要在每台主机上进行修改。采用 DHCP 方式时管理员只需要在服务器上进行修改,方便统一管理。

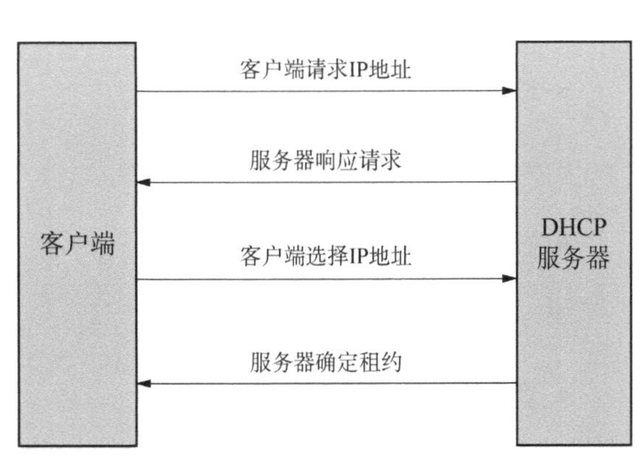

图 8-1　DHCP 工作流程

8.1.3 DHCP 工作流程

DHCP 工作流程如图 8-1 所示。

(1) 发现阶段:客户端在局域网内发送一个 DHCP discover 包,目的是寻找能够给它提供 IP 地址的 DHCP 服务器。

（2）提供阶段：可用的DHCP服务器收到DHCP discover包之后，通过发送DHCP offer包给予客户端应答，意在告诉客户端它可以提供IP地址。

（3）选择阶段：客户端收到DHCP offer包之后，发送DHCP request包，请求分配IP地址。

（4）确认阶段：DHCP服务器发送DHCP ACK数据包，确认信息。

8.1.4 DHCP配置

1. 思科配置

- 排除不分配的地址

```
Router(config)#ip dhcp excluded-address 192.168.1.1 192.168.1.100
```

- 建立地址池

```
Router(config)#ip dhcp pool 1
```

- 配置要分配的网段

```
Router(dhcp-config)#network 192.168.1.0 255.255.255.0
```

- 配置默认网关

```
Router(dhcp-config)#default-router 192.168.1.254
```

- 配置DNS地址

```
Router(dhcp-config)#dns-server 8.8.8.8
```

- 配置域名

```
Router(dhcp-config)#domain-name ccna.com
```

- 无限租期

```
Branch(dhcp-config)#lease infinite
```

- 设置租期

```
Branch(dhcp-config)#lease 1
```

- 查看DHCP服务器

```
Branch#show dhcp server
```

- 查看DHCP IP获取情况

```
Router#sh ip dhcp binding
```

- 查看 DHCP IP 冲突情况

```
Router#show ip dhcp conflict
```

2. 华为配置

- 开启 DHCP 功能

```
[R1]dhcp enable
```

- 建立地址池

```
[R1]ip pool 10
```

- 配置默认网关

```
[R1-ip-pool-10]gateway-list 192.168.10.254
```

- 配置要分配的网段

```
[R1-ip-pool-10]network 192.168.10.0 mask 255.255.255.0
```

- 排除不分配的 IP 地址

```
[R1-ip-pool-10]excluded-ip-address 192.168.1.100 192.168.1.200
```

- 配置 DNS 地址

```
[R1-ip-pool-10]dns-list 114.114.114.114 8.8.8.8
```

- 配置域名

```
[R1-ip-pool-10]domain-name huawei.com
```

- 配置租期

```
[R1-ip-pool-10]lease day 1
```

- 在接口下使能全局 DHCP

```
[R1]interface g0/0/0
[R1-GigabitEthernet0/0/0]dhcp select global
```

- 查看 DHCP 客户端

```
[R1]display dhcp client
```

- 查看 DHCP 服务器

```
[R1]display dhcp server statistics
```

8.2 DHCP 中继

8.2.1 DHCP 中继概述

DHCP 中继(也叫做 DHCP 中继代理)可以实现在不同子网和物理网段之间处理和转发 DHCP 信息。如果 DHCP 客户端与 DHCP 服务器处于同一个物理网段,则客户端可以正确地获得动态分配的 IP 地址。如果不处于同一个物理网段,则需要 DHCP 中继代理。

8.2.2 DHCP 中继原理

DHCP 中继原理如图 8 - 2 所示。

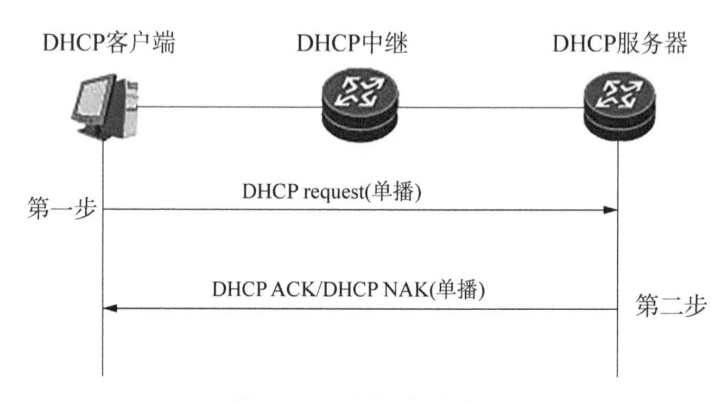

图 8 - 2 DHCP 中继原理

(1) 当 DHCP 客户端启动并进行 DHCP 初始化时,它会在本地网络中广播配置请求报文。

(2) 如果本地网络存在 DHCP 服务器,则可以直接进行 DHCP 配置,不需要 DHCP 中继。

(3) 如果本地网络没有 DHCP 服务器,则与本地网络相连的具有 DHCP 中继功能的网络设备收到该广播报文后,将进行适当处理并转发给指定的其他网络中的 DHCP 服务器。

(4) DHCP 服务器根据 DHCP 客户端提供的信息进行相应的配置,并通过 DHCP 中继将配置信息发送给 DHCP 客户端,完成对 DHCP 客户端的动态配置。

8.2.3 DHCP 中继配置

1. 思科配置

- 在网关接口下配置 DHCP 中继

```
SW1(config-if)#ip helper-address 192.168.3.100
```

2. 华为配置

- 在网关接口下开启 DHCP 中继功能

```
[SW1-Vlanif10]dhcp select relay
```

● 配置 DHCP 服务器地址

```
[SW1-Vlanif10]dhcp relay server-ip 192.168.30.1
```

8.3 DHCP Snooping

8.3.1 DHCP Snooping 概述

DHCP Snooping(DHCP 嗅探)是 DHCP 的一种安全特性,常用于二层网络。启用了该功能的交换机,可以屏蔽接入网络的非法 DHCP 服务器,也就是说,网络中的客户端只能从管理员指定的 DHCP 服务器获取 IP 地址。同时它也可以防止客户端使用恶意软件获取 DHCP 服务器分配的地址,导致其他客户端无法获取地址。

8.3.2 DHCP Snooping 的作用

(1) 验证从非信任途径接收的 DHCP 报文,并丢弃不符合要求的报文。

(2) 生成并维护 DHCP 绑定记录表。

(3) 根据 DHCP 绑定记录表中的信息来验证非信任主机发来的 DHCP 报文。

8.3.3 DHCP Snooping 工作流程

DHCP Snooping 工作原理如图 8-3 所示。DHCP Snooping 将交换机上的端口分为信任和非信任两种类型。交换机只转发信任端口的 DHCP offer/ACK/NAK 报文,会丢弃非信任端口的 DHCP offer/ACK/NAK 报文,从而达到阻断非法 DHCP 服务器的目的。如果启动了 DHCP Snooping,则 DHCP 服务器只能通过信任端口发送 DHCP offer 报文,否则报文将被丢弃。

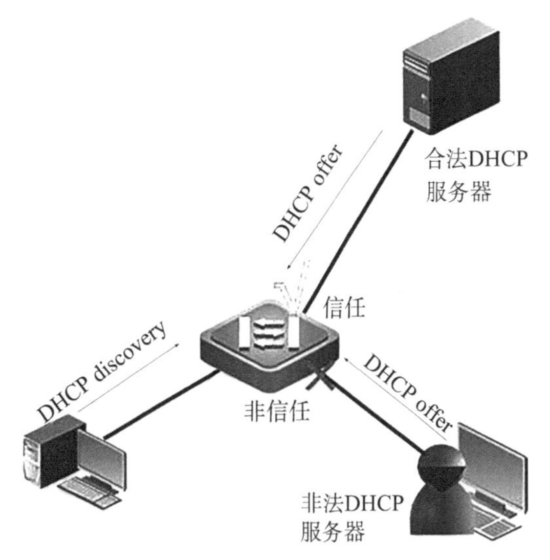

图 8-3 DHCP Snooping 工作原理

8.3.4 DHCP Snooping 可防御的攻击种类

1. Spoofing 攻击

恶意攻击者想窃取用户和网关之间的通信信息,给用户发送伪造的 ARP 应答报文,使用户误认为恶意攻击者就是默认网关或 DNS 服务器。此后,用户和网关之间看似"直接"的通信,实际上都是通过恶意攻击者间接进行的,即恶意攻击者担当了"中间人"角色,对信息进行了窃取和篡改。

2. 仿造 DHCP 报文攻击

如果攻击者冒充合法用户不断地向 DHCP 服务器发送 DHCP request 报文来续租 IP 地址，会导致到期的 IP 地址无法正常回收，致使一些合法用户不能获得 IP 地址。而若攻击者仿造合法用户的 DHCP release 报文并发往 DHCP 服务器，会导致用户异常下线。

8.3.5 DHCP Snooping 配置

1. 思科配置

- 全局开启 DHCP Snooping

```
SW3(config)#ip dhcp snooping
```

- 针对 VLAN 1 开启 DHCP Snooping

```
SW3(config)#ip dhcp snooping vlan 1
```

- 上行链路设置为信任

```
SW3(config)#int e1/2
SW3(config-if)#ip dhcp snooping trust
```

- 在接收 DHCP discovery 报文的三层接口上配置对 DHCP 中继信息信任，DHCP 中继必须执行此命令

```
SW1(config)#interface vlan 1
SW1(config-if)#ip dhcp relay information trusted
```

- 全局使能上一条命令

```
SW1(config)#ip dhcp relay information trust-all
```

- 在连接终端的接口上进行限速配置，即每秒接收几个包，EVE - NG 中建议值为 10，值太小会导致无法获取地址

```
SW3(config-if)#ip dhcp snooping limit rate 1
```

- 关闭 option 82

```
SW3(config)#no ip dhcp snooping information option
```

2. 华为配置

- 开启 DHCP 功能

```
[SW1]dhcp enable
```

- 全局开启 DHCP Snooping

```
[SW1]dhcp snooping enable
```

- 针对 VLAN 10 开启 DHCP Snooping

```
[SW1]dhcp snooping enable vlan 10
```

- 上行链路设置为信任

```
[SW1-GigabitEthernet0/0/3]dhcp snooping trusted
```

- 配置非信任接口最大用户数量,接入终端的接口做此配置

```
[SW1-Ethernet0/0/1]dhcp snooping max-user-number 1
```

- 查看 DHCP Snooping 绑定信息

```
<SW1>dis dhcp snooping user-bind all
```

- 开启 option 82

```
[* HUAWEI-vlan100] dhcp option82 insert enable
```

option 82 **的作用**:当 DHCP 客户端及服务器不在同一个子网里时,如果客户端想要从 DHCP 服务器获取一个 IP 地址,那么需要由 DHCP 中继代理来转发 DHCP 请求报文。DHCP 中继代理在把客户端的 DHCP 报文转发给 DHCP 服务器之前,会插入一些选项信息,这样 DHCP 服务器可以更加精确地获取客户端的相关信息,从而更加灵活地按照相应的策略分配 IP 地址及其他参数。这个选项称为中继代理信息选项(dHCP relay agent information option),因为选项编号为 82,所以又称为 Option 82。

8.4 DHCP 与 DHCP Snooping 实验(实验 13)

在此实验中,在 R1 上配置 DHCP 服务器,建立 VLAN 10、VLAN 20 的地址池。在 SW1 SVI 接口上实施 DHCP 中继,在 SW2 上实施 DHCP Snooping。

【实验目的】

(1) 掌握思科、华为设备上 DHCP 的配置。

(2) 掌握思科、华为设备上 DHCP 中继的配置。

(3) 掌握思科、华为设备上 DHCP Snooping 的配置。

【实验步骤】

1. 思科设备上实施

实验拓扑图如图 8-4 所示,具体配置步骤如下。

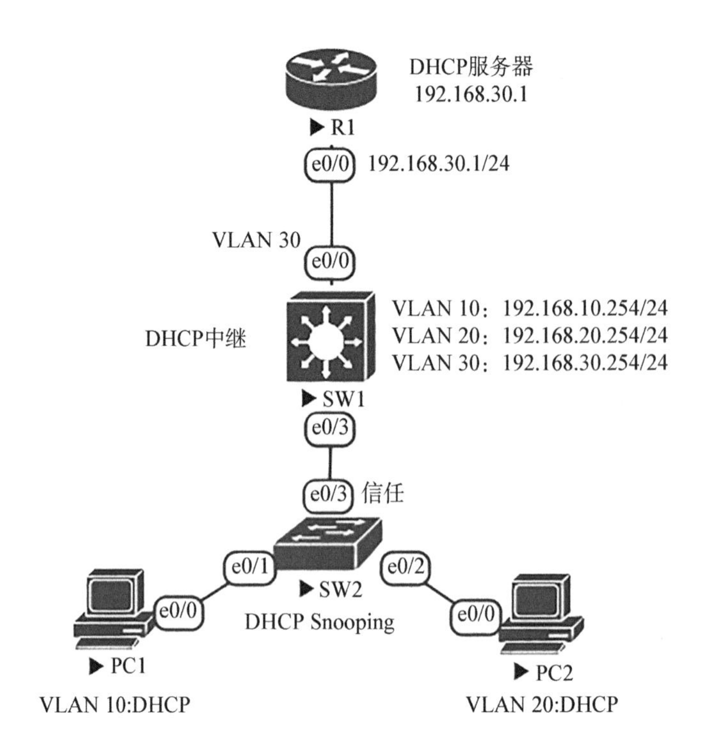

图 8-4　思科 DHCP 与 DHCP Snooping 实验拓扑图

（1）在 SW1 和 SW2 上配置 VLAN 和 SVI 接口地址，在 R1 和 SW1 之间实施 OSPF 路由。

```
SW2(config)#vlan 10,20,30
SW2(config)#interface e0/3
SW2(config-if)#switchport trunk encapsulation dot1q
SW2(config-if)#switchport mode trunk
SW2(config-if)#switchport trunk allowed vlan 10,20,30
SW2(config)#interface e0/1
SW2(config-if)#switchport mode access
SW2(config-if)#switchport access vlan 10
SW2(config)#interface e0/2
SW2(config-if)#switchport mode access
SW2(config-if)#switchport access vlan 20
SW1(config)#vlan 10,20,30
SW1(config)#interface vlan 10
SW1(config-if)#ip address 192.168.10.254 255.255.255.0
SW1(config-if)#no shutdown
SW1(config)#interface vlan 20
SW1(config-if)#ip address 192.168.20.254 255.255.255.0
```

```
SW1(config-if)#no shutdown
SW1(config)#interface vlan 30
SW1(config-if)#ip address 192.168.30.254 255.255.255.0
SW1(config-if)#no shutdown
SW1(config)#interface e0/3
SW1(config-if)#switchport trunk encapsulation dot1q
SW1(config-if)#switchport mode trunk
SW1(config-if)#switchport trunk allowed vlan 10,20,30
SW1(config)#interface e0/0
SW1(config-if)#switchport mode access
SW1(config-if)#switchport access vlan 30
R1(config)#interface e0/0
R1(config-if)#ip add 192.168.30.1 255.255.255.0
R1(config-if)#no shutdown
R1(config)#router ospf 110
R1(config-router)#router-id 1.1.1.1
R1(config)#interface e0/0
R1(config-if)#ip ospf 110 area 0
SW1(config)#router ospf 110
SW1(config-router)#router-id 11.11.11.11
SW1(config-router)#redistribute connected subnets
SW1(config)#interface vlan 30
SW1(config-if)#ip ospf 110 area 0
```

(2) 在R1上配置DHCP服务器,建立VLAN 10、VLAN 20的地址池。

```
R1(config)#ip dhcp pool 10
R1(dhcp-config)#network 192.168.10.0 /24
R1(dhcp-config)#default-router 192.168.10.254
R1(dhcp-config)#dns-server 114.114.114.114 8.8.8.8
R1(dhcp-config)#domain-name cisco.com
R1(dhcp-config)#lease 1
R1(config)#ip dhcp pool 20
R1(dhcp-config)#network 192.168.20.0 255.255.255.0
R1(dhcp-config)#default-router 192.168.20.254
R1(dhcp-config)#dns-server 114.114.114.114 8.8.8.8
R1(dhcp-config)#domain-name cisco.com
R1(dhcp-config)#lease 1
```

(3) 在SW1 SVI接口上实施DHCP中继。

```
SW1(config)#interface vlan 10
SW1(config-if)#ip helper-address 192.168.30.1
SW1(config)#interface vlan 20
SW1(config-if)#ip helper-address 192.168.30.1
```

（4）在 SW2 上实施 DHCP Snooping。

```
SW2(config)#ip dhcp snooping
SW2(config)#ip dhcp snooping vlan 10,20
SW2(config)#interface e0/3
SW2(config-if)#ip dhcp snooping trust
SW2(config)#interface e0/1
SW2(config-if)#ip dhcp snooping limit rate 10
SW2(config)#interface e0/2
SW2(config-if)#ip dhcp snooping limit rate 10
SW1(config)#interface vlan 10
SW1(config-if)#ip dhcp relay information trusted
SW1(config)#interface vlan 20
SW1(config-if)#ip dhcp relay information trusted
```

（5）配置 PC1 和 PC2 通过 DHCP 自动获取地址。

```
PC1(config)#no ip routing
PC1(config)#interface e0/0
PC1(config-if)#ip add dhcp
PC1(config-if)#no shutdown
PC2(config)#no ip routing
PC2(config)#interface e0/0
PC2(config-if)#ip add dhcp
PC2(config-if)#no shutdown
```

（6）查看 DHCP Snooping 绑定信息。从图 8－5 中可以看出，PC1 与 PC2 正常获取地址，DHCP Snooping 生效。需要注意的是，DHCP Snooping 需要配置在汇聚层和接入层上，在实验中核心层接入主机时，DHCP Snooping 不生效。思科设备上 DHCP 地址按从小到大的顺序分配，华为设备按从大到小的顺序分配。

```
SW2#show ip dhcp snooping binding
MacAddress          IpAddress        Lease(sec)  Type           VLAN  Interface
------------------  ---------------  ----------  -------------  ----  ---------------
----
AA:BB:CC:00:40:00   192.168.20.1     85854       dhcp-snooping   20    Ethernet0/2
AA:BB:CC:00:30:00   192.168.10.1     85855       dhcp-snooping   10    Ethernet0/1
Total number of bindings: 2
```

图 8－5　SW2 DHCP Snooping 绑定信息

2. 华为设备上实施

实验拓扑图如图 8－6 所示，具体配置步骤如下。

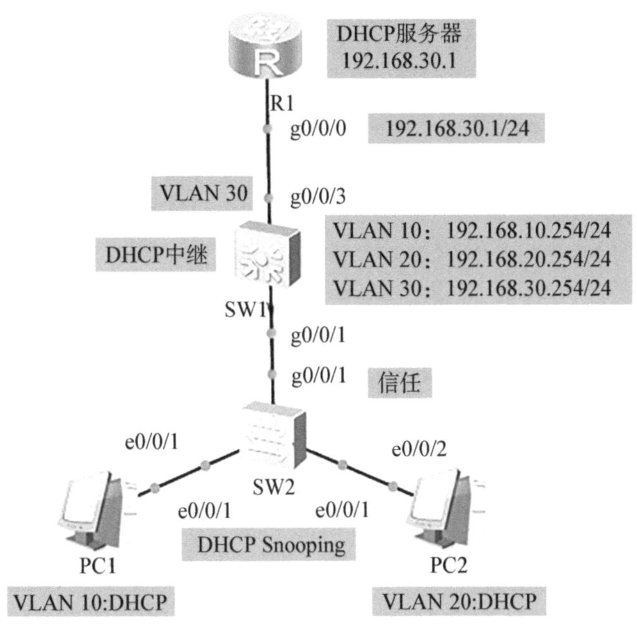

图 8－6 华为 DHCP 与 DHCP Snooping 实验拓扑图

(1) 在 SW1 和 SW2 上配置 VLAN 和 SVI 接口地址，在 R1 和 SW1 之间实施 OSPF 路由。

```
[SW2]vlan batch 10 20 30
[SW2]interface g0/0/1
[SW2-GigabitEthernet0/0/1]port link-type trunk
[SW2-GigabitEthernet0/0/1]port trunk allow-pass vlan 10 20 30
[SW2-GigabitEthernet0/0/1]undo port trunk allow-pass vlan 1
[SW2]interface e0/0/1
[SW2-Ethernet0/0/1]port link-type access
[SW2-Ethernet0/0/1]port default vlan 10
[SW2]interface e0/0/2
[SW2-Ethernet0/0/2]port link-type access
[SW2-Ethernet0/0/2]port default vlan 20
[SW1]vlan batch 10 20 30
[SW1]interface Vlanif 10
[SW1-Vlanif10]ip add 192.168.10.254 24
[SW1]interface Vlanif 20
[SW1-Vlanif20]ip add 192.168.20.254 24
```

```
[SW1]interface Vlanif 30
[SW1-Vlanif30]ip add 192.168.30.254 24
[SW1]interface g0/0/1
[SW1-GigabitEthernet0/0/1]port link-type trunk
[SW1-GigabitEthernet0/0/1]port trunk allow-pass vlan 10 20 30
[SW1-GigabitEthernet0/0/1]undo port trunk allow-pass vlan 1
[SW1]interface g0/0/3
[SW1-GigabitEthernet0/0/3]port link-type access
[SW1-GigabitEthernet0/0/3]port default vlan 30
[SW1]ospf 10 router-id 11.11.11.11
[SW1-ospf-10]area 0
[SW1-ospf-10]import-route direct
[SW1]interface vlan 30
[SW1-Vlanif30]ospf enable 10 area 0
[R1]interface g0/0/0
[R1-GigabitEthernet0/0/0]ip add 192.168.30.1 24
[R1]ospf 10 router-id 1.1.1.1
[R1-ospf-10]area 0
[R1]interface g0/0/0
[R1-GigabitEthernet0/0/0]ospf enable 10 area 0
```

(2) 在 R1 上配置 DHCP 服务器，建立 VLAN 10、VLAN 20 的地址池。

```
[R1]dhcp enable
[R1]ip pool 10
[R1-ip-pool-10]gateway-list 192.168.10.254
[R1-ip-pool-10]network 192.168.10.0 mask 24
[R1-ip-pool-10]dns-list 114.114.114.114 8.8.8.8
[R1-ip-pool-10]domain-name huawei.com
[R1-ip-pool-10]lease day 1
[R1]ip pool 20
[R1-ip-pool-20]gateway-list 192.168.20.254
[R1-ip-pool-20]network 192.168.20.0 mask 255.255.255.0
[R1-ip-pool-20]dns-list 114.114.114.114 8.8.8.8
[R1-ip-pool-20]domain-name huawei.com
[R1-ip-pool-20]lease day 1
[R1]interface g0/0/0
[R1-GigabitEthernet0/0/0]dhcp select global
```

(3) 在 SW1 SVI 接口上实施 DHCP 中继。

```
[SW1]dhcp enable
[SW1]interface Vlanif 10
[SW1-Vlanif10]dhcp select relay
[SW1-Vlanif10]dhcp relay server-ip 192.168.30.1
[SW1]interface vlan 20
[SW1-Vlanif20]dhcp select relay
[SW1-Vlanif20]dhcp relay server-ip 192.168.30.1
```

(4) 在 SW2 上实施 DHCP Snooping。

```
[SW2]dhcp enable
[SW2]dhcp snooping enable
[SW2]dhcp snooping enable vlan 10 20
[SW2]interface g0/0/1
[SW2-GigabitEthernet0/0/1]dhcp snooping trusted
[SW2]interface e0/0/1
[SW2-Ethernet0/0/1] dhcp snooping max-user-number 1
[SW2]interface e0/0/2
[SW2-Ethernet0/0/2] dhcp snooping max-user-number 1
```

(5) 配置 PC1 和 PC2 通过 DHCP 自动获取地址(见图 8-7)。

图 8-7　配置通过 DHCP 获取地址

（6）查看 DHCP Snooping 绑定信息。从图 8-8 中可以看出，PC1 与 PC2 正常获取地址，DHCP Snooping 生效。需要注意的是，DHCP Snooping 需要配置在汇聚层和接入层上，在实验中核心层接入主机时，DHCP Snooping 不生效。思科设备上 DHCP 地址按从小到大的顺序分配，华为设备上按从大到小的顺序分配。

```
[SW2]display dhcp snooping user-bind all
DHCP Dynamic Bind-table:
Flags:O - outer vlan ,I - inner vlan ,P - map vlan
IP Address       MAC Address     VSI/VLAN(O/I/P) Interface      Lease
--------------------------------------------------------------------------------
192.168.10.253   5489-98ac-61b1  10  /--  /--    Eth0/0/1       2022.01.15-01:11
192.168.20.253   5489-9897-65cb  20  /--  /--    Eth0/0/2       2022.01.15-01:13
--------------------------------------------------------------------------------
print count:          2          total count:          2
```

图 8-8　SW2 DHCP Snooping 绑定信息

【实验小结】

通过实验 13 可以了解到，思科设备上可以使用环回接口的 IP 地址作为 DHCP 服务器地址，华为设备上只能使用物理接口的 IP 地址作为 DHCP 服务器地址。思科设备上 DHCP 中继只能配置 DHCP 服务器地址，华为设备上 DHCP 中继可以配置 DHCP 服务器组（提前创建）或 DHCP 服务器地址。DHCP 中继实施在 DHCP 客户端网段的网关接口下，主要解决 DHCP 客户端无法跨网段获取地址的问题。DHCP Snooping 一般实施在汇聚层和接入层上，以防止非法客户端恶意消耗地址池和非法的 DHCP 服务器接入网络。思科设备实施 DHCP Snooping 后，必须在中继接口下实施中继消息信任，否则无法获取地址。

第 9 章 ACL 与 NAT

9.1 ACL

9.1.1 ACL 概述

ACL(access control list,访问控制列表)是一种基于包过滤的访问控制技术,它可以根据设定的条件对接口上的数据包进行过滤,允许其通过或丢弃。ACL 被广泛地应用于路由器和三层交换机,借助于 ACL,可以有效地控制用户对网络的访问,从而最大程度地保障网络安全。

9.1.2 ACL 基本原理

ACL 使用包过滤技术,在路由器上读取 OSI 七层模型的第 3 层和第 4 层包的头部信息,如源地址、目的地址、源端口、目的端口等。它根据预先定义好的规则,对包进行过滤,从而达到控制访问的目的。

ACL 是一组规则的集合,它应用在路由器的某个接口上。对路由器接口而言,ACL 有两个方向。

(1) 出方向:数据包已经过路由器的处理,离开路由器。

(2) 入方向:数据包已到达路由器接口,将被路由器处理。

如果对路由器的某个接口应用了 ACL,那么路由器将对数据包应用相应规则进行顺序匹配,若匹配其中一条规则则停止匹配,全部不匹配则使用默认规则来过滤数据包。

9.1.3 ACL 的功能与应用场景

ACL 的功能如下。

(1) 限制网络流量、提高网络性能。ACL 可以根据数据包的协议,指定这种类型的数据包具有更高的优先级,在同等情况下预先被网络设备处理。

(2) 提供对通信流量的控制手段。

(3) 提供网络访问的基本安全手段。

(4) 在网络设备接口处,决定哪种类型的通信数据被转发,哪种类型的通信数据被阻塞。

ACL 的应用场景如下。

(1) 过滤邻居设备间传递的路由信息。

(2) 控制交换访问,阻止非法访问设备的行为,如对 console 接口、telnet 或 SSH 的访问实施控制。

(3) 控制穿越网络设备的流量和网络访问。

(4) 通过限制对路由器上某些服务的访问来保护路由器,如 HTTP、SNMP 和 NIP 等。

(5) 为 DDR 和 IPSeC VPN 定义感兴趣流。

(6) 能够以多种方式在 IOS 中实现 QoS(服务质量)特性。

(7) 在其他安全技术中的扩展应用,如 TCP 拦截和 IOS 防火墙。

9.1.4 ACL 分类

1. 思科分类

(1) 标准的 ACL(1～99):建议靠近目的端配置,将数据包的源地址信息作为过滤的标准,不能基于协议或应用来过滤,即只能根据数据包是从哪里来的进行控制而不能基于数据包的协议类型及应用来对其进行控制。只能粗略地限制某一类协议,如 IP 协议。仅以源 IP 地址作为过滤标准。

(2) 扩展的 ACL(100～199):建议靠近源端配置,可以将数据包的源地址、目的地址、协议类型及应用类型等信息作为过滤的标准,即可以根据数据包从哪里来、到哪里去、使用何种协议、使用什么样的应用等特征来进行精确的控制。可以精确地限制某一种具体的协议。

2. 华为分类

(1) 基本的 ACL:仅使用报文的源 IP 地址、分片信息和生效时间段信息来定义规则。编号范围为 2000～2999。

(2) 高级 ACL:既可使用 IPv4 报文的源 IP 地址来定义规则,也可使用目的 IP 地址、IP 协议类型、ICMP 类型、TCP 源/目的端口、UDP 源/目的端口、生效时间段等来定义规则。编号范围为 3000～3999。

(3) 其他分类

例如,命名的 ACL、二层 ACL、用户 ACL 等。

9.1.5 ACL 应用方法

ACL 应用步骤如下。

(1) 创建 ACL,根据实际需要设置对应的条件项。

(2) 将 ACL 应用到路由器指定接口的指定方向(入方向/出方向)上。ACL 应用中方向是按照流量流向确定的。如图 9－1 所示,从源端出发,沿途进入设备的接口是入方向,从设备的接口出去是出方向。

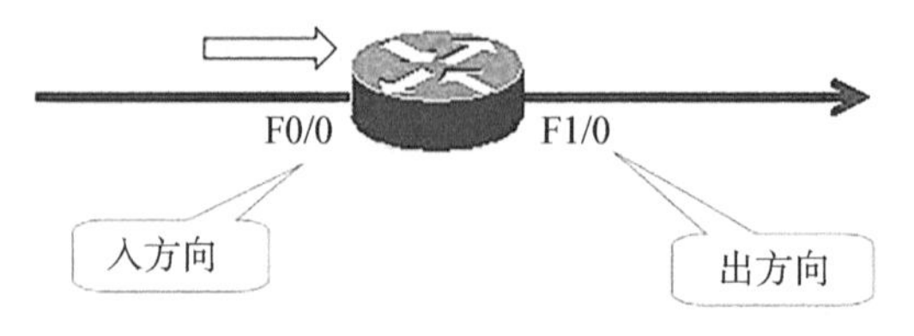

图 9－1 ACL 接口方向判断

应用 ACL 的注意事项如下。

(1) ACL 是按自顶向下的顺序进行处理，一旦匹配成功，就会进行处理，且不再比对之后的规则，所以 ACL 中规则的顺序很重要。应当将最严格的规则放在最上面，最不严格的规则放在底部。

(2) 当所有规则都没有成功匹配时，丢弃分组，这称为 ACL 隐性拒绝。

(3) 每个接口在每个方向上只能应用一个 ACL。

(4) 标准的 ACL 应该部署在距离分组的目的网络较近的位置，扩展的 ACL 应该部署在距离分组发送者较近的位置。

9.1.6 ACL 配置

1. 思科配置

1) 标准的 ACL：只能匹配源地址

- 配置拒绝或不匹配的条目

```
R1(config)#access-list 1 deny 10.1.1.101
```

- 配置允许或匹配的条目

```
R1(config)#access-list 1 permit 10.1.1.0 0.0.0.255
```

- 在接口出方向调用

```
R1(config)#interface g0/0
R1(config-if)#ip access-group 1 out
```

2) 扩展的 ACL：可以匹配源地址、目的地址、协议、端口号

- 配置拒绝或不匹配的条目

```
R1(config)#access-list 110 deny ip host 10.1.1.101 host 202.100.1.
100
```

- 配置允许或匹配的条目

```
R1(config)#access-list 110 permit tcp 10.1.1.0 0.0.0.255 any eq 80
```

- 在接口入方向调用

```
R1(config)#interface g0/1
R1(config-if)#ip access-group 110 in
```

3) 命名的 ACL：可以自定义列表名称

```
HQ(config)#ip access-list extended ABC
HQ(config-ext-nacl)#permit tcp host 10.1.10.1 host 172.16.1.2 eq 80
HQ(config-ext-nacl)#deny ip any host 172.16.1.2
HQ(config-ext-nacl)#permit ip any any
```

```
HQ(config)#interface e0/0
HQ(config-if)#ip access-group ABC out
```

4）基于时间的 ACL

• 建立时间段

```
R1(config)#time-range WORK
```

• 设置为工作日 8:00 到 19:00

```
R1(config-time-range)#periodic weekdays 8:00 to 19:00
```

• 建立扩展的 ACL 并关联时间段，在思科设备上时间段只支持扩展的 ACL

```
R1(config)#access-list 100 permit ip 192.168.1.0 0.0.0.255 any time-
range WORK
```

• 在接口出方向调用

```
R1(config)#interface e0/0
R1(config-if)#ip access-group 100 out
```

2. 华为配置

1）基本的 ACL：只能匹配源地址

• 配置拒绝或不匹配的条目

```
[R2]acl number 2000
[R2-acl-basic-2000]rule 10 deny source 192.168.2.0 0.0.0.255
```

• 配置允许或匹配的条目

```
[R2-acl-basic-2000]rule 20 permit
```

• 在接口出方向调用

```
[R2]interface g0/0/1
[R2-GigabitEthernet0/0/1]traffic-filter outbound acl 2000
```

• 查看 ACL 信息

```
[R2]display acl all
```

2）扩展的 ACL：可以匹配源地址、目的地址、协议、端口号

• 配置拒绝或不匹配的条目

```
[R1]acl number 3000
[R1-acl-adv-3000]rule 10 deny tcp source 192.168.2.1 0 destination
```

- 配置允许或匹配的条目

```
172.16.1.1 0 destination-port eq ftp
[R1-acl-adv-3000] rule 20 deny icmp source 192.168.1.0 0.0.0.255
destination 172.16.1.1 0
[R1-acl-adv-3000]rule 30 deny tcp source 192.168.2.1 0 destination-
port eq ftp
[R1-acl-adv-3000]rule 40 permit tcp destination-port eq www
[R1-acl-adv-3000]rule 41 deny tcp destination-port eq 137
[R1-acl-adv-3000]rule 50 permit ip
```

- 在接口出方向调用

```
[R1]interface g0/0/0
[R1-GigabitEthernet0/0/0]traffic-filter outbound acl 3000
```

3）命名的ACL：可以自定义列表名称

```
[Huawei]acl name ABC
[Huawei-acl-adv-ABC]rule 10 permit ip source 192.168.1.0 0.0.0.255
destination 10.1.1.1 0
[R1]interface g0/0/0
[R1-GigabitEthernet0/0/0]traffic-filter outbound acl ABC
```

4）基于时间的ACL

- 建立时间段，设置为工作日8:00到19:00

```
[R1]time-range WORK 8:00 to 19:00 working-day
```

- 建立高级ACL

```
[R1]acl number 3000
```

- 关联时间段，在华为设备上时间段同时支持基本的ACL和高级ACL

```
[R1-acl-adv-3000] rule permit ip source 192.168.1.0 0.0.0.255
destination any time-range WORK
```

- 在接口入方向调用

```
[R1]interface g0/0/0
[R1-GigabitEthernet0/0/0]traffic-filter inbound acl 3000
```

9.2 NAT

9.2.1 NAT概述

NAT(network address translation,网络地址转换),顾名思义,是一种把内部私有网络地址(IP地址)转换成合法网络地址的技术。NAT能够解决IPv4地址短缺的问题。

9.2.2 NAT原理

当私有网络的主机和公共网络的主机通信时,IP包将经过NAT网关,网关会将IP包中的源IP或目的IP在私有IP和公共IP之间进行转换。

当内部网络中的一台主机想传输数据到外部网络时,它先将数据包传输到NAT路由器,路由器会检查数据包的包头,获取数据包的源IP信息,并从它的NAT映射表中找出与该IP匹配的转换条目,用所选用的内部全局地址(全球唯一的IP地址)来替换内部局部地址,并转发数据包。

当外部网络对内部网络的主机进行应答时,数据包被送到NAT路由器,路由器收到目的地址为内部全局地址的数据包后,用内部全局地址通过NAT映射表查找出内部局部地址,然后将数据包的目的地址替换成内部局部地址,并将数据包转发到内部网络中的主机。

9.2.3 NAT分类

(1) 静态NAT:将特定的公网地址和端口一对一地映射到特定的私网地址和端口,且每个私网地址都是确定的。

(2) 动态NAT:将内部地址与公网地址一对一地转换,但是动态地址是从合法的地址池中动态选择的未使用的公网地址(即随机的)。当用户断开连接后,再次连接时,可能外部地址会切换成另一个。

(3) NAPT(网络地址和端口转换,端口多路复用):将多个内部地址转换为同一个公网地址,用不同的端口来区别不同的主机,可以分为圆锥型NAT和对称型NAT。

9.2.4 NAT配置

SNAT:静态NAT,动态NAT, PAT,把内网地址转换为公网地址。

DNAT:NAT服务器,把公网地址转换为内网地址。

1. 思科配置

1) 静态NAT

此种方法不常用,一对一转换:一个私有地址对应一个公有地址。

- NAT在出口网关上实施,需要默认路由配合

```
R1(config)#ip route 0.0.0.0 0.0.0.0 202.100.1.2
```

● 定义外部接口

```
R1(config)#interface g0/0
R1(config-if)#ip nat outside
```

● 定义内部接口

```
R1(config)#interface g0/1
R1(config-if)#ip nat inside
```

● 静态 NAT

```
R1(config)#ip nat inside source static 192.168.1.1 202.100.1.1
```

● 查看 NAT 状态

```
R1#show ip nat statistics
```

● 查看转换列表

```
R1#show ip nat translations
```

● 常用的静态 NAT 的端口转换

```
R1(config)#ip nat inside source static tcp 192.168.1.1 23 202.100.1.
1 2323
```

2）动态 NAT(不常用)

必须建立地址池，包含 n 个公网 IP，转换成 n 个内网 IP，若内网有 $n+1$ 个设备，则多出的这台设备不能访问互联网

● 建立 ACL 列表

```
R1(config)#ip access-list standard nat
```

● 匹配需要转换的私网地址

```
R1(config-std-nacl)#permit 192.168.1.0 0.0.0.255
```

● 建立公网地址池

```
R1(config)#ip nat pool nat-pool 202.100.1.5 202.100.1.10 netmask
255.255.255.240
```

● 动态 NAT

```
R1(config)#ip nat inside source list nat pool nat-pool
```

```
R1(config)#interface g0/1
R1(config-if)#ip nat inside
R1(config)#interface g0/0
R1(config-if)#ip nat outside
```

3) PAT(端口地址转换)

PAT 是最为常用的 NAT 技术,它将多个内部地址转换成(共享)同一个公网 IP 地址,多个内部端口转换成对应的端口,非常节省公网 IP 地址。

- 配置 PAT,overload 参数为端口复用,思科设备必须添加才能实现多对一转换

```
R1(config)#ip route 0.0.0.0 0.0.0.0 202.100.1.2
R1(config)#ip access-list standard nat
R1(config-std-nacl)#permit 192.168.1.0 0.0.0.255
R1(config)#ip nat inside source list nat interface g0/0 overload
R1(config)#interface g0/1
R1(config-if)#ip nat inside
R1(config)#interface g0/0
R1(config-if)#ip nat outside
```

4) NAT 服务器(外部主机通过 NAT 访问内部服务器)

- 为了防止 23 端口被扫描攻击,使用其他端口

```
R1(config)#interface g0/1
R1(config-if)#ip nat inside
R1(config)#interface g0/0
R1(config-if)#ip nat outside
R1(config)#ip nat inside source static tcp 192.168.1.1 23 202.100.1.
1 2222
```

2. 华为配置

SNAT:静态 NAT,动态 NAT,Easy IP(NAPT),把内网地址转换为公网地址。

DNAT:NAT 服务器,把公网地址转换为内网地址。

1) 静态 NAT

此种方法不常用,一对一转换:一个私有地址对应一个公有地址。

- 外部接口

```
[R2]interface g0/0/0
```

- 华为设备上外网接口的 IP 地址无法进行静态 NAT 转换

```
[R2-GigabitEthernet0/0/0]ip address 202.100.1.1 24
```

- 静态 NAT

```
[R2-GigabitEthernet0/0/0]nat static global 202.100.1.3 inside 172.
16.1.1
```

- 查看 NAT 状态

```
[R2]display nat static
```

- 查看转换列表

```
[R2]display nat session all
```

2) 动态 NAT(不常用)

必须建立地址池,包含 n 个公网 IP,转换成 n 个内网 IP,若内网有 $n+1$ 个设备,则多出的这台设备不能访问互联网。

- 建立公网地址池

```
[R1]nat address-group 1 202.100.1.10 202.100.1.15
```

- 建立 ACL 列表

```
[R1]acl number 2000
```

- 匹配需要转换的私网地址

```
[R1-acl-basic-2000]rule 10 permit source 192.168.1.0 0.0.0.255
```

- 华为设备上外网接口的 IP 地址无法进行动态 NAT 转换

```
[R1-acl-basic-2000]rule 20 permit source 192.168.2.0 0.0.0.255
[R1]interface g0/0/0
[R1-GigabitEthernet0/0/0]ip address 202.100.1.1 24
```

- 动态 NAT

```
[R1-GigabitEthernet0/0/0]nat outbound 2000 address-group 1
```

3) Easy IP

Easy IP 类似于思科设备上的端口复用,华为设备上的 PAT(端口 NAT)。它将多个内部地址转换成(共享)同一个公网 IP,多个内部端口转换成对应的端口,非常节省公网 IP。

- 华为设备上外网接口的 IP 地址可以在 Easy IP 中使用

```
[R1]acl number 2000
[R1-acl-basic-2000]rule 10 permit source 192.168.1.0 0.0.0.255
```

```
[R1-acl-basic-2000]rule 20 permit source 192.168.2.0 0.0.0.255
[R1]interface g0/0/0
[R1-GigabitEthernet0/0/0]ip address 202.100.1.1 24
```

- 查看 Easy IP 信息

```
[R1-GigabitEthernet0/0/0]nat outbound 2000
[R1]dis nat outbound
```

4) NAT 服务器

- 进行 NAT 服务器转换，华为设备上已经在接口下配置的公网地址无法使用

```
[R2]int g0/0/0
[R2-GigabitEthernet0/0/0]nat server protocol tcp global 202.100.1.3
8080 inside 172.16.1.1 www
```

- 查看 NAT 服务器信息

```
[R2-GigabitEthernet0/0/0]nat server protocol tcp global 202.100.1.4
2121 inside 172.16.1.1 ftp
    <R2>display nat server
```

9.3 ACL 与 NAT 实验（实验 14）

在此实验中，在 R1 上使用标准的 ACL 匹配内网网段，实施 PAT，使得企业网内的 PC1 可以访问互联网。在 R1 上使用扩展的 ACL，限制内部主机访问恶意网站。在 R2 上实施 NAT 服务器，思科设备使得 PC1 可以远程 telnet 到企业 DC 的服务器，华为设备使得 PC1 可以远程访问企业 DC 的 FTP 服务器。在完成实验后保存拓扑图和配置，后续实验会用到此实验的拓扑图与配置。

【实验目的】

(1) 掌握思科、华为设备上标准 ACL 和扩展 ACL 的配置。
(2) 掌握思科、华为设备上端口 NAT 的配置。
(3) 掌握思科、华为设备上 NAT 服务器的配置。
(4) 理解思科、华为设备上 ACL 在流量控制和策略匹配两大应用中的区别。

【实验步骤】

1. 思科设备上实施

实验拓扑图如图 9-2 所示，具体配置步骤如下。

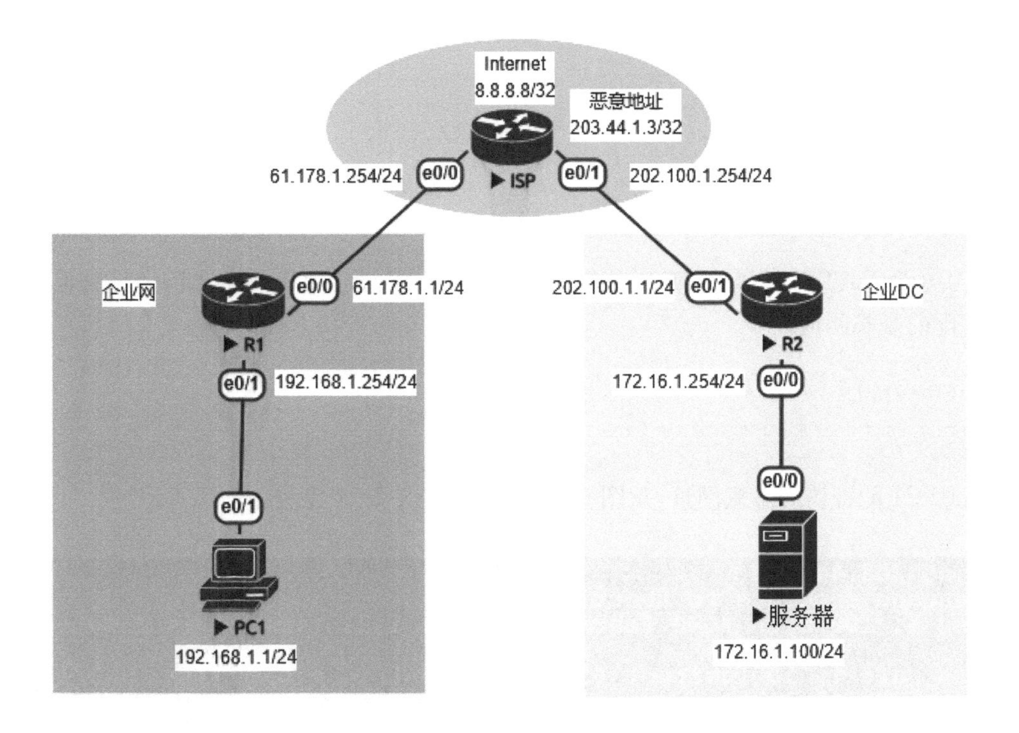

图 9－2　思科 ACL 与 NAT 实验拓扑图

(1) 配置接口 IP 地址(此处省略)。

(2) 在 R1 上使用标准的 ACL 匹配内网网段,实施 PAT,使得企业网内的 PC1 可以访问互联网。

```
R1(config)#ip route 0.0.0.0 0.0.0.0 61.178.1.254
R1(config)#interface e0/0
R1(config-if)#ip nat outside
R1(config)#interface e0/1
R1(config-if)#ip nat inside
R1(config)#access-list 1 permit 192.168.1.0 0.0.0.255
R1(config)#ip nat inside source list 1 interface e0/0 overload
```

测试 PC1 能否访问互联网,从图 9－3 中可以看出,PC1 可以正常访问互联网。

```
PC1#ping 8.8.8.8
Type escape sequence to abort.
Sending 5, 100-byte ICMP Echos to 8.8.8.8, timeout is 2 seconds:
!!!!!
Success rate is 100 percent (5/5), round-trip min/avg/max = 1/1/1 ms
PC1#
```

图 9－3　PC1 访问互联网测试

(3) 在 R1 上使用扩展的 ACL，限制内部主机访问恶意网站。

- 如果上一条规则为拒绝，一定要允许其他地址，因为默认隐藏了一条拒绝所有地址的 ACL

```
R1(config)#access-list 100 deny ip 192.168.1.0 0.0.0.255 host 203.
44.1.3
R1(config)#access-list 100 permit ip any any
```

- e0/0 为 NAT 外部接口，所以列表调用不会生效，因为 NAT 会将私网地址转换成公网地址，匹配的是私网地址

```
R1(config)#interface e0/1
R1(config-if)#ip access-group 100 in
```

测试 PC1 能否访问恶意网址，从图 9-4 中可以看出，PC1 无法访问恶意地址。

```
PC1#ping 203.44.1.3
Type escape sequence to abort.
Sending 5, 100-byte ICMP Echos to 203.44.1.3, timeout is 2 seconds:
!!!!!
Success rate is 100 percent (5/5), round-trip min/avg/max = 1/1/1 ms
PC1#ping 203.44.1.3
Type escape sequence to abort.
Sending 5, 100-byte ICMP Echos to 203.44.1.3, timeout is 2 seconds:
U.U.U
Success rate is 0 percent (0/5)
```

图 9-4 PC1 访问恶意网址测试

(4) 在 R2 上实施 NAT 服务器，使得 PC1 可以远程 telnet 到企业 DC 的服务器。

- 服务器上配置虚拟终端接口，使得服务器可以被 telnet 远程登录

```
Server(config)#line vty 0 4
```

- 这里把 telnet 的端口 23 转换为 2222，增强安全性

```
Server(config-line)#password CISCO123
Server(config-line)#login
Server(config-line)#transport input telnet
R2(config)#ip route 0.0.0.0 0.0.0.0 202.100.1.254
R2(config)#interface e0/1
R2(config-if)#ip nat outside
R2(config)#interface e0/0
R2(config-if)#ip nat inside
R2(config)#ip nat inside source static tcp 172.16.1.100 23 202.100.
1.1 2222
```

测试 PC1 能否远程登录服务器，从图 9-5 中可以看出，PC1 可以正常登录服务器。

```
PC1#telnet 202.100.1.1 2222
Trying 202.100.1.1, 2222 ... Open

User Access Verification

Password:
Server>
```

图 9-5　PC1 远程登录服务器测试

2. 华为设备上实施

实验拓扑图如图 9-6 所示，具体配置步骤如下。

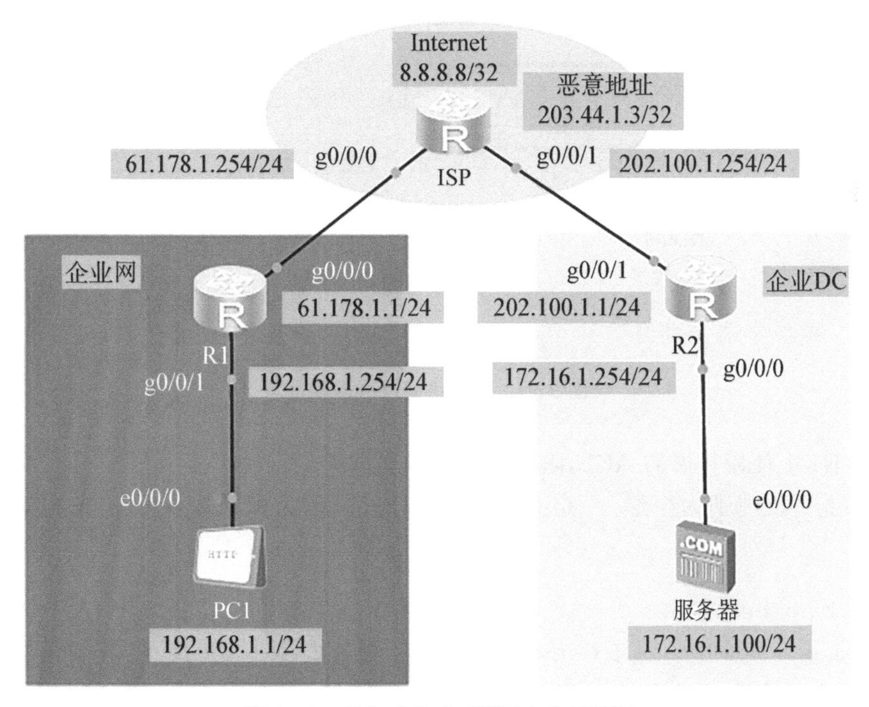

图 9-6　华为 ACL 与 NAT 实验拓扑图

(1) 配置接口 IP 地址(此处省略)。

(2) 在 R1 上使用标准的 ACL 匹配内网网段，实施 PAT，使得企业网内的 PC1 可以访问互联网。

```
[R1]ip route-static 0.0.0.0 0 61.178.1.254
[R1]acl number 2000
[R1-acl-basic-2000]rule 5 permit source 192.168.1.0 0.0.0.255
[R1]interface g0/0/0
[R1-GigabitEthernet0/0/0]nat outbound 2000
```

测试 PC1 能否访问互联网，从图 9-7 中可以看出，PC1 可以正常访问互联网。

图 9-7 PC1 访问互联网测试

(3) 在 R1 上使用扩展的 ACL,限制内部主机访问恶意网站。

● 如果上一条规则为拒绝,一定要允许其他地址,因为默认隐藏了一条拒绝所有地址的 ACL

```
[R1]acl number 3000
[R1-acl-adv-3000]rule 5 deny ip source 192.168.1.0 0.0.0.255 destination
203.44.1.3 0
[R1-acl-adv-3000]rule 10 permit ip source any destination any
```

● g0/0/0 为 NAT 外部接口,所以列表调用不会生效,因为 NAT 会将私网地址转换成公网地址,匹配的是私网地址

```
[R1]interface g0/0/1
[R1-GigabitEthernet0/0/1]traffic-filter inbound acl 3000
```

测试 PC1 能否访问恶意网址,从图 9-8 中可以看出,PC1 无法访问恶意地址。

(4)在 R2 上实施 NAT 服务器,使得 PC1 可以远程访问企业 DC 的 FTP 服务器(见图 9-9)。

● 在出接口上实施 NAT 服务器

```
[R2]interface g0/0/1
```

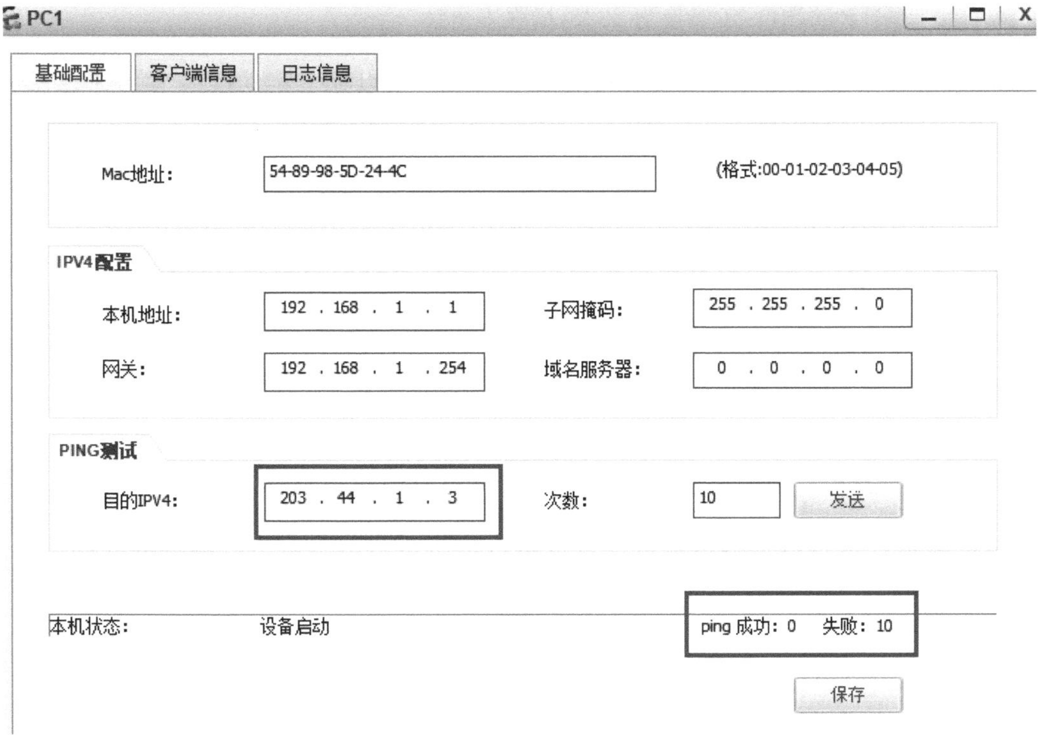

PC1
基础配置
客户端信息
日志信息
Mac地址：
54-89-98-5D-24-4C
(格式:00-01-02-03-04-05)
IPV4配置
本机地址：
192 . 168 . 1 . 1
子网掩码：
255 . 255 . 255 . 0
网关：
192 . 168 . 1 . 254
域名服务器：
0 . 0 . 0 . 0
PING测试
目的IPV4：
203 . 44 . 1 . 3
次数：
10
发送
本机状态：
设备启动
ping 成功：0　失败：10
保存

图 9-8　PC1 访问恶意网址测试

Server
基础配置
服务器信息
日志信息
DNSServer
FtpServer
HttpServer
服务
监听端口号：
21
启动
停止
配置
文件根目录：
E:\FTP
1.txt
desktop.ini
vCenter

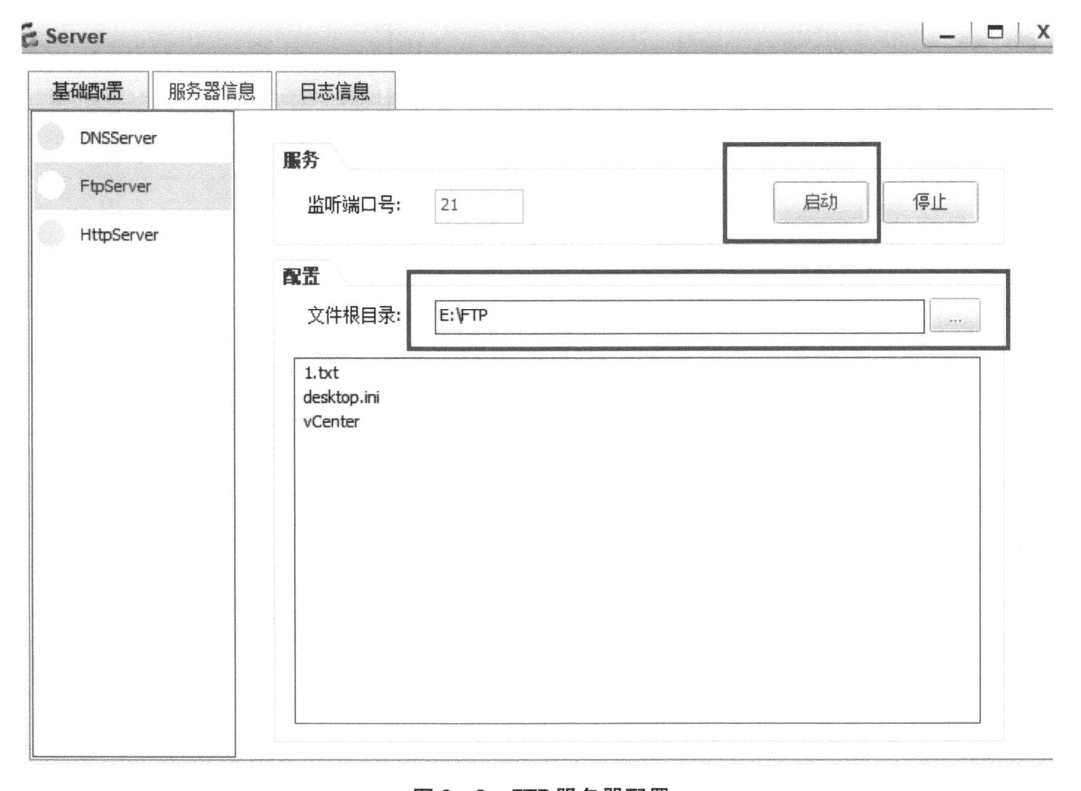

图 9-9　FTP 服务器配置

- 这里把 FTP 的端口 21 转换为 2222,增强安全性

```
[R2-GigabitEthernet0/0/1]nat server protocol tcp global 202.100.1.2
2222 inside 172.16.1.100 ftp
```

测试 PC1 能否正常登录 FTP 服务器,从图 9－10 中可以看出,PC1 可以正常登录 FTP 服务器,但是没有刷新出文件列表(eNSP 的问题)。从图 9－11 中可以看出,已经进行了 NAT 服务器地址转换。

图 9－10　PC1 登录 FTP 服务器测试

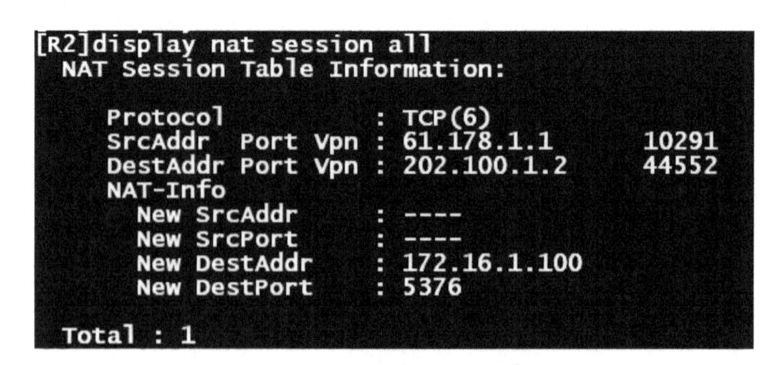

图 9－11　R2 NAT 会话信息

【实验小结】

通过实验 14 可以了解到,ACL 主要用于流量控制,控制的难点在于在接口下应用时如何

对人方向和出方向进行准确判断,实验中限制访问恶意网站的操作就属于 ACL 的流量控制功能。随着网络技术的发展,ACL 的策略匹配成了 ACL 的主要功能,实验中端口 NAT(华为 Easy IP)就使用了 ACL 的策略匹配功能。端口 NAT 是使用得最普遍的 NAT 技术,企业为了解决 IPv4 公网地址短缺和节省申请公网 IP 地址的成本,会在出口网关设备上实施端口 NAT。NAT 服务器技术主要应用于外网访问内网服务器时,在节约公网 IP 地址的同时增强了服务器的安全性。

第 10 章　PPP 与 PPPoE

10.1 PPP

10.1.1　PPP 概述

PPP(point to point protocol,点到点协议)是为在同等单元之间传输数据包的链路设计的链路层协议。这种链路提供全双工操作,并按照顺序传递数据包。其设计目的主要是通过拨号或专线方式建立点对点连接发送数据,其是各种主机、网桥和路由器之间建立连接的一种方式。

10.1.2　PPP 的功能

(1) PPP 具有动态分配 IP 地址的能力,允许在连接时协商 IP 地址。

(2) PPP 支持多种网络协议,如 TCP/IP、NetBEUI、NWLink 等。

(3) PPP 具有错误检测能力,但不具备纠错能力,所以 PPP 是不可靠传输协议。

(4) PPP 无重传机制,网络开销小,速度快。

(5) PPP 具有身份验证功能。

(6) PPP 可以用于多种类型的物理介质,包括串口线、电话线、移动电话和光纤(如 SDH),也用于 Internet 接入。

10.1.3　PPP 的认证方式

(1) PAP(password authentication protocol,密码认证协议):是 PPP 协议集中的一种链路控制协议,主要通过使用二次握手提供一种对等结点建立认证的简单方法,建立在初始链路确定的基础上。完成链路建立之后,对等结点持续重复发送用户名和密码给验证者,直至认证得到响应或连接终止。PAP 采用明文认证方式,用户名和密码可以通过抓包软件获取,因此它并不安全。

(2) CHAP(challenge handshake authentication protocol,挑战握手认证协议):是在建立网络物理连接后进行连接安全性验证的协议。它比密码认证协议(PAP)更加可靠。CHAP 通过三次握手周期性地校验对端的身份,认证可以在初始链路建立时完成,也可以在链路建立之后的任何时候重复进行。该认证方式依赖于只有认证者和对端共享的密钥,密钥不通过该链路发送。虽然认证是单向的,但是在两个方向都进行 CHAP 协商,同一密钥可以很容易地实现相互认证。CHAP 要求密钥以明文形式存在,无法使用不可回复加密口令数据库。

CHAP 在大型网络中不适用,因为每个可能的密钥由链路的两端共同维护。

10.1.4　PPP 配置

1. 思科配置

1) 修改串行链路封装类型

- 更改为 PPP,思科设备默认用 HDLC 封装

```
Branch#show interfaces s1/0
Branch(config-if)#encapsulation ppp
```

2) PAP 认证配置

- 服务器端选择认证模式为 PAP

```
R1(config)#username ccna password cisco
R1(config)#interface s0/0/0
R1(config-if)#encapsulation ppp
R1(config-if)#ppp authentication pap
```

- 客户端配置用户名和密码

```
R2(config)#interface s0/0/0
R2(config-if)#encapsulation ppp
R2(config-if)#ppp pap sent-username ccna password cisco
```

3) CHAP 认证配置

- 服务器端选择认证模式为 CHAP

```
R3(config)#username ccnp password cisco
R3(config)#interface s0/0/1
R3(config-if)#encapsulation ppp
R3(config-if)#ppp authentication chap
```

- 客户端配置用户名

```
R2(config)#interface s0/0/1
R2(config-if)#encapsulation ppp
R2(config-if)#ppp chap hostname ccnp
```

- 客户端配置密码

```
R2(config-if)#ppp chap password cisco
```

2. 华为配置

1）修改串行链路封装类型

- 更改为 PPP，华为设备默认用 PPP 封装

```
[R1]interface Serial1/0/0
[R1-Serial1/0/0]link-protocol ppp
```

2）PAP 认证配置

- 服务器端选择认证模式为 PAP

```
[R1]aaa
[R1-aaa]local-user qytang password cipher huawei
[R1-aaa]local-user qytang service-type ppp
[R1]interface Serial1/0/0
[R1-Serial1/0/0]ppp authentication-mode pap
```

- 客户端配置用户名和密码

```
[R1]interface Serial1/0/0
[R1-Serial1/0/0]ppp pap local-user qytang password cipher huawei
```

3）CHAP 认证配置

- 服务器端选择认证模式为 CHAP

```
[R2]aaa
[R2-aaa]local-user huawei password cipher hcie
[R2-aaa]local-user huawei service-type ppp
[R2]interface Serial1/0/1
[R2-Serial1/0/1]ppp authentication-mode chap
```

- 客户端配置用户名

```
[R2]interface Serial1/0/1
[R2-Serial1/0/1]ppp chap user Huawei
```

- 客户端配置密码

```
[R2-Serial1/0/1]ppp chap password cipher hcie
```

10.1.5 PPP 认证实验(实验 15)

在此实验中，R1 为 PAP 的服务器端，R2 为 PAP 的客户端；R2 为 CHAP 的服务器端，R1 为 CHAP 的客户端。这个实验虽然属于双向认证实验，但实际上双向认证采用 CHAP 协议，PAP 协议不安全，现实中并不采用。

【实验目的】

(1) 掌握思科、华为设备上 PPP 的基本配置。

(2) 掌握思科、华为设备上 PAP 明文认证的配置。

(3) 掌握思科、华为设备上 CHAP 密文认证的配置。

【实验步骤】

1. 思科设备上实施

实验拓扑图如图 10-1 所示，具体配置如下。

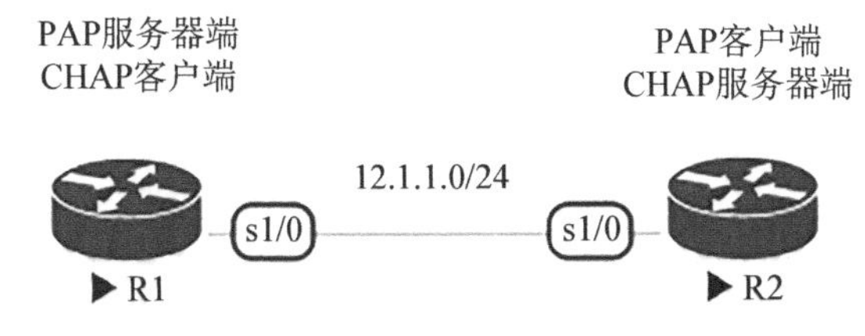

图 10-1　思科 PPP 认证实验拓扑图

(1) 配置 IP 地址(此处省略)，修改链路封装类型。

```
R1(config)#interface s1/0
R1(config-if)#encapsulation ppp
R2(config)#interface s1/0
R2(config-if)#encapsulation ppp
```

(2) 在 R1 和 R2 上完成 PAP 配置。

```
R1(config)#username CISCO password CISCO123
R1(config)#interface s1/0
R1(config-if)#ppp authentication pap
```

在 R2 上查看接口状态，从图 10-2 中可以看出，R1 开启 PAP 认证之后，串行接口显示协议为"down"状态。

```
R2#show ip interface brief
Interface              IP-Address      OK? Method Status                Protocol
Ethernet0/0            unassigned      YES unset  administratively down down
Ethernet0/1            unassigned      YES unset  administratively down down
Ethernet0/2            unassigned      YES unset  administratively down down
Ethernet0/3            unassigned      YES unset  administratively down down
Serial1/0              12.1.1.2        YES manual up                    down
Serial1/1              unassigned      YES unset  administratively down down
Serial1/2              unassigned      YES unset  administratively down down
Serial1/3              unassigned      YES unset  administratively down down
```

图 10-2　R2 接口状态信息

```
R2(config)#interface s1/0
R2(config-if)#ppp pap sent-username CISCO password CISCO123
```

从图 10-3 中可以看出，R2 通过 R1 的 PAP 认证之后，串行接口显示协议为"up"状态。

```
R2#show ip interface brief
Interface              IP-Address      OK? Method Status                Protocol
Ethernet0/0            unassigned      YES unset  administratively down down
Ethernet0/1            unassigned      YES unset  administratively down down
Ethernet0/2            unassigned      YES unset  administratively down down
Ethernet0/3            unassigned      YES unset  administratively down down
Serial1/0              12.1.1.2        YES manual up                    up
Serial1/1              unassigned      YES unset  administratively down down
Serial1/2              unassigned      YES unset  administratively down down
Serial1/3              unassigned      YES unset  administratively down down
R2#
```

图 10－3　R2 接口状态信息

（3）在 R2 和 R1 上完成 CHAP 配置。

```
R2(config)#username CISCO password CISCO456
R2(config)#interface s1/0
R2(config-if)#ppp authentication chap
R1(config)#interface s1/0
R1(config-if)#ppp chap hostname CISCO
R1(config-if)#ppp chap password CISCO456
```

在 R1 上查看接口状态，从图 10－4 中可以看出，R2 开启 CHAP 认证之后，串行接口显示协议为“down”状态。

```
R1#show ip int brief
Interface              IP-Address      OK? Method Status                Protocol
Ethernet0/0            unassigned      YES unset  administratively down down
Ethernet0/1            unassigned      YES unset  administratively down down
Ethernet0/2            unassigned      YES unset  administratively down down
Ethernet0/3            unassigned      YES unset  administratively down down
Serial1/0              12.1.1.1        YES manual up                    down
Serial1/1              unassigned      YES unset  administratively down down
Serial1/2              unassigned      YES unset  administratively down down
Serial1/3              unassigned      YES unset  administratively down down
```

图 10－4　R1 接口状态信息(1)

从图 10－5 中可以看出，R1 通过 R2 的 CHAP 认证之后，串行接口显示协议为“up”状态。

```
R1#show ip int brief
Interface              IP-Address      OK? Method Status                Protocol
Ethernet0/0            unassigned      YES unset  administratively down down
Ethernet0/1            unassigned      YES unset  administratively down down
Ethernet0/2            unassigned      YES unset  administratively down down
Ethernet0/3            unassigned      YES unset  administratively down down
Serial1/0              12.1.1.1        YES manual up                    up
Serial1/1              unassigned      YES unset  administratively down down
Serial1/2              unassigned      YES unset  administratively down down
Serial1/3              unassigned      YES unset  administratively down down
```

图 10－5　R1 接口状态信息(2)

2. 华为设备上实施

实验拓扑图如图 10－6 所示，具体配置如下。

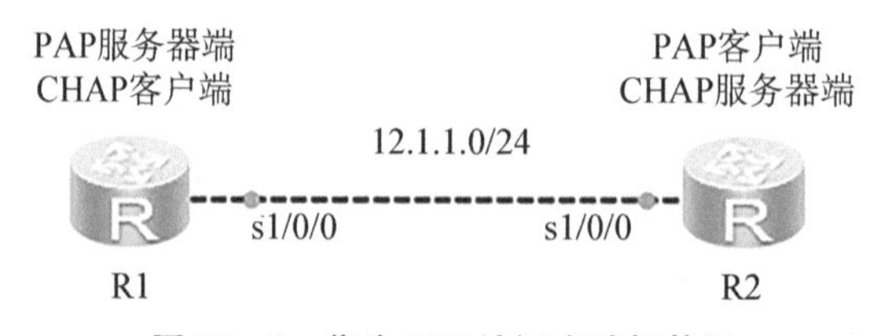

图 10－6　华为 PPP 认证实验拓扑图

（1）配置 IP 地址（此处省略）。

（2）在 R1 和 R2 上完成 PAP 配置。

```
[R1]aaa
[R1-aaa]local-user HUAWEI password cipher HUAWEI123
[R1-aaa]local-user HUAWEI service-type ppp
[R1]interface s1/0/0
[R1-Serial1/0/0]ppp authentication-mode pap
[R2]interface s1/0/0
[R2-Serial1/0/0]ppp pap local-user HUAWEI password cipher HUAWEI123
```

在 R2 上查看接口状态（eNSP 中先关闭串口，然后再开启串口查看），从图 10－7 中可以看出，R1 开启 PAP 认证之后，串行接口显示协议为“down”状态。

```
[R2]display ip int brief
*down: administratively down
^down: standby
(l): loopback
(s): spoofing
The number of interface that is UP in Physical is 2
The number of interface that is DOWN in Physical is 4
The number of interface that is UP in Protocol is 1
The number of interface that is DOWN in Protocol is 5

Interface                         IP Address/Mask      Physical   Protocol
GigabitEthernet0/0/0              unassigned           down       down
GigabitEthernet0/0/1              unassigned           down       down
GigabitEthernet0/0/2              unassigned           down       down
NULL0                             unassigned           up         up(s)
Serial1/0/0                       12.1.1.2/24          up         down
Serial1/0/1                       unassigned           down       down
```

图 10－7　R2 上接口状态信息(1)

从图 10－8 中可以看出，R2 通过 R1 的 PAP 认证之后，串行接口显示协议为“up”状态。

```
[R2]display ip int brief
*down: administratively down
^down: standby
(l): loopback
(s): spoofing
The number of interface that is UP in Physical is 2
The number of interface that is DOWN in Physical is 4
The number of interface that is UP in Protocol is 2
The number of interface that is DOWN in Protocol is 4

Interface                         IP Address/Mask      Physical   Protocol
GigabitEthernet0/0/0              unassigned           down       down
GigabitEthernet0/0/1              unassigned           down       down
GigabitEthernet0/0/2              unassigned           down       down
NULL0                             unassigned           up         up(s)
Serial1/0/0                       12.1.1.2/24          up         up
Serial1/0/1                       unassigned           down       down
```

图 10－8　R2 接口状态信息(2)

(3) 在 R2 和 R1 上完成 CHAP 配置。

```
[R2]aaa
[R2-aaa]local-user HUAWEI password cipher HUAWEI456
[R2-aaa]local-user HUAWEI service-type ppp
[R2]interface s1/0/0
[R2-Serial1/0/0]ppp authentication-mode chap
[R1]interface s1/0/0
[R1-Serial1/0/0]ppp chap user HUAWEI
[R1-Serial1/0/0]ppp chap password cipher HUAWEI456
```

在 R1 上查看接口状态(eNSP 中先关闭串口,然后再开启串口查看),从图 10-9 中可以看出,R2 开启 CHAP 认证之后,串行接口显示协议为“down”状态。

```
[R1]display ip int brief
*down: administratively down
^down: standby
(l): loopback
(s): spoofing
The number of interface that is UP in Physical is 2
The number of interface that is DOWN in Physical is 4
The number of interface that is UP in Protocol is 1
The number of interface that is DOWN in Protocol is 5

Interface                         IP Address/Mask      Physical   Protocol
GigabitEthernet0/0/0              unassigned           down       down
GigabitEthernet0/0/1              unassigned           down       down
GigabitEthernet0/0/2              unassigned           down       down
NULL0                             unassigned           up         up(s)
Serial1/0/0                       12.1.1.1/24          up         down
Serial1/0/1                       unassigned           down       down
```

图 10-9 R1 接口状态信息(1)

从图 10-10 中可以看出,R1 通过 R2 的 CHAP 认证之后,串行接口显示协议为“up”状态。

```
[R1]display ip int brief
*down: administratively down
^down: standby
(l): loopback
(s): spoofing
The number of interface that is UP in Physical is 2
The number of interface that is DOWN in Physical is 4
The number of interface that is UP in Protocol is 2
The number of interface that is DOWN in Protocol is 4

Interface                         IP Address/Mask      Physical   Protocol
GigabitEthernet0/0/0              unassigned           down       down
GigabitEthernet0/0/1              unassigned           down       down
GigabitEthernet0/0/2              unassigned           down       down
NULL0                             unassigned           up         up(s)
Serial1/0/0                       12.1.1.1/24          up         up
Serial1/0/1                       unassigned           down       down
```

图 10-10 R1 接口状态信息(2)

【实验小结】

通过实验 15 可以了解到，思科设备上串行链路默认用 HDLC 封装，华为设备上串行链路默认用 PPP 封装。PAP 认证由于用户名和密码以明文形式传输，并且可以通过抓包软件获取，所以并不安全，现实中不使用。CHAP 认证采用密文，安全性更高，现实中采用 CHAP 认证方式。为了进一步提高串行链路的安全性，可以使用双向认证，建议两端都采用 CHAP 认证，并且使用不同的用户名和密码。

10.2 PPPoE

10.2.1 PPPoE 概述

PPPoE(point to point protocol over ethernet，基于以太网的点到点协议)提供以太网链路上的 PPP 连接(PPP 是串口上的协议)，可以使以太网的主机通过一个简单的桥接设备连接到远端的一个接入集中器上。通过 PPPoE 协议，远端接入设备能实现对每个接入用户的控制。ADSL 就使用了 PPPoE 协议。PPPoE 的封装层次：IP－>PPP－>PPPoE－>MAC。

10.2.2 PPPoE 的原理

PPPoE 协议的工作流程包含发现和会话两个阶段，发现阶段是无状态的，目的是获得 PPPoE 终端(在局端的 ADSL 设备上)的以太网 MAC 地址，并建立一个唯一的 PPPoE 会话 ID。发现阶段结束后，进入标准的 PPP 会话阶段。

当一个主机想开启一个 PPPoE 会话时，它必须首先进入发现阶段，以识别局端的以太网 MAC 地址，并建立一个 PPPoE 会话 ID。在发现阶段，基于网络拓扑，主机可以发现多个接入集中器，然后允许用户选择其中一个。当发现阶段成功完成后，主机和选择的接入集中器都会有它们在以太网上建立的 PPP 连接的信息。直到 PPP 会话建立，发现阶段都一直保持无状态的客户端/服务器模式。一旦 PPP 会话建立，主机和接入集中器都必须为 PPP 虚接口分配资源。

10.2.3 PPPoE 配置

1. 思科配置

1) PPPoE 配置

(1) 服务器端配置如下。

- 创建 CHAP 认证的用户名和密码

```
ISP(config)#username CISCO password CISCO123
```

- 创建本地地址池

```
ISP(config)#ip local pool CISCO 128.100.1.1 128.100.1.20
```

- 创建 BBA 组

```
ISP(config)#bba-group pppoe CISCO
```

- 关联虚拟模板

```
ISP(config-bba-group)#virtual-alloc 1
```

- 创建虚拟模板

```
ISP(config)#interface virtual-alloc 1
```

- 配置网关地址

```
ISP(config-if)#ip add 128.100.1.254 255.255.255.0
```

- 封装类型设置为 PPP

```
ISP(config-if)#encapsulation ppp
```

- 使用本地地址池为客户端分配 IP 地址

```
ISP(config-if)#peer default ip address pool CISCO
```

- 开启 CHAP 认证

```
ISP(config-if)#ppp authentication chap
```

- MTU 设置为 1492,防止数据分片

```
ISP(config-if)#mtu 1492
```

- 开启 PPPoE

```
ISP(config)#interface e0/2
ISP(config-if)#pppoe enable group CISCO
ISP(config-if)#no shutdown
```

(2) 客户端配置如下。

- 创建拨号接口

```
R1(config)#interface dialer 1
```

- IP 地址采用 PPP 协商方式获得

```
R1(config-if)#ip add negotiated
```

- 封装类型设置为 PPP

```
R1(config-if)#encapsulation ppp
```

- 配置拨号池

```
R1(config-if)#dialer pool 1
```

- 配置拨号组

```
R1(config-if)#dialer-group 1
```

- 配置CHAP用户名

```
R1(config-if)#ppp chap hostname CISCO
```

- 配置CHAP密码

```
R1(config-if)#ppp chap password CISCO123
```

- 配置MTU,防止数据分片

```
R1(config-if)#mtu 1492
```

- 调整TCP三次握手的MSS值,防止丢弃TCP会话

```
R1(config-if)#ip tcp adjust-mss 1452
```

- 开启PPPoE

```
R1(config)#interface e0/2
R1(config-if)#pppoe enable group global
```

- 将物理接口与虚拟拨号接口关联起来,dial-on-demand表示按需拨号,不配置则为永久连接

```
R1(config-if)#pppoe-client dial-pool-number 1 dial-on-demand
```

- 配置默认路由,出接口为拨号接口

```
R1(config-if)#no shutdown
R1(config)#ip route 0.0.0.0 0.0.0.0 dialer 1
```

2) PPPoE的MTU值

- 配置MTU,防止数据分片,PPPoE的MTU=1518−18−6−2=1492字节

```
Branch(config-if)#mtu 1492
```

- 配置MSS

```
Branch(config-if)#ip tcp adjust-mss 1452
```

2. 华为配置

(1) 服务器端配置如下。

- 创建 CHAP 认证的用户名和密码

```
[ISP]aaa
[ISP-aaa]local-user HUAWEI password cipher HUAWEI123
```

- 用户服务类型设置为 PPP

```
[ISP-aaa]local-user huawei service-type ppp
```

- 建立本地地址池

```
[ISP]ip pool HUAWEI
```

- 设置给客户端分配地址的地址段

```
[ISP-ip-pool-HUAWEI]network 128.100.1.0 mask 24
```

- 设置 DNS

```
[ISP-ip-pool-HUAWEI]dns-list 114.114.114.114
```

- 排除不分配的地址

```
[ISP-ip-pool-HUAWEI]excluded-ip-address 128.100.1.21 128.100.1.254
```

- 创建虚拟模板

```
[ISP]interface Virtual-Template 1
```

- 开启 CHAP 认证

```
[ISP-Virtual-Template1]ppp authentication-mode chap
```

- 使用本地地址池为客户端分配 IP 地址

```
[ISP-Virtual-Template1]remote address pool HUAWEI
```

- 配置网关

```
[ISP-Virtual-Template1]ip add 128.100.1.254 24
```

- 将物理接口与虚拟拨号接口关联起来

```
[ISP]interface g0/0/2
[ISP-GigabitEthernet0/0/2]pppoe-server bind virtual-alloc 1
```

(2) 客户端配置如下。

- 配置拨号访问组

```
[R1]dialer-rule
```

- 指定配置的拨号访问控制列表允许接收基于 IPv4 协议的数据报文

```
[R1-dialer-rule]dialer-rule 1 ip permit
```

- 创建拨号接口

```
[R1]interface Dialer 1
```

- 配置 CHAP 用户名

```
[R1-Dialer1]ppp chap user HUAWEI
```

- 配置 CHAP 密码

```
[R1-Dialer1]ppp chap password cipher HUAWEI123
```

- IP 地址采用 PPP 协商方式获得

```
[R1-Dialer1]ip add ppp-negotiate
```

- 配置拨号池

```
[R1-Dialer1]dialer user HUAWEI
[R1-Dialer1]dialer bundle 1
```

- 配置拨号组

```
[R1-Dialer1]dialer-group 1
```

- 配置 MTU,防止数据分片

```
[R1-Dialer1]mtu 1492
```

- 开启 PPPoE,on-demand 表示按需拨号,不配置则为永久连接

```
[R1]interface g0/0/2
[R1-GigabitEthernet0/0/2]pppoe-client dial-bundle-number 1 on-demand
```

- 自动产生默认路由

```
[R1]interface Dialer 1
[R1-Dialer1]ppp ipcp default-route
```

- 配置默认路由，出接口为拨号接口

```
[R1]ip route-static 0.0.0.0 0 Dialer 1
```

10.2.4 PPPoE 实验(实验 16)

在 ACL 与 NAT 实验(实验 14)拓扑的基础上，在 R1 与 ISP 之间增加一条以太网链路，用于 PPPoE 实验。ISP 为 PPPoE 服务器端，开启 CHAP 认证，R1 为 PPPoE 客户端，需要通过 CHAP 认证，建立 PPPoE 拨号连接。在 R1 上将 PPPoE 链路作为备份链路，主链路出现故障时启用。在拨号接口上实施 NAT，使得 PC1 通过拨号链路正常访问互联网。完成实验后保存拓扑图和配置，后续实验会用到此实验的拓扑图与配置。

【实验目的】

(1) 掌握思科、华为设备上 PPPoE 服务器端的配置。

(2) 掌握思科、华为设备上 PPPoE 客户端的配置。

(3) 掌握思科、华为设备上 PPPoE 中 CHAP 认证的配置。

【实验步骤】

1. 思科设备上实施

实验拓扑图如图 10-11 所示，具体配置步骤如下。

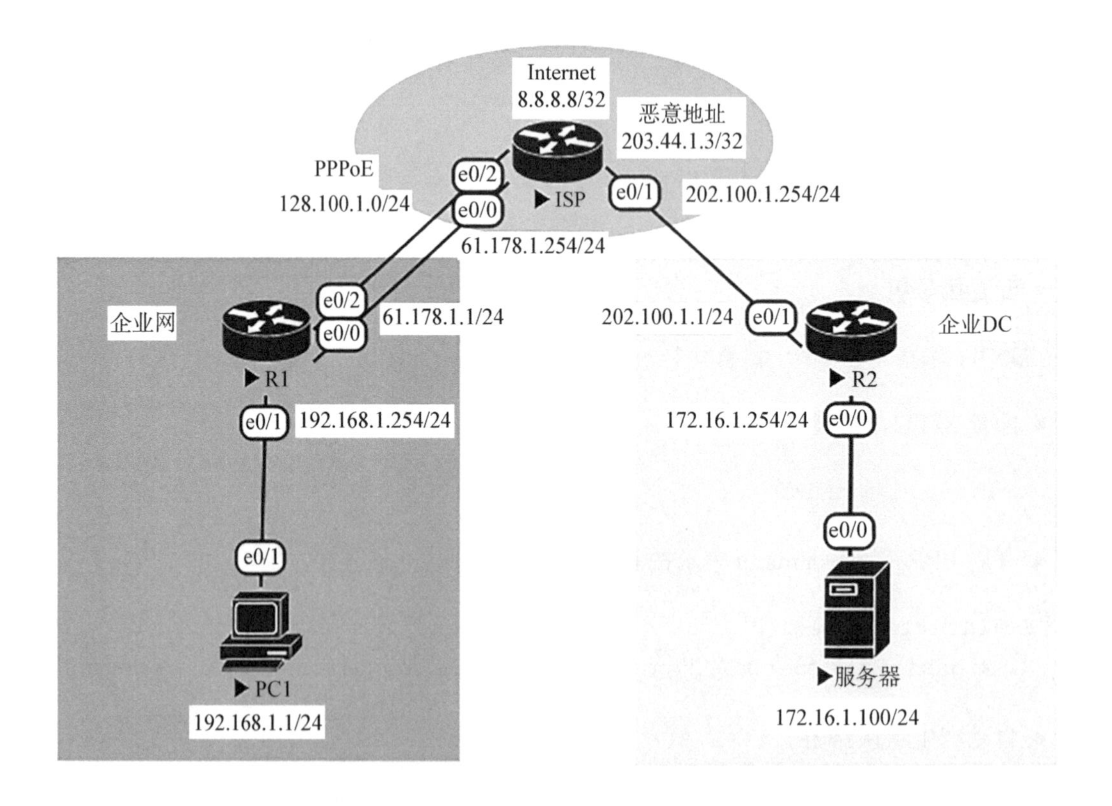

图 10-11　思科 PPPoE 实验拓扑图

(1) ISP 为 PPPoE 服务器端，开启 CHAP 认证。

```
ISP(config)#username CISCO password CISCO123
ISP(config)#ip local pool CISCO 128.100.1.1 128.100.1.20
ISP(config)#bba-group pppoe CISCO
ISP(config-bba-group)#virtual-alloc 1
ISP(config)#interface virtual-alloc 1
ISP(config-if)#ip add 128.100.1.254 255.255.255.0
ISP(config-if)#encapsulation ppp
ISP(config-if)#peer default ip address pool CISCO
ISP(config-if)#ppp authentication chap
ISP(config-if)#mtu 1492
ISP(config)#interface e0/2
ISP(config-if)#pppoe enable group CISCO
ISP(config-if)#no shutdown
```

(2) R1 为 PPPoE 客户端，需要通过 CHAP 认证，建立 PPPoE 拨号连接。

```
R1(config)#interface dialer 1
R1(config-if)#ip add negotiated
R1(config-if)#encapsulation ppp
R1(config-if)#dialer pool 1
R1(config-if)#dialer-group 1
R1(config-if)#ppp chap hostname CISCO
R1(config-if)#ppp chap password CISCO123
R1(config-if)#mtu 1492
R1(config-if)#ip tcp adjust-mss 1452
R1(config)#interface e0/2
R1(config-if)#pppoe enable group global
R1(config-if)#pppoe-client dial-pool-number 1
R1(config-if)#no shutdown
```

查看 PPPoE 拨号接口 IP 地址的获取情况，从图 10-12 中可以看出，R1 拨号接口正常获取地址。

```
R1#show ip int brief
Interface              IP-Address      OK? Method Status                Protocol
Ethernet0/0            61.178.1.1      YES NVRAM  up                    up
Ethernet0/1            192.168.1.254   YES NVRAM  up                    up
Ethernet0/2            unassigned      YES NVRAM  up                    up
Ethernet0/3            unassigned      YES NVRAM  administratively down down
Dialer1                128.100.1.1     YES IPCP   up                    up
NVI0                   61.178.1.1      YES unset  up                    up
Virtual-Access1        unassigned      YES unset  up                    up
Virtual-Access2        unassigned      YES unset  up                    up
```

图 10-12　R1 PPPoE 拨号接口地址获取情况

(3) 在 R1 上将 PPPoE 链路作为备份链路，主链路出现故障时启用。

```
R1(config)#ip route 0.0.0.0 0.0.0.0 dialer 1 permanent 10
```

查看 R1 的路由表，从图 10－13 中可以看出，R1 的默认路由此时选择了主链路。

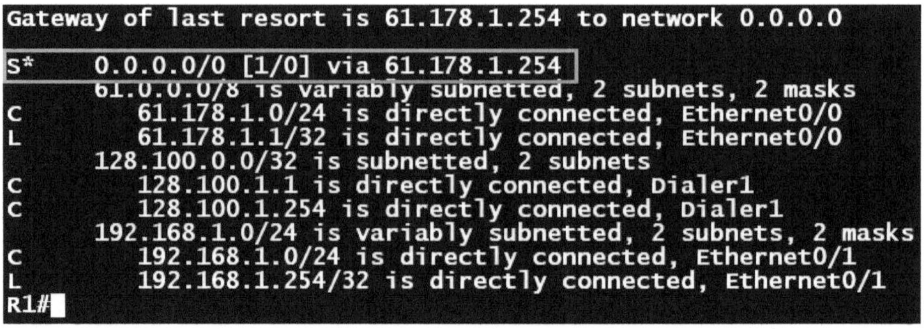

```
Gateway of last resort is 61.178.1.254 to network 0.0.0.0

S*    0.0.0.0/0 [1/0] via 61.178.1.254
      61.0.0.0/8 is variably subnetted, 2 subnets, 2 masks
C        61.178.1.0/24 is directly connected, Ethernet0/0
L        61.178.1.1/32 is directly connected, Ethernet0/0
      128.100.0.0/32 is subnetted, 2 subnets
C        128.100.1.1 is directly connected, Dialer1
C        128.100.1.254 is directly connected, Dialer1
      192.168.1.0/24 is variably subnetted, 2 subnets, 2 masks
C        192.168.1.0/24 is directly connected, Ethernet0/1
L        192.168.1.254/32 is directly connected, Ethernet0/1
R1#
```

图 10－13 R1 路由表(1)

关闭 R1 上的 e0/0 接口，查看路由表的变化。

```
R1(config)#interface e0/0
R1(config-if)#shutdown
```

从图 10－14 中可以看出，R1 的默认路由此时选择了 PPPoE 拨号链路。

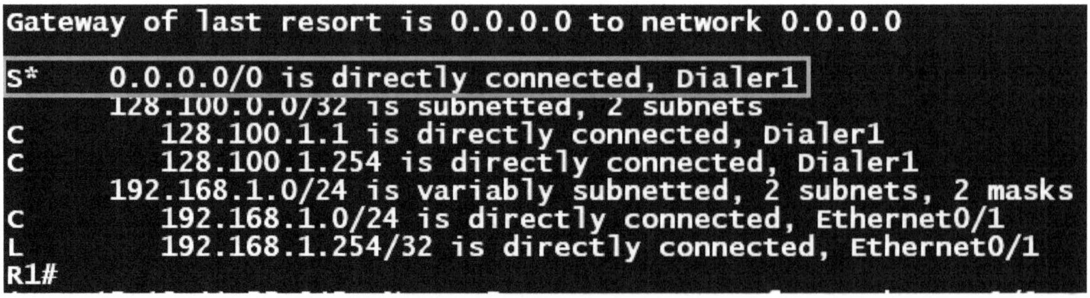

```
Gateway of last resort is 0.0.0.0 to network 0.0.0.0

S*    0.0.0.0/0 is directly connected, Dialer1
      128.100.0.0/32 is subnetted, 2 subnets
C        128.100.1.1 is directly connected, Dialer1
C        128.100.1.254 is directly connected, Dialer1
      192.168.1.0/24 is variably subnetted, 2 subnets, 2 masks
C        192.168.1.0/24 is directly connected, Ethernet0/1
L        192.168.1.254/32 is directly connected, Ethernet0/1
R1#
```

图 10－14 R1 路由表(2)

(4) 在拨号接口上实施 NAT，使得 PC1 通过拨号链路正常访问互联网。将拨号接口设置为外部接口。

```
R1(config)#interface dialer 1
R1(config-if)#ip nat outside
```

在拨号接口上实施 PAT。思科设备上这里只能存在一条 NAT 规则，实验中同时存在拨号接口和以太网接口，虽然拨号接口为备份接口，但此时 NAT 需要选择拨号接口，两种接口都可以正常进行 NAT 转换。

```
R1(config)#ip nat inside source list 1 interface dialer 1 overload
```

测试 PC1 能否访问互联网,从图 10-15 中可以看出,PC1 可以正常访问互联网。

```
PC1#ping 8.8.8.8
Type escape sequence to abort.
Sending 5, 100-byte ICMP Echos to 8.8.8.8,
!!!!!
Success rate is 100 percent (5/5), round-tr
```

图 10-15 PC1 访问互联网测试

2. 华为设备上实施

实验拓扑图如图 10-16 所示,具体配置步骤如下。

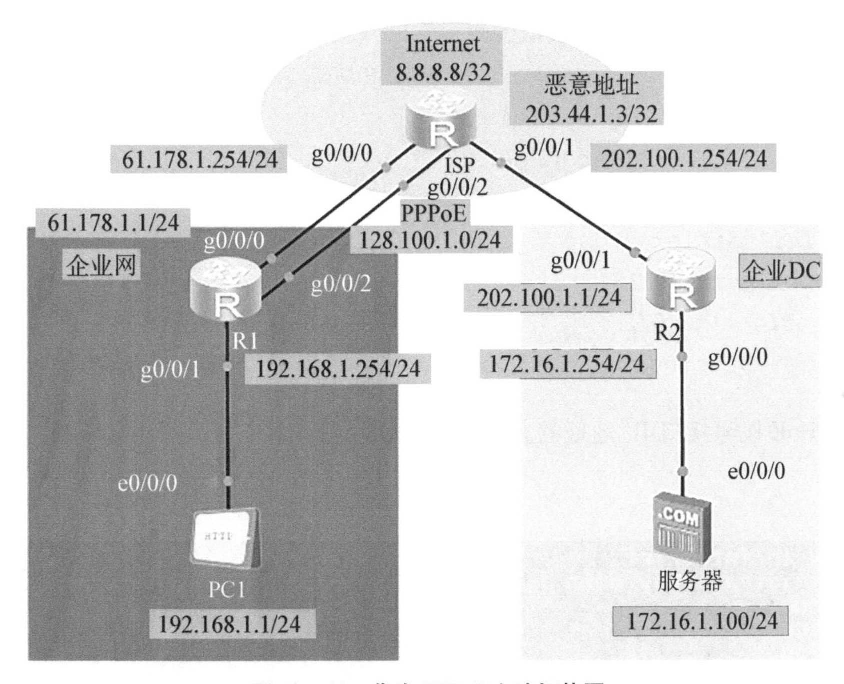

图 10-16 华为 PPPoE 实验拓扑图

(1) ISP 为 PPPoE 服务器端,开启 CHAP 认证。

```
[ISP]aaa
[ISP-aaa]local-user HUAWEI password cipher HUAWEI123
[ISP-aaa]local-user huawei service-type ppp
[ISP]ip pool HUAWEI
[ISP-ip-pool-HUAWEI]network 128.100.1.0 mask 24
[ISP-ip-pool-HUAWEI]dns-list 114.114.114.114
```

```
[ISP-ip-pool-HUAWEI]excluded-ip-address 128.100.1.21 128.100.1.254
[ISP]interface Virtual-Template 1
[ISP- Virtual- Template1]ppp authentication-mode chap
[ISP- Virtual- Template1]remote address pool HUAWEI
[ISP- Virtual- Template1]ip add 128.100.1.254 24
[ISP]interface g0/0/2
[ISP-GigabitEthernet0/0/2]pppoe-server bind virtual-alloc 1
```

(2) R1 为 PPPoE 客户端,需要通过 CHAP 认证,建立 PPPoE 拨号连接。

```
[R1]dialer-rule
[R1-dialer-rule]dialer-rule 1 ip permit
[R1]interface Dialer 1
[R1-Dialer1]ppp chap user HUAWEI
[R1-Dialer1]ppp chap password cipher HUAWEI123
[R1-Dialer1]ip add ppp-negotiate
[R1-Dialer1]dialer user HUAWEI
[R1-Dialer1]dialer bundle 1
[R1-Dialer1]dialer-group 1
[R1-Dialer1]mtu 1492
[R1]interface g0/0/2
[R1-GigabitEthernet0/0/2]pppoe-client dial-bundle-number 1
```

查看 PPPoE 拨号接口 IP 地址的获取情况,从图 10-17 中可以看出,R1 拨号接口正常获取地址。

```
[R1]display ip int brief
*down: administratively down
^down: standby
(l): loopback
(s): spoofing
The number of interface that is UP in Physical is 5
The number of interface that is DOWN in Physical is 0
The number of interface that is UP in Protocol is 4
The number of interface that is DOWN in Protocol is 1

Interface                      IP Address/Mask      Physical   Protocol
Dialer1                        128.100.1.20/32      up         up(s)
GigabitEthernet0/0/0           61.178.1.1/24        up         up
GigabitEthernet0/0/1           192.168.1.254/24     up         up
GigabitEthernet0/0/2           unassigned           up         down
NULL0                          unassigned           up         up(s)
```

图 10-17 R1 PPPoE 拨号接口地址获取情况

(3) 在 R1 上将 PPPoE 链路作为备份链路,主链路出现故障时启用。

```
[R1]ip route-static 0.0.0.0 0 Dialer 1 preference 70
```

查看 R1 的路由表，从图 10－18 中可以看出，R1 的默认路由此时选择了主链路。

```
Destination/Mask    Proto   Pre  Cost      Flags NextHop         Interface

        0.0.0.0/0   Static  60   0           RD  61.178.1.254    GigabitEthernet0/0/0
     61.178.1.0/24  Direct  0    0           D   61.178.1.1      GigabitEthernet0/0/0
     61.178.1.1/32  Direct  0    0           D   127.0.0.1       GigabitEthernet0/0/0
   61.178.1.255/32  Direct  0    0           D   127.0.0.1       GigabitEthernet0/0/0
      127.0.0.0/8   Direct  0    0           D   127.0.0.1       InLoopBack0
      127.0.0.1/32  Direct  0    0           D   127.0.0.1       InLoopBack0
127.255.255.255/32  Direct  0    0           D   127.0.0.1       InLoopBack0
   128.100.1.20/32  Direct  0    0           D   127.0.0.1       Dialer1
  128.100.1.254/32  Direct  0    0           D   128.100.1.254   Dialer1
    192.168.1.0/24  Direct  0    0           D   192.168.1.254   GigabitEthernet0/0/1
  192.168.1.254/32  Direct  0    0           D   127.0.0.1       GigabitEthernet0/0/1
  192.168.1.255/32  Direct  0    0           D   127.0.0.1       GigabitEthernet0/0/1
255.255.255.255/32  Direct  0    0           D   127.0.0.1       InLoopBack0

[R1]
```

图 10－18　R1 路由表(1)

关闭 R1 上的 g0/0/0 接口，查看路由表的变化。

```
[R1]interface g0/0/0
[R1-GigabitEthernet0/0/0]shutdown
```

从图 10－19 中可以看出，R1 的默认路由此时选择了 PPPoE 拨号链路。

```
Destination/Mask    Proto   Pre  Cost      Flags NextHop         Interface

        0.0.0.0/0   Unr     60   0           D   254.1.100.128   Dialer1
      127.0.0.0/8   Direct  0    0           D   127.0.0.1       InLoopBack0
      127.0.0.1/32  Direct  0    0           D   127.0.0.1       InLoopBack0
127.255.255.255/32  Direct  0    0           D   127.0.0.1       InLoopBack0
   128.100.1.20/32  Direct  0    0           D   127.0.0.1       Dialer1
  128.100.1.254/32  Direct  0    0           D   128.100.1.254   Dialer1
    192.168.1.0/24  Direct  0    0           D   192.168.1.254   GigabitEthernet0/0/1
  192.168.1.254/32  Direct  0    0           D   127.0.0.1       GigabitEthernet0/0/1
  192.168.1.255/32  Direct  0    0           D   127.0.0.1       GigabitEthernet0/0/1
255.255.255.255/32  Direct  0    0           D   127.0.0.1       InLoopBack0
```

图 10－19　R1 路由表(2)

(4) 在拨号接口上实施 NAT，使得 PC1 通过拨号链路正常访问互联网。在拨号接口上实施 Easy IP。华为设备上多个接口连接外网，需要在多个接口上做 NAT 转换。

```
[R1]interface Dialer 1
[R1-Dialer1]nat outbound 2000
```

测试 PC1 能否访问互联网，从图 10－20 中可以看出，PC1 可以正常访问互联网。

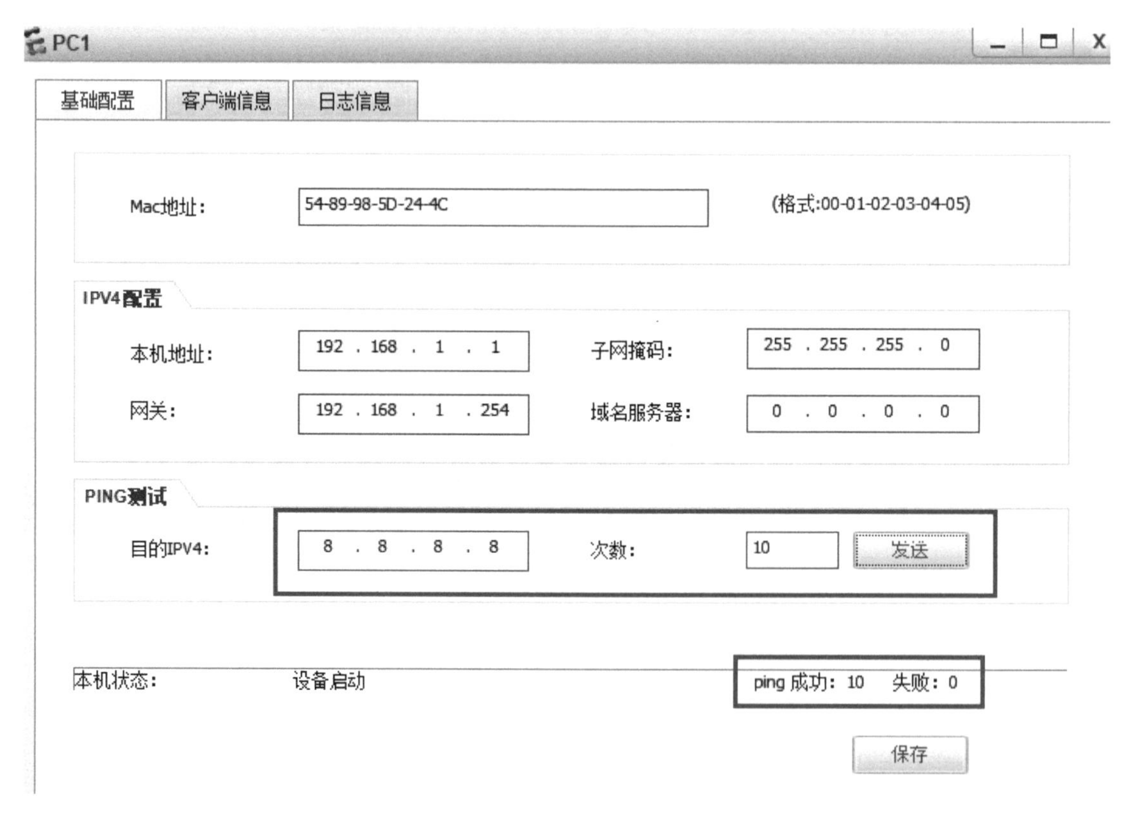

图 10-20　PC1 访问互联网测试

【实验小结】

通过实验 16 可以了解到，现实中 PPPoE 服务器端是实施在 ISP 边界设备上的，用户名和密码由 ISP 提供。在华为设备上实施 PPPoE 时，客户端首先需要在有关虚拟拨号接口的规则中允许接收 IPv4 数据报文，否则无法成功拨号获取地址。PPPoE 中一般采用 CHAP 作为认证手段。

第 11 章　GRE 与 IPSec

11.1 GRE

11.1.1　GRE 概述

GRE(generic routing encapsulation，通用路由封装)协议用于对某些网络层协议(如 IP 和 IPX)的数据报文进行封装，使这些被封装的数据报文能够通过另一个网络层协议(如 IP)传输。GRE 协议采用了隧道技术，是 VPN 的第三层隧道协议。

11.1.2　GRE 隧道的原理

1. 封装

Ingress PE 从连接 X 协议网络的接口收到 X 协议的报文后，首先交由 X 协议处理。X 协议根据报头中的目的地址在路由表或转发表中查找出接口，确定如何转发此报文。如果发现出接口是 GRE 隧道接口，则对报文进行 GRE 封装，即添加 GRE 报头。

2. 解封装

解封装过程和封装过程相反。Egress PE 从 GRE 隧道接口收到报文后，分析 IP 报头，若发现报文的目的地址为本设备，则去掉 IP 报头后交给 GRE 协议处理。GRE 协议会剥掉 GRE 报头，获取 X 协议，然后由 X 协议对此数据报文进行后续的转发处理。

由于 GRE 是将一个数据包封装到另一个数据包中，因此可能会遇到 GRE 的数据包尺寸大于网络接口所设定的数据包最大尺寸的情况。解决这个问题的方法是在隧道接口上执行命令：ip tcp adjust-mss 1436。另外，虽然 GRE 并不支持加密，但是可以通过 tunnel key 命令在隧道的两端各设置一个密钥。这个密钥其实就是一个明文的密码。由于 GRE 隧道没有状态控制，因此可能会出现隧道的一端已经关闭，而另一端仍然开启。这一问题的解决方案是在隧道两端开启 keepalive 功能，它可以让隧道一端定时向另一端发送 keepalive 数据，以确认端口是否保持开启状态。如果隧道的一端没有按时收到 keepalive 数据，那么隧道的这一端会关闭。

11.1.3　GRE 的优缺点

GRE 的优点如下。

(1) 支持多种上层协议。

(2) 支持组播、QoS。

(3) 支持组播意味着可以运行组播类协议,如动态路由协议。

GRE 的缺点如下。

(1) 不支持加密。

(2) 身份认证机制较弱。

(3) 数据完整性校验较弱。

11.1.4 GRE 应用场景

(1) 多协议的本地网络通过单一协议的骨干网传输。

(2) 扩大步跳数受限协议(如 RIP)网络的工作范围。

(3) 将一些不连续的子网连接起来,用于组建 VPN。

(4) 与 IPSec 结合使用,常用的是 GRE over IPSec。

(5) IPv6 over IPv4 技术使得 IPv6 报文在 IPv4 网络中传输,实现 IPv6 网络的互联。

11.1.5 GRE 配置

1. 思科配置

- 创建隧道接口

```
R1(config)#interface tunnel 0
```

- 配置 IP 地址

```
R1(config-if)#ip address 10.1.1.1 255.255.255.0
```

- 隧道模式设置为 gre ip 模式,默认使用 gre ip 模式

```
R1(config-if)#tunnel mode gre ip
```

- 设置源接口或者 IP 地址

```
R1(config-if)#tunnel source g0/0
```

- 设置目的 IP 地址

```
R1(config-if)#tunnel destination 23.1.1.2
```

- 配置验证时使用的 key。只有在隧道两端都开启验证功能才会进行校验,隧道两端配置的识别关键字完全一致时才能正常通信

```
R1(config-if)#tunnel key 12345
```

2. 华为配置

- 创建隧道接口

```
[R1]interface Tunnel 0/0/0
```

- 配置 IP 地址

```
[R1-Tunnel0/0/0]ip address 30.1.1.1 24
```

- 隧道模式设置为 gre 模式

```
[R1-Tunnel0/0/0]tunnel-protocol gre
```

- 设置源接口或者 IP 地址

```
[R1-Tunnel0/0/0]source 61.128.1.1
```

- 设置目的 IP 地址

```
[R1-Tunnel0/0/0]destination 61.128.1.2
```

- 开启验证功能

```
[R1-Tunnel0/0/0]gre checksum
```

- 配置验证时使用的 key。只有在隧道两端都开启验证功能才会进行校验，隧道两端配置的识别关键字完全一致时才能正常通信。在华为 eNSP 中实施 GRE over IPSec 时不要配置 key，否则无法通信

```
[R1-Tunnel0/0/0]gre key 123456
```

11.2 IPSec

11.2.1　IPSec 概述

IPSec(IP security)是一组开放协议的统称，特定通信方之间的 IP 层通过加密与数据源验证，保证数据包在因特网上传输时的私密性、完整性和真实性。IPSec 通过 AH(authentication header，认证头)和 ESP(encapsulating security payload，封装安全负载)这两个安全协议来实现。其基于互联网，更多地用于中小企业，可确保 IP 层以及以上层次的安全。

11.2.2　IPSec 原理

IPSec 原理：发送方在发送数据前对数据实施加密，然后把密文数据发送到网络中进行传输。在整个传输过程中，数据都以密文形式传输，直到数据到达目的节点，此时接收方对密文进行解密，提取明文信息。

IPSec 协议对网络层的通信使用了加密技术，但它不是对数据包的头部和尾部信息(如源地址、目的地址、端口号、CRC 校验值等)进行加密，而是对数据包中的数据进行加密。由于加密过程发生在 IP 层，因此可在不改变 HTTP 等上层应用协议的情况下进行网络协议的安全

加密，为通信提供透明的安全传输服务。

IPSec 协议使用端到端的工作模式，掌握加密、解密方法的只有数据的发送方和接收方，二者各自负责相应的数据加密、解密工作，而网络中的其他节点只负责转发数据，无须支持 IPSec，从而可以实现加密通信与传输媒介无关，保证机密数据在公共网络环境下的适应性和安全性。因此，IPSec 可以应用到非常广泛的环境中，能为局域网、拨号用户、远程站点、因特网上的通信提供有力的保护，而且能用来筛选特定数据流，还可以用于不同局域网之间通过互联网进行安全互联。

IPSec 协议不是一个单独的协议，它包括应用于 IP 层上网络数据安全方面的一整套协议，主要包括 AH、ESP、IKE(internet key exchange，网络密钥交换协议）和用于网络认证及加密的一些算法等。AH 可提供数据的完整性和认证，但不提供保密性；而 ESP 原则上只提供保密性，但也可在 ESP 头部中选择适当的算法及模式来实现数据的完整性和认证。AH 和 ESP 可分开使用，也可一起使用。IKE 则提供加密算法、密钥等的协商。

IPSec 的两种工作模式如下。

(1) 传输模式：延用了原本的 IP 头部，ESP 头部到 ESP 尾部做认证，加密的是传输层数据到 ESP 尾部。

(2) 隧道模式：新增 IP 头部，ESP 头部到 ESP 尾部做认证，加密的是传输层数据到 ESP 尾部。

11.2.3 IPSec 的优点

(1) 支持 IKE，可实现密钥的自动协商，减少了密钥协商的开销。可以通过 IKE 建立和维护 SA 的服务，简化 IPsec 的使用和管理。

(2) 所有使用 IP 协议进行数据传输的应用系统和服务都可以使用 IPsec，而不必对这些应用系统和服务本身做任何修改。

(3) 对数据的加密以数据包为单位，而不是以整个数据流为单位，这不仅灵活，而且有助于进一步提高 IP 数据包的安全性，可以有效防范网络攻击。

11.2.4 IPSec 安全服务

(1) 数据机密性：IPsec 发送方在通过网络传输数据包之前对数据包进行加密。

(2) 数据完整性：IPsec 接收方对发送方发送过来的数据包进行认证，以确保数据在传输过程中没有被篡改。

(3) 数据来源认证：IPsec 在接收端可以认证发送 IPsec 报文的发送端是否合法。

(4) 防重发：IPsec 接收方可检测并拒绝接收过时或重复的报文。

11.2.5 IPSec VPN 应用场景

(1) site-to-site(站点到站点或者网关到网关)：如企业的 3 个机构分布在互联网的 3 个不同地方，并各使用一个企业网关相互建立 VPN 隧道，企业内网(若干 PC)之间的数据通过这些网关建立的 IPSec 隧道实现安全互联。

(2) end-to-end(端到端或者 PC 到 PC)：两个 PC 之间的通信由两个 PC 之间的 IPSec 会话保护，而不是网关。

(3) end-to-site(端到站点或者 PC 到网关)：两个 PC 之间的通信由网关和异地 PC 之间的

IPSec 会话进行保护。

11.2.6　GRE over IPSec

IPsec VPN 用于在两个端点之间提供安全的 IP 通信，但只能加密并传输单播数据，无法加密和传输语音、视频、动态路由协议等的组播数据。

GRE 提供了将一种协议的报文封装在另一种协议报文中的机制，使用隧道封装技术，可以封装组播数据，并可以和 IPsec 结合使用，从而保证语音、视频等组播业务的安全性。

GRE over IPSec 可利用 GRE 和 IPSec 的优势，通过 GRE 将组播、广播和非 IP 报文封装成普通的 IP 报文，通过 IPSec 为封装的 IP 报文提供安全的通信，进而提供安全的广播、组播业务，如视频会议或动态路由协议消息等。

当网关之间采用 GRE over IPSec 进行连接时，先进行 GRE 封装，再进行 IPSec 封装。GRE over IPSec 使用的封装模式可以是隧道模式，也可以是传输模式。因为隧道模式跟传输模式相比增加了 IPSec 头部，导致报文长度更长，更容易分片，所以推荐采用传输模式下的 GRE over IPSec。

11.2.7　IPSec VPN 配置

1. 思科配置

1) L2L VPN

① IPSec 安全处理。

- 创建 isakmp 策略

```
R2(config)#crypto isakmp policy 10
```

- 配置 isakmp 加密算法，默认使用 DES

```
R2(config-isakmp)#encryption 3des
```

- 配置 isakmp 采用的 Hash 算法，默认使用 SHA

```
R2(config-isakmp)#hash sha512
```

- 配置 isakmp 身份验证算法，采用预共享密钥

```
R2(config-isakmp)#authentication pre-share
```

- 配置 isakmp 采用的 DH 组，默认使用组 1

```
R2(config-isakmp)#group 2
```

- 配置 SA 生存周期，默认值为 86400

```
R2(config-isakmp)#lifetime 6000
```

• 配置对等体的预共享密钥，双方配置的密钥须一致

```
R2(config)#crypto isakmp key cisco123 address 61.128.1.1
```

② 配置感兴趣流，做 IPSec 安全处理。

• 匹配内网互访地址

```
R2(config)#ip access-list extended IPSEC
R2(config-ext-nacl)#permit ip host 192.168.1.1 host 10.1.1.1
```

• 创建 IPSec 转换集，双方参数须一致，明文做 IPSec 安全处理通过该命令实现

```
R2(config)#crypto ipsec transform-set CCIE esp-3des esp-sha512
```

• 模式设置为隧道模式

```
R2(cfg-crypto-trans)#mode tunnel
```

③ 应用。

• 创建加密策略

```
R2(config)#crypto map VPN 10 ipsec-isakmp
```

• 匹配感兴趣流

```
R2(config-crypto-map)#match address IPSEC
```

• 设置 VPN 对等体

```
R2(config-crypto-map)#set peer 61.128.1.1
```

• 配置转换集

```
R2(config-crypto-map)#set transform-set CCIE
```

• 配置一次性交互密码，可选

```
R2(config-crypto-map)#set pfs group 2
```

• 配置 SA 生存周期，可选

```
R2(config-crypto-map)#set security-association lifetime seconds 1800
```

• 接口下调用加密图

```
R2(config)#interface s1/2
R2(config-if)#crypto map VPN
```

④ 查看 IPSec 加密信息。

- 第二阶段 SA

```
R4#show crypto ipsec sa
```

- 第一阶段 SA

```
R4#show crypto isakmp sa
R4#show crypto engine connections active
R4#show crypto session
R4#clear crypto isakmp
R4#clear crypto sa
```

⑤ NAT 免除。

- 拒绝实施 IPSec VPN 的数据进行 NAT 转换

```
R1(config)#ip access-list extended NAT
R1(config-ext-nacl)#deny ip 192.168.1.0 0.0.0.255 172.16.1.0 0.0.0.255
```

- 其他访问互联网的数据做 NAT 转换

```
R1(config-ext-nacl)#permit ip 192.168.1.0 0.0.0.255 any
```

- 思科设备上如果同时有物理接口和拨号接口连接外网，则 NAT 必须应用在拨号接口上，拨号接口作为备份接口，物理接口正常进行 NAT 转换

```
R1(config)#interface dialer 1
R1(config-if)#ip nat outside
R1(config)#interface e0/0
R1(config-if)#ip nat outside
R1(config)#ip nat inside source list NAT interface dialer 1 overload
```

2）GRE over IPSec 配置

(1) 实施静态默认路由，使得站点两端可以通信。

(2) 实施 GRE 隧道，使得隧道可以通信。

(3) 实施动态路由，使得两端内网可以通信。

(4) 实施 IPSec，加密隧道数据。

GRE over IPSec 并不需要做 NAT 免除，因为数据是在 GRE 隧道中传输的。

① 第一种方式(GRE over IPSec，IKE 模式)。

- 匹配公网两端地址。思科设备上协议选择 GRE 即可，华为设备上必须选择 IP 协议

```
R1(config)#crypto isakmp policy 10
R1(config-isakmp)#encryption aes
R1(config-isakmp)#authentication pre-share
```

```
R1(config-isakmp)#hash sha256
R1(config-isakmp)#group 5
R1(config)#crypto isakmp key CISCO address 202.100.1.1
R1(config)#crypto ipsec transform-set CISCO esp-aes esp-sha256-hmac
R1(cfg-crypto-trans)#mode transport
R1(config)#ip access-list extended VPN
R1(config-ext-nacl)#permit gre host 61.178.1.1 host 202.100.1.1
R1(config)#crypto map MAP 10 ipsec-isakmp
R1(config-crypto-map)#set peer 202.100.1.1
R1(config-crypto-map)#set transform-set CISCO
R1(config-crypto-map)#set pfs group5
R1(config-crypto-map)#match address VPN
R1(config)#interface e0/0
R1(config-if)#crypto map MAP
R2(config)#crypto isakmp policy 10
R2(config-isakmp)#encryption aes
R2(config-isakmp)#authentication pre-share
R2(config-isakmp)#hash sha256
R2(config-isakmp)#group 5
R2(config)#crypto isakmp key CISCO address 61.178.1.1
R2(config)#crypto ipsec transform-set CISCO esp-aes esp-sha256-hmac
R2(cfg-crypto-trans)#mode transport
R2(config)#ip access-list extended VPN
R2(config-ext-nacl)#permit gre host 202.100.1.1 host 61.178.1.1
R2(config)#crypto map MAP 10 ipsec-isakmp
R2(config-crypto-map)#set peer 61.178.1.1
R2(config-crypto-map)#set transform-set CISCO
R2(config-crypto-map)#set pfs group5
R2(config-crypto-map)#match address VPN
R2(config)#interface e0/1
R2(config-if)#crypto map MAP
```

② 第二种方式(IPSec over GRE)。

```
R1(config)#crypto isakmp policy 10
R1(config-isakmp)#encryption aes
R1(config-isakmp)#authentication pre-share
R1(config-isakmp)#hash sha256
R1(config-isakmp)#group 5
R1(config)#crypto isakmp key CISCO address 202.100.1.1
```

```
R1(config)#crypto ipsec transform-set CISCO esp-aes esp-sha256-hmac
R1(cfg-crypto-trans)#mode transport
R1(config)#crypto ipsec profile IPSEC
R1(ipsec-profile)#set transform-set CISCO
R1(config)#interface tunnel 0
R1(config-if)#tunnel protection ipsec profile IPSEC
R2(config)#crypto isakmp policy 10
R2(config-isakmp)#encryption aes
R2(config-isakmp)#authentication pre-share
R2(config-isakmp)#hash sha256
R2(config-isakmp)#group 5
R2(config)#crypto isakmp key CISCO address 61.178.1.1
R2(config)#crypto ipsec transform-set CISCO esp-aes esp-sha256-hmac
R2(cfg-crypto-trans)#mode transport
R2(config)#crypto ipsec profile IPSEC
R2(ipsec-profile)#set transform-set CISCO
R2(config)#interface tunnel 0
R2(config-if)#tunnel protection ipsec profile IPSEC
```

2. 华为配置

1）IPsec（IKE 模式）

① 配置感兴趣流，做 IPSec 安全处理。

- 注意，IPSec 策略最后只能调用 ACL 编号

```
[R1]acl name VPN 3000
```

- 匹配内网互访地址

```
[R1-acl-adv-VPN]rule 5 permit ip source 192. 168. 1. 0 0. 0. 0. 255
destination 172.16.1.0 0.0.0.255
```

- 创建 IPSec 提议

```
[R1]ipsec proposal HCIE
```

- 配置认证方式

```
[R1-ipsec-proposal-HCIE]esp authentication-algorithm sha1
```

- 配置加密方式

```
[R1-ipsec-proposal-HCIE]esp encryption-algorithm 3des
```

- 创建 IKE 提议

```
[R1]ike proposal 10
```

- 创建对等体

```
[R1]ike peer R3 v1
```

- 模式设置为野蛮模式

```
[R1-ike-peer-R3]exchange-mode aggressive
```

- 配置预共享密钥

```
[R1-ike-peer-R3]pre-shared-key simple Huawei
```

- 关联 IKE 提议

```
[R1-ike-peer-R3]ike-proposal 10
```

- NAT 穿越

```
[R1-ike-peer-R3]nat traversal
```

- 对等体地址

```
[R1-ike-peer-R3]remote-address 61.128.1.2
```

- 创建 IPSec 策略

```
[R1]ipsec policy HCIE10 10 isakmp
```

- 匹配感兴趣流，只支持使用 ACL 编号

```
[R1-ipsec-policy-isakmp-HCIE10-10]security acl 3000
```

- 关联对等体

```
[R1-ipsec-policy-isakmp-HCIE10-10]ike-peer R3
```

- 关联 IPSec 提议

```
[R1-ipsec-policy-isakmp-HCIE10-10]proposal HCIE
```

- 在接口下应用 IPSec 策略

```
[R1]interface g0/0/0
[R1-GigabitEthernet0/0/0]ipsec policy HCIE10
```

● 查看 IPSec 加密信息

```
<R1>dis ipsec statistics esp
<R1>dis ike sa
<R1>dis ipsec sa
[R1]dis ike peer
<R3>reset ike sa all
```

② NAT 免除。

● 拒绝实施 IPSec VPN 的数据进行 NAT 转换

```
[R1]acl number 3100
[R1-acl-adv-3100]rule 5 deny ip source 192.168.1.0 0.0.0.255 destination
172.16.1.0 0.0.0.255
```

● 其他访问互联网的数据做 NAT 转换

```
[R1-acl-adv-3100] rule 10 permit ip source 192.168.1.0 0.0.0.255
destination any
```

● Easy IP,华为设备上有多个外网接口时,每个接口都要做 NAT 转换

```
[R1]interface g0/0/0
[R1-GigabitEthernet0/0/0]nat outbound 3100
[R1]interface Dialer 1
[R1-Dialer1]nat outbound 3100
```

2) GRE over IPSec 配置

在华为 eNSP 中实施 GRE over IPSec 时,GRE 隧道不要配置 key,否则无法通信。GRE over IPSec 并不需要做 NAT 免除,因为数据是在 GRE 隧道中传输的。

(1) 实施静态默认路由,使得站点两端可以通信。

(2) 实施 GRE 隧道,使得隧道可以通信。

(3) 实施动态路由,使得两端内网可以通信。

(4) 实施 IPSec,加密隧道数据。

① 第一种方式(GRE over IPSec,IKE 模式)。

● 注意,华为设备上协议必须选择 IP 协议,否则无法正常建立对等体,导致无法通信,思科设备上可以只选择 GRE 协议,不受影响

```
[R1]acl number 3200
[R1-acl-adv-3200]rule 5 permit ip source 61.178.1.1 0 destination
202.100.1.1 0
[R1]ipsec proposal HUAWEI
```

```
[R1-ipsec-proposal-HUAWEI]encapsulation-mode transport
[R1-ipsec-proposal-HUAWEI]esp authentication-algorithm sha2-384
[R1-ipsec-proposal-HUAWEI]esp encryption-algorithm aes-128
[R1]ike proposal 10
[R1]ike peer R2 v1
[R1-ike-peer-R2]exchange-mode aggressive
[R1-ike-peer-R2]pre-shared-key simple HUAWEI
[R1-ike-peer-R2]ike-proposal 10
[R1-ike-peer-R2]nat traversal
[R1-ike-peer-R2]remote-address 202.100.1.1
[R1]ipsec policy VPN 10 isakmp
[R1-ipsec-policy-isakmp-VPN-10]security acl 3200
[R1-ipsec-policy-isakmp-VPN-10]ike-peer R2
[R1-ipsec-policy-isakmp-VPN-10]proposal HUAWEI
[R1-ipsec-policy-isakmp-VPN-10]pfs dh-group14
[R1]interface g0/0/0
[R1-GigabitEthernet0/0/0]ipsec policy VPN
[R2]acl number 3200
[R2-acl-adv-3200]rule 5 permit ip source 202.100.1.1 0 destination
61.178.1.1 0
[R2]ipsec proposal HUAWEI
[R2-ipsec-proposal-HUAWEI]encapsulation-mode transport
[R2-ipsec-proposal-HUAWEI]esp authentication-algorithm sha2-384
[R2-ipsec-proposal-HUAWEI]esp encryption-algorithm aes-128
[R2]ike proposal 10
[R2]ike peer R1 v1
[R2-ike-peer-R1]exchange-mode aggressive
[R2-ike-peer-R1]pre-shared-key simple HUAWEI
[R2-ike-peer-R1]ike-proposal 10
[R2-ike-peer-R1]nat traversal
[R2-ike-peer-R1]remote-address 61.178.1.1
[R2]ipsec policy VPN 10 isakmp
[R2-ipsec-policy-isakmp-VPN-10]security acl 3200
[R2-ipsec-policy-isakmp-VPN-10]ike-peer R1
[R2-ipsec-policy-isakmp-VPN-10]proposal HUAWEI
[R2-ipsec-policy-isakmp-VPN-10]pfs dh-group14
[R2]interface g0/0/1
[R2-GigabitEthernet0/0/1]ipsec policy VPN
```

② 第二种方式(IPSec over GRE)。

• 有些华为设备需要配置 GRE 隧道对端地址,eNSP 中不能配置,否则提示不能有远程地址

```
[R1]ipsec proposal HUAWEI
[R1-ipsec-proposal-HUAWEI]esp authentication-algorithm sha2-384
[R1-ipsec-proposal-HUAWEI]esp encryption-algorithm aes-128
[R1]ike proposal 10
[R1]ike peer R2 v1
[R1-ike-peer-R2]exchange-mode aggressive
[R1-ike-peer-R2]pre-shared-key simple HUAWEI
[R1-ike-peer-R2]ike-proposal 10
[R1-ike-peer-R2]nat traversal
[R1-ike-peer-R2]remote-address 10.1.1.2
```

• eNSP 中不能配置

```
[R1]ipsec profile GRE
[R1-ipsec-profile-GRE]ike-peer R2
[R1-ipsec-profile-GRE]proposal HUAWEI
[R1]interface Tunnel 0/0/0
[R1-Tunnel0/0/0]ipsec profile GRE
[R2]ipsec proposal HUAWEI
[R2-ipsec-proposal-HUAWEI]esp authentication-algorithm sha2-384
[R2-ipsec-proposal-HUAWEI]esp encryption-algorithm aes-128
[R2]ike proposal 10
[R2]ike peer R1 v1
[R2-ike-peer-R1]exchange-mode aggressive
[R2-ike-peer-R1]pre-shared-key simple HUAWEI
[R2-ike-peer-R1]ike-proposal 10
[R2-ike-peer-R1]nat traversal
[R2-ike-peer-R1]remote-address 10.1.1.1
[R2]ipsec profile GRE
[R2-ipsec-profile-GRE]ike-peer R1
[R2-ipsec-profile-GRE]proposal HUAWEI
[R2]interface Tunnel 0/0/0
[R2-Tunnel0/0/0]ipsec profile GRE
```

11.3 GRE over IPSec 实验(实验 17)

在 PPPoE 实验(实验 16)拓扑图的基础上,在 R1 与 R2 之间建立 GRE 隧道,在 GRE 隧道上实施 EBGP,使得两端内网可以互相访问。使用 IPSec 对 GRE 隧道中的数据进行加密,以提高数据传输的安全性。完成实验后保存拓扑图和配置,后续实验会用到此实验的拓扑图与配置。

【实验目的】

(1) 掌握思科、华为设备上 GRE 隧道的配置。

(2) 掌握思科、华为设备上 GRE 隧道中 EBGP 的配置。

(3) 掌握思科、华为设备上 IPSec 加密的配置。

【实验步骤】

1. 思科设备上实施

实验拓扑图如图 11-1 所示,具体配置步骤如下。

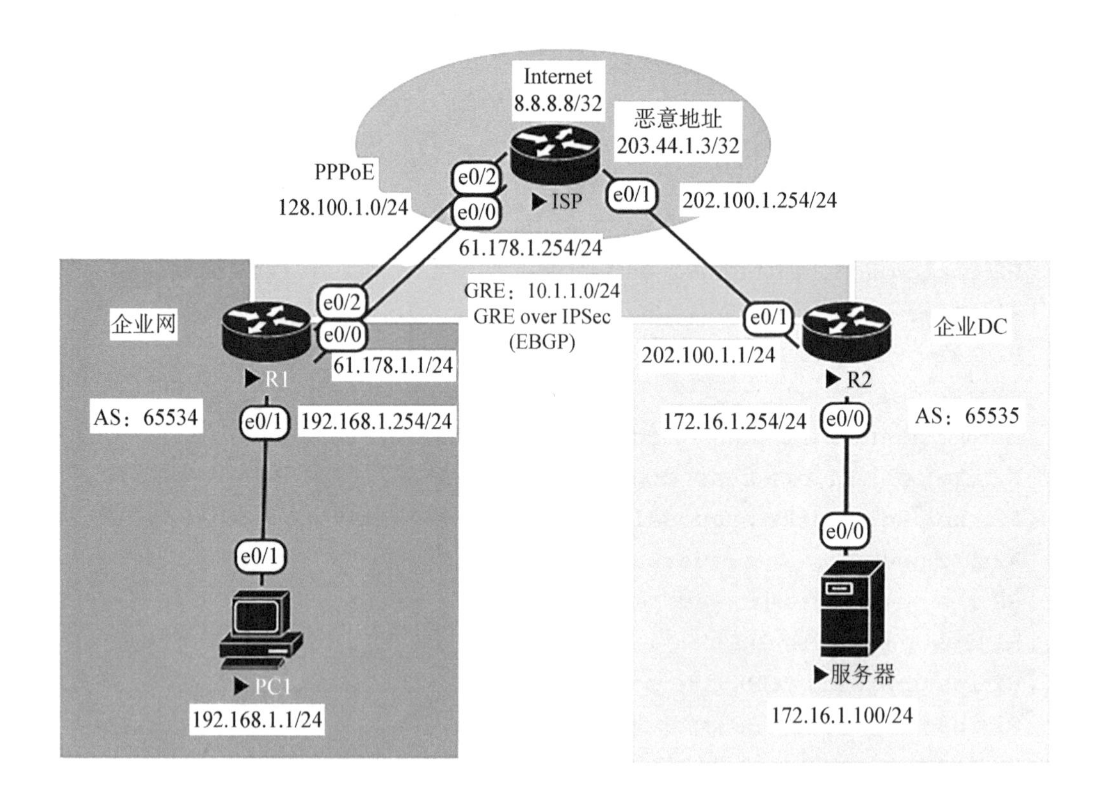

图 11-1 思科 GRE over IPSec 实验拓扑图

(1) 在 R1 与 R2 上建立 GRE 隧道。

```
R1(config)#interface tunnel 0
R1(config-if)#ip add 10.1.1.1 255.255.255.0
R1(config-if)#tunnel mode gre ip
R1(config-if)#tunnel source 61.178.1.1
R1(config-if)#tunnel destination 202.100.1.1
R1(config-if)#tunnel key 123456
R2(config)#interface tunnel 0
R2(config-if)#ip add 10.1.1.2 255.255.255.0
R2(config-if)#tunnel mode gre ip
R2(config-if)#tunnel source 202.100.1.1
R2(config-if)#tunnel destination 61.178.1.1
R2(config-if)#tunnel key 123456
```

(2) 在 GRE 隧道上实施 EBGP,并且通告两端内网地址。

```
R1(config)#router bgp 65534
R1(config-router)#bgp router-id 1.1.1.1
R1(config-router)#neighbor 10.1.1.2 remote-as 65535
R1(config-router)#network 192.168.1.0 mask 255.255.255.0
R2(config)#router bgp 65535
R2(config-router)#bgp router-id 2.2.2.2
R2(config-router)#neighbor 10.1.1.1 remote-as 65534
R2(config-router)#network 172.16.1.0 mask 255.255.255.0
```

测试 PC1 能否与服务器通信,从图 11-2 中可以看出,PC1 可以与服务器正常通信。

```
PC1#ping 172.16.1.100 source 192.168.1.1
Type escape sequence to abort.
Sending 5, 100-byte ICMP Echos to 172.16.1.100, t
Packet sent with a source address of 192.168.1.1
!!!!!
Success rate is 100 percent (5/5), round-trip mi
```

图 11-2　PC1 和服务器通信测试

(3) 将 GRE 隧道中的数据使用 IPSec 进行加密。

```
R1(config)#crypto isakmp policy 10
R1(config-isakmp)#encryption aes
R1(config-isakmp)#authentication pre-share
R1(config-isakmp)#hash sha256
R1(config-isakmp)#group 5
R1(config)#crypto isakmp key CISCO address 202.100.1.1
R1(config)#crypto ipsec transform-set CISCO esp-aes esp-sha256-hmac
```

```
R1(cfg-crypto-trans)#mode transport
R1(config)#ip access-list extended VPN
R1(config-ext-nacl)#permit gre host 61.178.1.1 host 202.100.1.1
R1(config)#crypto map MAP 10 ipsec-isakmp
R1(config-crypto-map)#set peer 202.100.1.1
R1(config-crypto-map)#set transform-set CISCO
R1(config-crypto-map)#set pfs group5
R1(config-crypto-map)#match address VPN
R1(config)#interface e0/0
R1(config-if)#crypto map MAP
R2(config)#crypto isakmp policy 10
R2(config-isakmp)#encryption aes
R2(config-isakmp)#authentication pre-share
R2(config-isakmp)#hash sha256
R2(config-isakmp)#group 5
R2(config)#crypto isakmp key CISCO address 61.178.1.1
R2(config)#crypto ipsec transform-set CISCO esp-aes esp-sha256-hmac
R2(cfg-crypto-trans)#mode transport
R2(config)#ip access-list extended VPN
R2(config-ext-nacl)#permit gre host 202.100.1.1 host 61.178.1.1
R2(config)#crypto map MAP 10 ipsec-isakmp
R2(config-crypto-map)#set peer 61.178.1.1
R2(config-crypto-map)#set transform-set CISCO
R2(config-crypto-map)#set pfs group5
R2(config-crypto-map)#match address VPN
R2(config)#interface e0/1
R2(config-if)#crypto map MAP
```

查看数据加密情况，从图 11-3 中可以看出，R1 上数据已经进行了加密。

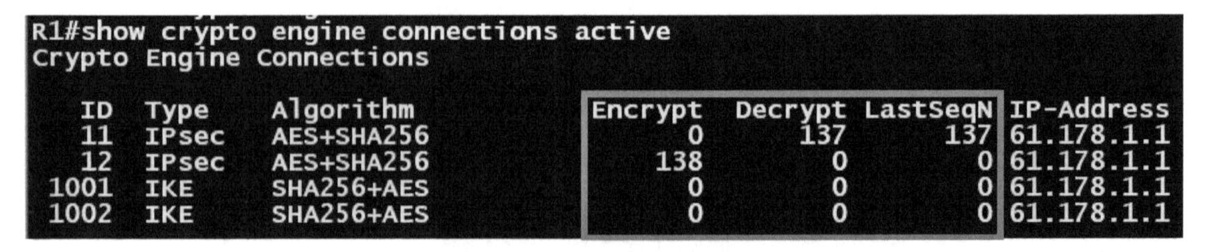

```
R1#show crypto engine connections active
Crypto Engine Connections

   ID  Type    Algorithm           Encrypt  Decrypt LastSeqN IP-Address
   11  IPsec   AES+SHA256                0      137      137 61.178.1.1
   12  IPsec   AES+SHA256              138        0        0 61.178.1.1
 1001  IKE     SHA256+AES                0        0        0 61.178.1.1
 1002  IKE     SHA256+AES                0        0        0 61.178.1.1
```

图 11-3 R1 数据加密信息

2. 华为设备上实施

实验拓扑图如图 11-4 所示，具体配置步骤如下。

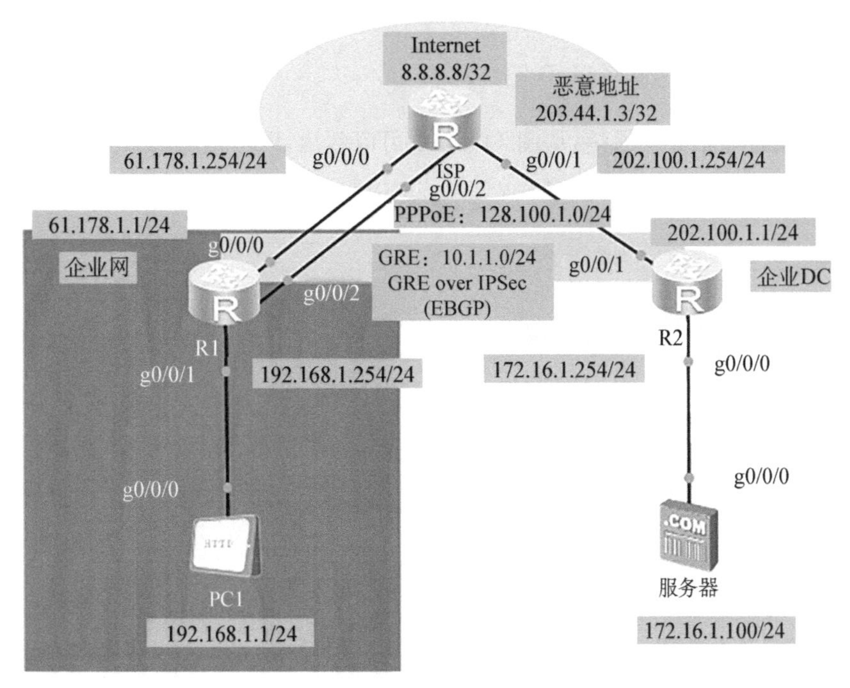

图 11－4　华为 GRE over IPSec 实验拓扑图

(1) 在 R1 与 R2 上建立 GRE 隧道，在华为 eNSP 中实施 GRE over IPSec 时 GRE 隧道不要配置 key，否则无法通信。

```
[R1]interface Tunnel 0/0/0
[R1-Tunnel0/0/0]ip add 10.1.1.1 24
[R1-Tunnel0/0/0]tunnel-protocol gre
[R1-Tunnel0/0/0]source 61.178.1.1
[R1-Tunnel0/0/0]destination 202.100.1.1
[R2]interface Tunnel 0/0/0
[R2-Tunnel0/0/0]ip add 10.1.1.2 24
[R2-Tunnel0/0/0]tunnel-protocol gre
[R2-Tunnel0/0/0]source 202.100.1.1
[R2-Tunnel0/0/0]destination 61.178.1.1
```

(2) 在 GRE 隧道上实施 EBGP，并且通告两端内网地址。

```
[R1]bgp 65534
[R1-bgp]router-id 1.1.1.1
[R1-bgp]peer 10.1.1.2 as-number 65535
[R1-bgp]network 192.168.1.0 24
[R2]bgp 65535
[R2-bgp]router-id 2.2.2.2
```

```
[R2-bgp]peer 10.1.1.1 as-number 65534
[R2-bgp]network 172.16.1.0 24
```

测试 PC1 能否与服务器通信，从图 11-5 中可以看出，PC1 可以与服务器正常通信。

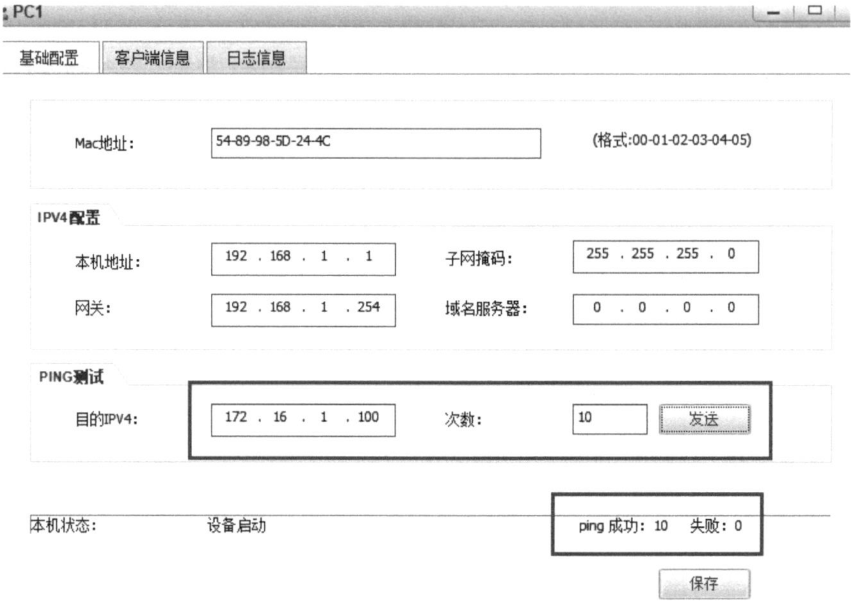

图 11-5　PC1 和服务器通信测试

(3) 将 GRE 隧道中的数据使用 IPSec 进行加密。

```
[R1]acl number 3200
[R1-acl-adv-3200] rule 5 permit ip source 61.178.1.1 0 destination
202.100.1.1 0
[R1]ipsec proposal HUAWEI
[R1-ipsec-proposal-HUAWEI]encapsulation-mode transport
[R1-ipsec-proposal-HUAWEI]esp authentication-algorithm sha2-384
[R1-ipsec-proposal-HUAWEI]esp encryption-algorithm aes-128
[R1]ike proposal 10
[R1]ike peer R2 v1
[R1-ike-peer-R2]exchange-mode aggressive
[R1-ike-peer-R2]pre-shared-key simple HUAWEI
[R1-ike-peer-R2]ike-proposal 10
[R1-ike-peer-R2]nat traversal
[R1-ike-peer-R2]remote-address 202.100.1.1
[R1]ipsec policy VPN 10 isakmp
[R1-ipsec-policy-isakmp-VPN-10]security acl 3200
```

```
[R1-ipsec-policy-isakmp-VPN-10]ike-peer R2
[R1-ipsec-policy-isakmp-VPN-10]proposal HUAWEI
[R1-ipsec-policy-isakmp-VPN-10]pfs dh-group14
[R1]interface g0/0/0
[R1-GigabitEthernet0/0/0]ipsec policy VPN
[R2]acl number 3200
[R2-acl-adv-3200]rule 5 permit ip source 202.100.1.1 0 destination
61.178.1.1 0
[R2]ipsec proposal HUAWEI
[R2-ipsec-proposal-HUAWEI]encapsulation-mode transport
[R2-ipsec-proposal-HUAWEI]esp authentication-algorithm sha2-384
[R2-ipsec-proposal-HUAWEI]esp encryption-algorithm aes-128
[R2]ike proposal 10
[R2]ike peer R1 v1
[R2-ike-peer-R1]exchange-mode aggressive
[R2-ike-peer-R1]pre-shared-key simple HUAWEI
[R2-ike-peer-R1]ike-proposal 10
[R2-ike-peer-R1]nat traversal
[R2-ike-peer-R1]remote-address 61.178.1.1
[R2]ipsec policy VPN 10 isakmp
[R2-ipsec-policy-isakmp-VPN-10]security acl 3200
[R2-ipsec-policy-isakmp-VPN-10]ike-peer R1
[R2-ipsec-policy-isakmp-VPN-10]proposal HUAWEI
[R2-ipsec-policy-isakmp-VPN-10]pfs dh-group14
[R2]interface g0/0/1
[R2-GigabitEthernet0/0/1]ipsec policy VPN
```

查看数据加密情况，从图 11－6 中可以看出，R1 上数据已经进行了加密。

```
[R1]display ipsec statistics esp
 Inpacket count                : 122
 Inpacket auth count           : 0
 Inpacket decap count          : 0
 Outpacket count               : 123
 Outpacket auth count          : 0
 Outpacket encap count         : 0
 Inpacket drop count           : 0
 Outpacket drop count          : 0
 BadAuthLen count              : 0
 AuthFail count                : 0
 InSAAclCheckFail count        : 0
 PktDuplicateDrop count        : 0
 PktSeqNoTooSmallDrop count: 0
 PktInSAMissDrop count         : 0
```

图 11－6　R1 数据加密信息

【实验小结】

通过实验 17 可以了解到，华为设备在实施 GRE over IPSec 时，不能在 GRE 隧道上配置 key，否则启用 IPsec 策略后 IKE 对等体之间无法通信。在 GRE 隧道中配置 EBGP 邻居关系时，使用 GRE 隧道两端的 Tunnel 接口 IP 地址。在 GRE over IPSec 中，配置感兴趣流时 ACL 匹配的是两端物理接口的公网 IP 地址，思科设备可以只匹配 GRE 协议的数据，华为设备必须匹配 IP 协议的数据。GRE over IPSec 结合了 GRE 可以实施动态路由和 IPsec 可以加密隧道数据的优势，同时也解决了 GRE 隧道安全性不足和 IPSec VPN 不支持广播、组播的问题。

第 12 章　QoS 与 IPv6

12.1 QoS

12.1.1　QoS 概述

QoS(quality of service)是服务质量的简称。从传统意义上来讲,服务质量涉及传输的带宽、传送的时延、数据的丢包率等,而提高服务质量无非就是保证传输的带宽,降低传送的时延和数据的丢包率等。广义上讲,服务质量涉及网络应用的方方面面,只要是对网络应用有利的措施,其目的都是提高服务质量。因此,从这个意义上来说,防火墙、策略路由、快速转发等都是用于提高网络业务服务质量的措施。

12.1.2　QoS 功能

(1) 流量分类:采用一定的规则识别具有某类特征的报文。它是对网络业务进行区分的前提和基础。

(2) 流量监管:对进入或离开设备的特定流量进行监管。当流量超出设定的值时,可以采取限制或惩罚措施,以保护网络资源。流量监管可以作用在接口的入方向和出方向上。

(3) 流量整形:一种主动调整流的输出速率的流量控制措施,用来使流量适配下游设备可供给的网络资源,以避免出现不必要的报文丢弃,通常作用在接口的出方向上。

(4) 拥塞管理:即当拥塞发生时如何制定一个资源的调度策略,以决定报文转发处理的次序,通常作用在接口的出方向上。

(5) 拥塞避免:监督网络资源的使用情况,当发现拥塞有加剧的趋势时采取主动丢弃报文的策略,通过调整队列长度来消除网络过载,通常作用在接口的出方向上。

12.1.3　QoS 工作流程

1. classifying

classifying 即分类,指根据信任策略或者每个报文的内容将这些报文归类到以 CoS 值表示的各个数据流中,因此分类动作的核心任务是确定输入报文的 CoS 值。分类发生在端口接收输入报文阶段,当某个端口关联了一个表示 QoS 策略的 policy-map 后,分类就在该端口上生效,它对所有从该端口输入的报文起作用。可以依据协议、TCP 或 UDP 端口号、源 IP 地址、物理端口号进行分类。

2. policing

policing 即制定策略，发生在数据流分类完成后，用于约束被分类的数据流所占用的传输带宽。policing 动作会检查被归类的数据流中的每一个报文，如果报文超出了作用于该数据流的 police 所允许的带宽，那么该报文将会进行特殊处理，或者被丢弃，或者被赋予另外的 DSCP 值。在 QoS 处理流程中，policing 动作是可选的。如果没有 policing 动作，那么被分类的数据流中的报文的 DSCP 值将不会做任何修改，报文也不会在进行 marking 动作之前被丢弃。

3. marking

marking 即标识，经过 classifying 和 policing 动作处理之后，为了确保被分类的报文对应的 DSCP 值能够传递给网络中的下一跳设备，需要通过 marking 动作为报文写入 QoS 信息，可以使用 QoS ACL 改变报文的 QoS 信息，也可以使用 trust 方式直接保留报文中的 QoS 信息。例如，可以选择 trust DSCP，从而保留 IP 报文头部的 DSCP 信息。

4. queueing

queueing 即排队，负责将数据流中的报文送往端口的某个输出队列中，送往端口的不同输出队列的报文将获得不同等级和性质的传输服务策略。每一个端口都拥有 8 个输出队列，可以通过设备上配置的 DSCP-to-CoS Map 和 Cos-to-Queue Map 两张映射表来将报文的 DSCP 值转换成输出队列号，以便确定报文应该被送往哪个输出队列。

5. scheduling

scheduling 即调度，为 QoS 工作流程的最后一个环节。当报文被送到端口的不同输出队列中之后，设备将采用 WRR 或者其他算法发送 8 个队列中的报文。可以通过设置 WRR 算法的权重值来配置各个输出队列在输出报文时所占的报文个数比例，或通过设置 DRR 算法的权重值来配置各个输出队列在输出报文时所占的报文字节数比例，从而改变传输带宽。

12.1.4 衡量网络性能的参数

(1) 带宽：指链路上单位时间内所能通过的最大数据量，单位为 bps。在一条端到端的链路中，最大可用带宽等于路径上带宽最低的链路的带宽。

(2) 延迟：是标识数据包穿越网络所用时间的指标。处理延迟，即交换延迟，路由器查表时产生。排队延迟：数据包在出接口排队时产生的延迟。传播延迟：数据在链路上传播的时间。

(3) 抖动：指数据包穿越网络时延迟的变化，是衡量网络延迟稳定性的指标，由延迟的随机性造成。

(4) 丢包率：是衡量网络可靠性的重要指标。丢包是指数据包在传输过程中丢失，丢包的主要原因：网络出现拥塞时，当队列满了后，后续的报文将由于无法入队而被丢弃。流量超过限制时，设备将丢弃数据包。丢包以丢包率作为衡量指标。丢包率＝被丢弃报文数量/全部报文数量。

12.1.5 QoS 提高服务质量的方法

(1) 提供物理带。

(2) 增加缓冲。

(3) 对数据包进行压缩。

(4) 优先转发某些数据流的包。

(5) 分片和纠错。

12.1.6 QoS的功能

(1) 尽力避免网络拥塞。
(2) 在不能避免网络拥塞时,对带宽进行有效管理。
(3) 降低报文丢包率。
(4) 调控IP网络流量。
(5) 为特定用户或特定业务提供专用带宽。
(6) 支撑网络上的实时业务。
(7) QoS不能创造带宽,只能使带宽的分配更加合理。

12.1.7 QoS配置

限速是指对流经设备接口的报文速度做限制,使超出指定阈值的那部分流量直接被丢弃,而低于阈值的部分则进入或离开设备。限速机制更多地应用于网络边界,如应用在接入层交换机端口或企业网络的边缘网关上。

流量整形(traffic shaping, TS)是一种主动调整流量输出速率的措施。流量整形将上游不规整的流量进行削峰填谷处理,使流量的输出比较平稳,从而解决下游设备的数据拥塞问题。

1. 思科配置

1) 限速

- 匹配要限制的数据

```
R1(config)#access-list 100 permit ip host 192.168.1.1 host 2.2.2.2
```

- 建立流量分类策略

```
R1(config)#class-map qos
```

- 关联列表

```
R1(config-cmap)#match access-group 100
```

- 建立策略,对已经分类的数据流进行规则设定

```
R1(config)#policy-map qos
```

- 关联流分类策略

```
R1(config-pmap)#class qos
```

- 限速,单位为b/s

```
R1(config-pmap-c)#police cir 8000
```

- 超限行为数据丢弃

```
R1(config-pmap-c-police)#exceed-action drop
```

● 违规行为数据丢弃

```
R1(config-pmap-c-police)#violate-action drop
```

● 应用策略，可以在入方向应用，也可以在出方向应用

```
R1(config)#int e0/0
R1(config-if)#service-policy output qos
```

2）限速测试

● 限速测试严格按照命令执行，限速会丢包

```
PC3#ping 2.2.2.2 repeat 100 size 1000
Type escape sequence to abort.
Sending 100, 1000-byte ICMP Echos to 2.2.2.2, timeout is 2 seconds:
!.!.!.!.!.!.!.!.!.!.!.!.!.!.!.!.!.!.!.!.!.!.!.!.!.!.!.!.!.!.!.!.!.!.!.
!.!.!.!.!.!.!.!.!.!!!!!!!!!!!!!!
Success rate is 57 percent (57/100), round-trip min/avg/max= 1/1/3
ms
```

3）整形

● 整形平均速度，单位为 b/s

```
R1(config)#access-list 100 permit ip host 192.168.1.1 host 2.2.2.2
R1(config)#class-map qos
R1(config-cmap)#match access-group 100
R1(config)#policy-map qos
R1(config-pmap)#class qos
R1(config-pmap-c)#shape average 8000
```

● 整形只能在出方向调用

```
R1(config)#int e0/0
R1(config-if)#service-policy output qos
```

4）整形测试

● 整形测试严格按照命令执行，整形延迟比较大，但不丢包

```
PC3#ping 2.2.2.2 repeat 100 size 1000
Type escape sequence to abort.
Sending 100, 1000-byte ICMP Echos to 2.2.2.2, timeout is 2 seconds:
!!!!!!!!!!!!!!!!!!!!!!!!!!!!!!!!!!!!!!!!!!!!!!!!!!!!!!!!!!!!!!!!!!!!!!
!!!!!!!!!!!!!!!!!!!!!!!!!!!!!!
```

```
Success rate is 100 percent (100/100), round-trip min/avg/max = 2/
998/1021 ms
```

2. **华为配置**

- 匹配要限制的数据

```
[R1]acl number 3000
[R1-acl-adv-3000]rule 5 permit ip source 1.1.1.1 0 destination 3.3.3.3 0
```

- 建立流量分类策略

```
[R1]traffic classifier CAR
```

- 关联列表

```
[R1-classifier-QOS]if-match acl 3000
```

- 建立行为策略

```
[R1]traffic behavior CAR
```

- 限速,单位为 Kbps

```
[R1-behavior-QOS] car cir 50 pir 50 cbs 9400 pbs 15650 green pass
yellow pass red discard
```

- 整形,单位为 Kbps

```
[R1-behavior-QOS]gts cir 275 cbs 1500 queue-length 1
```

- 建立策略,对已经分类的数据流进行规则设定

```
[R1]traffic policy CAR
```

- 关联分类策略和行为策略

```
[R1-trafficpolicy-QOS]classifier CAR behavior CAR
```

- 在接口下应用策略,整形只能在出方向调用

```
[R1]interface GigabitEthernet0/0/1
[R1-GigabitEthernet0/0/0]traffic-policy CAR outbound
```

- 测试严格按照命令执行

```
<R1>ping -s 9000 -c 100 -a 1.1.1.1 3.3.3.3(-s 8000)
```

- 限速时丢包

```
Reply from 3.3.3.3: bytes= 8000 Sequence= 450 ttl= 254 time= 90 ms
Request time out
```

- 整形延迟较大,但没有丢包

```
Reply from 3.3.3.3: bytes= 8000 Sequence= 364 ttl= 254 time= 1490 ms
Reply from 3.3.3.3: bytes= 8000 Sequence= 365 ttl= 254 time= 90 ms
```

12.1.8 QoS 实验(实验 18)

在 GRE over IPSec 实验(实验 17)拓扑的基础上,在 R1 上实施 QoS,对比限速和整形的差别。实际应用中 QoS 一般不在路由器和交换机上实施,而实施在防火墙或者专用的流控设备上。

【实验目的】

(1) 掌握思科、华为设备上 QoS 限速的配置。

(2) 掌握思科、华为设备上 QoS 整形的配置。

【实验步骤】

1. 思科设备上实施

实验拓扑图如图 12-1 所示,具体配置步骤如下。

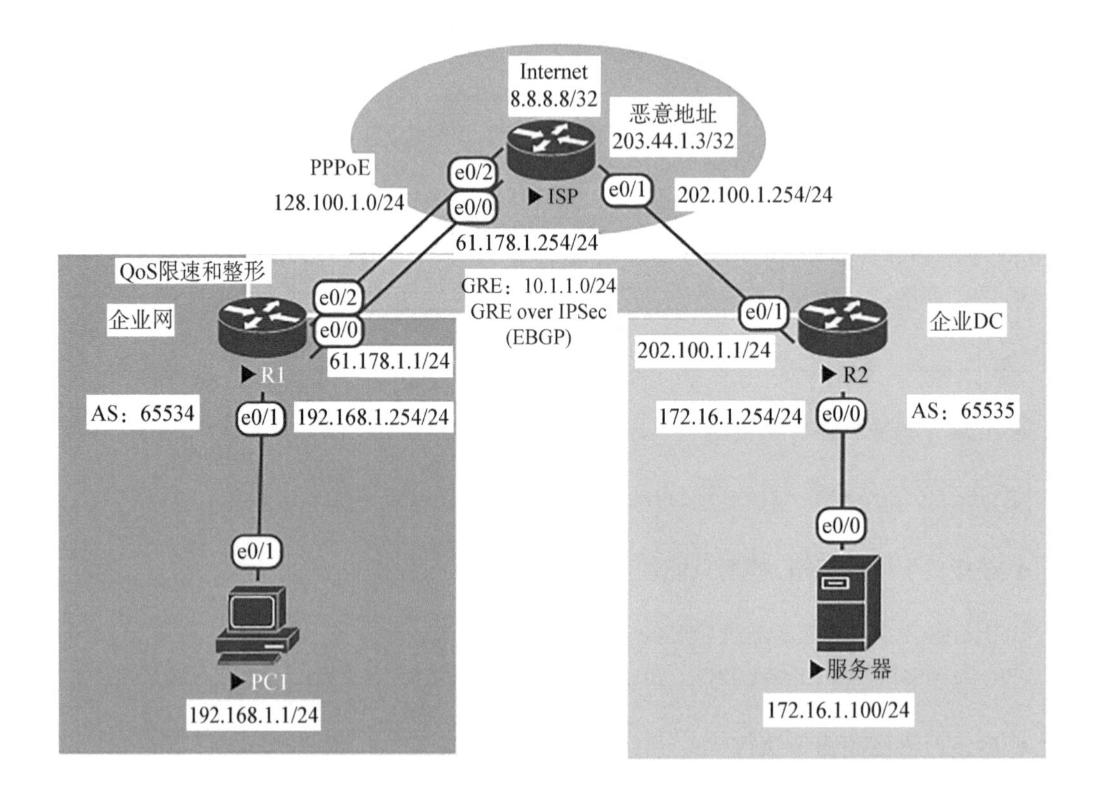

图 12-1 思科 QoS 实验拓扑图

(1) 在 R1 的 e0/0 上做出方向限速。

- 由于出接口实施了 NAT,所以不能定义内部流量

```
R1(config)#ip access-list extended QOS
```

- 不限速地址

```
R1(config-ext-nacl)#deny ip any host 202.100.1.1
R1(config-ext-nacl)#deny ip any 172.16.1.0 0.0.0.255
```

- 剩余地址限速

```
R1(config-ext-nacl)#permit ip any any
R1(config)#class-map QOS
R1(config-cmap)#match access-group name QOS
R1(config)#policy-map QOS
R1(config-pmap)#class QOS
R1(config-pmap-c)#  police cir 8000
R1(config)#interface e0/0
R1(config-if)#service-policy output QOS
```

测试效果

```
PC1#ping 8.8.8.8 repeat 10 size 1000
```

从图 12-2 中可以看出,10 个包丢了 5 个,所以限速下丢包率高。

```
PC1#ping 8.8.8.8 repeat 10 size 1000
Type escape sequence to abort.
Sending 10, 1000-byte ICMP Echos to 8.8.8.8, timeout is 2 seconds:
!.!.!.!.!.
Success rate is 50 percent (5/10), round-trip min/avg/max = 1/2/3 ms
PC1#
```

图 12-2　PC1 限速效果测试

(2) 在 R1 上修改限速为整形。

```
R1(config)#policy-map QOS
R1(config-pmap)#class QOS
R1(config-pmap-c)#no police cir 8000
R1(config-pmap-c)#shape average 8000
```

从图 12-3 中可以看出,没有丢包,所以整形下丢包率低,但是延迟变大。

```
PC1#ping 8.8.8.8 repeat 10 size 1000
Type escape sequence to abort.
Sending 10, 1000-byte ICMP Echos to 8.8.8.8, timeout is 2 seconds:
!!!!!!!!!!
Success rate is 100 percent (10/10) round-trip min/avg/max = 2/864/1017 ms
```

图 12－3 PC1 整形效果测试

2. 华为设备上实施

实验拓扑图如图 12－4 所示，具体配置步骤如下。

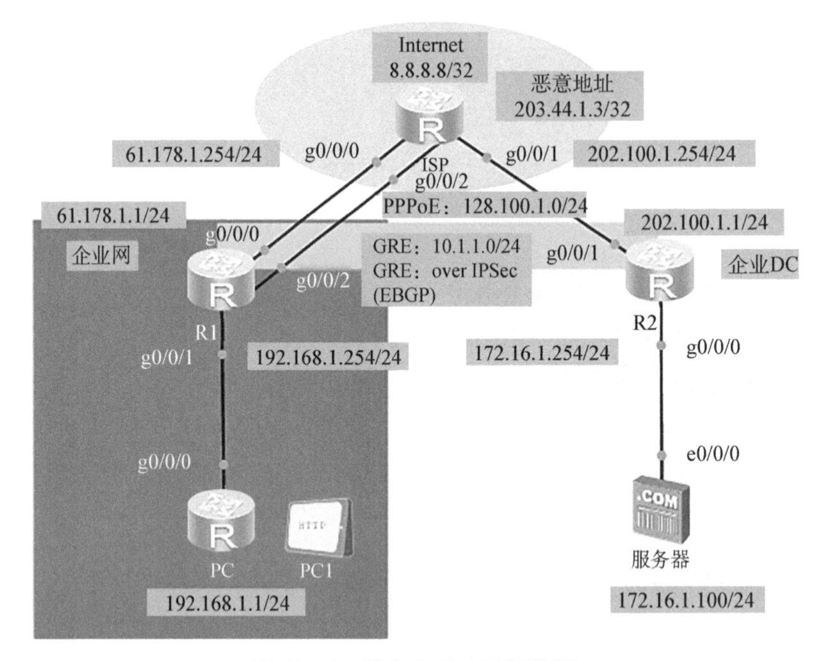

图 12－4 华为 QoS 实验拓扑图

(1) 在 eNSP 中将 PC1 换成路由器 PC 做如下配置。

- 由于出接口实施了 NAT，所以不能定义内部流量

```
[PC]interface g0/0/0
[PC-GigabitEthernet0/0/0]ip add 192.168.1.1 24
[PC]ip route-static 0.0.0.0 0 192.168.1.254
[R1]acl number 3100
```

- 不限速地址

```
[R1-acl-adv-3100]rule 5 deny ip source any destination 202.100.1.1 0
[R1-acl-adv-3100]rule 10 deny ip source any destination 202.100.1.2 0
[R1-acl-adv-3100]rule 15 deny ip source any destination 172.16.1.0 0.
0.0.255
```

- 剩余地址限速

```
[R1-acl-adv-3100]rule 20 permit ip source any destination any
[R1]traffic classifier QOS
[R1-classifier-QOS]if-match acl 3100
[R1]traffic behavior QOS
[R1-behavior-QOS]car cir 8
[R1]traffic policy QOS
[R1-trafficpolicy-QOS]classifier QOS behavior QOS
[R1]interface g0/0/0
[R1-GigabitEthernet0/0/0]traffic-policy QOS outbound
```

- 测试效果

```
[PC]ping -s 1000 -c 100 8.8.8.8
```

从图 12 - 5 中可以看出，10 个包丢了 5 个，所以限速下丢包率高。

```
[PC]ping -s 1000 -c 10 8.8.8.8
  PING 8.8.8.8: 1000  data bytes, press CTRL_C to break
    Reply from 8.8.8.8: bytes=1000 Sequence=1 ttl=254 time=30 ms
    Request time out
    Reply from 8.8.8.8: bytes=1000 Sequence=3 ttl=254 time=30 ms
    Request time out
    Reply from 8.8.8.8: bytes=1000 Sequence=5 ttl=254 time=30 ms
    Request time out
    Reply from 8.8.8.8: bytes=1000 Sequence=7 ttl=254 time=20 ms
    Request time out
    Reply from 8.8.8.8: bytes=1000 Sequence=9 ttl=254 time=40 ms
    Request time out

  --- 8.8.8.8 ping statistics ---
    10 packet(s) transmitted
    5 packet(s) received
    50.00% packet loss
    round-trip min/avg/max = 20/30/40 ms
```

图 12 - 5 PC1 限速效果测试

(2) 在 R1 上修改限速为整形。

```
[R1]traffic behavior QOS
[R1-behavior-QOS]undo car
[R1-behavior-QOS]gts cir 8
```

从图 12 - 6 中可以看出，10 个包丢了 3 个，所以整形下丢包率低，但是延迟较大。

```
[PC]ping -s 1000 -c 10 8.8.8.8
  PING 8.8.8.8: 1000  data bytes, press CTRL_C to break
    Reply from 8.8.8.8: bytes=1000 Sequence=1 ttl=254 time=20 ms
    Reply from 8.8.8.8: bytes=1000 Sequence=2 ttl=254 time=30 ms
    Reply from 8.8.8.8: bytes=1000 Sequence=3 ttl=254 time=40 ms
    Reply from 8.8.8.8: bytes=1000 Sequence=4 ttl=254 time=20 ms
    Reply from 8.8.8.8: bytes=1000 Sequence=5 ttl=254 time=550 ms
    Request time out
    Request time out
    Request time out
    Reply from 8.8.8.8: bytes=1000 Sequence=9 ttl=254 time=30 ms
    Reply from 8.8.8.8: bytes=1000 Sequence=10 ttl=254 time=30 ms

  --- 8.8.8.8 ping statistics ---
    10 packet(s) transmitted
    7 packet(s) received
    30.00% packet loss
    round-trip min/avg/max = 20/102/550 ms
```

图 12-6　PC1 整形效果测试

【实验小结】

通过实验 18 可以了解到，QoS 限速中丢包率高，整形虽然延迟较大，但是丢包率低，限速可以在接口入方向和出方向实施，整形只能在接口出方向实施，推荐使用整形方式对流量进行限速控制。企业网中 QoS 一般不会实施在路由器或者交换机上，而会实施在专用的流控设备或者防火墙上。

12.2 IPv6

12.2.1 IPv6 概述

IPv6(internet protocol version 6，第 6 版互联网协议)也称为 IPng(IP next generation，下一代 IP)。它是因特网工程任务组(Internet Engineering Task Force, IETF)设计的一套规范，是 IPv4(internet protocol version 4)的升级版本。IPv6 将网络地址位数从 32 位扩展到 128 位，这代表可以为全球任何需要联网的设备提供唯一确定的地址。正是因为有了全球范围内可确定的地址，IPv6 可提供端到端的安全通信，以及对所有对地址有要求的应用和服务的支持。除此之外，丰富的 IPv6 地址空间消除了网络中的 NAT 瓶颈，提高了网络的效率。

12.2.2 IPv6 地址格式

1. IPv6 地址的表示方法

IPv6 地址总长度为 128 比特，通常分为 8 组，每组为 4 个十六进制数，每组十六进制数用冒号分隔。例如，FC00:0000:130F:0000:0000:09C0:876A:130B，这是 IPv6 地址的首选格式。为了方便书写，IPv6 还提供了压缩格式，压缩规则为每组中的前导“0”可以省略，所以上述地址可写为 FC00:0:130F:0:0:9C0:876A:130B。地址中连续两个或多个均为 0 的组可以用双冒号“::”来代替，所以上述地址可以进一步简写为 FC00:0:130F::9C0:876A:130B。需要注意的是,在一个 IPv6 地址中只能使用一次双冒号“::”,否则当计算机将压缩后的地址恢复为 128 位时,无法确定每个“::”代表 0 的个数。

2. IPv6 地址的结构

IPv6 地址可以分为如下两部分。

(1) 网络前缀:n 比特,相当于 IPv4 地址中的网络 ID。

(2) 接口标识:128−n 比特,相当于 IPv4 地址中的主机 ID。

对于 IPv6 单播地址来说,如果地址的前三位不是 000,则接口标识必须为 64 位。如果地址的前三位是 000,则没有此限制。接口标识可通过三种方法生成:手工配置、通过软件自动生成或通过 IEEE EUI-64 规范自动生成。其中,通过 IEEE EUI-64 规范自动生成最为常用。EUI-64 地址转换如图 12-7 所示。

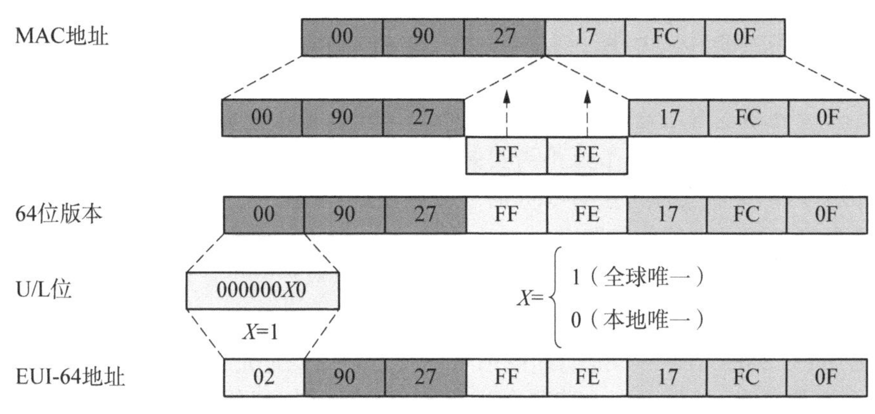

图 12-7　EUI-64 地址转换

IEEE EUI-64 规范将接口的 MAC 地址转换为 IPv6 接口标识。MAC 地址的前 24 位为公司标识,后 24 位为扩展标识符。第 7 位若是 0,则表示 MAC 地址本地唯一。转换的第一步是将 FFFE 插入 MAC 地址的公司标识和扩展标识符之间;第二步是将第 7 位的 0 改为 1,表示此接口标识全球唯一。这种由 MAC 地址产生 IPv6 地址接口标识的方法可以减少配置的工作量,尤其是当采用无状态地址自动配置时,只需要获取一个 IPv6 前缀就可以与接口标识形成 IPv6 地址。使用这种方法最大的缺点是任何人都可以通过 MAC 地址推算出 IPv6 地址。

12.2.3　IPv6 地址分类

IPv6 地址分为单播地址、任播地址(anycast address)、组播地址三种类型。和 IPv4 相比,IPv6 取消了广播地址类型,以更丰富的组播地址代替,同时增加了任播地址类型。

1. IPv6 单播地址

IPv6 单播地址标识了一个接口,由于每个接口属于一个节点,因此每个节点任何接口上的单播地址都可以标识这个节点。发往单播地址的报文,由此地址标识的接口接收。

IPv6 定义了多种单播地址,目前常用的单播地址有未指定地址、环回地址、全球单播地址、链路本地地址、唯一本地地址(unique local address, ULA)。

1) 未指定地址

IPv6 中的未指定地址即 0:0:0:0:0:0:0:0/128 或者::/128。该地址可以用于表示某个接口或者节点还没有 IP 地址,可以作为某些报文的源 IP 地址(如在 NS 报文的重复地址检测中会出现)。源 IP 地址是::的报文不会被路由设备转发。

2) 环回地址

IPv6 中的环回地址即 0:0:0:0:0:0:0:1/128 或者::1/128。环回地址与 IPv4 中的 127.0.0.1 作用相同,主要用于设备给自己发送报文。该地址通常用作一个虚接口的地址(如 loopback 接口)。实际发送的数据包不能使用环回地址作为源 IP 地址或者目的 IP 地址。

3) 全球单播地址

全球单播地址是带有全球单播前缀的 IPv6 地址,其作用类似于 IPv4 中的公网地址。这种类型的地址允许路由前缀聚合,从而限制了全球路由表项的数量。

4) 链路本地地址

链路本地地址是 IPv6 中应用范围受到限制的地址类型,只能在连接到同一本地链路的节点之间使用。它使用特定的本地链路前缀 FE80::/10(最高的 10 位为 1111111010),同时将接口标识添加在后面作为地址的低 64 位。当一个节点启动 IPv6 协议栈时,节点的每个接口会自动配置一个链路本地地址(其固定的前缀+EUI-64 规范构成的接口标识)。这种机制使得两个连接到同一链路的 IPv6 节点不需要做任何配置就可以实现通信,所以链路本地地址广泛应用于邻居发现、无状态地址配置等方面。以链路本地地址为源地址或目的地址的 IPv6 报文不会被路由设备转发到其他链路上。

5) 唯一本地地址

唯一本地地址是另一种应用范围受限的地址,它仅能在一个站点内使用。由于本地站点地址被废除(RFC 3879),唯一本地地址被用来代替本地站点地址。唯一本地地址的作用类似于 IPv4 中的私网地址,任何没有申请到全球单播地址的组织机构都可以使用唯一本地地址。使用唯一本地地址的 IPv6 报文只能在本地网络内部被路由转发,而不能在全球网络中被路由转发,其具有如下特点。

(1) 具有全球唯一的前缀(虽然随机产生,但是出现冲突的概率很低)。

(2) 可以实现网络之间的私有连接,而不必担心出现地址冲突等问题。

(3) 具有知名前缀(FC00::/7),方便边缘设备进行路由过滤。

(4) 如果出现路由泄漏,该地址不会和其他地址发生冲突,不会造成 Internet 路由冲突。

(5) 应用中,上层应用程序将该地址看作全球单播地址。

(6) 独立于互联网服务提供商 ISP。

2. IPv6 组播地址

IPv6 组播地址与 IPv4 作用相同,用来标识一组接口,一般这些接口属于不同的节点。一个节点可能属于多个组播组。发往组播地址的报文被组播地址标识的所有接口接收。例如,组播地址 FF02::1 表示链路本地范围内的所有节点,组播地址 FF02::2 表示链路本地范围内的所有路由器。

3. IPv6 任播地址

任播地址用于标识一组网络接口(通常属于不同的节点)。目的地址是任播地址的数据包将被发送给路由最近的一个网络接口。任播地址被设计用来在给多个主机或者节点提供相同服务时提供冗余功能和负载分担功能。目前,任播地址的使用通过共享单播地址的方式来实现,即将一个单播地址分配给多个节点或者主机,在网络中如果存在多条有关该地址的路由,则当发送者发送以任播地址为目的地址的报文时,发送者无法控制哪台设备能够收到，这取决于整个网络中路由协议的计算结果。这种方式适用于一些无状态的应用，如 DNS 等。

IPv6 没有为任播规定单独的地址空间，任播地址和单播地址使用相同的地址空间。目前，IPv6 中的任播主要应用于移动 IPv6。IPv6 任播地址仅能被分配给路由设备，而不能应用于主机。任播地址不能作为 IPv6 报文的源地址。

12.2.4　IPv6 配置

1. 思科配置

1）基础配置

- 启用 IPv6 功能，默认关闭

```
Router(config)#ipv6 unicast-routing
```

- 自动配置链路本地地址

```
A(config)#int g0/0
A(config-if)#ipv6 enable
```

- 配置 IPv6 全球单播地址

```
A(config)#int g0/0
A(config-if)#ipv6 address 2000::1/64
```

- 思科设备上可以不加 IPv6 Ping，也可以加

```
A(config-if)#no shutdown
B#ping 2011::1
```

2）IPv6 ACL

- 创建 IPv6 列表

```
A(config)#ipv6 access-list ABC
```

- 拒绝

```
A(config-ipv6-acl)#deny icmp any host 2011::1
```

- 允许

```
A(config-ipv6-acl)#permit icmp any any
```

- 在接口下调用 IPv6 ACL

```
A(config-ipv6-acl)#int g0/0
A(config-if)#ipv6 traffic-filter ABC in
```

3）IPv6 静态路由

• 静态默认路由，::/0 是 IPv6 默认路由

```
B(config)#ipv6 route 2011::1/128 2000::1
R2(config)#ipv6 route ::/0 2023::3
```

• 查看 IPv6 路由表

```
B#sh ipv6 route
```

4）OSPFv3

OSPFv3 主要用于在 IPv6 网络中提供路由功能，是基于 OSPFv2 开发的用于 IPv6 网络的路由协议。OSPFv2 和 OSPFv3 在工作机制上基本相同，但为了支持 IPv6 地址格式，OSPFv3 做了一些改动。OSPFv3 与 OSPFv2 类似，也使用组播进行工作，OSPFv3 的 DR 路由器使用众所周知的 IPv6 组播地址 FF02::6，它类似于 IPv4 环境中的 224.0.0.6；其他的 OSPFv3 路由器使用 FF02::5 这个组播地址，它类似于 IPv4 环境中的 224.0.0.5。为适应 IPv6 运行环境，支持 IPv6 报文的转发，OSPFv3 相比 OSPFv2 做出相关的改进，使得 OSPFv3 可以独立于网络层协议，并且其扩展性增强，可以满足未来的需求。

① 配置 1。

• OSPF 实例中两端接口的配置必须一致，否则无法建立邻居

```
R2(config)#ipv6 router ospf 110
```

• OSPFv3 不配置路由器 ID 则无法启动

```
R2(config-rtr)#router-id 2.2.2.2
```

• IPv6 只支持接口下通告

```
R2(config)#interface s1/0
R2(config-if)#ipv6 ospf 110 area 0
R2(config)#interface s1/1
R2(config-if)#ipv6 ospf 110 area 0
R4(config)#interface s1/1
R4(config-if)#ipv6 ospf 110 area 0 instance 6
R2(config)#interface s1/1
R2(config-if)#ipv6 ospf 110 area 0 instance 6
```

② 配置 2。

同时支持 IPv4 和 IPv6。

• IPv6 只支持接口下通告

```
R2(config)#router ospfv3 110
R2(config-router)#router-id 2.2.2.2
```

```
R2(config)#interface s1/0
R2(config-if)#ospfv3 110 ipv6 area 0
```

- IPv6 配置,进入 IPv6 单播地址族

```
R2(config)#router ospfv3 110
R2(config-router)#address-family ipv6 unicast
R2(config-router-af)#router-id 22.22.22.22
```

- IPv4 配置,进入 IPv4 单播地址族

```
R2(config)#router ospfv3 110
R2(config-router)#address-family ipv4 unicast
R2(config-router-af)#router-id 222.222.222.222
R2(config)#interface s1/0
R2(config-if)#ospfv3 110 ipv4 area 0
```

- 同时查看 IPv4 和 IPv6 相关信息

```
R1#show ip route ospfv3
R1#show ospfv3 database
R1#show ospfv3 database prefix
```

③ OSPFv3 路由汇总配置。
- ASBR 汇总外部路由

```
R4(config)#ipv6 router ospf 110
R4(config-rtr)#summary-prefix 2222::/48
```

- ABR 上完成区域汇总,汇总不通告

```
R4(config)#ipv6 router ospf 110
R4(config-rtr)#area 1 range 2044::/64
R4(config-rtr)#area 1 range 2044::/64 not-advertise
```

④ OSPFv3 虚链路配置。
- 当该区域接口下的 instance ID 非默认的 0 时,会丢弃虚链路的报文。不能加实例控制

```
R4(config)#interface s1/1
R4(config-if)#ipv6 ospf 110 area 0 instance 6
R4(config)#ipv6 router ospf 110
R4(config-rtr)#area 1 virtual-link 5.5.5.5
```

⑤ OSPFv3 的认证。

- 接口下使用 IPSec 认证

```
R4(config)#interface e0/2
R4(config-if)#ipv6 ospf authentication ipsec spi 256 md5
```

5）MBGP

MBGP(multiprotocol extensions for BGP-4，多协议边界网关协议)，也称为 BGP-4 +，是对 BGP-4 的扩展。MBGP 对 BGP-4 进行了多协议扩展之后，不仅能携带 IPv4 单播路由信息，而且也能携带其他网络层协议(如组播、IPv6 等)的路由信息。

- 多协议 BGP 一定要配置路由器 ID

```
R2(config)#router bgp 100
R2(config-router)#bgp router-id 2.2.2.2
```

- 建立 IPv6 单播 EBGP 邻居

```
R2(config-router)#neighbor 2010::2 remote-as 200
```

- 进入 IPv6 单播地址族

```
R2(config-router)#address-family ipv6
```

- 激活 IPv6 单播邻居

```
R2(config-router-af)#neighbor 2010::2 activate
```

- 通告 IPv6 地址段

```
R2(config-router-af)#network 2001::1/128
```

6）重分布

- OSPFv3 中重分布 MBGP

```
R2(config)#router ospfv3 110
R2(config-router)#address-family ipv6
R2(config-router-af)#redistribute bgp 100
```

- MBGP 中重分布 OSPFv3

```
R2(config)#router bgp 100
R2(config-router)#address-family ipv6 unicast
R2(config-router-af)#redistribute ospf 110
```

7）DHCPv6

① 有状态 DHCPv6。

- 创建 DHCPv6 地址池

```
R3(config)#ipv6 unicast-routing
R3(config)#ipv6 dhcp pool 10
```

- 设置要分配的 IPv6 地址前缀

```
R3(config-dhcpv6)#address prefix 2000::/64
```

- 设置 DNS

```
R3(config-dhcpv6)#dns-server 2010::254
```

- 接口下开启 DHCPv6 服务器

```
R3(config)#interface e0/2
R3(config-if)#ipv6 address 2000::1/64
R3(config-if)#ipv6 dhcp server 10
```

- 配置为有状态 DHCPv6,使 DHCPv6 客户端通过 DHCP 方式获取 IPv6 地址

```
R3(config-if)#ipv6 nd managed-config-flag
```

- 使 DHCPv6 客户端通过 DHCP 方式获取其他网络参数

```
R3(config-if)#ipv6 nd other-config-flag
```

- 客户端一定要打开,这样才能获取 IPv6 地址

```
PC7(config)#ipv6 unicast-routing
PC7(config)#int e0/0
PC7(config-if)#ipv6 enable
```

- 设置 IPv6 地址获取方式为 DHCP

```
PC7(config-if)#ipv6 address dhcp
```

② DHCPv6 中继。
- 配置 DHCPv6 中继

```
R3(config-if)#ipv6 dhcp relay destination 2000::1
```

- 配置为有状态 DHCPv6,使 DHCPv6 客户端通过 DHCP 方式获取 IPv6 地址

```
R3(config-if)#ipv6 nd managed-config-flag
```

- 使 DHCPv6 客户端通过 DHCP 方式获取其他网络参数

```
R3(config-if)#ipv6 nd other-config-flag
```

8) DHCPv6 Guard

DHCPv6 Guard 类似于 IPv4 的 DHCP Snooping，可保护 DHCPv6 地址池不被恶意获取地址。

- 创建 DHCPv6 保护策略，角色为服务器

```
SW1(config)#ipv6 dhcp guard policy DHCP_SERVER
SW1(config-dhcp-guard)#device-role server
```

- 创建 DHCPv6 保护策略，角色为客户端

```
SW1(config)#ipv6 dhcp guard policy DHCP_CLIENT
SW1(config-dhcp-guard)#device-role client
```

- 在连接 DHCPv6 服务器的接口下应用，相当于 DHCP Snooping 的信任端口

```
SW1(config)#interface GigabitEthernet 0/1
SW1(config-if)#ipv6 dhcp guard attach-policy DHCP_SERVER
```

- 在连接客户端的接口下应用，相当于 DHCP Snooping 的非信任端口

```
SW1(config)#interface range GigabitEthernet 0/2-3
SW1(config-if-range)#ipv6 dhcp guard attach-policy DHCP_CLIENT
SW1#debug ipv6 snooping dhcp-guard
H1#clear ipv6 dhcp client FastEthernet 0/0
```

9) IPv6 GRE

- 设置 GRE 隧道模式为 GRE IPv6 模式

```
R2(config)#interface tunnel 0
R2(config-if)#ipv6 address 2010::1/64
R2(config-if)#tunnel mode gre ipv6
R2(config-if)#tunnel source e0/1
R2(config-if)#tunnel destination 2034::4
```

10) IPv6 GRE over IPSec

- IPv6 ACL

```
R2(config)#ipv6 access-list GRE
```

- 匹配公网接口的 IPv6 地址

```
R2(config-ipv6-acl)#permit ipv6 host 2023::2 host 2034::4
```

- 配置 IPv6 对等体与共享密钥，两端需要一致

```
R2(config)#crypto isakmp policy 10
R2(config-isakmp)#encryption aes
R2(config-isakmp)#authentication pre-share
R2(config-isakmp)#hash sha256
R2(config-isakmp)#group 5
R2(config)#crypto isakmp key CISCO address ipv6 2034::4/64
```

- 创建 IPv6 的加密策略

```
R2(config)#crypto ipsec transform-set TRAN esp-aes esp-sha256-hmac
R2(cfg-crypto-trans)#mode transport
R2(config)#crypto map ipv6 VPN 10 ipsec-isakmp
```

- 设置 IPv6 对等体

```
R2(config-crypto-map)#set peer 2034::4
```

- 接口下应用 IPv6 加密策略

```
R2(config-crypto-map)#set transform-set TRAN
R2(config-crypto-map)#set pfs group5
R2(config-crypto-map)#match address GRE
R2(config)#interface e0/1
R2(config-if)#ipv6 crypto map VPN
```

2. 华为配置

1）基础配置

- 启用 IPv6 功能，默认关闭

```
[R1]ipv6
```

- 接口下开启 IPv6，华为设备必须开启

```
[R1]interface g0/0/0
[R1-GigabitEthernet0/0/0]ipv6 enable
```

- 配置 IPv6 全球单播地址

```
[R1-GigabitEthernet0/0/0]ipv6 add 2012::1/64
```

- Ping IPv6 全球单播地址

```
[R1]ping ipv6 2012::1
```

2）IPv6 ACL

- 创建 IPv6 ACL 列表

```
[R2]acl ipv6 name ABC
```

- 拒绝

```
[R2-acl6-adv-ABC]rule deny ipv6 source any destination 192.168.1.1 0
```

- 允许

```
[R2-acl6-adv-ABC]rule permit ipv6 source any destination 192.168.1.
2 0
```

- 在接口下调用 IPv6 ACL

```
[R2]interface g0/0/1
[R2-GigabitEthernet0/0/1]traffic-filter inbound ipv6 acl name ABC
```

3）IPv6 静态路由

- 静态默认路由，::/0 是 IPv6 默认路由

```
[~ DeviceB] ipv6 route-static 2001:db8:1:: 64 gigabitethernet 1/0/0
2001:db8:4::1
[~ DeviceA] ipv6 route-static :: 0 gigabitethernet 1/0/0 2001:db8:
4::2
```

- 华为高端设备、思科 IOS XR 和瞻博设备上须使用使能命令使配置生效

```
[* DeviceA] commit
```

- 查看 IPv6 路由表

```
[R2]display ipv6 routing-table
```

4）OSPFv3

① OSPFv3 配置，华为设备上建立邻接关系时没有提示。

- OSPFv3 不配置路由器 ID 则无法启动

```
[R1]ospfv3 10
[R1-ospfv3- 10]router-id 1.1.1.1
```

- 激活区域 0

```
[R1-ospfv3- 10]area 0
```

- IPv6 只支持接口下通告

```
[R1]interface lo0
[R1-LoopBack0]ospfv3 10 area 0
[R1]interface g0/0/0
[R1-GigabitEthernet0/0/0]ospfv3 10 area 0
[R1]display ipv6 routing-table protocol ospfv3
[R1]display ospfv3 lsdb
```

② OSPFv3 路由汇总配置。

- ASBR 汇总外部路由

```
[R1]ospfv3 10
[R1-ospfv3- 1]asbr-summary 2000:: 64
```

- ABR 上完成区域汇总,汇总不通告

```
[R1]ospfv3 10
[R1-ospfv3- 1]area 1
[R1-ospfv3- 1-area-0.0.0.1]abr-summary 2000:: 64
[R1-ospfv3- 1-area-0.0.0.1]abr-summary 2000:: 64 not-advertise
```

③ OSPFv3 虚链路配置。

```
[R1]ospfv3 10
[R1-ospfv3-1]area 1
[R1-ospfv3-10-area-0.0.0.1]vlink-peer 2.2.2.2
```

④ OSPFv3 的认证(eNSP 不支持)。

```
[R1]interface g0/0/0
[R1-GigabitEthernet0/0/0]ospfv3 authentication-mode
```

5) MBGP

- 多协议 BGP 一定要配置路由器 ID

```
[R2]bgp 100
[R2-bgp]router-id 2.2.2.2
```

- 建立 IPv6 单播 EBGP 邻居

```
[R2-bgp]peer 2010::2 as-number 200
```

- 进入 IPv6 单播地址族

```
[R2-bgp]ipv6 unicast
```

- 激活 IPv6 单播邻居

```
[R2-bgp-af-ipv6]peer 2010::2 enable
```

- 通告 IPv6 地址段

```
[R2-bgp-af-ipv6]network 2001::1 128
```

6）路由引入

- OSPFv3 中引入 MBGP

```
[R2]ospfv3 10
[R2-ospfv3- 10]import-route bgp
```

- MBGP 中引入 OSPFv3

```
[R2]bgp 100
[R2-bgp]import-route ospf 10
```

7）DHCPv6

① 有状态 DHCPv6。

- 开启 DHCPv6 功能

```
[R3]dhcp enable
```

- 创建 DHCPv6 地址池

```
[R3]dhcpv6 pool DHCPV6
```

- 设置要分配的 IPv6 地址前缀

```
[R3-dhcpv6-pool-DHCPV6]address prefix 2045::/64
```

- 设置 DNS

```
[R3-dhcpv6-pool-DHCPV6]dns-server 2000::2000
```

- 接口下开启 DHCPv6 服务器

```
[R3]interface g0/0/2
[R3-GigabitEthernet0/0/2]dhcpv6 server DHCPV6
```

- 使能路由器向主机发送路由通告信息

```
[R3-GigabitEthernet0/0/2]undo ipv6 nd ra halt
```

- 配置为有状态 DHCPv6，使 DHCPv6 客户端通过 DHCP 方式获取 IPv6 地址

```
[R3-GigabitEthernet0/0/2]ipv6 nd autoconfig managed-address-flag
```

- 使 DHCPv6 客户端通过 DHCP 方式获取其他网络参数

```
[R3-GigabitEthernet0/0/2]ipv6 nd autoconfig other-flag
```

- 华为设备必须配置为自动获取链路本地地址才能通过 DHCPv6 获取地址

```
[R5]dhcp enable
[R5]interface g0/0/0
[R5-GigabitEthernet0/0/0]ipv6 add auto link-local
```

- 设置 IPv6 地址获取方式为 DHCPv6

```
[R5-GigabitEthernet0/0/0]ipv6 add auto dhcp
```

② DHCPv6 中继。

- 使能路由器向主机发送路由通告信息

```
[R4]dhcp enable
[R4]interface g0/0/0
[R4-GigabitEthernet0/0/0]dhcpv6 relay destination 2034::3 /DHCPv6
[R4-GigabitEthernet0/0/0]undo ipv6 nd ra halt
```

- 配置为有状态 DHCPv6，使 DHCPv6 客户端通过 DHCP 方式获取 IPv6 地址

```
[R4-GigabitEthernet0/0/0]ipv6 nd autoconfig managed-address-flag
```

- 使 DHCPv6 客户端通过 DHCP 方式获取其他网络参数

```
[R4-GigabitEthernet0/0/0]ipv6 nd autoconfig other-flag
```

8）DHCPv6 Snooping

- 开启 DHCP 功能

```
[SW1]dhcp enable
```

- 开启 DHCPv6 Snooping 功能

```
[SW1]dhcp snooping enable ipv6
```

- 在 VLAN 1 上启用 DHCPv6 Snooping 功能

```
[SW1]dhcp snooping enable vlan 1
```

- 上行端口作为信任端口

```
[SW1]interface g0/0/2
[SW1-GigabitEthernet0/0/2]dhcp snooping trusted
```

9）IPv6 GRE

① 配置 1(eNSP AR 路由器不支持，华为高端路由器支持)。

- 设置 GRE 隧道模式为 GRE IPv6 模式

```
[~ DeviceA] interface tunnel 1
[* DeviceA-Tunnel1] tunnel-protocol gre ipv6
[* DeviceA-Tunnel1] ipv6 enable
[* DeviceA-Tunnel1] ipv6 address 2001:db8:5::1/64
[* DeviceA-Tunnel1] source 2001:db8:1::1
[* DeviceA-Tunnel1] destination 2001:db8:2::1
[* DeviceA] commit
```

② 配置 2(借助 IPv4 实现 IPv6 GRE，思科设备也支持这种配置，原理相同)。

- 开启 IPv6 功能

```
[R2]interface Tunnel 0/0/0
[R2-Tunnel0/0/0]ipv6 enable
```

- 给 GRE 隧道配置 IPv6 地址

```
[R2-Tunnel0/0/0]ipv6 add 2010::1/64
```

- 模式设置为 GRE 模式

```
[R2-Tunnel0/0/0]tunnel-protocol gre
```

- 源端口一定要配置可以和目的地址通信的 IPv4 地址

```
[R2-Tunnel0/0/0]source g0/0/1
```

- 目的 IPv4 地址

```
[R2-Tunnel0/0/0]destination 34.1.1.4
```

10）IPv6 GRE over IPSec(华为为 IPv6 over GRE over IPsec)

华为设备上的 IPsec 只支持 IPv4 单播报文数据的传输，IPv6 over GRE over IPsec 解决了 IPsec 不支持 IPv6 单播报文、IPv4 组播报文、IPv4 广播报文、L2 VPN/L3 VPN IPv4 报文等的传输问题。思科设备也支持这种配置，原理相同。

- 匹配公网接口的 IPv4 地址

```
[R2]acl number 3
[R2-acl-adv-3200]rule permit ip source 23.1.1.2 0 destination 34.1.1.
4 0
```

● 注意，模式一定要配置为隧道模式，传输模式无法通信

```
[R2]ipsec proposal HUAWEI
[R2-ipsec-proposal-HUAWEI]encapsulation-mode tunnel
```

● 配置 IPv6 对等体与共享密钥，两端需要一致

```
[R2-ipsec-proposal-HUAWEI]esp authentication-algorithm sha2-256
[R2-ipsec-proposal-HUAWEI]esp encryption-algorithm aes-128
[R2]ike proposal 10
[R2]ike peer R4 v1
[R2-ike-peer-R4]exchange-mode aggressive
[R2-ike-peer-R4]pre-shared-key simple HUAWEI
[R2-ike-peer-R4]ike-proposal 10
[R2-ike-peer-R4]remote-address 34.1.1.4
[R2]ipsec policy GRE 10 isakmp
[R2-ipsec-policy-isakmp-GRE- 10]security acl 3200
[R2-ipsec-policy-isakmp-GRE- 10]ike-peer R4
[R2-ipsec-policy-isakmp-GRE- 10]proposal HUAWEI
[R2-ipsec-policy-isakmp-GRE- 10]pfs dh-group14
[R2]interface g0/0/1
[R2-GigabitEthernet0/0/1]ipsec policy GRE
```

12.2.5　IPv6 实验(实验 19)

在此实验中，在所有路由器上开启 IPv6 路由功能，配置 IPv6 全球单播地址。在 R2、R3、R4 上实施静态默认路由。在 AS 100 中 R1 与 R2 实施 OSPFv3，AS 200 中 R4 与 R5 实施 OSPFv3，并下发默认路由。在 R2 与 R4 之间实施 IPv6 GRE 隧道。在 IPv6 GRE 隧道基础上，在 R2 与 R4 上实施 MBGP，通告 R1 与 R5 的环回接口地址，使得两端的环回接口可以正常通信。在 R2 与 R4 上将 MBGP 路由注入 OSPFv3。在 R2 上实施 IPv6 ACL，限制 AS 100 的内部地址访问 R3 上的恶意地址。在 R3 连接 AS 200 的接口上实施 DHCPv6 服务器，在 R4 连接 SW1 的接口上实施 DHCPv6 中继，R5 连接 SW1 的接口为 DHCPv6 客户端，自动获取 IPv6 地址。在 R2 与 R4 上使用 IPSec 对 IPv6 GRE 隧道进行加密。在 SW1 上实施 DHCPv6 保护策略，避免受到攻击。

【实验目的】

(1) 掌握思科、华为设备上 IPv6 的基本配置。
(2) 掌握思科、华为设备上 IPv6 静态路由的配置。
(3) 掌握思科、华为设备上 OSPFv3 的配置。
(4) 掌握思科、华为设备上 MBGP 的配置。
(5) 掌握思科、华为设备上 IPv6 ACL 的配置。
(6) 掌握思科、华为设备上有状态 DHCPv6 和 DHCPv6 中继的配置。
(7) 掌握思科、华为设备上 DHCPv6 保护策略的配置。

(8) 掌握思科、华为设备上 IPv6 GRE over IPSec 的配置。

【实验步骤】

1. 思科设备上实施

实验拓扑图如图 12-8 所示,具体配置步骤如下。

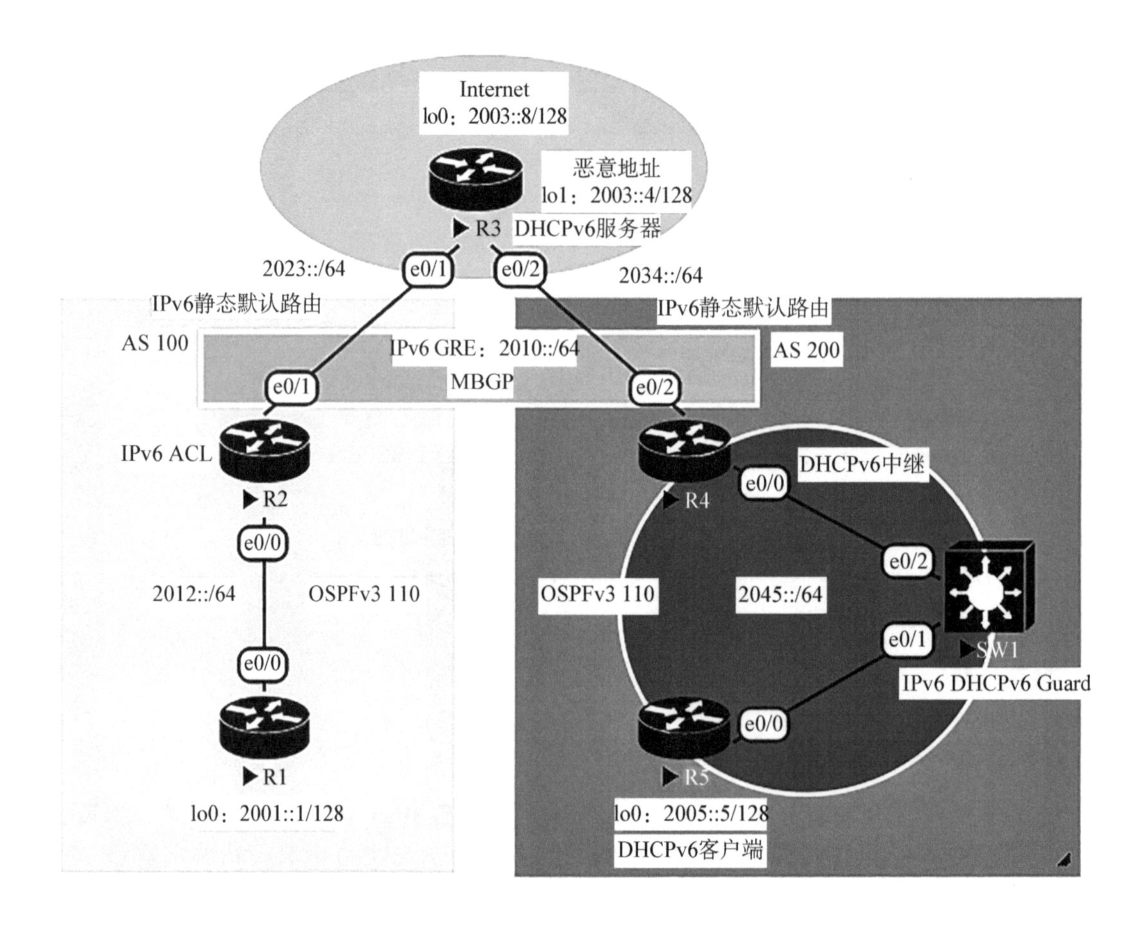

图 12-8 思科 IPv6 实验拓扑图

(1) 在所有路由器上开启 IPv6 功能,配置 IPv6 全球单播地址。

```
R1(config)#ipv6 unicast-routing
R1(config)#interface lo0
R1(config-if)#ipv6 add 2001::1/128
R1(config)#interface e0/0
R1(config-if)#ipv6 address 2012::1/64
R1(config-if)#no shutdown
R2(config)#ipv6 unicast-routing
R2(config)#interface e0/0
R2(config-if)#ipv6 address 2012::2/64
```

```
R2(config-if)#no shutdown
R2(config)#interface e0/1
R2(config-if)#ipv6 address 2023::2/64
R2(config-if)#no shutdown
R2(config)#interface lo0
R2(config-if)#ipv6 address 2002::2/128
R3(config)#ipv6 unicast-routing
R3(config)#interface lo0
R3(config-if)#ipv6 address 2003::8/128
R3(config)#interface lo1
R3(config-if)#ipv6 address 2003::4/128
R3(config)#interface e0/1
R3(config-if)#ipv6 address 2023::3/64
R3(config-if)#no shutdown
R3(config)#interface e0/2
R3(config-if)#ipv6 address 2034::3/64
R3(config-if)#no shutdown
R4(config)#ipv6 unicast-routing
R4(config)#interface e0/2
R4(config-if)#ipv6 address 2034::4/64
R4(config-if)#no shutdown
R4(config)#interface e0/0
R4(config-if)#ipv6 address 2045::4/64
R4(config-if)#no shutdown
R4(config)#interface lo0
R4(config-if)#ipv6 address 2004::4/128
R5(config)#ipv6 unicast-routing
R5(config)#interface lo0
R5(config-if)#ipv6 address 2005::5/128
R5(config)#interface e0/0
R5(config-if)#ipv6 address 2045::5/64
R5(config-if)#no shutdown
```

(2) 在 R2、R3、R4 上实施静态默认路由。

- NAT 技术用于解决 IPv4 地址短缺的问题，IPv6 中的 NAT6 很多厂商的设备都不支持。这里使用静态默认路由模拟 ISP 分配给用户的 IPv6 地址段的路由

```
R2(config)#ipv6 route ::/0 2023::3
R3(config)#ipv6 route ::/0 2023::2
R3(config)#ipv6 route ::/0 2034::4
```

```
R4(config)#ipv6 route ::/0 2034::3
```

（3）在 AS 100 中 R1 与 R2 实施 OSPFv3，AS 200 中 R4 与 R5 实施 OSPFv3，并下发默认路由。

- OSPFv3 中一定要配置路由器 ID，否则无法启动

```
R1(config)#router ospfv3 110
R1(config-router)#router-id 1.1.1.1
```

- 进入 IPv6 地址族

```
R1(config)#interface lo0
R1(config-if)#ospfv3 110 ipv6 area 0
R1(config)#interface e0/0
R1(config-if)#ospfv3 110 ipv6 area 0
R2(config)#router ospfv3 110
R2(config-router)#router-id 2.2.2.2
R2(config-router)#address-family ipv6
```

- 下发 IPv6 默认路由

```
R2(config-router-af)#default-information originate
R2(config)#interface e0/0
R2(config-if)#ospfv3 110 ipv6 area 0
R5(config)#router ospfv3 110
R5(config-router)#router-id 5.5.5.5
R5(config)#interface lo0
R5(config-if)#ospfv3 110 ipv6 area 0
R5(config)#interface e0/0
R5(config-if)#ospfv3 110 ipv6 area 0
R4(config-router)#router-id 4.4.4.4
R4(config-router)#address-family ipv6
R4(config-router-af)#default-information originate
R4(config)#interface e0/0
R4(config-if)#ospfv3 110 ipv6 area 0
```

（4）在 R2 与 R4 之间实施 IPv6 GRE 隧道。

- 设置 GRE 隧道模式为 GRE IPv6 模式

```
R2(config)#interface tunnel 0
R2(config-if)#ipv6 address 2010::1/64
R2(config-if)#tunnel mode gre ipv6
R2(config-if)#tunnel source e0/1
R2(config-if)#tunnel destination 2034::4
```

```
R4(config)#interface tunnel 0
R4(config-if)#ipv6 address 2010::2/64
R4(config-if)#tunnel mode gre ipv6
R4(config-if)#tunnel source e0/2
R4(config-if)#tunnel destination 2023::2
```

(5) 在 IPv6 GRE 隧道基础上,在 R2 与 R4 上实施 MBGP,通告 R1 与 R5 的环回接口地址,使得两端的环回接口可以正常通信。

```
R2(config)#router bgp 100
R2(config-router)#bgp router-id 2.2.2.2
R2(config-router)#neighbor 2010::2 remote-as 200
R2(config-router)#address-family ipv6
R2(config-router-af)#neighbor 2010::2 activate
R2(config-router-af)#network 2001::1/128
R4(config)#router bgp 200
R4(config-router)#bgp router-id 4.4.4.4
R4(config-router)#neighbor 2010::1 remote-as 100
R4(config-router)#address-family ipv6
R4(config-router-af)#neighbor 2010::1 activate
R4(config-router-af)#network 2005::5/128
```

测试 R1 与 R5 的环回接口能否正常通信,在图 12-9 中可以看到,R1 与 R5 的环回接口通信正常。

```
R1#ping 2005::5 source 2001::1
Type escape sequence to abort.
Sending 5, 100-byte ICMP Echos to 2005::5, timeout is 2 seconds:
Packet sent with a source address of 2001::1
!!!!!
Success rate is 100 percent (5/5), round-trip min/avg/max = 2/2/3 ms
```

图 12-9　R1 和 R5 通信测试

(6) 重分布(选配)。在 R2 与 R4 上将 MBGP 路由注入 OSPFv3,OSPFv3 中下发默认路由之后,R1 与 R5 的环回接口通信正常。不需要重分布 MBGP 进 OSPFv3,重分布后 R1 和 R5 会收到对方环回接口的路由。

```
R2(config)#router ospfv3 110
R2(config-router)#address-family ipv6
R2(config-router-af)#redistribute bgp 100
R4(config)#router ospfv3 110
R4(config-router)#address-family ipv6
R4(config-router-af)#redistribute bgp 200
```

在 R1 上查看 IPv6 路由表，在图 12-10 中可以看到，R1 通过 OSPFv3 外部路由方式收到了 R5 的环回接口路由。

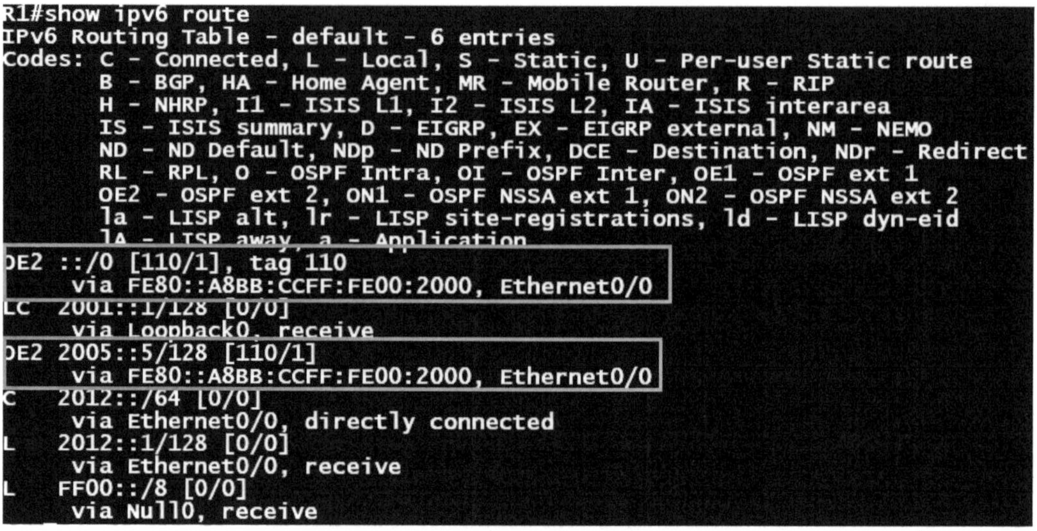

```
R1#show ipv6 route
IPv6 Routing Table - default - 6 entries
Codes: C - Connected, L - Local, S - Static, U - Per-user Static route
       B - BGP, HA - Home Agent, MR - Mobile Router, R - RIP
       H - NHRP, I1 - ISIS L1, I2 - ISIS L2, IA - ISIS interarea
       IS - ISIS summary, D - EIGRP, EX - EIGRP external, NM - NEMO
       ND - ND Default, NDp - ND Prefix, DCE - Destination, NDr - Redirect
       RL - RPL, O - OSPF Intra, OI - OSPF Inter, OE1 - OSPF ext 1
       OE2 - OSPF ext 2, ON1 - OSPF NSSA ext 1, ON2 - OSPF NSSA ext 2
       la - LISP alt, lr - LISP site-registrations, ld - LISP dyn-eid
       lA - LISP away, a - Application
OE2 ::/0 [110/1], tag 110
     via FE80::A8BB:CCFF:FE00:2000, Ethernet0/0
LC  2001::1/128 [0/0]
     via Loopback0, receive
OE2 2005::5/128 [110/1]
     via FE80::A8BB:CCFF:FE00:2000, Ethernet0/0
C   2012::/64 [0/0]
     via Ethernet0/0, directly connected
L   2012::1/128 [0/0]
     via Ethernet0/0, receive
L   FF00::/8 [0/0]
     via Null0, receive
```

图 12-10 R1 上查看 IPv6 路由表

(7) 在 R2 上实施 IPv6 ACL，限制 AS 100 的内部地址访问 R3 上的恶意地址。

```
R2(config)#ipv6 access-list EY
R2(config-ipv6-acl)#deny ipv6 any host 2003::4
R2(config-ipv6-acl)#permit ipv6 any any
R2(config)#interface e0/1
R2(config-if)#ipv6 traffic-filter EY out
```

在 PC1 上测试能否访问恶意地址，在图 12-11 中可以看到，PC1 无法访问 R3 上的恶意地址，IPv6 ACL 在 R2 e0/2 接口的出方向上生效。

```
R1#ping 2003::4
Type escape sequence to abort.
Sending 5, 100-byte ICMP Echos to 2003::4,
AAAAA
Success rate is 0 percent (0/5)
```

图 12-11 PC1 访问恶意地址测试

(8) 在 R3 连接 AS 200 的接口上实施 DHCPv6 服务器，在 R4 连接 SW1 的接口上实施 DHCPv6 中继，R5 连接 SW1 的接口为 DHCPv6 客户端，自动获取 IPv6 地址。注意，思科设备的接口如果只手工配置了一个 IPv6 地址而并没有配置链路本地地址，则删除手工 IPv6 地址时，OSPFv3 接口下的通告配置也会自动被删除，需要重新通告

```
R3(config)#ipv6 dhcp pool DHCPV6
R3(config-dhcpv6)#address prefix 2045::/64
R3(config-dhcpv6)#dns-server 2000::2000
```

```
R3(config)#interface e0/2
R3(config-if)#ipv6 dhcp server DHCPV6
R4(config)#interface e0/0
R4(config-if)#ipv6 dhcp relay destination 2034::3
R4(config-if)#ipv6 nd managed-config-flag
R4(config-if)#ipv6 nd other-config-flag
R5(config)#interface e0/0
R5(config-if)#no ipv6 add
R5(config-if)#ipv6 enable
R5(config-if)#ipv6 address dhcp
R5(config-if)#ospfv3 110 ipv6 area 0
R5#clear ipv6 dhcp client e0/0
```

在 R5 上查看 DHCPv6 地址获取情况，在图 12 - 12 中可以看到，R5 的 e0/0 接口正常获取到了 IPv6 地址和 DNS 服务器地址。

```
R5#show ipv6 dhcp interface
Ethernet0/0 is in client mode
  Prefix State is IDLE
  Address State is OPEN
  Renew for address will be sent in 11:59:39
  List of known servers:
    Reachable via address: FE80::A8BB:CCFF:FE00:4000
    DUID: 00030001AABBCC003000
    Preference: 0
    Configuration parameters:
      IA NA: IA ID 0x00030001, T1 43200, T2 69120
        Address: 2045::A815:5DAA:1B68:33F4/128
                preferred lifetime 86400, valid lifetime 172800
                expires at Jan 19 2022 07:15 PM (172779 seconds)
      DNS server: 2000::2000
      Information refresh time: 0
  Prefix Rapid-Commit: disabled
  Address Rapid-Commit: disabled
```

图 12 - 12　R5 DHCPv6 地址获取信息

(9) 在 R2 与 R4 上使用 IPSec 对 IPv6 GRE 隧道进行加密。

```
R2(config)#ipv6 access-list GRE
R2(config-ipv6-acl)#permit ipv6 host 2023::2 host 2034::4
R2(config)#crypto isakmp policy 10
R2(config-isakmp)#encryption aes
R2(config-isakmp)#authentication pre-share
R2(config-isakmp)#hash sha256
R2(config-isakmp)#group 5
R2(config)#crypto isakmp key CISCO address ipv6 2034::4/64
```

```
R2(config)#crypto ipsec transform-set TRAN esp-aes esp-sha256-hmac
R2(cfg-crypto-trans)#mode transport
R2(config)#crypto map ipv6 VPN 10 ipsec-isakmp
R2(config-crypto-map)#set peer 2034::4
R2(config-crypto-map)#set transform-set TRAN
R2(config-crypto-map)#set pfs group5
R2(config-crypto-map)#match address GRE
R2(config)#interface e0/1
R2(config-if)#ipv6 crypto map VPN
R4(config)#ipv6 access-list GRE
R4(config-ipv6-acl)#permit ipv6 host 2034::4 host 2023::2
R4(config)#crypto isakmp policy 10
R4(config-isakmp)#encryption aes
R4(config-isakmp)#authentication pre-share
R4(config-isakmp)#hash sha256
R4(config-isakmp)#group 5
R4(config)#crypto isakmp key CISCO address ipv6 2023::2/64
R4(config)#crypto ipsec transform-set TRAN esp-aes esp-sha256-hmac
R4(cfg-crypto-trans)#mode transport
R4(config)#crypto map ipv6 VPN 10 ipsec-isakmp
R4(config-crypto-map)#set peer 2023::2
R4(config-crypto-map)#set transform-set TRAN
R4(config-crypto-map)#set pfs group5
R4(config-crypto-map)#match address GRE
R4(config)#interface e0/2
R4(config-if)#ipv6 crypto map VPN
```

在 R2 上查看 IPSec 加密信息，在图 12－13 中可以看到，IPv6 GRE 隧道中的数据已经被成功加密。

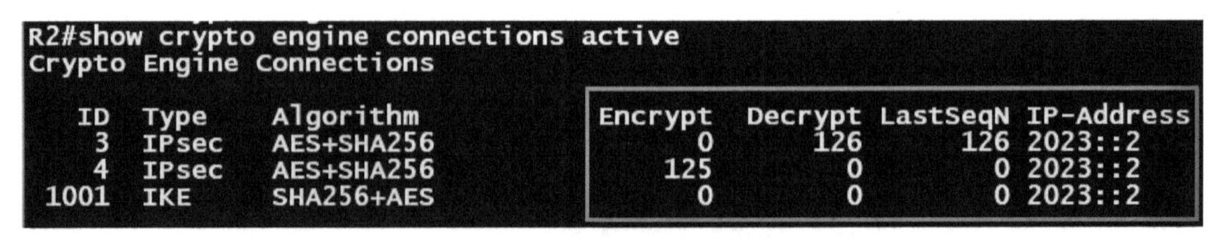

```
R2#show crypto engine connections active
Crypto Engine Connections

   ID  Type    Algorithm           Encrypt  Decrypt LastSeqN IP-Address
    3  IPsec   AES+SHA256                0      126      126 2023::2
    4  IPsec   AES+SHA256              125        0        0 2023::2
 1001  IKE     SHA256+AES                0        0        0 2023::2
```

图 12－13　R2 IPSec 加密信息

（10）在 SW1 上实施 DHCPv6 保护策略，避免受到攻击。

```
SW1(config)#ipv6 dhcp guard policy SERVER
SW1(config-dhcp-guard)#device-role server
```

```
SW1(config)#ipv6 dhcp guard policy CLIENT
SW1(config-dhcp-guard)#device-role client
SW1(config)#interface e0/1
SW1(config-if)#ipv6 dhcp guard attach-policy CLIENT
SW1(config-if)#int e0/2
SW1(config-if)#ipv6 dhcp guard attach-policy SERVER
```

在 SW1 上查看 DHCPv6 保护策略应用情况，在图 12-14 中可以看到，DHCPv6 保护策略中 e0/1 为非信任接口，e0/2 为信任接口。EVE-NG 模拟器中测试不生效。

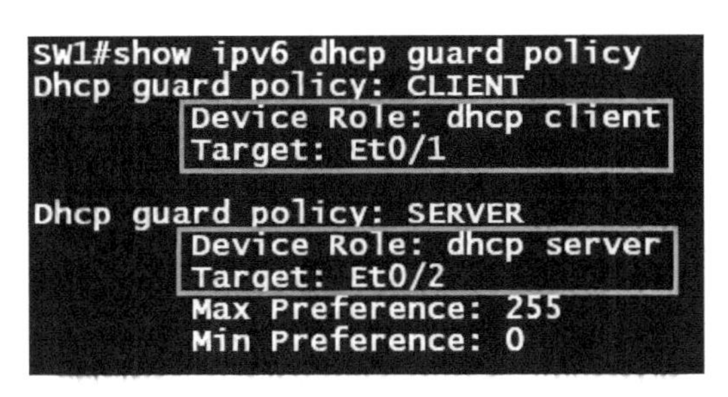

图 12-14 SW1 DHCPv6 保护策略应用情况

2. 华为设备上实施

实验拓扑图如图 12-15 所示，具体配置步骤如下。

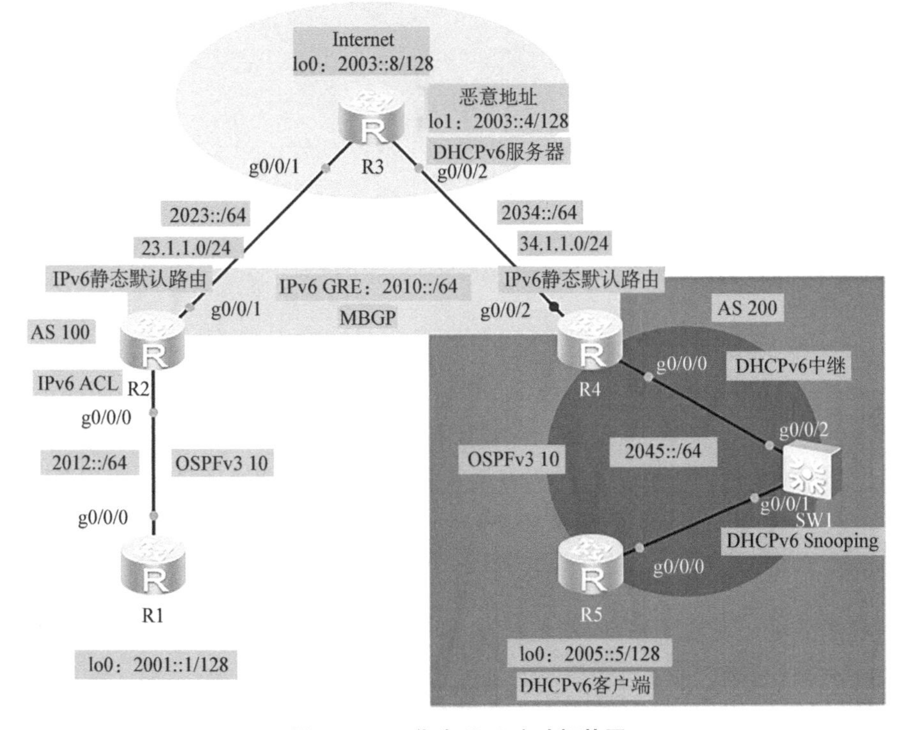

图 12-15 华为 IPv6 实验拓扑图

(1) 在所有路由器上开启 IPv6 功能，配置 IPv6 全球单播地址。

```
[R1]ipv6
[R1]interface g0/0/0
[R1-GigabitEthernet0/0/0]ipv6 enable
[R1-GigabitEthernet0/0/0]ipv6 add 2012::1/64
[R1]interface lo0
[R1-LoopBack0]ipv6 enable
[R1-LoopBack0]ipv6 add 2001::1/128
[R2]ipv6
[R2]interface g0/0/0
[R2-GigabitEthernet0/0/0]ipv6 enable
[R2-GigabitEthernet0/0/0]ipv6 add 2012::2/64
[R2]interface g0/0/1
[R2-GigabitEthernet0/0/1]ipv6 enable
[R2-GigabitEthernet0/0/1]ipv6 add 2023::2/64
[R3]ipv6
[R3]interface lo0
[R3-LoopBack0]ipv6 enable
[R3-LoopBack0]ipv6 add 2003::8/128
[R3]interface lo1
[R3-LoopBack1]ipv6 enable
[R3-LoopBack1]ipv6 add 2003::4/128
[R3]interface g0/0/1
[R3-GigabitEthernet0/0/1]ipv6 enable
[R3-GigabitEthernet0/0/1]ipv6 add 2023::3/64
[R3]interface g0/0/2
[R3-GigabitEthernet0/0/2]ipv6 enable
[R3-GigabitEthernet0/0/2]ipv6 add 2034::3/64
[R4]ipv6
[R4]interface g0/0/2
[R4-GigabitEthernet0/0/2]ipv6 enable
[R4-GigabitEthernet0/0/2]ipv6 add 2034::4/64
[R4]interface g0/0/0
[R4-GigabitEthernet0/0/0]ipv6 enable
[R4-GigabitEthernet0/0/0]ipv6 add 2045::4/64
[R5]ipv6
[R5]interface g0/0/0
[R5-GigabitEthernet0/0/0]ipv6 enable
```

```
[R5-GigabitEthernet0/0/0]ipv6 add 2045::5/64
[R5]interface lo0
[R5-LoopBack0]ipv6 enable
[R5-LoopBack0]ipv6 add 2005::5/128
```

（2）在 R2、R3、R4 上实施静态默认路由。NAT 技术用于解决 IPv4 地址短缺的问题，但 IPv6 中的 NAT6 很多厂商的设备都不支持。这里使用静态默认路由模拟 ISP 分配给用户的 IPv6 地址段的路由

```
[R2]ipv6 route-static :: 0 2023::3
[R3]ipv6 route-static :: 0 2023::2
[R3]ipv6 route-static :: 0 2034::4
[R4]ipv6 route-static :: 0 2034::3
```

（3）在 AS 100 中 R1 与 R2 实施 OSPFv3，AS 200 中 R4 与 R5 实施 OSPFv3，并下发默认路由。

- OSPFv3 中一定要配置路由器 ID，否则无法启动

```
[R1]ospfv3 10
[R1-ospfv3-10]router-id 1.1.1.1
```

- 下发 IPv6 默认路由

```
[R1-ospfv3-10]area 0
[R1]interface lo0
[R1-LoopBack0]ospfv3 10 area 0
[R1]interface g0/0/0
[R1-GigabitEthernet0/0/0]ospfv3 10 area 0
[R2]ospfv3 10
[R2-ospfv3-10]router-id 2.2.2.2
[R2-ospfv3-10]default-route-advertise
[R2-ospfv3- 10]area 0
[R2]interface g0/0/0
[R2-GigabitEthernet0/0/0]ospfv3 10 area 0
[R5]ospfv3 10
[R5-ospfv3-10]router-id 5.5.5.5
[R5-ospfv3-10]area 0
[R5]interface lo0
[R5-LoopBack0]ospfv3 10 area 0
[R5]interface g0/0/0
```

```
[R5-GigabitEthernet0/0/0]ospfv3 10 area 0
[R4]ospfv3 10
[R4-ospfv3-10]router-id 4.4.4.4
[R4-ospfv3-10]default-route-advertise
[R4-ospfv3-10]area 0
[R4]interface g0/0/0
[R4-GigabitEthernet0/0/0]ospfv3 10 area 0
```

(4) 在 R2 与 R4 之间实施 IPv6 GRE 隧道，华为 AR 路由器需要通过 IPv4 建立 IPv6 GRE 隧道。

- 配置 IPv4 接口地址与静态默认路由

```
[R3]interface g0/0/1
[R3-GigabitEthernet0/0/1]ip add 23.1.1.3 24
[R3]interface g0/0/2
[R3-GigabitEthernet0/0/2]ip add 34.1.1.3 24
[R2]interface g0/0/1
[R2-GigabitEthernet0/0/1]ip add 23.1.1.2 24
[R4]interface g0/0/2
[R4-GigabitEthernet0/0/2]ip add 34.1.1.4 24
[R2]ip route-static 0.0.0.0 0 23.1.1.3
[R4]ip route-static 0.0.0.0 0 34.1.1.3
```

- 配置 IPv6 GRE 隧道，华为只有高端路由器支持 GRE IPv6 模式

```
[R2]interface Tunnel 0/0/0
[R2-Tunnel0/0/0]ipv6 enable
[R2-Tunnel0/0/0]ipv6 add 2010::1/64
[R2-Tunnel0/0/0]tunnel-protocol gre
[R2-Tunnel0/0/0]source g0/0/1
[R2-Tunnel0/0/0]destination 34.1.1.4
[R4]interface Tunnel 0/0/0
[R4-Tunnel0/0/0]ipv6 enable
[R4-Tunnel0/0/0]ipv6 add 2010::2/64
[R4-Tunnel0/0/0]tunnel-protocol gre
[R4-Tunnel0/0/0]source g0/0/2
[R4-Tunnel0/0/0]destination 23.1.1.2
```

(5) 在 IPv6 GRE 隧道基础上，在 R2 与 R4 上实施 MBGP，通告 R1 与 R5 的环回接口地址，使得两端的环回接口可以正常通信。

```
[R2]bgp 100
[R2-bgp]router-id 2.2.2.2
[R2-bgp]peer 2010::2 as-number 200
[R2-bgp]ipv6 unicast
[R2-bgp-af-ipv6]peer 2010::2 enable
[R2-bgp-af-ipv6]network 2001::1 128
[R4]bgp 200
[R4-bgp]router-id 4.4.4.4
[R4-bgp]peer 2010::1 as-number 100
[R4-bgp]ipv6 unicast
[R4-bgp-af-ipv6]peer 2010::1 enable
[R4-bgp-af-ipv6]network 2005::5 128
```

测试 R1 与 R5 的环回接口能否正常通信，在图 12－16 中可以看到，R1 与 R5 的环回接口通信正常。

```
[R1]ping ipv6 -a 2001::1 2005::5
  PING 2005::5 : 56  data bytes, press CTRL_C to break
    Reply from 2005::5
    bytes=56 Sequence=1 hop limit=62  time = 90 ms
    Reply from 2005::5
    bytes=56 Sequence=2 hop limit=62  time = 80 ms
    Reply from 2005::5
    bytes=56 Sequence=3 hop limit=62  time = 70 ms
    Reply from 2005::5
    bytes=56 Sequence=4 hop limit=62  time = 80 ms
    Reply from 2005::5
    bytes=56 Sequence=5 hop limit=62  time = 70 ms

  --- 2005::5 ping statistics ---
    5 packet(s) transmitted
    5 packet(s) received
    0.00% packet loss
    round-trip min/avg/max = 70/78/90 ms
```

图 12－16　R1 和 R5 通信测试

(6) 重分布(选配)。在 R2 与 R4 上将 MBGP 路由注入 OSPFv3，OSPFv3 中下发默认路由之后，R1 与 R5 的环回接口通信正常。不需要重分布 MBGP 进 OSPFv3，重分布后 R1 和 R5 会收到对方环回接口的路由。

```
[R2]ospfv3 10
[R2-ospfv3-10]import-route bgp
[R4]ospfv3 10
[R4-ospfv3-10]import-route bgp
```

在 R1 上查看 IPv6 路由表，在图 12－17 中可以看到，R1 通过 OSPFv3 外部路由方式收到了 R5 的环回接口路由。

```
[R1]display ipv6 routing-table
Routing Table : Public
        Destinations : 7          Routes : 7

 Destination  : ::                         PrefixLength : 0
 NextHop      : FE80::2E0:FCFF:FEBC:4D41   Preference   : 150
 Cost         : 1                          Protocol     : OSPFv3ASE
 RelayNextHop : ::                         TunnelID     : 0x0
 Interface    : GigabitEthernet0/0/0       Flags        : D

 Destination  : ::1                        PrefixLength : 128
 NextHop      : ::1                        Preference   : 0
 Cost         : 0                          Protocol     : Direct
 RelayNextHop : ::                         TunnelID     : 0x0
 Interface    : InLoopBack0                Flags        : D

 Destination  : 2001::1                    PrefixLength : 128
 NextHop      : ::1                        Preference   : 0
 Cost         : 0                          Protocol     : Direct
 RelayNextHop : ::                         TunnelID     : 0x0
 Interface    : LoopBack0                  Flags        : D

 Destination  : 2005::5                    PrefixLength : 128
 NextHop      : FE80::2E0:FCFF:FEBC:4D41   Preference   : 150
 Cost         : 1                          Protocol     : OSPFv3ASE
 RelayNextHop : ::                         TunnelID     : 0x0
 Interface    : GigabitEthernet0/0/0       Flags        : D

 Destination  : 2012::                     PrefixLength : 64
 NextHop      : 2012::1                    Preference   : 0
 Cost         : 0                          Protocol     : Direct
 RelayNextHop : ::                         TunnelID     : 0x0
 Interface    : GigabitEthernet0/0/0       Flags        : D

 Destination  : 2012::1                    PrefixLength : 128
 NextHop      : ::1                        Preference   : 0
 Cost         : 0                          Protocol     : Direct
 RelayNextHop : ::                         TunnelID     : 0x0
 Interface    : GigabitEthernet0/0/0       Flags        : D

 Destination  : FE80::                     PrefixLength : 10
 NextHop      : ::                         Preference   : 0
 Cost         : 0                          Protocol     : Direct
 RelayNextHop : ::                         TunnelID     : 0x0
 Interface    : NULL0                      Flags        : D
```

图 12-17　R1 IPv6 路由表

(7) 在 R2 上实施 IPv6 ACL,限制 AS 100 的内部地址访问 R3 上的恶意地址。eNSP 出方向不生效,EVE-NG 正常。

```
[R2]acl ipv6 name EY
[R2-acl6-adv-EY]rule deny ipv6 source any destination 2003::4/128
[R2-acl6-adv-EY]rule permit ipv6 source any destination any
[R2]interface g0/0/1
[R2-GigabitEthernet0/0/1]traffic-filter outbound ipv6 acl name EY
```

● 在入方向上正常

```
[R2]interface g0/0/0
[R2-GigabitEthernet0/0/0]traffic-filter inbound ipv6 acl name EY
```

在 PC1 上测试能否访问恶意地址，在图 12－18 中可以看到，PC1 无法访问 R3 上的恶意地址，IPv6 ACL 在 R2 g0/0/0 接口的入方向上生效。

```
[R1]ping ipv6 2003::4
  PING 2003::4 : 56  data bytes, press CTRL_C to break
    Request time out
    Request time out
    Request time out
    Request time out
    Request time out

  --- 2003::4 ping statistics ---
    5 packet(s) transmitted
    0 packet(s) received
    100.00% packet loss
    round-trip min/avg/max = 0/0/0 ms
```

图 12－18　PC1 访问恶意地址测试

(8) 在 R3 连接 AS 200 的接口上实施 DHCPv6 服务器，在 R4 连接 SW1 的接口上实施 DHCPv6 中继，R5 连接 SW1 的接口为 DHCPv6 客户端，自动获取 IPv6 地址。

```
[R3]dhcp enable
[R3]dhcpv6 pool DHCPV6
[R3-dhcpv6-pool-DHCPV6]address prefix 2045::/64
[R3-dhcpv6-pool-DHCPV6]dns-server 2000::2000
[R3]interface g0/0/2
[R3-GigabitEthernet0/0/2]dhcpv6 server DHCPV6
[R4]dhcp enable
[R4]interface g0/0/0
[R4-GigabitEthernet0/0/0]dhcpv6 relay destination 2034::3
[R4-GigabitEthernet0/0/0]undo ipv6 nd ra halt
[R4-GigabitEthernet0/0/2]ipv6 nd autoconfig managed-address-flag
[R4-GigabitEthernet0/0/2]ipv6 nd autoconfig other-flag
[R5]dhcp enable
[R5]interface g0/0/0
[R5-GigabitEthernet0/0/0]undo ipv6 add
[R5-GigabitEthernet0/0/0]ipv6 add auto link-local
[R5-GigabitEthernet0/0/0]ipv6 add auto dhcp
```

在 R5 上查看 DHCPv6 地址获取情况，在图 12－19 中可以看到，R5 的 g0/0/0 接口正常获取到了 IPv6 地址和 DNS 服务器地址。

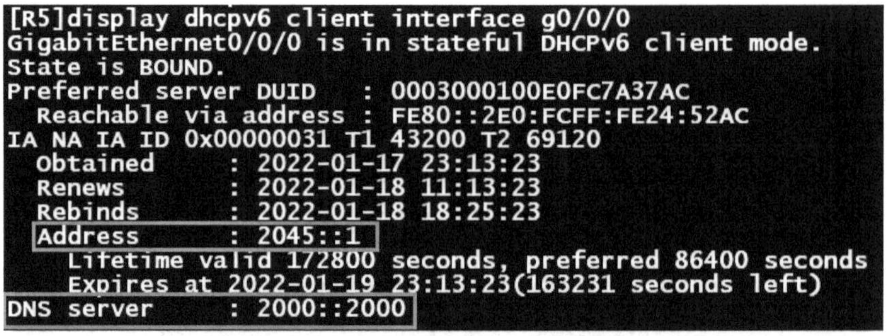

```
[R5]display dhcpv6 client interface g0/0/0
GigabitEthernet0/0/0 is in stateful DHCPv6 client mode.
State is BOUND.
Preferred server DUID    : 0003000100E0FC7A37AC
  Reachable via address : FE80::2E0:FCFF:FE24:52AC
IA NA IA ID 0x00000031 T1 43200 T2 69120
  Obtained          : 2022-01-17 23:13:23
  Renews            : 2022-01-18 11:13:23
  Rebinds           : 2022-01-18 18:25:23
  Address           : 2045::1
    Lifetime valid 172800 seconds, preferred 86400 seconds
    Expires at 2022-01-19 23:13:23(163231 seconds left)
DNS server          : 2000::2000
```

图 12－19　R5 DHCPv6 地址获取信息

(9) 在 R2 与 R4 上使用 IPSec 对 IPv6 GRE 隧道进行加密。在华为设备上，IPsec 只支持 IPv4 单播报文数据的传输，IPv6 over GRE over IPsec 解决了 IPsec 不支持 IPv6 单播报文、IPv4 组播报文、IPv4 广播报文、L2 VPN/L3 VPN IPv4 报文等的传输问题。

- 注意，模式一定要配置为隧道模式，传输模式无法通信

```
[R2]acl number 3
[R2-acl-adv-3200]rule permit ip source 23.1.1.2 0 destination 34.1.1.
4 0
[R2]ipsec proposal HUAWEI
[R2-ipsec-proposal-HUAWEI]encapsulation-mode tunnel
[R2-ipsec-proposal-HUAWEI]esp authentication-algorithm sha2-256
[R2-ipsec-proposal-HUAWEI]esp encryption-algorithm aes-128
[R2]ike proposal 10
[R2]ike peer R4 v1
[R2-ike-peer-R4]exchange-mode aggressive
[R2-ike-peer-R4]pre-shared-key simple HUAWEI
[R2-ike-peer-R4]ike-proposal 10
[R2-ike-peer-R4]remote-address 34.1.1.4
[R2]ipsec policy GRE 10 isakmp
[R2-ipsec-policy-isakmp-GRE- 10]security acl 3200
[R2-ipsec-policy-isakmp-GRE- 10]ike-peer R4
[R2-ipsec-policy-isakmp-GRE- 10]proposal HUAWEI
[R2-ipsec-policy-isakmp-GRE- 10]pfs dh-group14
[R2]interface g0/0/1
[R2-GigabitEthernet0/0/1]ipsec policy GRE
[R4]acl number 3200
[R4-acl-adv-3200]rule permit ip source 34.1.1.4 0 destination 23.1.1.
2 0
[R4]ipsec proposal HUAWEI
```

```
[R4-ipsec-proposal-HUAWEI]encapsulation-mode tunnel
[R4-ipsec-proposal-HUAWEI]esp authentication-algorithm sha2-256
[R4-ipsec-proposal-HUAWEI]esp encryption-algorithm aes-128
[R4]ike proposal 10
[R4]ike peer R2 v1
[R4-ike-peer-R2]exchange-mode aggressive
[R4-ike-peer-R2]pre-shared-key simple HUAWEI
[R4-ike-peer-R2]ike-proposal 10
[R4-ike-peer-R2]remote-address 23.1.1.2
[R4]ipsec policy GRE 10 isakmp
[R4-ipsec-policy-isakmp-GRE-10]security acl 3200
[R4-ipsec-policy-isakmp-GRE-10]ike-peer R2
[R4-ipsec-policy-isakmp-GRE-10]proposal HUAWEI
[R4-ipsec-policy-isakmp-GRE-10]pfs dh-group14
[R4]interface g0/0/2
[R4-GigabitEthernet0/0/2]ipsec policy GRE
```

在 R2 上查看 IPSec 加密信息，在图 12-20 中可以看到，IPv6 GRE 隧道中的数据已经被成功加密。

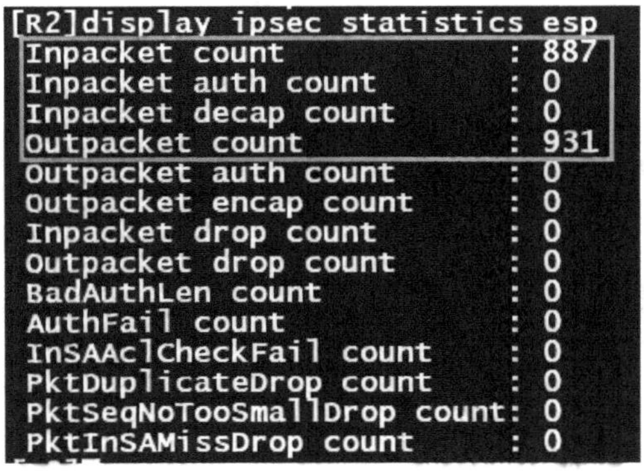

```
[R2]display ipsec statistics esp
 Inpacket count              : 887
 Inpacket auth count         : 0
 Inpacket decap count        : 0
 Outpacket count             : 931
 Outpacket auth count        : 0
 Outpacket encap count       : 0
 Inpacket drop count         : 0
 Outpacket drop count        : 0
 BadAuthLen count            : 0
 AuthFail count              : 0
 InSAAclCheckFail count      : 0
 PktDuplicateDrop count      : 0
 PktSeqNoTooSmallDrop count: 0
 PktInSAMissDrop count       : 0
```

图 12-20　R2 IPSec 加密信息

（10）在 SW1 上实施 DHCPv6 Snooping，避免受到攻击。

```
[SW1]dhcp enable
[SW1]dhcp snooping enable ipv6
[SW1]dhcp snooping enable vlan 1
[SW1]interface g0/0/2
[SW1-GigabitEthernet0/0/2]dhcp snooping trusted
[SW1]interface g0/0/1
[SW1-GigabitEthernet0/0/1] dhcp snooping max-user-number 1
```

在 SW1 上查看 DHCPv6 Snooping 绑定情况，在图 12－21 中可以看到，DHCPv6 Snooping 绑定成功。

```
[SW1]display dhcpv6 snooping user-bind all
DHCPV6 Dynamic Bind-table:
Flags:O - outer vlan ,I - inner vlan ,P - map vlan
IP Address                        MAC Address     VSI/VLAN(O/I/P) Lease
--------------------------------------------------------------------------------
2045::1                           00e0-fc3e-213e  1    /--   /--     2022.01.19-23:13
--------------------------------------------------------------------------------
print count:             1          total count:             1
```

图 12－21　SW1 DHCPv6 Snooping 绑定信息

- 在 SW1 的 g0/0/2 上关闭上行接口信任

```
[SW1]interface g0/0/2
[SW1-GigabitEthernet0/0/2]undo dhcp snooping trusted
[R5]interface g0/0/0
[R5-GigabitEthernet0/0/0]shutdown
[R5-GigabitEthernet0/0/0]undo shutdown
```

在 R5 上查看 g0/0/0 接口地址获取情况，在图 12－22 中可以看到，R5 的 g0/0/0 接口只有链路本地地址，没有获取到 DHCPv6 服务器分配的地址，但是这并不影响通信，因为 OSPFv3 可以使用链路本地地址建立邻接关系并传递路由。

```
[R5]display ipv6 int brief
*down: administratively down
(l): loopback
(s): spoofing
Interface                       Physical                    Protocol
GigabitEthernet0/0/0            up                          up
[IPv6 Address] FE80::2E0:FCFF:FE3E:213E
LoopBack0                       up                          up(s)
[IPv6 Address] 2005::5
```

图 12－22　R5 DHCPv6 地址获取信息

- 在 SW1 的 g0/0/2 上开启上行接口信任，在 R5 上查看 g0/0/0 接口地址获取情况

```
[SW1]interface g0/0/2
[SW1-GigabitEthernet0/0/2]dhcp snooping trusted
[R5]interface g0/0/0
[R5-GigabitEthernet0/0/0]shutdown
[R5-GigabitEthernet0/0/0]undo shutdown
```

在 R5 上查看 g0/0/0 接口地址获取情况，在图 12－23 中可以看到，R5 的 g0/0/0 接口通过 DHCPv6 服务器获取到了地址。

```
[R5]display ipv6 int brief
*down: administratively down
(l): loopback
(s): spoofing
Interface                          Physical              Protocol
GigabitEthernet0/0/0               up                    up
[IPv6 Address] 2045::1
LoopBack0                          up                    up(s)
[IPv6 Address] 2005::5
```

图 12-23　R5 DHCPv6 地址获取信息

【实验小结】

通过实验 19 可以了解到，思科、华为设备上默认关闭 IPv6 功能，需要自行开启，华为设备上接口下也需要开启 IPv6 功能。华为设备上 OSPFv3 建立邻接关系时没有提示信息。华为 eNSP 中 IPv6 ACL 在接口出方向上不生效，应该是模拟器的问题。DHCPv6 只能将物理接口地址作为 DHCPv6 服务器地址，如果不需要使用 DHCPv6 中继，有状态配置需要实施在 DHCPv6 服务器接口下，如果需要使用 DHCPv6 中继，则需要实施在中继接口下。思科设备使用私有技术 IPv6 DHCPv6 Guard 保护 DHCPv6 安全性，但是在 EVE-NG 模拟器中不生效。华为设备使用 DHCPv6 Snooping 保护 DHCPv6 安全性，原理与效果和 DHCP Snooping 类似。EVE-NG 支持 IPv6 GRE 隧道，eNSP 不支持 IPv6 GRE 隧道，可以在 IPv4 GRE 隧道的基础上配置 IPv6 隧道地址。思科设备上 IPSec 支持 IPv6，可以加密 IPv6 GRE 隧道数据。华为设备上 IPSec 只支持加密 IPv4 GRE 隧道数据，通过 IPv6 over GRE over IPsec 技术解决了 IPv4 GRE 隧道中加密 IPv6 数据的问题。

第 13 章　企业网综合实践

13.1 企业网分析规划

13.1.1　企业网概述

企业网是指企业内部为了满足信息传输和事务处理需求而构建的计算机网络系统。它可以是局限于特定区域的局域网(Local Area Network，LAN)，也可能包括连接企业各地分支机构、生产、运输、贸易部门和子公司的广域网(Wide Area Network，WAN)。企业网的建立基于计算机网络资源共享和信息传输两大基本功能，是市场经济发展和激烈市场竞争的产物。

13.1.2　企业网案例分析规划

1. 企业网需求分析

根据图 13-1，首先分析企业网的需求。某企业要建设自己的企业网，并提出如下需求。

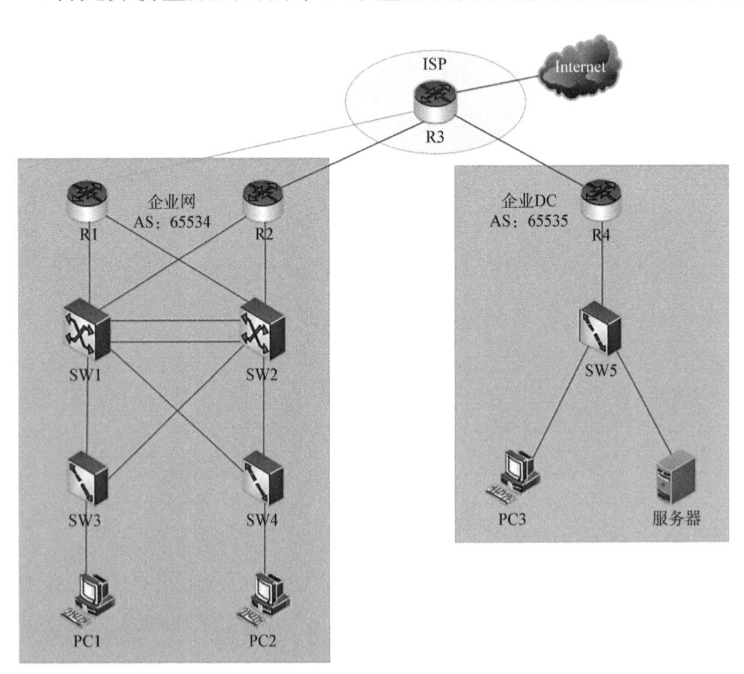

图 13-1　企业网拓扑

（1）按部门分组，方便进行内部管理。

（2）提高内部交换网络的速率，避免出现大规模拥塞断网情况。

（3）保障内部网络的稳定性与安全性，网络具有冗余备份，单一节点发生故障不影响整个网络正常运行。

（4）增强客户端接入网络的简易性，减少网络维护成本。

（5）在实现网络冗余备份的同时，提高设备的利用率，降低资源浪费。

（6）同时接入两家运营商的网络，避免出现单一运营商网络发生故障造成无法开展互联网业务的情况。

（7）降低公网地址的使用数量，进一步降低建设成本。

（8）限制非法地址接入互联网，限制非法设备接入内部网络。

（9）在互联网上连接企业网与企业数据中心网，形成跨地区企业内网。

（10）在规定节点部署 IPv6 网络，满足企业网从 IPv4 转换为 IPv6 的需求。

2. 企业网具体规划与实施方案

（1）根据如上需求，提出整体规划方案，如图 13－1 所示。采用分层网络设计，左侧的企业网分为核心层和汇聚接入层，右侧为企业数据中心（DC）。企业网使用了 2 台三层交换机，2 台二层交换机，2 台路由器，2 台 PC。企业 DC 使用了 1 台二层交换机，1 台路由器，1 台 PC 和 1 台服务器。企业网向网络运营商（ISP）申请了 1 条专线与 1 条拨号线路，拨号线路作为备份，企业 DC 向 ISP 申请了 1 条专线。

（2）具体使用到的网络技术如下：①VLAN 与 trunk 模式；②LACP 链路聚合；③RSTP 与 MSTP；④单臂路由与三层交换 SVI；⑤VRRP；⑥PPPoE；⑦OSPF 与静态默认路由；⑧DHCP 和 DHCP 中继；⑨ACL 与 NAT；⑩GRE over IPSec；⑪BGP；⑫IPv6；⑬SSH 与 NTP。

3. 基本实施步骤

（1）基础配置。

（2）交换部分配置。

（3）路由部分配置。

（4）互联网接入与广域网配置。

13.2 思科设备企业网综合实践（实验 20）

此实验在 EVE－NG 模拟器中完成，图 13－2 是本实验的拓扑图，接口连线请参考图 13－2。

【实验目的】

（1）掌握思科设备上企业网的实施方法。

（2）掌握思科设备上企业网交换技术的实施方法。

（3）掌握思科设备上企业网 IPv4 路由技术的实施方法。

（4）掌握思科设备上企业网 IPv6 路由技术的实施方法。

（5）掌握思科设备上企业网 IPv4 广域网技术的实施方法。

（6）掌握思科设备上企业网 IPv6 广域网技术的实施方法。

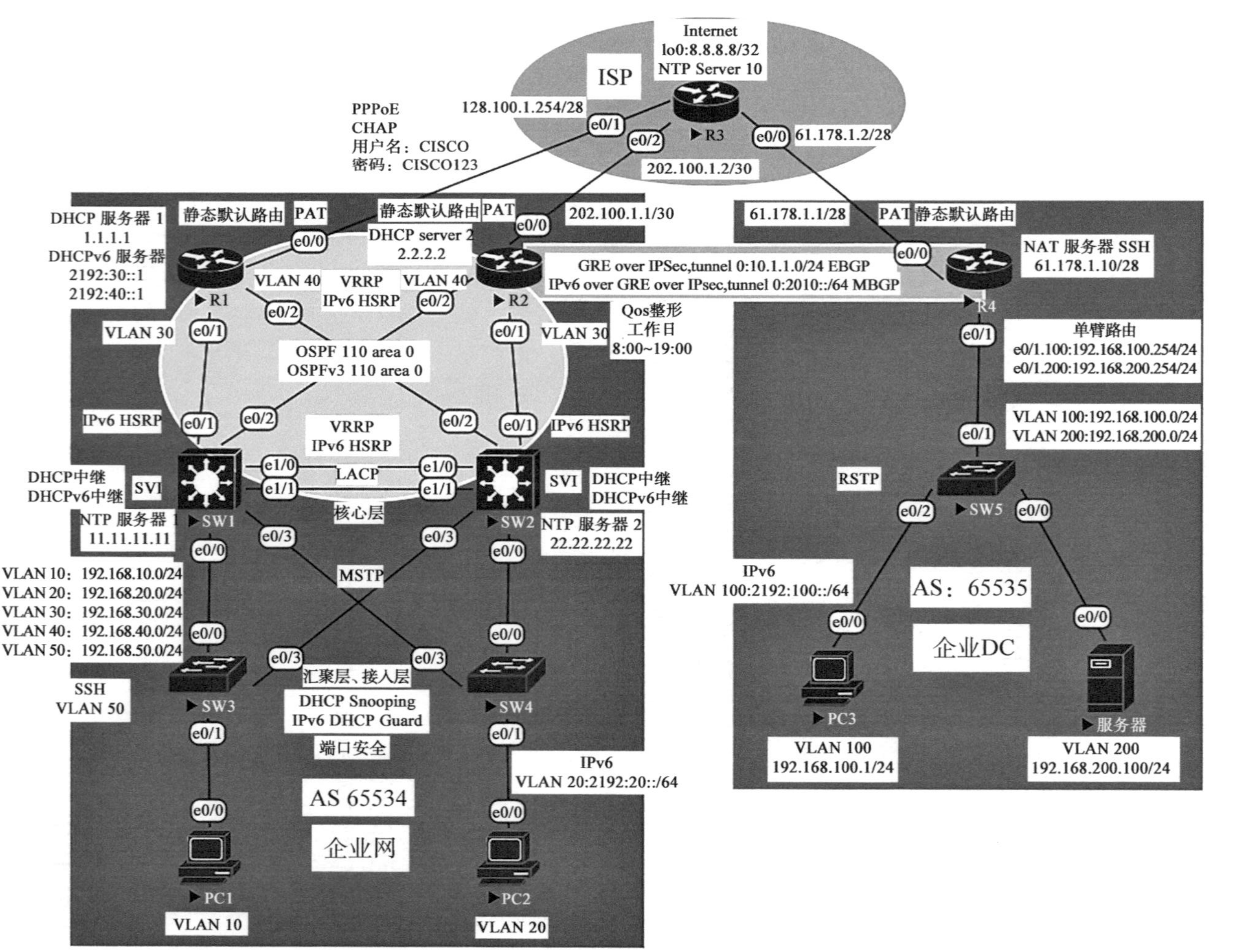

图 13－2　思科设备企业网综合实践拓扑图

【实验步骤】

1. IPv4 网络实施

1）*虚拟局域网 VLAN*

（1）为什么要实施 VLAN？VLAN 的主要作用是什么？企业网内部的局域网规模一般比较庞大，交换网络默认只有一个广播域，会产生大量的广播信息，严重时会产生广播风暴，造成局域网拥堵，而 VLAN 技术可以解决这个问题，一个 VLAN 代表一个独立的广播域，可通过将局域网划分成若干个广播域解决上述问题。同时按照部门划分 VLAN，可便于进行内部网络的管理与维护。

（2）实施过程与配置。

- 在 SW1、SW2、SW3、SW4 上创建 VLAN 10、VLAN 20、VLAN 30、VLAN 40、VLAN 50。注意，在同一个交换网络中，所有交换机的 VLAN 配置必须一致，否则可能会导致网络局部无法进行通信

```
SW1(config)#vlan 10,20,30,40,50
SW2(config)#vlan 10,20,30,40,50
SW3(config)#vlan 10,20,30,40,50
SW4(config)#vlan 10,20,30,40,50
```

- 将连接终端设备的接口划入相应 VLAN

```
SW1(config)#interface e0/1
SW1(config-if)#switchport mode access
SW1(config-if)#switchport access vlan 30
SW1(config)#interface e0/2
SW1(config-if)#switchport mode access
SW1(config-if)#switchport access vlan 40
SW2(config)#interface e0/1
SW2(config-if)#switchport mode access
SW2(config-if)#switchport access vlan 30
SW2(config)#interface e0/2
SW2(config-if)#switchport mode access
SW2(config-if)#switchport access vlan 40
SW3(config)#interface e0/1
SW3(config-if)#switchport mode access
SW3(config-if)#switchport access vlan 10
SW4(config)#interface e0/1
SW4(config-if)#switchport mode access
SW4(config-if)#switchport access vlan 20
```

在 SW1 上查看 VLAN 信息，在图 13－3 中可以看到 SW1 上创建了 VLAN 10、VLAN 20、VLAN 30、VLAN 40、VLAN 50 这 5 个 VLAN，接口 e0/1 属于 VLAN 30，e0/2 属于

VLAN 40。出于对安全性的考虑，交换机上不用的接口最好关闭。

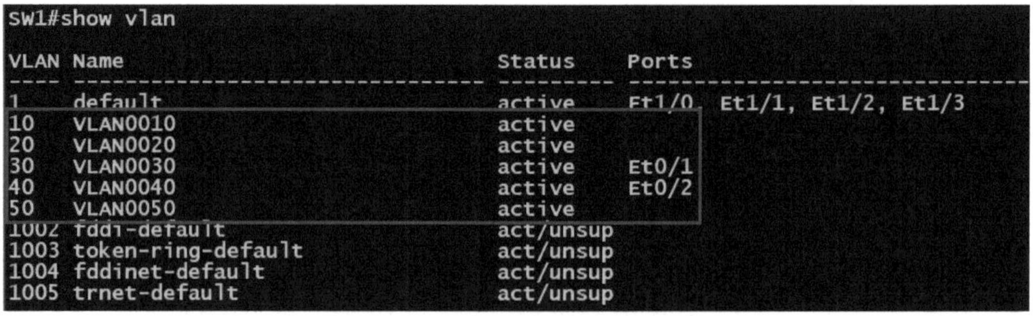

```
SW1#show vlan

VLAN Name                             Status    Ports
---- -------------------------------- --------- -------------------------------
1    default                          active    Et1/0, Et1/1, Et1/2, Et1/3
10   VLAN0010                         active
20   VLAN0020                         active
30   VLAN0030                         active    Et0/1
40   VLAN0040                         active    Et0/2
50   VLAN0050                         active
1002 fddi-default                     act/unsup
1003 token-ring-default               act/unsup
1004 fddinet-default                  act/unsup
1005 trnet-default                    act/unsup
```

图 13－3　SW1 VLAN 信息

2）LACP 模式链路聚合

（1）实施链路聚合的目的主要是提高网络传输速率吗？链路聚合技术除了用于提高网络传输速率，另一个更重要的作用是实现交换网络的冗余备份，当链路聚合组中的单条或多条链路出现故障时，只要有一条链路能正常工作，就不会影响网络的连通性。核心交换机之间必须配置链路聚合，由此可在提高链路速率的同时增强核心网络的可靠性。注意，链路聚合技术也可以实施在非核心设备上。

（2）实施过程与配置。

- 在交换机 SW1 与 SW2 之间实施二层 LACP 模式链路聚合并配置为 trunk 模式

```
SW1(config)#interface range e1/0-1
SW1(config-if-range)#channel-group 1 mode active
SW1(config-if-range)#switchport trunk encapsulation dot1q
SW1(config-if-range)#switchport mode trunk
SW1(config-if-range)#switchport trunk allowed vlan 10,20,30,40,50
SW2(config)#interface range e1/0-1
SW2(config-if-range)#channel-group 1 mode active
SW2(config-if-range)#switchport trunk encapsulation dot1q
SW2(config-if-range)#switchport mode trunk
SW2(config-if-range)#switchport trunk allowed vlan 10,20,30,40,50
```

在 SW1 上查看 LACP 模式链路聚合信息，在图 13－4 中可以看到 LACP 模式的二层链路聚合工作正常，建议先关闭链路聚合组两端的物理接口，然后再进行配置，完成配置后开启物理接口。

3）trunk 链路

（1）交换机之间的链路为什么要使用 trunk 模式？在划分了 VLAN 的交换网络当中，交换机之间要传输多个 VLAN 的信息，必须将接口配置为 trunk 模式，trunk 链路上可以传输多个 VLAN 的信息，access 链路上只能传输一个 VLAN 的信息。

```
SW1#show etherchannel summary
Flags:  D - down        P - bundled in port-channel
        I - stand-alone s - suspended
        H - Hot-standby (LACP only)
        R - Layer3      S - Layer2
        U - in use      N - not in use, no aggregation
        f - failed to allocate aggregator

        M - not in use, minimum links not met
        m - not in use, port not aggregated due to minimum links not met
        u - unsuitable for bundling
        w - waiting to be aggregated
        d - default port

        A - formed by Auto LAG


Number of channel-groups in use: 1
Number of aggregators:           1

Group  Port-channel  Protocol    Ports
------+-------------+-----------+-----------------------------------------------
1      Po1(SU)         LACP      Et1/0(P)    Et1/1(P)
```

图 13 - 4 SW1 链路聚合信息

(2) 实施与配置。

• 将交换机 SW1、SW2、SW3、SW4 之间连接的其他接口设置为 trunk 模式，思科二层交换机上 trunk 封装模式默认使用 Dot1q，可以直接配置为 trunk 模式

```
SW1(config)#interface range e0/0,e0/3
SW1(config-if-range)#switchport trunk encapsulation dot1q
SW1(config-if-range)#switchport mode trunk
SW1(config-if-range)#switchport trunk allowed vlan 10,20,30,40,50
SW2(config)#interface range e0/0,e0/3
SW2(config-if-range)#switchport trunk encapsulation dot1q
SW2(config-if-range)#switchport mode trunk
SW2(config-if-range)#switchport trunk allowed vlan 10,20,30,40,50
SW3(config)#interface range e0/0,e0/3
SW3(config-if-range)#switchport trunk encapsulation dot1q
SW3(config-if-range)#switchport mode trunk
SW3(config-if-range)#switchport trunk allowed vlan 10,20,30,40,50
SW4(config)#interface range e0/0,e0/3
SW4(config-if-range)#switchport trunk encapsulation dot1q
SW4(config-if-range)#switchport mode trunk
SW4(config-if-range)#switchport trunk allowed vlan 10,20,30,40,50
```

在 SW1 上查看交换机 trunk 端口的信息，在图 13 - 5 中可以看到 trunk 链路上允许 VLAN 10、VLAN 20、VLAN 30、VLAN 40、VLAN 50 通过，其他 VLAN 不能通过，这样就提高了交换网络的安全性。

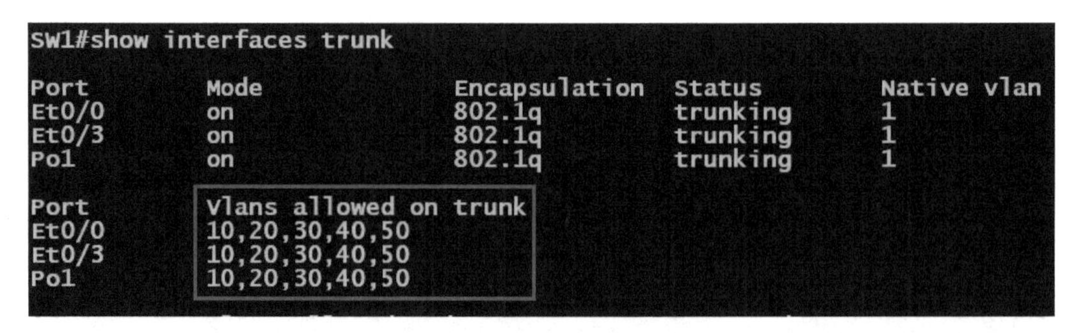
```
SW1#show interfaces trunk

Port        Mode             Encapsulation  Status        Native vlan
Et0/0       on               802.1q         trunking      1
Et0/3       on               802.1q         trunking      1
Po1         on               802.1q         trunking      1

Port        Vlans allowed on trunk
Et0/0       10,20,30,40,50
Et0/3       10,20,30,40,50
Po1         10,20,30,40,50
```

图 13-5　SW1 trunk 端口信息

4）多实例生成树协议 MSTP

（1）生成树对交换网络的影响有多大？生成树协议 STP 主要用来解决交换网络中的环路问题，在实现企业内部拥有冗余备份时，必然会产生交换网络中的环路，如果没有生成树，那么这种设计将会是一场噩梦。实施了生成树协议之后，如何保证生成树协议的快速收敛性和稳定性，并合理优化交换网络，是必须面对和探讨的问题。在企业网中，尤其是在有冗余备份的网络中，我们必然会选择多生成树协议 MSTP，这种生成树协议的最大优点是可以实现 VLAN 分实例，按照实例设置主备根设备，而根设备稳定是整个交换网络稳定的基石，这样可以在优化交换网络的同时合理利用交换设备资源。思科拥有私有的每 VLAN 生成树技术，即每一个 VLAN 都有一棵生成树，但这在提高交换网络效率的同时，使设备资源消耗得极多。华为以及其他厂商的交换机默认所有 VLAN 都使用同一棵生成树，虽然这种方式下设备资源消耗得较少，但是交换网络效率差。所以，出现了多生成树协议 MSTP，在 MSTP 中一个实例使用一棵生成树，可以将多个 VLAN 放进同一个实例中，这种方案可以在提高交换网络效率的同时，防止设备资源消耗得过多。

（2）实施过程与配置。

● 将交换机 SW1、SW2、SW3、SW4 的生成树模式修改为 MSTP，将 SW1 作为 VLAN 10 和 VLAN 30 的主根，将 SW2 作为 VLAN 20 和 VLAN 40 的主根。注意，在同一个交换网络中，所有交换机的 MSTP 配置必须一致，否则会影响生成树收敛速度，造成交换网络不稳定

```
SW1(config)#spanning-tree mode mst
SW1(config)#spanning-tree mst configuration
SW1(config-mst)#name CISCO
SW1(config-mst)#revision 100
SW1(config-mst)#instance 1 vlan 10,30
SW1(config-mst)#instance 2 vlan 20,40
SW1(config)#spanning-tree mst 1 root primary
SW1(config)#spanning-tree mst 2 root secondary
SW2(config)#spanning-tree mode mst
SW2(config)#spanning-tree mst configuration
SW2(config-mst)#name CISCO
```

```
SW2(config-mst)#revision 100
SW2(config-mst)#instance 1 vlan 10,30
SW2(config-mst)#instance 2 vlan 20,40
SW2(config)#spanning-tree mst 1 root secondary
SW2(config)#spanning-tree mst 2 root primary
SW3(config)#spanning-tree mode mst
SW3(config)#spanning-tree mst configuration
SW3(config-mst)#name CISCO
SW3(config-mst)#revision 100
SW3(config-mst)#instance 1 vlan 10,30
SW3(config-mst)#instance 2 vlan 20,40
SW4(config)#spanning-tree mode mst
SW4(config)#spanning-tree mst configuration
SW4(config-mst)#name CISCO
SW4(config-mst)#revision 100
SW4(config-mst)#instance 1 vlan 10,30
SW4(config-mst)#instance 2 vlan 20,40
```

在 SW1 上查看实例 1 的生成树信息，在图 13－6 中可以看到实例 1 的所有端口都是指定端口，所以可以判定 SW1 是实例 1 的根桥。

```
SW1#show spanning-tree mst 1

##### MST1       vlans mapped:   10,30
Bridge           address aabb.cc00.5000  priority      24577 (24576 sysid 1)
Root             this switch for MST1

Interface        Role Sts Cost      Prio.Nbr Type
---------------- ---- --- --------- -------- --------------------------------
Et0/0            Desg FWD 2000000   128.1    P2p
Et0/1            Desg FWD 2000000   128.2    P2p
Et0/3            Desg FWD 2000000   128.4    P2p
Po1              Desg FWD 1000000   128.65   P2p
```

图 13－6　SW1 实例 1 生成树信息

在接入层交换机 SW3、SW4 上做边缘端口和 BPDU 保护，防止主机端的恶意软件抢占根桥，对交换网络造成威胁。

- 思科交换机会使所有 access 端口成为边缘端口

```
SW3(config)#spanning-tree portfast edge default
```

- 在边缘端口上开启 BPDU 保护

```
SW3(config)#spanning-tree portfast edge bpduguard default
SW4(config)#spanning-tree portfast edge default
SW4(config)#spanning-tree portfast edge bpduguard default
```

在 SW4 上查看实例 2 的生成树信息，在图 13－7 中可以看到 e0/1 接口为边缘端口，边缘端口上开启了 BPDU 保护。e0/3 接口处于阻塞状态，以防止出现二层环路。e0/0 是根端口，指定端口对端一定是根端口或者阻塞端口。

```
SW4#show spanning-tree mst 2

##### MST2      vlans mapped:   20,40
Bridge          address aabb.cc00.8000  priority      32770 (32768 sysid 2)
Root            address aabb.cc00.6000  priority      24578 (24576 sysid 2)
                port    Et0/0           cost          2000000    rem hops 19

Interface        Role Sts Cost      Prio.Nbr Type
---------------- ---- --- --------- -------- --------------------------------
Et0/0            Root FWD 2000000   128.1    P2p
Et0/1            Desg FWD 2000000   128.2    P2p Edge
Et0/3            Altn BLK 2000000   128.4    P2p
```

图 13－7　SW4 实例 2 生成树信息

- 在 SW3、SW4 连接终端设备的接口上实施端口安全策略，防止非法用户私自接入网络

```
SW3(config)#interface e0/1
SW3(config-if)#switchport port-security
SW3(config-if)#switchport port-security maximum 1
SW3(config-if)#switchport port-security mac-address sticky
SW3(config-if)#switchport port-security violation protect
SW4(config)#interface e0/1
SW4(config-if)#switchport port-security
SW4(config-if)#switchport port-security maximum 1
SW4(config-if)#switchport port-security mac-address sticky
SW4(config-if)#switchport port-security violation protect
```

在 SW4 上查看端口安全策略下的 MAC 地址绑定信息，在图 13－8 中可以看到 e0/1 已经绑定了终端设备的 MAC 地址，这里限定绑定数量上限为 1，一旦接入其他设备，MAC 地址与绑定地址不一致就会触发端口安全策略。

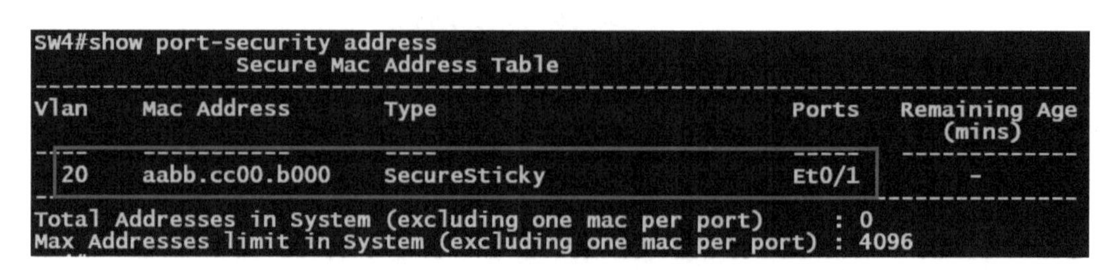

```
SW4#show port-security address
               Secure Mac Address Table
-----------------------------------------------------------------------------
Vlan    Mac Address       Type                          Ports   Remaining Age
                                                                   (mins)
----    -----------       ----                          -----   -------------
 20     aabb.cc00.b000    SecureSticky                  Et0/1        -
-----------------------------------------------------------------------------
Total Addresses in System (excluding one mac per port)     : 0
Max Addresses limit in System (excluding one mac per port) : 4096
```

图 13－8　SW4 端口安全策略下的 MAC 地址绑定信息

5）VLAN 间的路由

（1）为什么要实施 VLAN 间的路由？这是否失去了通过划分 VLAN 隔离网络的意义？初学者经常会踏入这样的误区，认为划分 VLAN 就是为了隔离网络，隔离网络是 VLAN 的功

能，但不是主旨。VLAN 技术的主旨在于解决交换网络广播域过大造成网络传输效率低下的问题。而实施 VLAN 间的路由的最终目的是使网络互通和为访问 Internet 做准备，没有互通性的网络是没有意义的。实施 VLAN 间的路由时常用单臂路由和使用三层交换机 SVI 接口两种方式，在有三层交换机的情况下，一般会使用 SVI 接口，以减轻路由器的压力和提高网络传输速率。

（2）实施过程与配置。在三层交换机的 SVI 接口上配置网关地址，实现不同 VLAN 间的通信。

- 思科交换机默认关闭路由功能，需要自行开启路由功能。在 EVE - NG 中路由功能默认开启

```
SW1(config)#ip routing
```

- EVE - NG 中需要开启 SVI 接口，真机设备上默认开启

```
SW2(config)#ip routing
SW1(config)#interface vlan 10
SW1(config-if)#ip add 192.168.10.252 255.255.255.0
SW1(config-if)#no shutdown
SW1(config)#interface vlan 20
SW1(config-if)#ip add 192.168.20.252 255.255.255.0
SW1(config-if)#no shutdown
SW1(config)#interface vlan 30
SW1(config-if)#ip add 192.168.30.252 255.255.255.0
SW1(config-if)#no shutdown
SW1(config)#interface vlan 40
SW1(config-if)#ip add 192.168.40.252 255.255.255.0
SW1(config-if)#no shutdown
SW1(config)#interface vlan 50
SW1(config-if)#ip add 192.168.50.1 255.255.255.0
SW1(config-if)#no shutdown
SW2(config)#interface vlan 10
SW2(config-if)#ip add 192.168.10.253 255.255.255.0
SW2(config-if)#no shutdown
SW2(config)#interface vlan 20
SW2(config-if)#ip add 192.168.20.253 255.255.255.0
SW2(config-if)#no shutdown
SW2(config)#interface vlan 30
SW2(config-if)#ip add 192.168.30.253 255.255.255.0
SW2(config-if)#no shutdown
SW2(config)#interface vlan 40
SW2(config-if)#ip add 192.168.40.253 255.255.255.0
```

```
SW2(config-if)#no shutdown
SW2(config)#interface vlan 50
SW2(config-if)#ip add 192.168.50.2 255.255.255.0
SW2(config-if)#no shutdown
SW3(config)#interface vlan 50
SW3(config-if)#ip add 192.168.50.3 255.255.255.0
SW3(config-if)#no shutdown
SW4(config)#interface vlan 50
SW4(config-if)#ip add 192.168.50.4 255.255.255.0
SW4(config-if)#no shutdown
```

在 SW1 上查看路由表信息，在图 13-9 中可以看到路由表中已经有 VLAN 10、VLAN 20、VLAN 30、VLAN 40、VLAN 50 的直连路由，此时不同 VLAN 之间可以正常通信。

```
Gateway of last resort is not set

      11.0.0.0/32 is subnetted, 1 subnets
C        11.11.11.11 is directly connected, Loopback0
      192.168.10.0/24 is variably subnetted, 2 subnets, 2 masks
C        192.168.10.0/24 is directly connected, Vlan10
L        192.168.10.252/32 is directly connected, Vlan10
      192.168.20.0/24 is variably subnetted, 2 subnets, 2 masks
C        192.168.20.0/24 is directly connected, Vlan20
L        192.168.20.252/32 is directly connected, Vlan20
      192.168.30.0/24 is variably subnetted, 2 subnets, 2 masks
C        192.168.30.0/24 is directly connected, Vlan30
L        192.168.30.252/32 is directly connected, Vlan30
      192.168.40.0/24 is variably subnetted, 2 subnets, 2 masks
C        192.168.40.0/24 is directly connected, Vlan40
L        192.168.40.252/32 is directly connected, Vlan40
      192.168.50.0/24 is variably subnetted, 2 subnets, 2 masks
C        192.168.50.0/24 is directly connected, Vlan50
L        192.168.50.1/32 is directly connected, Vlan50
SW1#show ip route
```

图 13-9 SW1 路由表

6）网关冗余备份协议 VRRP

（1）图 13-1 中的网关到底是路由器还是三层交换机？VRRP 应该实施在哪个位置？路由器与三层交换机都是网关，只不过三层交换机是内部网络的网关，而路由器是接入 Internet 时的网关。在两台核心交换机上实施 VRRP，会使两个设备的不同网关指向同一个虚拟网关地址，通过这个虚拟网关地址可以访问两台核心交换机中的主设备，若主设备出现故障，会自动切换到备份设备。由于路由器接入两个运营商的网络，需要做交叉日字型冗余备份方案。在企业网中，双核心交换机与汇聚层或者接入层交换机也会做交叉日字型冗余备份，而在三层交换机上实施 VRRP 可以提高三层交换设备的利用率。客户端上的网关全部指向三层交换机的 SVI 接口，后续会配置 OSPF 以实现内部网络与出口网关互通，OSPF 可以使用 cost 选路，所以路由器上无需配置 VRRP。

（2）实施过程与配置。

● 实施 VRRP，实现三层交换机 SW1 与 SW2 的冗余备份，使得 VLAN 10 和 VLAN 30 将 SW1 作为主设备，VLAN 20 和 VLAN 40 将 SW2 作为主设备。VRRP 中优先级默认值为 100，优先级高的成为主设备。开启抢占模式，如果不开启抢占模式，则选举一旦完成，设备不会因为优先级高而自动成为主设备

```
SW1(config)#interface vlan 10
SW1(config-if)#vrrp 10 ip 192.168.10.254
SW1(config-if)#vrrp 10 priority 200
SW1(config-if)#vrrp 10 preempt delay minimum 5
SW1(config)#interface vlan 20
SW1(config-if)#vrrp 20 ip 192.168.20.254
SW1(config)#interface vlan 30
SW1(config-if)#vrrp 30 ip 192.168.30.254
SW1(config-if)#vrrp 30 priority 200
SW1(config-if)#vrrp 30 preempt delay minimum 5
SW1(config)#interface vlan 40
SW1(config-if)#vrrp 40 ip 192.168.40.254
SW2(config)#interface vlan 10
SW2(config-if)#vrrp 10 ip 192.168.10.254
SW2(config)#interface vlan 20
SW2(config-if)#vrrp 20 ip 192.168.20.254
SW2(config-if)#vrrp 20 priority 200
SW2(config-if)#vrrp 20 preempt delay minimum 5
SW2(config)#interface vlan 30
SW2(config-if)#vrrp 30 ip 192.168.30.254
SW2(config)#interface vlan 40
SW2(config-if)#vrrp 40 ip 192.168.40.254
SW2(config-if)#vrrp 40 priority 200
SW2(config-if)#vrrp 40 preempt delay minimum 5
```

在 SW1 上查看 VRRP 信息，在图 13－10 中可以看到 SW1 是 VLAN 10 和 VLAN 30 的主设备，虚拟网关全部指向 X. X. X. 254 的 IP 地址。

```
SW1#show vrrp brief
Interface          Grp Pri Time  Own Pre State   Master addr     Group addr
vl10               10  200 3218        Y Master  192.168.10.252  192.168.10.254
vl20               20  100 3609        Y Backup  192.168.20.253  192.168.20.254
vl30               30  200 3218        Y Master  192.168.30.252  192.168.30.254
vl40               40  100 3609        Y Backup  192.168.40.253  192.168.40.254
SW1#
```

图 13－10　SW1 VRRP 信息

7）路由器内网接口地址与环回接口地址

（1）R1 与 R2 的内网接口 e0/1 属于 VLAN 30，e0/2 属于 VLAN 40。从交换网络的角度，会把路由器当作终端设备，把交换机上连接路由器的接口设置成 access 模式，这与交换机连接 PC 端口同理。环回接口地址的作用是作为 DHCP 服务器地址与 NTP 服务器地址。此外，环回接口的作用还有很多，如 BGP 中经常用环回接口作为更新源，环回接口的稳定性高于物理端口。

（2）实施过程与配置。

- 配置 R1 与 R2 内网接口的 IP 地址

```
R1(config)#interface e0/1
R1(config-if)#ip add 192.168.30.1 255.255.255.0
R1(config-if)#no shutdown
R1(config)#interface e0/2
R1(config-if)#ip add 192.168.40.1 255.255.255.0
R1(config-if)#no shutdown
R2(config)#interface e0/1
R2(config-if)#ip add 192.168.30.2 255.255.255.0
R2(config-if)#no shutdown
R2(config)#interface e0/2
R2(config-if)#ip add 192.168.40.2 255.255.255.0
R2(config-if)#no shutdown
```

- 配置 R1、R2、SW1、SW2 的环回接口地址

```
R1(config)#interface lo0
R1(config-if)#ip add 1.1.1.1 255.255.255.255
R2(config)#interface lo0
R2(config-if)#ip add 2.2.2.2 255.255.255.255
SW1(config)#interface lo0
SW1(config-if)#ip add 11.11.11.11 255.255.255.255
SW2(config)#interface lo0
SW2(config-if)#ip add 22.22.22.22 255.255.255.255
```

8）动态路由协议 OSPF

（1）内部网络有必要实施 OSPF 吗？为什么选择 OSPF？现在整个网络的 IP 地址已经全部得到配置，下一步就是实施路由，实现三层互通，那么有必要实施 OSPF 吗？答案是有必要，静态路由扩展性差，配置多，网络规模扩大或者网络进行局部调整之后，使用动态路由协议是最佳的选择。企业内部通常使用内部网关协议 IGP，而常见的 IGP 有 RIP、OSPF 和思科私有的 EIGRP 以及 IS－IS，IS－IS 一般用于运营商网络，RIP 已经被淘汰，EIGRP 只有思科设备支持，所以其他厂商的设备选择 OSPF。这里需要配置 OSPF 的设备有 4 台，所以选择单区域 OSPF 即可，如果设备多于 5 台，并且路由条目过多(这里主要看 VLAN 的数量)，就需要考虑

规划多区域OSPF。在实际中,VLAN业务网段会以重分布技术将直连路由引入OSPF。

(2)实施过程与配置。在R1、R2、SW1、SW2上配置OSPF路由协议,路由器ID采用环回接口地址,下发默认路由,修改带宽参考值,重分布VLAN业务网段。

• 带宽参考值修改为1000(默认值是100),因为现代网络设备上接口的速率一般都以千兆起步,核心设备则达到万兆或者更高。cost值计算公式为cost=100/带宽,如果带宽为100,cost计算下来为1,带宽为1000,cost计算下来为0.1,但实际会按1算,这样会影响OSPF选路的准确性,所以修改带宽参考值是很重要的

```
R1(config)#router ospf 110
R1(config-router)#router-id 1.1.1.1
R1(config-router)#auto-cost reference-bandwidth 1000
```

• 下发默认路由,前提是有其他类型的默认路由,一般是静态默认路由,外部路由类型默认为OSPF外部路由类型2,cost为20,但是会按最大cost算,所有OSPF路由中最后选择

```
R1(config-router)#default-information originate
```

• 下发默认路由为OSPF外部路由类型1,cost按照实际计算,会优先于默认的类型2,因为R2是专线接入,所以这里要成为主链路,必须R2使默认路由优先于R1的默认路由

```
R1(config)#interface lo0
R1(config-if)#ip ospf 110 area 0
R1(config)#interface e0/1
R1(config-if)#ip ospf 110 area 0
R1(config)#interface e0/2
R1(config-if)#ip ospf 110 area 0
R2(config)#router ospf 110
R2(config-router)#router-id 2.2.2.2
R2(config-router)#auto-cost reference-bandwidth 1000
R2(config-router)#default-information originate metric-type 1
```

• 将直连的VLAN业务网段重分布到OSPF中,当业务VLAN有很多时,这样做的最大好处是可以减少配置

```
R2(config)#interface lo0
R2(config-if)#ip ospf 110 area 0
R2(config)#interface e0/1
R2(config-if)#ip ospf 110 area 0
R2(config)#interface e0/2
R2(config-if)#ip ospf 110 area 0
SW1(config)#router ospf 110
SW1(config-router)#router-id 11.11.11.11
```

```
SW1(config-router)#auto-cost reference-bandwidth 1000
SW1(config-router)#redistribute connected subnets
SW1(config)#interface vlan 30
SW1(config-if)#ip ospf 110 area 0
SW1(config)#interface vlan 40
SW1(config-if)#ip ospf 110 area 0
SW2(config)#router ospf 110
SW2(config-router)#router-id 22.22.22.22
SW2(config-router)#auto-cost reference-bandwidth 1000
SW2(config-router)#redistribute connected subnets
SW2(config)#interface vlan 30
SW2(config-if)#ip ospf 110 area 0
SW2(config)#interface vlan 40
SW2(config-if)#ip ospf 110 area 0
```

在 SW1 上查看 OSPF 邻接关系信息，在图 13－11 中可以看到 SW1 已经和 R1、R2、SW2 建立邻接关系，OSPF 邻接关系数量是按照链路数量计算的，MA 广播网络中一条链路可能会建立多个邻接关系。这里有 6 个邻接关系，路由器 ID 是环回接口地址。

```
SW1#show ip ospf neighbor

Neighbor ID     Pri   State           Dead Time   Address         Interface
1.1.1.1           1   FULL/DROTHER    00:00:35    192.168.40.1    Vlan40
2.2.2.2           1   FULL/DROTHER    00:00:31    192.168.40.2    Vlan40
22.22.22.22       1   FULL/BDR        00:00:39    192.168.40.253  Vlan40
1.1.1.1           1   FULL/DROTHER    00:00:33    192.168.30.1    Vlan30
2.2.2.2           1   FULL/DROTHER    00:00:30    192.168.30.2    Vlan30
22.22.22.22       1   FULL/BDR        00:00:38    192.168.30.253  Vlan30
```

图 13－11　SW1 OSPF 邻接关系信息

9）动态主机配置协议 DHCP

（1）DHCP 的功能只是简化网络接入方式吗？DHCP 的主要功能是简化网络接入方式，自动获取 IP 地址、网关、DNS、域名等信息。它大大降低了网络维护人员的工作量，在一定程度上节省了企业的网络维护成本。

（2）实施过程与配置。将 R1 与 R2 配置为 DHCP 服务器，服务器地址为环回接口地址。这里需要注意的是，首先将同一个网段的地址分为两部分，然后将这两部分地址分别分配给两台 DHCP 服务器，这样做是为了防止地址重复下发，出现地址冲突，造成通信问题

- R1 上只下发 192.168.10.1～192.168.10.100 的地址，排除其他地址

```
R1(config)#ip dhcp excluded-address 192.168.10.101 192.168.10.254
```

- R1 上只下发 192.168.20.1～192.168.20.100 的地址，排除其他地址

```
R1(config)#ip dhcp excluded-address 192.168.20.101 192.168.20.254
```

● 114.114.114.114 是中国免费的 DNS 服务器地址，8.8.8.8 是谷歌免费的 DNS 服务器地址（全球通用）。租期一般不要超过 3 天，租期太长会造成地址池的地址无法及时被回收，出现地址短缺

```
R1(config)#ip dhcp pool VLAN10
R1(dhcp-config)#default-router 192.168.10.254
R1(dhcp-config)#network 192.168.10.0 /24
R1(dhcp-config)#dns-server 114.114.114.114 8.8.8.8
R1(dhcp-config)#domain-name cisco.com
R1(dhcp-config)#lease 1
R1(config)#ip dhcp pool VLAN 20
R1(dhcp-config)#default-router 192.168.20.254
R1(dhcp-config)#network 192.168.20.0 /24
R1(dhcp-config)#dns-server 114.114.114.114 8.8.8.8
R1(dhcp-config)#domain-name cisco.com
R1(dhcp-config)#lease 1
```

● R2 上只下发 192.168.10.101～192.168.10.200 的地址，排除其他地址

```
R2(config)#ip dhcp excluded-address 192.168.10.1 192.168.10.100
R2(config)#ip dhcp excluded-address 192.168.10.201 192.168.10.254
```

● R2 上只下发 192.168.20.101～192.168.20.200 的地址，排除其他地址

```
R2(config)#ip dhcp excluded-address 192.168.20.1 192.168.20.100
R2(config)#ip dhcp excluded-address 192.168.20.201 192.168.20.254
R2(config)#ip dhcp pool VLAN10
R2(dhcp-config)#default-router 192.168.10.254
R2(dhcp-config)#network 192.168.10.0 /24
R2(dhcp-config)#dns-server 114.114.114.114 8.8.8.8
R2(dhcp-config)#domain-name cisco.com
R2(dhcp-config)#lease 1
R2(config)#ip dhcp pool VLAN20
R2(dhcp-config)#default-router 192.168.20.254
R2(dhcp-config)#network 192.168.20.0 /24
R2(dhcp-config)#dns-server 114.114.114.114 8.8.8.8
R2(dhcp-config)#domain-name cisco.com
R2(dhcp-config)#lease 1
```

● 在 SW1 和 SW2 上实施 DHCP 中继，因为 VLAN 10、VLAN 20 和 DHCP 服务器之间是跨越设备和网段的，必须在 VLAN 10、VLAN 20 的网关接口上实施 DHCP 中继，这样客户端才能获取地址

```
SW1(config)#interface vlan 10
SW1(config-if)#ip helper-address 1.1.1.1
SW1(config-if)#ip helper-address 2.2.2.2
SW1(config)#interface vlan 20
SW1(config-if)#ip helper-address 1.1.1.1
SW1(config-if)#ip helper-address 2.2.2.2
SW2(config)#interface vlan 10
SW2(config-if)#ip helper-address 1.1.1.1
SW2(config-if)#ip helper-address 2.2.2.2
SW2(config)#interface vlan 20
SW2(config-if)#ip helper-address 1.1.1.1
SW2(config-if)#ip helper-address 2.2.2.2
```

- 在 SW3 和 SW4 上实施 DHCP Snooping，防止终端设备恶意获取地址池的地址，导致其他终端设备无法分配到地址。注意，连接终端设备的接口不能作为信任接口，否则 DHCP Snooping 无效。同时，连接终端设备的接口实施 DHCP 请求包限制(1 s 发 10 个包)

```
SW3(config)#ip dhcp snooping
SW3(config)#ip dhcp snooping vlan 10,20
SW3(config)#interface range e0/0,e0/3
SW3(config-if-range)#ip dhcp snooping trust
SW3(config)#interface e0/1
SW3(config-if)#ip dhcp snooping limit rate 10
SW4(config)#ip dhcp snooping
SW4(config)#ip dhcp snooping vlan 10,20
SW4(config)#interface range e0/0,e0/3
SW4(config-if-range)#ip dhcp snooping trust
SW3(config)#interface e0/1
SW3(config-if)#ip dhcp snooping limit rate 10
```

- 在 SW3 和 SW4 上实施 DHCP Snooping 后会发现终端设备无法获取地址，需要在中继接口上实施 DHCP 中继信息信任，这样才能正常获取地址(华为设备不需要)

```
SW1(config)#interface vlan 10
SW1(config-if)#ip dhcp relay information trusted
SW1(config)#interface vlan 20
SW1(config-if)#ip dhcp relay information trusted
SW2(config)#interface vlan 10
SW2(config-if)#ip dhcp relay information trusted
SW2(config)#interface vlan 20
SW2(config-if)#ip dhcp relay information trusted
```

思科路由器模拟 PC 配置的步骤如下。

● 关闭路由功能

```
PC1(config)#no ip routing
```

● 设置接口地址获取方式为 DHCP 方式

```
PC1(config)#interface e0/0
PC1(config-if)#ip add dhcp
PC1(config-if)#no shutdown
PC2(config)#no ip routing
PC2(config)#int e0/0
PC2(config-if)#ip add dhcp
PC2(config-if)#no shutdown
```

在 PC1 上查看 DHCP 地址获取信息，在图 13－12 中可以看到 PC1 已经从 R2 的 DHCP 服务器获取到了 IP 地址，思科的 DHCP 服务器是按地址从小到大的顺序进行分配的。

```
PC1#show ip int brief
Interface              IP-Address      OK? Method Status                Protocol
Ethernet0/0            192.168.10.101  YES DHCP   up                    up
Ethernet0/1            unassigned      YES NVRAM  up                    up
Ethernet0/2            unassigned      YES NVRAM  administratively down down
Ethernet0/3            unassigned      YES NVRAM  administratively down down
```

图 13－12　PC1 DHCP 地址获取信息

在 R2 上查看 DHCP 服务器信息，在图 13－13 中可以看到 R2 的 DHCP 服务器已经有两个地址被分配。

```
R2#show ip dhcp server
% Incomplete command.

R2#show ip dhcp server st
R2#show ip dhcp server statistics
Memory usage         25865
Address pools        2
Database agents      0
Automatic bindings   0
Manual bindings      0
Expired bindings     0
Malformed messages   0
Secure arp entries   0
```

图 13－13　R2 DHCP 服务器信息

在 SW4 上查看 DHCP Snooping 地址绑定信息，在图 13－14 中可以看到 SW4 的 e0/1 接口已经绑定了终端设备的 MAC 地址与 IP 地址。

```
SW4#show ip dhcp snooping binding
MacAddress          IpAddress        Lease(sec)  Type           VLAN  Interface
------------------  ---------------  ----------  -------------  ----  ------------
----
AA:BB:CC:00:B0:00   192.168.20.1     86353       dhcp-snooping   20    Ethernet0/1
Total number of bindings: 1
```

图 13－14　SW4 DHCP Snooping 地址绑定信息

10）网络时间协议 NTP

（1）在网络中，如果不同设备的时间不一致，可能会导致通信故障或者软件出现异常，所以同步设备时间非常重要。图 13-1 中，SW1 和 SW2 作为网络内部的 NTP 服务器，SW1 和 SW2 从互联网同步时间，其他内网设备从 SW1 和 SW2 同步时间，这样可以避免互联网故障或者网络延迟所造成的设备时间不一致的问题。出于安全性考虑，内网网络设备除特殊要求，都不会接入互联网。

（2）实施过程与配置。

- SW1 和 SW2 作为 NTP 服务器，同时从互联网同步时间

```
SW1(config)#ntp master 1
SW1(config)#ntp source lo0
SW1(config)#clock timezone Beijing 8
SW1(config)#ntp server 8.8.8.8 source lo0
SW2(config)#ntp master 2
SW2(config)#clock timezone Beijing 8
SW2(config)#ntp source lo0
SW2(config)#ntp server 8.8.8.8 source lo0
```

- SW1 和 SW2 建立 NTP 对等体，相互同步时间

```
SW1(config)#ntp peer 22.22.22.22 source loopback 0
SW2(config)#ntp peer 11.11.11.11 source loopback 0
```

- R1、R2、SW3、SW4 从 SW1 和 SW2 的环回接口地址同步时间

```
R1(config)#ntp server 11.11.11.11
R1(config)#ntp server 22.22.22.22
R1(config)#clock timezone Beijing 8
R2(config)#ntp server 11.11.11.11
R2(config)#ntp server 22.22.22.22
R2(config)#clock timezone Beijing 8
SW3(config)#ntp server 11.11.11.11
SW3(config)#ntp server 22.22.22.22
SW3(config)#clock timezone Beijing 8
SW4(config)#ntp server 11.11.11.11
SW4(config)#ntp server 22.22.22.22
SW4(config)#clock timezone Beijing 8
```

- SW3 和 SW4 无法同步时间，需要关闭 SW3 和 SW4 上的路由功能，使其成为二层交换机，这样才能正常和 NTP 服务器通信

```
SW3(config)#no ip routing
SW4(config)#no ip routing
```

在 SW4 上查看 NTP 时间同步信息，在图 13－15 中可以看到 SW4 已经从 SW1 的 NTP 服务器成功同步时间。

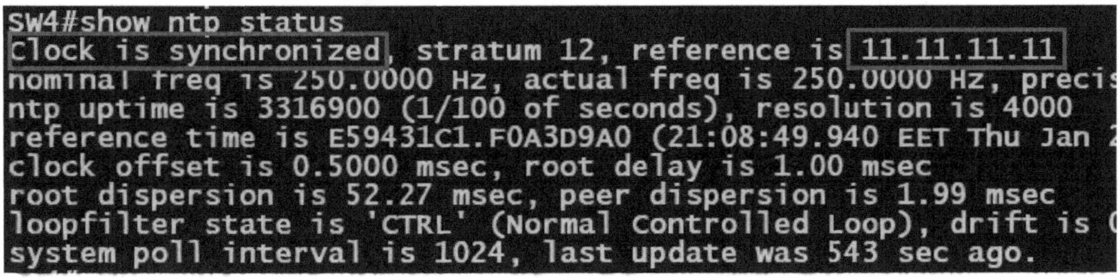

```
SW4#show ntp status
Clock is synchronized, stratum 12, reference is 11.11.11.11
nominal freq is 250.0000 Hz, actual freq is 250.0000 Hz, precis
ntp uptime is 3316900 (1/100 of seconds), resolution is 4000
reference time is E59431C1.F0A3D9A0 (21:08:49.940 EET Thu Jan 2
clock offset is 0.5000 msec, root delay is 1.00 msec
root dispersion is 52.27 msec, peer dispersion is 1.99 msec
loopfilter state is 'CTRL' (Normal Controlled Loop), drift is (
system poll interval is 1024, last update was 543 sec ago.
```

图 13－15　SW4 NTP 时间同步信息

11）安全外壳协议 SSH

（1）早期的网络设备使用 telnet 协议对设备进行远程管理配置，这并不安全。后来 SSH 协议代替了 telnet 协议，SSH 协议的安全性更高，现在的设备都使用 SSH 协议进行远程管理。

（2）实施过程与配置。在 R1、R2、SW1、SW2、SW3、SW4 上实施 SSH，并限制只有 VLAN 10 的用户可以使用 SSH 远程访问和管理设备。

● 匹配 VLAN 10 的网段地址

```
R1(config)#username CISCO password CISCO123
R1(config)#ip domain-name cisco.com
R1(config)#crypto key generate rsa general-keys modulus 768
R1(config)#access-list 10 permit 192.168.10.0 0.0.0.255
```

● 只允许 VLAN 10 的用户可以通过 SSH 远程管理设备

```
R1(config)#line vty 0 4
R1(config-line)#login local
R1(config-line)#transport input ssh
R1(config-line)#access-class 10 in
```

● 只允许 SSH 通过环回接口地址管理设备

```
R1(config)#ip ssh source-interface lo0
```

● 用 SSH 远程登录 SW1

```
R2(config)#username CISCO password CISCO123
R2(config)#ip domain-name cisco.com
R2(config)#crypto key generate rsa general-keys modulus 768
R2(config)#access-list 10 permit 192.168.10.0 0.0.0.255
R2(config)#line vty 0 4
```

```
R2(config-line)#login local
R2(config-line)#transport input ssh
R2(config-line)#access-class 10 in
R2(config)#ip ssh source-interface lo0
SW1(config)#username CISCO password CISCO123
SW1(config)#ip domain-name cisco.com
SW1(config)#crypto key generate rsa general-keys modulus 768
SW1(config)#access-list 10 permit 192.168.10.0 0.0.0.255
SW1(config)#line vty 0 4
SW1(config-line)#login local
SW1(config-line)#transport input ssh
SW1(config-line)#access-class 10 in
SW1(config)#ip ssh source-interface vlan 50
SW2(config)#username CISCO password CISCO123
SW2(config)#ip domain-name cisco.com
SW2(config)#crypto key generate rsa general-keys modulus 768
SW2(config)#access-list 10 permit 192.168.10.0 0.0.0.255
SW2(config)#line vty 0 4
SW2(config-line)#login local
SW2(config-line)#transport input ssh
SW2(config-line)#access-class 10 in
SW2(config)#ip ssh source-interface vlan 50
SW3(config)#username CISCO password CISCO123
SW3(config)#ip domain-name cisco.com
SW3(config)#crypto key generate rsa general-keys modulus 768
SW3(config)#access-list 10 permit 192.168.10.0 0.0.0.255
SW3(config)#line vty 0 4
SW3(config-line)#login local
SW3(config-line)#transport input ssh
SW3(config-line)#access-class 10 in
SW3(config)#ip ssh source-interface vlan 50
SW4(config)#username CISCO password CISCO123
SW4(config)#ip domain-name cisco.com
SW4(config)#crypto key generate rsa general-keys modulus 768
SW4(config)#access-list 10 permit 192.168.10.0 0.0.0.255
SW4(config)#line vty 0 4
SW4(config-line)#login local
SW4(config-line)#transport input ssh
SW4(config-line)#access-class 10 in
```

```
SW4(config)#ip ssh source-interface vlan 50
PC1#ssh -l cisco 192.168.50.1
```

在 PC1 上使用 SSH 远程登录 SW1，在图 13-16 中可以看到 PC1 成功远程登录 SW1。

```
PC1#ssh -l cisco 192.168.50.1
Password:

SW1>
```

图 13-16　PC1 使用 SSH 远程登录 SW1

12）网络运营商 ISP

（1）ISP 是向广大用户综合提供互联网接入业务、信息业务和增值业务的网络运营商，如中国移动、中国电信、中国联通。图 13-1 中 R3 为 ISP 的边界设备，需要配置 PPPoE 服务器、NTP 服务器等。

（2）实施过程与配置。

- 在 R3 上配置接口地址，R3 的环回接口模拟互联网地址

```
R3(config)#interface lo0
R3(config-if)#ip add 8.8.8.8 255.255.255.255
R3(config)#interface e0/2
R3(config-if)#ip add 202.100.1.2 255.255.255.252
R3(config-if)#no shutdown
R3(config)#interface e0/0
R3(config-if)#ip add 61.178.1.2 255.255.255.240
R3(config-if)#no shutdown
```

- 将 R3 配置为 NTP 服务器。修改时区为北京时间，思科设备默认使用世界标准时间

```
R3(config)#ntp master 10
R3(config)#ntp source lo0
R3(config)#clock timezone Beijing 8
```

- 将 R3 配置为 PPPoE 服务器，使用 CHAP 认证，用户名为 CISCO，密码为 CISCO123

```
R3(config)#username CISCO password CISCO123
R3(config)#ip local pool PPPoE 128.100.1.1 128.100.1.10
R3(config)#bba-group pppoe PPPoE
R3(config-bba-group)#virtual-template 1
R3(config)#interface virtual-template 1
R3(config-if)#ip add 128.100.1.14 255.255.255.240
R3(config-if)#encapsulation ppp
R3(config-if)#peer default ip address pool PPPoE
```

```
R3(config-if)#ppp authentication chap
R3(config-if)#mtu 1492
R3(config)#interface e0/1
R3(config-if)#pppoe enable group PPPoE
R3(config-if)#no shutdown
```

13）专线与 PPPoE 拨号方式接入互联网

（1）在图 13－1 中，R2 使用专线方式接入互联网，专线作为主链路。R1 采用 PPPoE 方式接入互联网，PPPoE 拨号线路作为备份链路。实际中，双线路一般会接入两家不同运营商的网络，这样能够更好地防止出现因运营商网络发生故障而无法访问互联网，进而致使业务中断的情况。

（2）实施过程与配置。

- R2 使用专线接入互联网。配置 ISP 提供的公网 IP 地址，注意使用 30 位的掩码

```
R2(config)#interface e0/0
R2(config-if)#ip add 202.100.1.1 255.255.255.252
R2(config-if)#no shutdown
```

- R1 使用 PPPoE 方式接入互联网。现实中用户名和密码由 ISP 提供

```
R1(config)#interface dialer 1
R1(config-if)#ip add negotiated
R1(config-if)#encapsulation ppp
R1(config-if)#dialer pool 1
R1(config-if)#dialer-group 1
R1(config-if)#ppp chap hostname CISCO
R1(config-if)#ppp chap password CISCO123
R1(config-if)#mtu 1492
R1(config-if)#ip tcp adjust-mss 1452
R1(config)#interface e0/0
R1(config-if)#pppoe enable group global
R1(config-if)#pppoe-client dial-pool-number 1
R1(config-if)#no shutdown
```

在 R1 上查看拨号接口地址获取情况，在图 13－17 中可以看到 R1 的拨号接口成功获取地址。

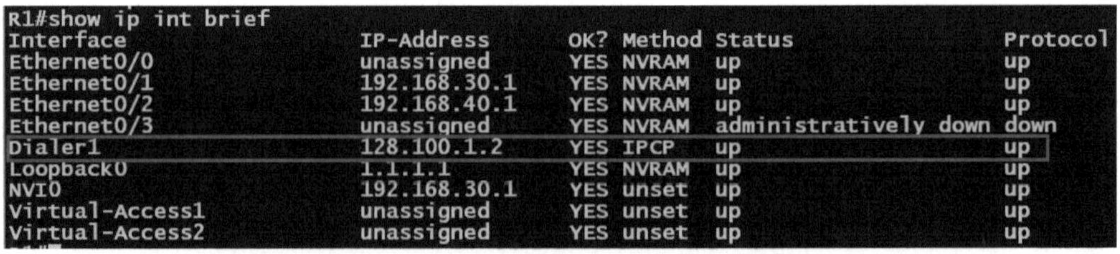

```
R1#show ip int brief
Interface              IP-Address      OK? Method Status                Protocol
Ethernet0/0            unassigned      YES NVRAM  up                    up
Ethernet0/1            192.168.30.1    YES NVRAM  up                    up
Ethernet0/2            192.168.40.1    YES NVRAM  up                    up
Ethernet0/3            unassigned      YES NVRAM  administratively down down
Dialer1                128.100.1.2     YES IPCP   up                    up
Loopback0              1.1.1.1         YES NVRAM  up                    up
NVI0                   192.168.30.1    YES unset  up                    up
Virtual-Access1        unassigned      YES unset  up                    up
Virtual-Access2        unassigned      YES unset  up                    up
```

图 13－17　R1 拨号接口地址获取情况

14) 静态默认路由

(1) 静态默认路由和静态路由有什么区别？静态默认路由是静态路由中的一种，目前互联网上的常用路由有 70 多万条，不可能手工逐条配置。所以，使用静态默认路由来代表所有 IP 地址，只需要在出口网关上配置静态默认路由，便可以访问互联网上的所有地址，前提是网络连通。

(2) 实施过程与配置。在 R1 与 R2 上实施静态默认路由，使得网关路由器能够正常访问互联网。

- 实施静态默认路由，网关由 ISP 提供，这里是 202.100.1.2

```
R2(config)#ip route 0.0.0.0 0.0.0.0 202.100.1.2
```

- PPPoE 中要选择拨号接口作为静态默认路由的出接口，不能配置下一跳

```
R1(config)#ip route 0.0.0.0 0.0.0.0 dialer 1
```

在 R2 上测试能否访问互联网地址 8.8.8.8，在图 13 - 18 中可以看到 R2 成功访问互联网。

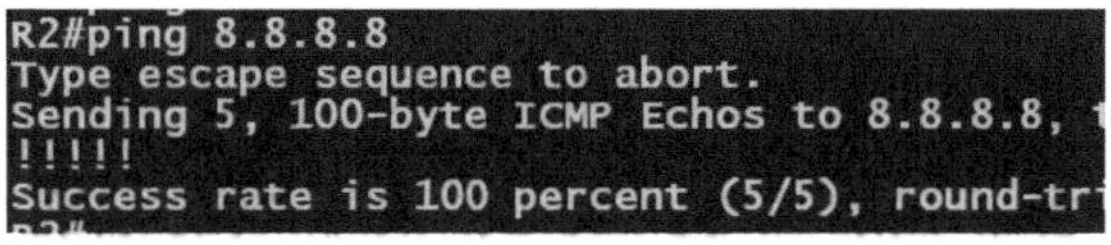

```
R2#ping 8.8.8.8
Type escape sequence to abort.
Sending 5, 100-byte ICMP Echos to 8.8.8.8, t
!!!!!
Success rate is 100 percent (5/5), round-tri
```

图 13 - 18　R2 访问互联网测试

15) 网络地址转换 NAT

(1) 现在网关路由器 R1 和 R2 已经可以访问互联网，但是内部主机无法访问，这是因为只有合法的公网 IP 地址才能访问互联网。目前 IPv4 地址已经全部分配完毕，且要想使用公网 IP 地址，必须向 ISP 申请和支付费用，而局域网内所有主机都申请公网 IP 地址显然不可行，因此需要采用 NAT 技术中的端口 NAT(PAT)技术，使内网中的所有终端设备可以通过同一个公网 IP 地址访问互联网。

(2) 实施过程与配置。在 R1 与 R2 上实施 PAT，使内网的终端设备可以访问互联网。

- 允许 VLAN 10 的网段访问互联网

```
R1(config)#access-list 1 permit 192.168.10.0 0.0.0.255
```

- 允许 VLAN 20 的网段访问互联网

```
R1(config)#access-list 1 permit 192.168.20.0 0.0.0.255
```

- 允许 SW1 的环回接口访问互联网，从互联网 NTP 服务器获取时间

```
R1(config)#access-list 1 permit host 11.11.11.11
```

- 允许 SW2 的环回接口访问互联网，从互联网 NTP 服务器获取时间

```
R1(config)#access-list 1 permit host 22.22.22.22
```

- PPPoE 中要选择拨号接口作为 NAT 外部接口，不能是物理接口

```
R1(config)#interface dialer 1
R1(config-if)#ip nat outside
```

- 所有内部接口都定义为 NAT 内部接口

```
R1(config)#interface range e0/1-2
R1(config-if-range)#ip nat inside
```

- 注意，如果同一台路由器有接入专线和拨号线路两条线路，PAT 配置条目只能在一台路由器上存在一条，这时应该选择拨号接口作为 NAT 转换接口，这样物理接口和拨号接口都可以做 NAT 转换。另外，overload 参数一定要配置，这样所有内网地址都会被 NAT 转换

```
R1(config)#ip nat inside source list 1 interface dialer 1 overload
R2(config)#access-list 1 permit 192.168.10.0 0.0.0.255
R2(config)#access-list 1 permit 192.168.20.0 0.0.0.255
R2(config)#access-list 1 permit host 11.11.11.11
R2(config)#access-list 1 permit host 22.22.22.22
R2(config)#interface e0/0
R2(config-if)#ip nat outside
R2(config)#interface range e0/1-2
R2(config-if-range)#ip nat inside
R2(config)#ip nat inside source list 1 interface e0/0 overload
```

在 PC1 上测试能否访问互联网地址 8.8.8.8，在图 13-19 中可以看到 PC1 成功访问互联网。

```
PC1#ping 8.8.8.8
Type escape sequence to abort.
Sending 5, 100-byte ICMP Echos to 8.8.8.8,
!!!!!
Success rate is 100 percent (5/5), round-t
```

图 13-19 PC1 访问互联网测试

16）快速生成树协议 RSTP

（1）交换机默认的生成树模式为传统生成树，其收敛速度较慢，为了提高交换网络中生成树的收敛速度，可以将生成树配置为 RSTP 模式。其适用于小型网络，且 VLAN 数量较少的情况。需要将同一个交换网络中的所有交换机更改为 RSTP 模式。

（2）实施过程与配置。

- 将 SW5 的生成树模式修改为 RSTP，划分 VLAN 100、VLAN 200，将相应的接口加入相应的 VLAN 中。和路由器相连的接口配置为 trunk 模式，后续配置单臂路由时需要使用到

```
SW5(config)#spanning-tree mode rapid-pvst
SW5(config)#vlan 100,200
SW5(config)#interface e0/2
SW5(config-if)#switchport mode access
SW5(config-if)#switchport access vlan 100
SW5(config)#interface e0/0
SW5(config-if)#switchport mode access
SW5(config-if)#switchport access vlan 200
SW5(config)#interface e0/1
SW5(config-if)#switchport trunk encapsulation dot1q
SW5(config-if)#switchport mode trunk
SW5(config-if)#switchport trunk allowed vlan 100,200
```

在 SW5 上查看生成树汇总信息，在图 13-20 中可以看到 SW5 的生成树模式已经修改为 RSTP。

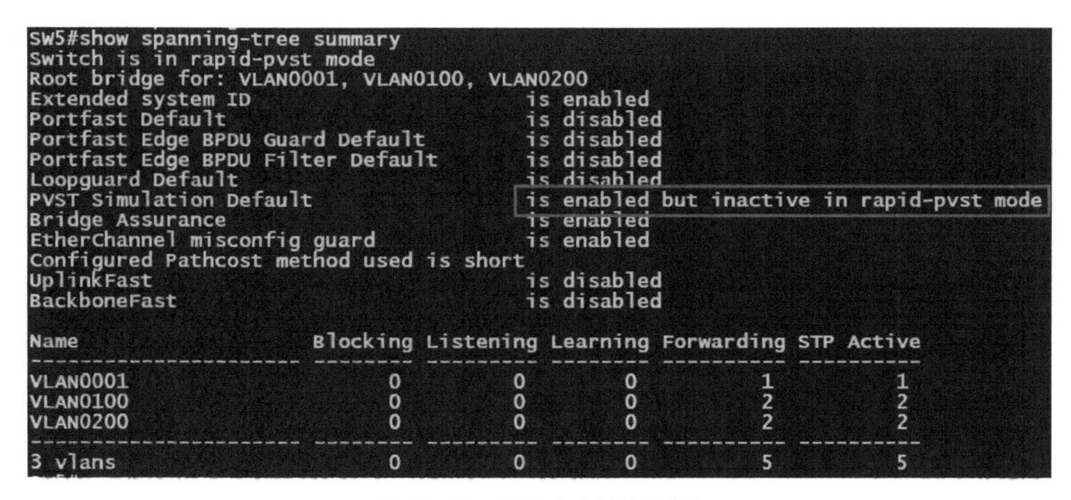

图 13-20 SW5 生成树汇总信息

17) 单臂路由

(1) 如果一个网络中没有三层交换机，只有二层交换机和路由器，则可以使用单臂路由让不同 VLAN 实现通信。需要在路由器上使用路由子接口方式。

(2) 实施过程与配置。在 R4 上实施单臂路由，使得 VLAN 100 和 VLAN 200 可以相互通信。

- 思科设备上一定要开启物理接口，否则单臂路由不生效

```
R4(config)#interface e0/1
R4(config-if)#no shutdown
```

- 这里的 VID 一定要和配置的 VLAN ID 一致

```
R4(config)#interface e0/1.100
R4(config-subif)#encapsulation dot1Q 100
R4(config-subif)#ip add 192.168.100.254 255.255.255.0
R4(config)#interface e0/1.200
R4(config-subif)#encapsulation dot1Q 200
R4(config-subif)#ip add 192.168.200.254 255.255.255.0
```

在 R4 上查看路由表信息，在图 13－21 中可以看到 R4 已经生成了路由子接口的直连路由，VLAN 100 和 VLAN 200 可以正常进行通信。

```
      192.168.100.0/24 is variably subnetted, 2 subnets, 2 masks
C        192.168.100.0/24 is directly connected, Ethernet0/1.100
L        192.168.100.254/32 is directly connected, Ethernet0/1.100
      192.168.200.0/24 is variably subnetted, 2 subnets, 2 masks
C        192.168.200.0/24 is directly connected, Ethernet0/1.200
L        192.168.200.254/32 is directly connected, Ethernet0/1.200
R4#show ip route
```

图 13－21　R4 路由表

18）企业数据中心(DC)专线接入互联网

(1) 图 13－1 中，VLAN 100 是企业 DC 的用户，VLAN 200 是企业 DC 的服务器。只允许企业 DC 的用户访问互联网，服务器不能访问互联网。

(2) 实施过程与配置。

- 在 R4 上配置外网接口地址，实施静态默认路由和 PAT。注意，这里需要将路由子接口作为 NAT 内部接口，不能是物理接口

```
R4(config)#interface e0/0
R4(config-if)#ip add 61.178.1.1 255.255.255.240
R4(config-if)#no shutdown
R4(config)#ip route 0.0.0.0 0.0.0.0 61.178.1.2
R4(config)#access-list 1 permit 192.168.100.0 0.0.0.255
R4(config)#interface e0/0
R4(config-if)#ip nat outside
R4(config)#interface e0/1.100
R4(config-subif)#ip nat inside
R4(config)#ip nat inside source list 1 interface e0/0 overload
```

- 路由器模拟 PC 配置静态地址。

配置静态地址时一定要配置网关地址，DHCP 方式下会自动获取网关地址

```
PC3(config)#no ip routing
PC3(config)#ip default-gateway 192.168.100.254
PC3(config)#interface e0/0
```

```
PC3(config-if)#ip add 192.168.100.1 255.255.255.0
PC3(config-if)#no shutdown
Server(config)#no ip routing
Server(config)#ip default-gateway 192.168.200.254
Server(config)#interface e0/0
Server(config-if)#ip add 192.168.200.100 255.255.255.0
Server(config-if)#no shutdown
```

在 PC3 上测试能否访问互联网地址 8.8.8.8，在图 13-22 中可以看到 PC3 成功访问互联网。

```
PC3#ping 8.8.8.8
Type escape sequence to abort.
Sending 5, 100-byte ICMP Echos to 8.8.8.8, t
!!!!!
Success rate is 100 percent (5/5), round-tr
PC3#
```

图 13-22　PC3 访问互联网测试

19）NAT 服务器

(1) NAT 服务器技术可以将外部地址转换为内部地址，在服务器中应用得较多，可以提高服务器的安全性，转换不同服务的默认端口号。可以使同一个公网地址对应多台服务器，以提供不同服务。

(2) 实施过程与配置。为企业 DC 中的服务器配置 SSH 服务，端口号转换为 4545，使得外网用户可以通过公网地址 61.178.1.10 访问服务器的 SSH 服务。

- 在企业 DC 的服务器上配置 SSH 服务

```
Server(config)#username CISCO password CISCO123
Server(config)#ip domain-name cisco.com
Server(config)#crypto key generate rsa general-keys modulus 768
Server(config)#line vty 0 4
Server(config-line)#login local
Server(config-line)#transport input ssh
```

- 在 R4 上部署 NAT 服务器。需要在 VLAN 200 的路由子接口下实施 NAT 内部接口，否则无法实现转换

```
R4(config)#interface e0/1.200
R4(config-subif)#ip nat inside
R4(config)#ip nat inside source static tcp 192.168.200.100 22 61.
178.1.10 4545
```

- 在 PC1 上使用 SSH 登录服务器

```
PC1#ssh -l cisco -p 4545 61.178.1.10
```

在 PC1 上使用 SSH 远程登录服务器，在图 13－23 中可以看到 PC1 成功远程登录服务器。

```
PC1#ssh -l cisco -p 4545 61.178.1.10
Password:

Password:

Server>
```

图 13－23　PC1 使用 SSH 远程登录服务器

20）GRE over IPsec

（1）传统的 GRE 隧道虽然可以将互联网上的两个局域网合并，并运行动态路由协议，但是不支持数据加密，安全性不高。传统的 IPSec VPN 虽然也可以实现互联网上两个局域网的合并，并且支持数据加密，但只支持静态路由。GRE over IPsec 将两者相结合，既可以运行动态路由协议，也可以对隧道数据进行加密。

（2）实施过程与配置。

- 在 R2 和 R4 之间使用公网地址建立 GRE 隧道，两端的隧道模式需要一致

```
R2(config)#interface tunnel 0
R2(config-if)#ip add 10.1.1.1 255.255.255.0
R2(config-if)#tunnel mode gre ip
R2(config-if)#tunnel source 202.100.1.1
R2(config-if)#tunnel destination 61.178.1.1
R2(config-if)#tunnel key 123456
R4(config)#interface tunnel 0
R4(config-if)#ip add 10.1.1.2 255.255.255.0
R4(config-if)#tunnel mode gre ip
R4(config-if)#tunnel source 61.178.1.1
R4(config-if)#tunnel destination 202.100.1.1
R4(config-if)#tunnel key 123456
```

在 R2 上测试能否与 R4 上的隧道对端地址通信，在图 13－24 中可以看到 GRE 隧道两端的地址通信正常。

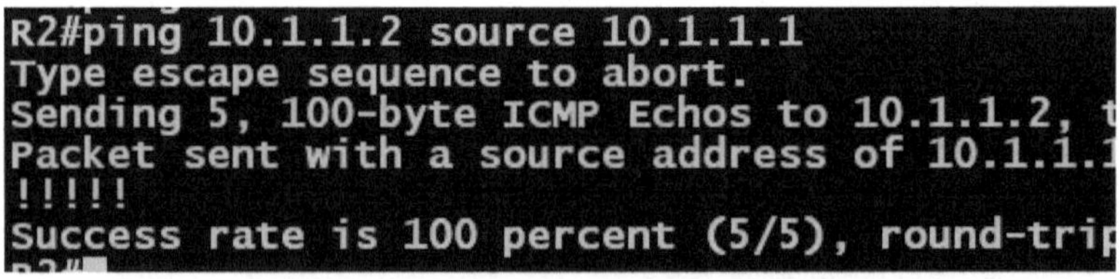

```
R2#ping 10.1.1.2 source 10.1.1.1
Type escape sequence to abort.
Sending 5, 100-byte ICMP Echos to 10.1.1.2, t
Packet sent with a source address of 10.1.1.1
!!!!!
Success rate is 100 percent (5/5), round-trip
```

图 13－24　R2 和 R4 隧道地址通信测试

- 使用 IPSec 对隧道数据进行加密。注意,这里匹配的是两端的公网地址

```
R2(config)#ip access-list extended GRE
R2(config-ext-nacl)#permit gre host 202.100.1.1 host 61.178.1.1
```

- 加密策略需要一致

```
R2(config)#crypto isakmp policy 10
R2(config-isakmp)#encryption aes
```

- 认证策略需要一致

```
R2(config-isakmp)#authentication pre-share
```

- 校验策略需要一致

```
R2(config-isakmp)#hash sha256
```

- DH 组需要一致

```
R2(config-isakmp)#group 5
```

- 共享密钥需要一致,远程地址为对端建立隧道的公网地址

```
R2(config)#crypto isakmp key CISCO address 61.178.1.1
```

- 转换集配置需要一致

```
R2(config)#crypto ipsec transform-set TRAN esp-aes esp-sha256-hmac
```

- 模式为传输模式

```
R2(cfg-crypto-trans)#mode transport
```

- 对等体为对端建立隧道的公网地址

```
R2(config)#crypto map GRE 10 ipsec-isakmp
R2(config-crypto-map)#set peer 61.178.1.1
```

- 在建立隧道的公网接口下应用策略

```
R2(config-crypto-map)#set transform-set TRAN
R2(config-crypto-map)#set pfs group5
R2(config-crypto-map)#match address GRE
R2(config)#interface e0/0
R2(config-if)#crypto map GRE
```

```
R4(config)#ip access-list extended GRE
R4(config-ext-nacl)#permit gre host 61.178.1.1 host 202.100.1.1
R4(config)#crypto isakmp policy 10
R4(config-isakmp)#encryption aes
R4(config-isakmp)#authentication pre-share
R4(config-isakmp)#hash sha256
R4(config-isakmp)#group 5
R4(config)#crypto isakmp key CISCO address 202.100.1.1
R4(config)#crypto ipsec transform-set TRAN esp-aes esp-sha256-hmac
R4(cfg-crypto-trans)#mode transport
R4(config)#crypto map GRE 10 ipsec-isakmp
R4(config-crypto-map)#set peer 202.100.1.1
R4(config-crypto-map)#set transform-set TRAN
R4(config-crypto-map)#set pfs group5
R4(config-crypto-map)#match address GRE
R4(config)#interface e0/0
R4(config-if)#crypto map GRE
```

在 R2 上查看 IPSec 加密信息，在图 13 - 25 中可以看到 GRE 隧道中的数据被成功加密。

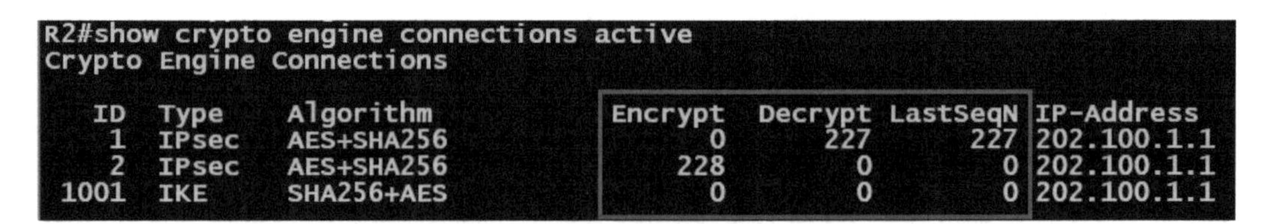

图 13 - 25　R2 IPSec 加密信息

21）外部边界网关协议 EBGP

（1）EBGP 的配置较 IBGP 简单，BGP 路由协议必须运行在 IGP 协议的基础上，这里使用 GRE 隧道的直连路由建立 EBGP 对等体，合并内网。BGP 的最大优点是可以选择性地进行通告，图 13 - 1 中，只需要通告企业网的 VLAN 20 网段和企业 DC 的 VLAN 100 网段，使 VLAN 20 和 VLAN 100 之间可以相互进行通信。

（2）实施过程与配置。

• 在 R2 和 R4 上建立 EBGP 对等体，通告 VLAN 20 和 VLAN 100 的路由。BGP 中通告的路由可以是本地的，也可以是外部的，掩码必须严格匹配，否则无法加载到路由表中

```
R2(config)#router bgp 65534
R2(config-router)#bgp router-id 2.2.2.2
R2(config-router)#neighbor 10.1.1.2 remote-as 65535
R2(config-router)#network 192.168.20.0 mask 255.255.255.0
```

```
R4(config)#router bgp 65535
R4(config-router)#bgp router-id 4.4.4.4
R4(config-router)#neighbor 10.1.1.1 remote-as 65534
R4(config-router)#network 192.168.100.0 mask 255.255.255.0
```

在 R4 上查看 BGP 路由表信息，在图 13－26 中可以看到 R4 已经通过 BGP 方式收到 VLAN 20 网段的路由。

```
R4#show ip bgp
BGP table version is 3, local router ID is 4.4.4.4
Status codes: s suppressed, d damped, h history, * valid, > best, i - internal,
              r RIB-failure, S Stale, m multipath, b backup-path, f RT-Filter,
              x best-external, a additional-path, c RIB-compressed,
              t secondary path,
Origin codes: i - IGP, e - EGP, ? - incomplete
RPKI validation codes: V valid, I invalid, N Not found

     Network          Next Hop            Metric LocPrf Weight Path
 *>  192.168.20.0     10.1.1.1                20             0 65534 i
 *>  192.168.100.0    0.0.0.0                  0         32768 i
R4#
```

图 13－26　R4 BGP 路由表

22）服务质量 QoS

(1) QoS 技术在企业网中主要用于流量监管、限速和整形(整形是限速的一种)。限速丢包率较高，不推荐使用，建议使用流量整形方式进行限速。

(2) 实施过程与配置。

- 在 R2 上实施 QoS 整形，工作日 8:00～19:00，对除了访问企业 DC 的 SSH 服务器地址 61.178.1.10 和访问企业 DC 的 VLAN 100 网段之外的所有流量进行整形限速。NAT 服务器不进行整形限速

```
R2(config)#time-range WORK
R2(config-time-range)#periodic weekdays 8:00 to 19:00
R2(config)#ip access-list extended QOS
R2(config-ext-nacl)#deny ip any host 61.178.1.10
R2(config-ext-nacl)#permit ip any any time-range WORK
R2(config)#class-map QOS
R2(config-cmap)#match access-group name QOS
R2(config)#policy-map QOS
R2(config-pmap)#class QOS
R2(config-pmap-c)#shape average 8000
R2(config)#interface e0/0
R2(config-if)#service-policy output QOS
```

- PC1 上进行测试，主要查看丢包率与延迟

```
PC1#ping 8.8.8.8 repeat 10 size 1000
PC2#ping 192.168.100.1 repeat 10 size 1000
```

在工作日工作时段用 PC1 测试能否访问互联网，在图 13－27 中可以看到 PC1 访问互联网时没有丢包，但延迟较大。

```
PC1#ping 8.8.8.8 repeat 10 size 1000
Type escape sequence to abort.
Sending 10, 1000-byte ICMP Echos to 8.8.8.8, timeout is 2 seconds:
!!!!!!!!!!
Success rate is 100 percent (10/10), round-trip min/avg/max = 4/864/1020 ms
```

图 13－27　PC1 在工作日工作时段访问互联网测试

2. IPv6 网络实施

1）IPv6

（1）在企业的 IPv4 网络基础上实施 IPv6，使 IPv4 与 IPv6 共存。IPv6 技术主要用于解决 IPv4 地址短缺的问题，但其推进过程较慢，目前企业网主要使用 IPv4。

（2）实施过程与配置。

● 在 R1、R2、SW1、SW2 上开启 IPv6 路由功能，在接口下配置链路本地地址。IPv6 路由功能默认关闭，自动配置链路本地地址

```
R1(config)#ipv6 unicast-routing
R1(config)#interface e0/1
R1(config-if)#ipv6 enable
R1(config)#interface e0/2
R1(config-if)#ipv6 enable
R2(config)#ipv6 unicast-routing
R2(config)#interface e0/1
R2(config-if)#ipv6 enable
R2(config)#interface e0/2
R2(config-if)#ipv6 enable
SW1(config)#ipv6 unicast-routing
SW1(config)#interface vlan 30
SW1(config-if)#ipv6 enable
SW1(config)#interface vlan 40
SW1(config-if)#ipv6 enable
SW2(config)#ipv6 unicast-routing
SW2(config)#interface vlan 30
SW2(config-if)#ipv6 enable
SW2(config)#interface vlan 40
SW2(config-if)#ipv6 enable
```

在 SW1 上查看 IPv6 链路本地地址获取信息，在图 13－28 中可以看到 SVI 接口正常获取 IPv6 链路本地地址。

```
 2192:20::254
Vlan30                    [up/up]
    FE80::A8BB:CCFF:FE80:5000
Vlan40                    [up/up]
    FE80::A8BB:CCFF:FE80:5000
Vlan50                    [up/up]
    unassigned
SW1#show ipv6 int brief
```

图 13-28　SW1 IPv6 链路本地地址获取信息

2）OSPFv3

（1）OSPFv3 是专门针对 IPv6 设计的路由协议，并不是 OSPFv2（IPv4 网络中的 OSPF）的升级版本。其基本原理与配置类似于 OSPFv2。OSPFv3 可以使用链路本地地址建立邻接关系并传递路由。注意，在思科设备的接口上，如果只手工配置了一个 IPv6 地址，而没有配置链路本地地址，删除手工配置的 IPv6 地址时，OSPFv3 接口下的通告配置也会自动删除，需要重新通告。

（2）实施过程与配置。

- 在 R1、R2、SW1、SW2 上实施 OSPFv3。

在 R2 上下发 OSPFv3 默认路由，必须加 always 参数，否则无法下发，因为不存在其他形式的默认路由。这可以解决 VLAN 20 与 VLAN 100 之间的通信问题，也可以通过在 R2 的 OSPFv3 进程下重分布 BGP 来解决 VLAN 20 与 VLAN 100 之间的通信问题

```
R1(config)#router ospfv3 110
R1(config-router)#router-id 1.1.1.1
R1(config-router)#auto-cost reference-bandwidth 1000
R1(config)#interface range e0/1-2
R1(config-if-range)#ospfv3 110 ipv6 area 0
R2(config)#router ospfv3 110
R2(config-router)#router-id 2.2.2.2
R2(config-router)#auto-cost reference-bandwidth 1000
R2(config-router)#address-family ipv6 unicast
R2(config-router-af)#default-information originate always
```

- OSPFv3 中重分布 IPv6 直连路由，针对 VLAN 20 的 IPv6 网段

```
R2(config)#interface range e0/1-2
R2(config-if-range)#ospfv3 110 ipv6 area 0
SW1(config)#router ospfv3 110
SW1(config-router)#router-id 11.11.11.11
SW1(config-router)#auto-cost reference-bandwidth 1000
SW1(config-router)#address-family ipv6 unicast
SW1(config-router-af)#redistribute connected
SW1(config)#interface range vlan30,vlan40
```

```
SW1(config-if-range)#ospfv3 110 ipv6 area 0
SW2(config)#router ospfv3 110
SW2(config-router)#router-id 22.22.22.22
SW1(config-router)#auto-cost reference-bandwidth 1000
SW2(config-router)#address-family ipv6 unicast
SW2(config-router-af)#redistribute connected
SW2(config)#interface range vlan30,vlan40
SW2(config-if-range)#ospfv3 110 ipv6 area 0
```

- 在 SW1 和 SW2 的 VLAN 20 SVI 接口下配置 IPv6 全球单播地址

```
SW1(config)#interface vlan 20
SW1(config-if)#ipv6 add 2192:20::252/64
SW2(config)#interface vlan 20
SW2(config-if)#ipv6 add 2192:20::253/64
```

在 SW1 上查看 OSPFv3 邻接关系信息，在图 13－29 中可以看到 SW1 上有 6 个 OSPFv3 邻接关系，这和用 OSPFv2 计算出来的结果一致。

```
SW1#show ospfv3 neighbor

          OSPFv3 110 address-family ipv6 (router-id 11.11.11.11)

Neighbor ID     Pri   State           Dead Time   Interface ID    Interface
1.1.1.1           1   FULL/DROTHER    00:00:33    5               Vlan40
2.2.2.2           1   FULL/DROTHER    00:00:36    5               Vlan40
22.22.22.22       1   FULL/DR         00:00:30    16              Vlan40
1.1.1.1           1   FULL/DROTHER    00:00:38    4               Vlan30
2.2.2.2           1   FULL/DROTHER    00:00:32    4               Vlan30
22.22.22.22       1   FULL/DR         00:00:34    15              Vlan30
```

图 13－29　SW1 OSPFv3 邻接关系信息

3）IPv6 HSRP

（1）IPv6 HSRP 是思科私有的网关冗余备份协议 HSRP 的升级版本，也称为 HSRPv2，作用是更好地支持 IPv6。思科设备上的 VRRP 协议不支持 IPv6。IPv6 HSRP 的原理与功能类似于 VRRP 协议。

（2）实施过程与配置。

- 在 SW1 和 SW2 上实施 IPv6 HSRP，版本 2 支持 IPv6

```
SW1(config)#interface vlan 20
SW1(config-if)#standby version 2
```

- 虚拟网关支持自动配置，会自动指定链路本地地址的虚拟网关

```
SW1(config-if)#standby 20 ipv6 autoconfig
```

- HSRP 中优先级默认值为 100，优先级高的成为主设备

```
SW1(config)#interface vlan 30
SW1(config-if)#standby version 2
SW1(config-if)#standby 30 ipv6 autoconfig
SW1(config-if)#standby 30 priority 200
```

• 开启抢占模式，如果不开启抢占模式，则一旦完成选举，设备不会因为优先级高而自动成为主设备

```
SW1(config-if)#standby 30 preempt delay minimum 5
SW1(config)#interface vlan 40
SW1(config-if)#standby version 2
SW1(config-if)#standby 40 ipv6 autoconfig
SW2(config)#interface vlan 20
SW2(config-if)#standby version 2
SW2(config-if)#standby 20 ipv6 autoconfig
SW2(config-if)#standby 20 priority 200
SW2(config-if)#standby 20 preempt delay minimum 5
SW2(config)#interface vlan 30
SW2(config-if)#standby version 2
SW2(config-if)#standby 30 ipv6 autoconfig
SW2(config)#interface vlan 40
SW2(config-if)#standby version 2
SW2(config-if)#standby 40 ipv6 autoconfig
SW2(config-if)#standby 40 priority 200
SW2(config-if)#standby 40 preempt delay minimum 5
```

在 SW1 上查看 IPv6 HSRP 信息，在图 13－30 中可以看到 SW1 成了 VLAN 30 的主设备，IPv6 虚拟网关地址为链路本地地址。

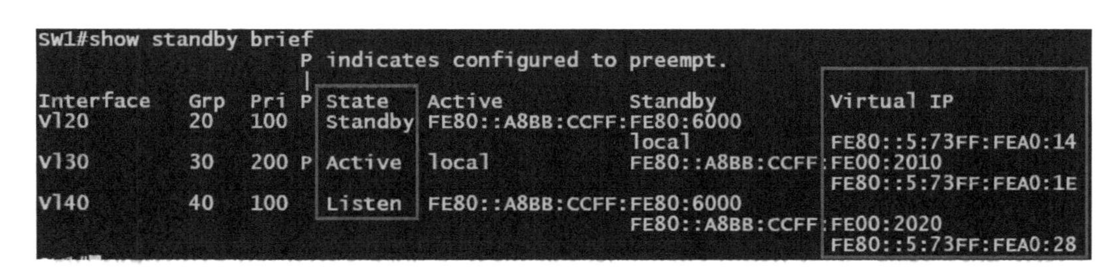

图 13－30 SW1 IPv6 HSRP 信息

4）DHCPv6

（1）DHCPv6 可以为客户端提供 IPv6 地址和其他参数的自动分配与配置功能，分为有状态和无状态两种模式，有状态模式下主机直接从 DHCPv6 服务器获取全部地址信息及其他配置信息（如 DNS 和域名等）；无状态模式下主机从路由宣告信息中获取地址信息，并从

DHCPv6 服务器获取其他配置信息(如 DNS 和域名等)。

(2) 实施过程与配置。

- 将 R1 配置为 DHCPv6 服务器

```
R1(config)#interface e0/1
R1(config-if)#ipv6 add 2192:30::1/64
R1(config)#interface e0/2
R1(config-if)#ipv6 add 2192:40::1/64
R1(config)#ipv6 dhcp pool VLAN20
R1(config-dhcpv6)#address prefix 2192:20::/64
R1(config-dhcpv6)#dns-server 2000::2000
R1(config)#interface e0/1
R1(config-if)#ipv6 dhcp server VLAN20
R1(config)#interface e0/2
R1(config-if)#ipv6 dhcp server VLAN20
```

- 在 SW1 和 SW2 上实施 DHCPv6 中继。如果不使用中继,则配置到 DHCPv6 服务器上。执行以下命令后将配置有状态的 DHCPv6,并下发其他网络参数

```
SW1(config)#interface vlan 20
SW1(config-if)#ipv6 dhcp relay destination 2192:30::1
SW1(config-if)#ipv6 dhcp relay destination 2192:40::1
SW1(config-if)#ipv6 nd managed-config-flag
SW1(config-if)#ipv6 nd other-config-flag
SW2(config)#interface vlan 20
SW2(config-if)#ipv6 dhcp relay destination 2192:30::1
SW2(config-if)#ipv6 dhcp relay destination 2192:40::1
SW2(config-if)#ipv6 nd managed-config-flag
SW2(config-if)#ipv6 nd other-config-flag
```

- 路由器模拟 PC 通过 DHCPv6 服务器获取地址。注意,PC 上不能开启 IPv6 路由功能

```
PC2(config)#interface e0/0
PC2(config-if)#ipv6 enable
PC2(config-if)#ipv6 address dhcp
```

5) IPv6 DHCP Guard

(1) IPv6 DHCP Guard 的功能类似于 DHCP Snooping,思科设备上 DHCP Snooping 不支持 IPv6。在 EVE-NG 模拟器中,无法获取测试效果。

(2) 实施过程与配置。在 SW4 上实施 IPv6 DHCP Guard,防止终端设备恶意获取 DHCPv6 地址池中的 IPv6 地址。

- 配置保护策略

```
SW4(config)#ipv6 dhcp guard policy SERVER
```

- 类似于 DHCP Snooping 的信任端口

```
SW4(config-dhcp-guard)#device-role server
```

- 类似于 DHCP Snooping 的非信任端口

```
SW4(config)#ipv6 dhcp guard policy CLIENT
SW4(config-dhcp-guard)#device-role client
```

- 全局下保护

```
SW4(config)#ipv6 dhcp guard attach-policy CLIENT
```

- 上行接口实施服务器端策略

```
SW4(config)#interface range e0/0,e0/3
SW4(config-if-range)#ipv6 dhcp guard attach-policy SERVER
```

在 PC2 上查看 DHCPv6 地址获取信息，在图 13－31 中可以看到 PC2 从 R1 的 DHCPv6 服务器成功获取 IPv6 全球单播地址，一个接口可以有多个 IPv6 地址。思科的 DHCPv6 服务器上 IPv6 地址随机进行分配。

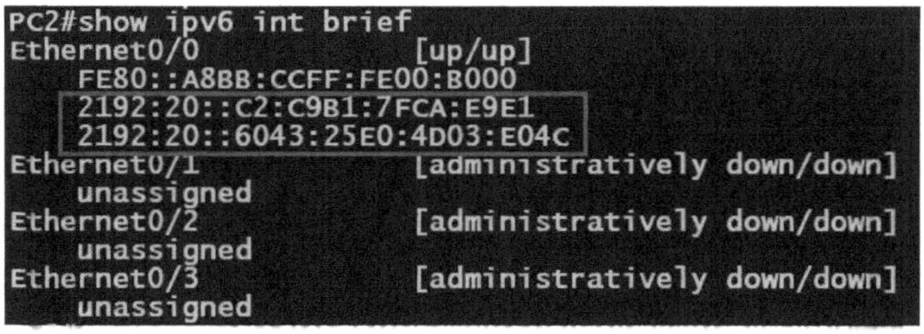

```
PC2#show ipv6 int brief
Ethernet0/0                [up/up]
    FE80::A8BB:CCFF:FE00:B000
    2192:20::C2:C9B1:7FCA:E9E1
    2192:20::6043:25E0:4D03:E04C
Ethernet0/1                [administratively down/down]
    unassigned
Ethernet0/2                [administratively down/down]
    unassigned
Ethernet0/3                [administratively down/down]
    unassigned
```

图 13－31　PC2 DHCPv6 地址获取信息

6）IPv6 over GRE over IPSec

（1）IPv6 over GRE over IPSec 是 IPv6 中的 GRE over IPSec，支持在 IPv4 地址的基础上建立 IPv6 GRE 隧道，并且可以与 IPv4 隧道共存，使用同一条隧道链路。思科设备在 GRE over IPSec 的基础上只需要在 GRE 隧道中配置 IPv6 地址就能实现 IPv6 GRE。

（2）实施过程与配置。

- 在 R2 和 R4 之间的 GRE 隧道上配置 IPv6 地址

```
R2(config)#interface tunnel 0
R2(config-if)#ipv6 add 2010::1/64
R4(config)#interface tunnel 0
R4(config-if)#ipv6 add 2010::2/64
```

● 在 R4 和 PC3 上配置 IPv6 地址

```
R4(config)#ipv6 unicast-routing
R4(config)#interface e0/1.100
R4(config-subif)#ipv6 add 2192:100::254/64
PC3(config)#interface e0/0
PC3(config-if)#ipv6 add 2192:100::1/64
```

在 R2 上测试 IPv6 GRE 隧道两端的地址能否进行通信，在图 13－32 中可以看到 R2 与 R4 之间 IPv6 GRE 隧道两端的地址通信正常。

```
R2#ping ipv6 2010::2 source 2010::1
Type escape sequence to abort.
Sending 5, 100-byte ICMP Echos to 2010::2, time
Packet sent with a source address of 2010::1
!!!!!
Success rate is 100 percent (5/5), round-trip m
```

图 13－32　R2 IPv6 GRE 隧道地址通信测试

7）多协议边界网关协议 MBGP

（1）MBGP 支持 IPv6、组播、VPNv6 等多种协议，可以实现各种复杂的网络功能。这里实施 MBGP 以通告 VLAN 20 与 VLAN 100 的 IPv6 前缀，使 VLAN 20 与 VLAN 100 的 IPv6 前缀可以相互进行通信。

（2）实施过程与配置。在 R2 与 R4 之间的 IPv6 GRE 隧道上实施 MBGP，通告 VLAN 20 与 VLAN 100 的 IPv6 前缀。

● 创建 IPv6 单播地址族

```
R2(config)#router bgp 65534
R2(config-router)#neighbor 2010::2 remote-as 65535
R2(config-router)#address-family ipv6 unicast
```

● 必须激活对等体才能生效

```
R2(config-router-af)#neighbor 2010::2 activate
```

● 通告的 IPv6 前缀一定要和路由表中的一致，这和通告 IPv4 地址一样

```
R2(config-router-af)#network 2192:20::0/64
R4(config)#router bgp 65535
R4(config-router)#neighbor 2010::1 remote-as 65534
R4(config-router)#address-family ipv6 unicast
R4(config-router-af)#neighbor 2010::1 activate
R4(config-router-af)#network 2192:100::0/64
```

● 配置完 MBGP 后，IPv4 通告路由的配置会丢失，须重新通告，此时需要使用 IPv4 单播地址族

```
R2(config)#router bgp 65534
R2(config-router)#address-family ipv4 unicast
R2(config-router-af)#network 192.168.20.0 mask 255.255.255.0
R4(config)#router bgp 65535
R4(config-router)#address-family ipv4 unicast
R4(config-router-af)#network 192.168.100.0 mask 255.255.255.0
```

在 R2 上查看 MBGP 路由表信息，在图 13－33 中可以看到 R2 收到了 VLAN 100 的 IPv6 路由。

```
R2#show bgp ipv6 unicast
BGP table version is 3, local router ID is 2.2.2.2
Status codes: s suppressed, d damped, h history, * valid, > best, i - internal,
              r RIB-failure, S Stale, m multipath, b backup-path, f RT-Filter,
              x best-external, a additional-path, c RIB-compressed,
              t secondary path,
Origin codes: i - IGP, e - EGP, ? - incomplete
RPKI validation codes: V valid, I invalid, N Not found

     Network          Next Hop            Metric LocPrf Weight Path
 *>   2192:20::/64     FE80::A8BB:CCFF:FE80:6000
                                              20         32768 i
 *>   2192:100::/64    2010::2                 0             0 65535 i
```

图 13－33 R2 MBGP 路由表

最终，PC2 与 PC3 分别进行 IPv4 和 IPv6 地址通信测试。在图 13－34 中可以看到，PC2 与 PC3 的 IPv4 地址能够正常通信，与 IPv6 地址也能够正常通信。

```
PC2#ping 192.168.100.1 source e0/0
Type escape sequence to abort.
Sending 5, 100-byte ICMP Echos to 192.168.100.1, timeout is 2 seconds:
Packet sent with a source address of 192.168.20.101
!!!!!
Success rate is 100 percent (5/5), round-trip min/avg/max = 4/4/5 ms
PC2#ping 2192:100::1 source e0/0
Type escape sequence to abort.
Sending 5, 100-byte ICMP Echos to 2192:100::1, timeout is 2 seconds:
Packet sent with a source address of 2192:20::C2:C9B1:7FCA:E9E1
!!!!!
Success rate is 100 percent (5/5), round-trip min/avg/max = 4/5/6 ms
```

图 13－34 PC2 与 PC3 的 IPv4 和 IPv6 地址通信测试

【实验总结】

实验 20 讲解了思科设备如何实施 IPv4 和 IPv6 网络，交换网络，IPv4 与 IPv6 路由网络，IPv4 广域网，基于 IPv4 的 IPv6 广域网，以及部分网络安全策略。在实验中我们可以发现，思科设备在 DHCPv6 保护(IPv6 DHCP Guard，EVE－NG 中不生效，应该是模拟器的问题)与 DHCPv6 网关冗余备份(IPv6 HSRP)方面只支持自己私有的协议。总体来讲，思科部分私有协议确实优于公有协议，但是仅限用于自己的产品，不支持多家厂商的设备协同工作，因此应用不是很广泛。而实际上同一个局域网内也不建议采用多家厂商的网络设备，因为稳定性和可靠性都得不到保障。通过本实验，可以掌握完全采用思科设备实施企业网项目的方法。

13.3 华为设备企业网综合实践(实验 21)

此实验在 eNSP 模拟器中完成,图 13－35 是本实验的拓扑图,接口连线请参考图 13－35。

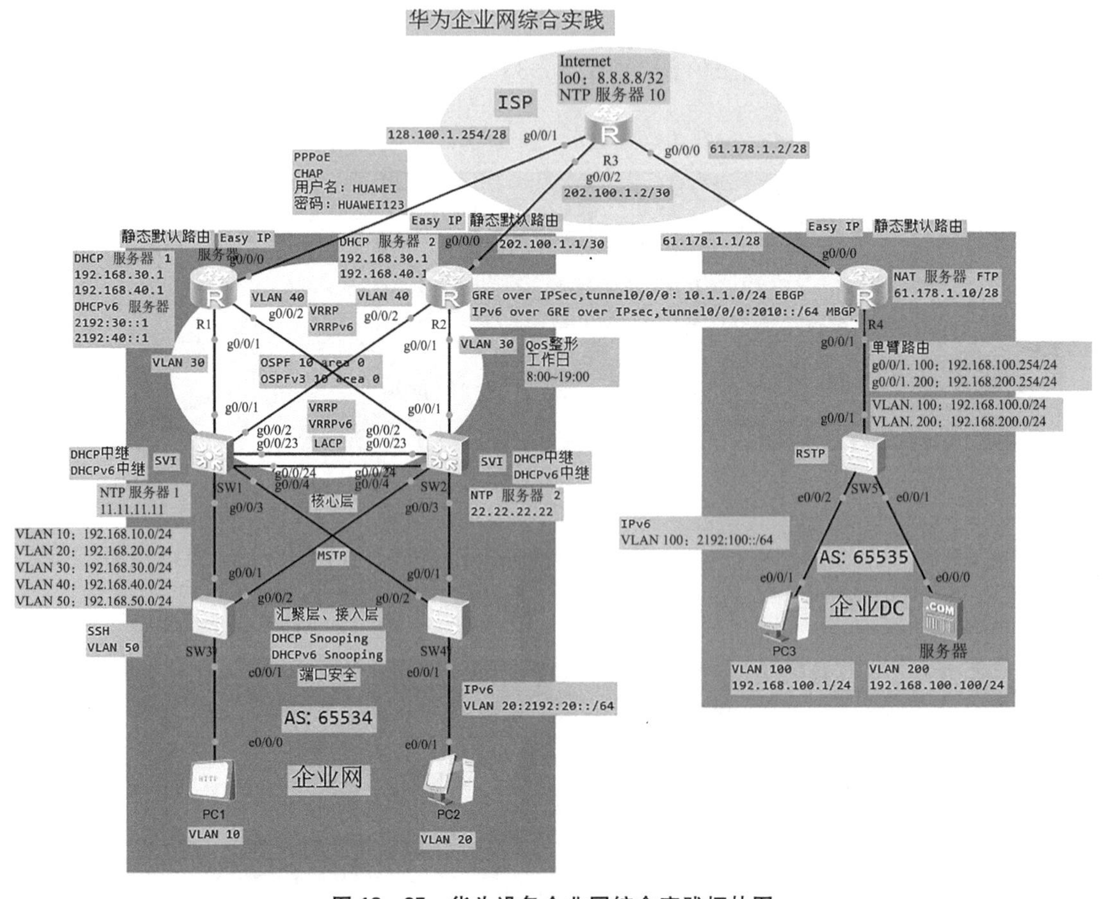

图 13－35 华为设备企业网综合实践拓扑图

【实验目的】

(1) 掌握华为设备上企业网的实施方法。

(2) 掌握华为设备上企业网交换技术的实施方法。

(3) 掌握华为设备上企业网 IPv4 路由技术的实施方法。

(4) 掌握华为设备上企业网 IPv6 路由技术的实施方法。

(5) 掌握华为设备上企业网 IPv4 广域网技术的实施方法。

(6) 掌握华为设备上企业网 IPv6 广域网技术的实施方法。

【实验步骤】

1. IPv4 网络实施

1) 虚拟局域网 VLAN

(1) 为什么要实施 VLAN？VLAN 的主要作用是什么？企业网内部的局域网规模一般

比较庞大，交换网络默认只有一个广播域，会产生大量的广播信息，严重时会产生广播风暴，造成局域网拥堵，而 VLAN 技术可以解决这个问题，一个 VLAN 代表一个独立的广播域，可通过将局域网划分成若干个广播域解决上述问题。同时按照部门划分 VLAN，可便于进行内部网络的管理与维护。

(2) 实施过程与配置。

● 在 SW1、SW2、SW3、SW4 上创建 VLAN 10、VLAN 20、VLAN 30、VLAN 40、VLAN 50。注意，在同一个交换网络中，所有交换机的 VLAN 配置必须一致，否则可能会导致网络局部无法进行通信

```
[SW1]vlan batch 10 20 30 40 50
[SW2]vlan batch 10 20 30 40 50
[SW3]vlan batch 10 20 30 40 50
[SW4]vlan batch 10 20 30 40 50
```

● 将连接终端设备的接口划入相应 VLAN

```
[SW1]interface g0/0/1
[SW1-GigabitEthernet0/0/1]port link-type access
[SW1-GigabitEthernet0/0/1]port default vlan 30
[SW1]interface g0/0/2
[SW1-GigabitEthernet0/0/2]port link-type access
[SW1-GigabitEthernet0/0/2]port default vlan 40
[SW2]interface g0/0/1
[SW2-GigabitEthernet0/0/1]port link-type access
[SW2-GigabitEthernet0/0/1]port default vlan 30
[SW2]interface g0/0/2
[SW2-GigabitEthernet0/0/2]port link-type access
[SW2-GigabitEthernet0/0/2]port default vlan 40
[SW3]interface e0/0/1
[SW3-Ethernet0/0/1]port link-type access
[SW3-Ethernet0/0/1]port default vlan 10
[SW4]interface e0/0/1
[SW4-Ethernet0/0/1]port link-type access
[SW4-Ethernet0/0/1]port default vlan 20
```

在 SW1 上查看 VLAN 信息，在图 13-36 中可以看到 SW1 上创建了 VLAN 10、VLAN 20、VLAN 30、VLAN 40、VLAN 50 这 5 个 VLAN，接口 g0/0/1 属于 VLAN 30，g/0/0/2 属于 VLAN 40。出于对安全性的考虑，交换机上不用的接口最好关闭。

```
[SW1]display vlan
The total number of vlans is : 6
--------------------------------------------------------------------------------
U: Up;         D: Down;         TG: Tagged;         UT: Untagged;
MP: Vlan-mapping;               ST: Vlan-stacking;
#: ProtocolTransparent-vlan;    *: Management-vlan;
--------------------------------------------------------------------------------

VID  Type    Ports
--------------------------------------------------------------------------------
1    common  UT:GE0/0/5(D)      GE0/0/6(D)      GE0/0/7(D)      GE0/0/8(D)
                GE0/0/9(D)      GE0/0/10(D)     GE0/0/11(D)     GE0/0/12(D)
                GE0/0/13(D)     GE0/0/14(D)     GE0/0/15(D)     GE0/0/16(D)
                GE0/0/17(D)     GE0/0/18(D)     GE0/0/19(D)     GE0/0/20(D)
                GE0/0/21(D)     GE0/0/22(D)
10   common  TG:GE0/0/3(U)      GE0/0/4(U)      Eth-Trunk1(U)
20   common  TG:GE0/0/3(U)      GE0/0/4(U)      Eth-Trunk1(U)
30   common  UT:GE0/0/1(U)
             TG:GE0/0/3(U)      GE0/0/4(U)      Eth-Trunk1(U)
40   common  UT:GE0/0/2(U)
             TG:GE0/0/3(U)      GE0/0/4(U)      Eth-Trunk1(U)
50   common  TG:GE0/0/3(U)      GE0/0/4(U)      Eth-Trunk1(U)
```

图 13-36 SW1 VLAN 信息

2) LACP 模式链路聚合

(1) 实施链路聚合的目的主要是提高网络传输速率吗？链路聚合技术除了用于提高网络传输速率，另一个更重要的作用是实现交换网络的冗余备份，当链路聚合组中的单条或多条链路出现故障时，只要有一条链路能正常工作，就不会影响网络的连通性。核心交换机之间必须配置链路聚合，由此可在提高链路速率的同时增强核心网络的可靠性。注意，链路聚合技术也可以实施在非核心设备上。

(2) 实施过程与配置。

- 在交换机 SW1 与 SW2 之间实施二层 LACP 模式链路聚合并配置为 trunk 模式

```
[SW1]interface Eth-Trunk 1
[SW1-Eth-Trunk1]mode lacp-static
[SW1-Eth-Trunk1]trunkport g 0/0/23 0/0/24
[SW1-Eth-Trunk1]port link-type trunk
[SW1-Eth-Trunk1]port trunk allow-pass vlan 10 20 30 40 50
[SW1-Eth-Trunk1]undo port trunk allow-pass vlan 1
[SW2]interface Eth-Trunk 1
[SW2-Eth-Trunk1]mode lacp-static
[SW2-Eth-Trunk1]trunkport g 0/0/23 0/0/24
[SW2-Eth-Trunk1]port link-type trunk
[SW2-Eth-Trunk1]port trunk allow-pass vlan 10 20 30 40 50
[SW2-Eth-Trunk1]undo port trunk allow-pass vlan 1
```

在 SW1 上查看 LACP 模式链路聚合信息，在图 13-37 中可以看到 LACP 静态模式的二层链路聚合工作正常，建议先关闭链路聚合组两端的物理接口，然后再进行配置，完成配置后开启物理接口。

```
[SW1]display eth-trunk
Eth-Trunk1's state information is:
Local:
LAG ID: 1                      WorkingMode: STATIC
Preempt Delay: Disabled        Hash arithmetic: According to SIP-XOR-DIP
System Priority: 32768         System ID: 4c1f-ccee-64d2
Least Active-linknumber: 1     Max Active-linknumber: 8
Operate status: up             Number Of Up Port In Trunk: 2
--------------------------------------------------------------------------------
ActorPortName          Status   PortType PortPri PortNo PortKey PortState Weight
GigabitEthernet0/0/23  Selected 1GE      32768   24     305     10111100  1
GigabitEthernet0/0/24  Selected 1GE      32768   25     305     10111100  1

Partner:
--------------------------------------------------------------------------------
ActorPortName          SysPri   SystemID        PortPri PortNo PortKey PortState
GigabitEthernet0/0/23  32768    4c1f-cc31-3f52  32768   24     305     10111100
GigabitEthernet0/0/24  32768    4c1f-cc31-3f52  32768   25     305     10111100
```

图 13 - 37　SW1 链路聚合信息

3）trunk 链路

（1）交换机之间的链路为什么要使用 trunk 模式？在划分了 VLAN 的交换网络当中，交换机之间要传输多个 VLAN 的信息，必须将接口配置为 trunk 模式，trunk 链路上可以传输多个 VLAN 的信息，access 链路上只能传输一个 VLAN 的信息。

（2）实施过程与配置。将交换机 SW1、SW2、SW3、SW4 之间连接的其他接口设置为 trunk 模式。

● 华为端口组，可以将需要做相同配置的接口加入端口组，也可以批量配置接口，简化配置。部分命令支持批量配置

```
[SW1]port-group 1
```

● 将接口加入端口组

```
[SW1-port-group-1]group-member g0/0/3 to g0/0/4
```

● 查看当前视图下的配置，这个命令非常方便，经常使用

```
[SW1-port-group-1]display this
[SW1-port-group-1]port link-type trunk
[SW1-port-group-1]port trunk allow-pass vlan 10 20 30 40 50
[SW1-port-group-1]undo port trunk allow-pass vlan 1
[SW2]port-group 1
[SW2-port-group-1]group-member g0/0/3 to g0/0/4
[SW2-port-group-1]port link-type trunk
[SW2-port-group-1]port trunk allow-pass vlan 10 20 30 40 50
[SW2-port-group-1]undo port trunk allow-pass vlan 1
[SW3]port-group 1
[SW3-port-group-1]group-member g0/0/1 to g0/0/2
[SW3-port-group-1]port link-type trunk
[SW3-port-group-1]port trunk allow-pass vlan 10 20 30 40 50
```

```
[SW3-port-group-1]undo port trunk allow-pass vlan 1
[SW4]port-group 1
[SW4-port-group-1]group-member g0/0/1 to g0/0/2
[SW4-port-group-1]port link-type trunk
[SW4-port-group-1]port trunk allow-pass vlan 10 20 30 40 50
[SW4-port-group-1]undo port trunk allow-pass vlan 1
```

在 SW1 上查看交换机 trunk 端口的信息，在图 13－38 中可以看到 trunk 链路上允许 VLAN 10、VLAN 20、VLAN 30、VLAN 40、VLAN 50 通过，其他 VLAN 不能通过，这样就提高了交换网络的安全性。

```
[SW1]display port vlan
Port                    Link Type    PVID  Trunk VLAN List
-------------------------------------------------------------
Eth-Trunk1              trunk        1     10 20 30 40 50
GigabitEthernet0/0/1    access       30    -
GigabitEthernet0/0/2    access       40    -
GigabitEthernet0/0/3    trunk        1     10 20 30 40 50
GigabitEthernet0/0/4    trunk        1     10 20 30 40 50
GigabitEthernet0/0/5    hybrid       1     -
GigabitEthernet0/0/6    hybrid       1     -
```

图 13－38 SW1 trunk 端口信息

4）多实例生成树协议 MSTP

（1）生成树对交换网络的影响有多大？生成树协议 STP 主要用来解决交换网络中的环路问题，在实现企业内部拥有冗余备份机制时，必然会产生交换网络中的环路，如果没有生成树，那么这种设计将会是一场噩梦。实施了生成树协议之后，如何保证生成树协议的快速收敛性和稳定性，并合理优化交换网络，是必须面对和探讨的问题。在企业网中，尤其是在有冗余备份的网络中，我们必然会选择多实例生成树协议 MSTP，这种生成树协议的最大优点是可以实现 VLAN 分实例，按照实例设置主备根设备，而根设备稳定是整个交换网络稳定的基石，这样可以在优化交换网络的同时合理利用交换设备资源。思科拥有私有的每 VLAN 生成树技术，即每一个 VLAN 都有一棵生成树，但这在提高交换网络效率的同时，使设备资源消耗得极多。华为以及其他厂商的交换机默认所有 VLAN 都使用同一棵生成树，虽然这种方式下设备资源消耗得较少，但是交换网络效率差。所以出现了多实例生成树协议 MSTP，在 MSTP 中一个实例使用一棵生成树，可以将多个 VLAN 放进同一个实例中，这种方案可以在提高交换网络效率的同时，防止设备资源消耗得过多。

（2）实施过程与配置。

● 将交换机 SW1、SW2、SW3、SW4 的生成树模式改为 MSTP，将 SW1 作为 VLAN 10 和 VLAN 30 的主根，将 SW2 作为 VLAN 20 和 VLAN 40 的主根。注意，在同一个交换网络中，所有交换机的 MSTP 配置必须一致，否则会影响生成树收敛速度，造成交换网络不稳定。华为设备上最后一定要激活 MSTP 配置

```
[SW1]stp mode mstp
[SW1]stp region-configuration
[SW1-mst-region]region-name HUAWEI
```

```
[SW1-mst-region]revision-level 100
[SW1-mst-region]instance 1 vlan 10 30
[SW1-mst-region]instance 2 vlan 20 40
[SW1-mst-region]active region-configuration
[SW1]stp instance 1 root primary
[SW1]stp instance 2 root secondary
[SW2]stp mode mstp
[SW2]stp region-configuration
[SW2-mst-region]region-name HUAWEI
[SW2-mst-region]revision-level 100
[SW2-mst-region]instance 1 vlan 10 30
[SW2-mst-region]instance 2 vlan 20 40
[SW2-mst-region]active region-configuration
[SW2]stp instance 1 root secondary
[SW2]stp instance 2 root primary
[SW3]stp mode mstp
[SW3]stp region-configuration
[SW3-mst-region]region-name HUAWEI
[SW3-mst-region]revision-level 100
[SW3-mst-region]instance 1 vlan 10 30
[SW3-mst-region]instance 2 vlan 20 40
[SW3-mst-region]active region-configuration
[SW4]stp mode mstp
[SW4]stp region-configuration
[SW4-mst-region]region-name HUAWEI
[SW4-mst-region]revision-level 100
[SW4-mst-region]instance 1 vlan 10 30
[SW4-mst-region]instance 2 vlan 20 40
[SW4-mst-region]active region-configuration
```

在 SW1 上查看实例 1 的生成树信息，在图 13－39 中可以看到实例 1 的所有端口都是指定端口，所以可以判定 SW1 是实例 1 的根桥。

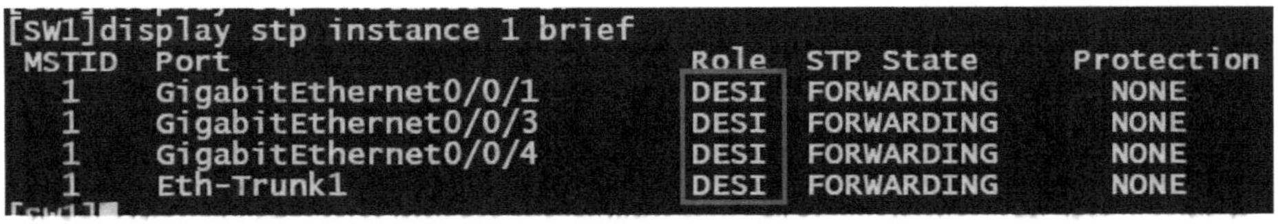

```
[SW1]display stp instance 1 brief
 MSTID  Port                        Role  STP State     Protection
   1    GigabitEthernet0/0/1        DESI  FORWARDING      NONE
   1    GigabitEthernet0/0/3        DESI  FORWARDING      NONE
   1    GigabitEthernet0/0/4        DESI  FORWARDING      NONE
   1    Eth-Trunk1                  DESI  FORWARDING      NONE
```

图 13－39　SW1 实例 1 生成树信息

在接入层交换机 SW3、SW4 上做边缘端口和 BPDU 保护，防止主机端的恶意软件抢占根桥,对交换网络造成威胁。

- 华为设备全局配置边缘端口后,会将所有交换机的接口定义为边缘端口

```
[SW3]stp edged-port default
```

- 需要在 trunk 端口上关闭边缘端口功能

```
[SW3]port-group 1
[SW3-port-group-1]stp edged-port disable
```

- 华为设备只能在全局模式下开启 BPDU 保护

```
[SW3]stp bpdu-protection
[SW4]stp edged-port default
[SW4]port-group 1
[SW4-port-group-1]stp edged-port disable
[SW4]stp bpdu-protection
```

在 SW4 上查看实例 2 的生成树信息,在图 13-40 中可以看到 e0/0/1 接口为边缘端口,边缘端口上开启了 BPDU 保护。g0/0/2 接口处于阻塞状态,以防止出现二层环路。g0/0/1 是根端口,指定端口对端一定是根端口或者阻塞端口。

```
[SW4]display stp instance 2 brief
 MSTID  Port                        Role  STP State     Protection
   2    Ethernet0/0/1               DESI  FORWARDING      BPDU
   2    GigabitEthernet0/0/1        ROOT  FORWARDING      NONE
   2    GigabitEthernet0/0/2        ALTE  DISCARDING      NONE
```

图 13-40 SW4 实例 2 生成树信息

- 在 SW3、SW4 连接终端设备的接口上实施端口安全策略,防止非法用户私自接入网络

```
[SW3]interface e0/0/1
[SW3-Ethernet0/0/1]port-security enable
[SW3-Ethernet0/0/1]port-security max-mac-num 1
[SW3-Ethernet0/0/1]port-security mac-address sticky
[SW3-Ethernet0/0/1]port-security protect-action protect
[SW4]interface e0/0/1
[SW4-Ethernet0/0/1]port-security enable
[SW4-Ethernet0/0/1]port-security max-mac-num 1
[SW4-Ethernet0/0/1]port-security mac-address sticky
[SW4-Ethernet0/0/1]port-security protect-action protect
```

在 SW4 上查看端口安全策略下的 MAC 地址绑定信息,在图 13-41 中可以看到 e0/0/1 已经绑定了终端设备的 MAC 地址,这里限定绑定数量上限为 1,一旦接入其他设备,MAC 地址与绑定地址不一致就会触发端口安全策略。

```
[SW4]display mac-address sticky
MAC address table of slot 0:
-------------------------------------------------------------------------------
MAC Address    VLAN/       PEVLAN CEVLAN Port            Type      LSP/LSR-ID
               VSI/SI                                              MAC-Tunnel
-------------------------------------------------------------------------------
5489-98f7-1d4a 20          -      -      Eth0/0/1        sticky    -
-------------------------------------------------------------------------------
Total matching items on slot 0 displayed = 1
```

图 13－41　SW4 端口安全策略下的 MAC 地址绑定信息

5）VLAN 间的路由

（1）为什么要实施 VLAN 间的路由？这是否失去了通过划分 VLAN 隔离网络的意义？

初学者经常会踏入这样的误区，认为划分 VLAN 就是为了隔离网络，隔离网络是 VLAN 的功能，但不是主旨。VLAN 技术的主旨在于解决交换网络广播域过大造成网络传输效率低下的问题。而实施 VLAN 间的路由的最终目的是使网络互通和为访问因特网做准备，没有互通性的网络是没有意义的。实施 VLAN 间的路由时常用单臂路由和使用三层交换机 SVI 接口两种方式，在有三层交换机的情况下，一般会使用 SVI 接口，以减轻路由器的压力和提高网络传输速率。

（2）实施过程与配置。

● 在三层交换机的 SVI 接口上配置网关地址，实现不同 VLAN 间的通信

```
[SW1]interface vlan 10
[SW1-Vlanif10]ip add 192.168.10.252 24
[SW1]interface vlan 20
[SW1-Vlanif20]ip add 192.168.20.252 24
[SW1]interface vlan 30
[SW1-Vlanif30]ip add 192.168.30.252 24
[SW1]interface vlan 40
[SW1-Vlanif40]ip add 192.168.40.252 24
[SW1]interface vlan 50
[SW1-Vlanif50]ip add 192.168.50.1 24
[SW2]interface vlan 10
[SW2-Vlanif10]ip add 192.168.10.253 24
[SW2]interface vlan 20
[SW2-Vlanif20]ip add 192.168.20.253 24
[SW2]interface vlan 30
[SW2-Vlanif30]ip add 192.168.30.253 24
[SW2]interface vlan 40
[SW2-Vlanif40]ip add 192.168.40.253 24
[SW2]interface vlan 50
[SW2-Vlanif50]ip add 192.168.50.2 24
[SW3]interface vlan 50
[SW3-Vlanif50]ip add 192.168.50.3 24
```

```
[SW4]interface vlan 50
[SW4-Vlanif50]ip add 192.168.50.4 24
```

在 SW1 上查看路由表信息，在图 13－42 中可以看到路由表中已经有 VLAN 10、VLAN 20、VLAN 30、VLAN 40、VLAN 50 的直连路由，此时不同 VLAN 之间可以正常通信。

```
      127.0.0.0/8   Direct  0    0        D  127.0.0.1        InLoopBack0
      127.0.0.1/32  Direct  0    0        D  127.0.0.1        InLoopBack0
   192.168.10.0/24  Direct  0    0        D  192.168.10.252   Vlanif10
 192.168.10.252/32  Direct  0    0        D  127.0.0.1        Vlanif10
   192.168.20.0/24  Direct  0    0        D  192.168.20.252   Vlanif20
 192.168.20.252/32  Direct  0    0        D  127.0.0.1        Vlanif20
   192.168.30.0/24  Direct  0    0        D  192.168.30.252   Vlanif30
 192.168.30.252/32  Direct  0    0        D  127.0.0.1        Vlanif30
   192.168.40.0/24  Direct  0    0        D  192.168.40.252   Vlanif40
 192.168.40.252/32  Direct  0    0        D  127.0.0.1        Vlanif40
   192.168.50.0/24  Direct  0    0        D  192.168.50.1     Vlanif50
   192.168.50.1/32  Direct  0    0        D  127.0.0.1        Vlanif50

[SW1]display ip routing-table
```

图 13－42　SW1 路由表

6）网关冗余备份协议 VRRP

（1）图 13－35 中的网关到底是路由器还是三层交换机？VRRP 应该实施在哪个位置？路由器与三层交换机都是网关，只不过三层交换机是内部网络的网关，而路由器是接入因特网的网关。在两台核心交换机上实施 VRRP，会使两个设备的不同网关指向同一个虚拟网关地址，通过这个虚拟网关地址可以访问两台核心交换机中的主设备，若主设备出现故障，会自动切换到备份设备。由于路由器接入两个运营商的网络，需要做交叉日字型冗余备份方案。在企业网中，双核心交换机与汇聚层或者接入层交换机也会做交叉日字型冗余备份，而在三层交换机上实施 VRRP 可以提高三层交换设备的利用率。客户端上的网关全部指向三层交换机的 SVI 接口，后续会配置 OSPF 以实现内部网络与出口网关互通，OSPF 可以使用 cost 干涉路径选择，所以路由器上无需配置 VRRP。

（2）实施过程与配置。

- 实施 VRRP，实现三层交换机 SW1 与 SW2 的冗余备份，使得 VLAN 10 和 VLAN 30 将 SW1 作为主设备，VLAN 20 和 VLAN 40 将 SW2 作为主设备。VRRP 中优先级默认值为 100，优先级高的成为主设备。开启抢占模式，如果不开启抢占模式，则选举一旦完成，设备不会因为优先级高而自动成为主设备

```
[SW1]interface vlan 10
[SW1-Vlanif10]vrrp vrid 10 virtual-ip 192.168.10.254
[SW1-Vlanif10]vrrp vrid 10 priority 200
[SW1-Vlanif10]vrrp vrid 10 preempt-mode timer delay 5
[SW1]interface vlan 20
[SW1-Vlanif20]vrrp vrid 20 virtual-ip 192.168.20.254
[SW1]interface vlan 30
[SW1-Vlanif30]vrrp vrid 30 virtual-ip 192.168.30.254
[SW1-Vlanif30]vrrp vrid 30 priority 200
```

```
[SW1-Vlanif30]vrrp vrid 30 preempt-mode timer delay 5
[SW1]interface vlan 40
[SW1-Vlanif40]vrrp vrid 40 virtual-ip 192.168.40.254
[SW2]interface vlan 10
[SW2-Vlanif10]vrrp vrid 10 virtual-ip 192.168.10.254
[SW2]interface vlan 20
[SW2-Vlanif20]vrrp vrid 20 virtual-ip 192.168.20.254
[SW2-Vlanif20]vrrp vrid 20 priority 200
[SW2-Vlanif20]vrrp vrid 20 preempt-mode timer delay 5
[SW2]interface vlan 30
[SW2-Vlanif30]vrrp vrid 30 virtual-ip 192.168.30.254
[SW2]interface vlan 40
[SW2-Vlanif40]vrrp vrid 40 virtual-ip 192.168.40.254
[SW2-Vlanif40]vrrp vrid 40 priority 200
[SW2-Vlanif40]vrrp vrid 40 preempt-mode timer delay 5
```

在 SW1 上查看 VRRP 信息，在图 13-43 中可以看到 SW1 是 VLAN 10 和 VLAN 30 的主设备，虚拟网关全部指向 X. X. X. 254 的 IP 地址。

```
[SW1]display vrrp brief
VRID  State        Interface                Type     Virtual IP
----------------------------------------------------------------
10    Master       Vlanif10                 Normal   192.168.10.254
20    Backup       Vlanif20                 Normal   192.168.20.254
30    Master       Vlanif30                 Normal   192.168.30.254
40    Backup       Vlanif40                 Normal   192.168.40.254
----------------------------------------------------------------
Total:4     Master:2     Backup:2     Non-active:0
```

图 13-43　SW1 VRRP 信息

7）路由器内网接口地址与环回接口地址

(1) R1 与 R2 的内网接口 g0/0/1 属于 VLAN 30，g0/0/2 属于 VLAN 40。从交换网络的角度，会把路由器当作终端设备，把交换机上连接路由器的接口设置成 access 模式，这与交换机连接 PC 端口同理。华为设备上的环回接口地址不能作为 DHCP 服务器地址，但可以作为 NTP 服务器地址。此外，环回接口的作用还有很多，如 BGP 中经常用环回接口作为更新源，环回接口的稳定性高于物理端口。

(2) 实施过程与配置。

- 配置 R1 与 R2 内网接口的 IP 地址

```
[R1]interface g0/0/1
[R1-GigabitEthernet0/0/1]ip add 192.168.30.1 24
[R1]interface g0/0/2
[R1-GigabitEthernet0/0/2]ip add 192.168.40.1 24
```

```
[R2]interface g0/0/1
[R2-GigabitEthernet0/0/1]ip add 192.168.30.2 24
[R2]interface g0/0/2
[R2-GigabitEthernet0/0/2]ip add 192.168.40.2 24
```

- 配置 R1、R2、SW1、SW2 的环回接口地址

```
[R1]interface lo0
[R1-LoopBack0]ip add 1.1.1.1 32
[R2]interface lo0
[R2-LoopBack0]ip add 2.2.2.2 32
[SW1]interface lo0
[SW1-LoopBack0]ip add 11.11.11.11 32
[SW2]interface lo0
[SW2-LoopBack0]ip add 22.22.22.22 32
```

8) 动态路由协议 OSPF

(1) 内部网络有必要实施 OSPF 吗？为什么选择 OSPF？现在整个网络的 IP 地址已经全部得到配置，下一步就是实施路由，实现三层互通，那么有必要实施 OSPF 吗？答案是有必要，静态路由扩展性差，配置多，网络规模扩大或者网络进行局部调整之后，使用动态路由协议是最佳的选择。企业内部通常使用内部网关协议 IGP，而常见的 IGP 有 RIP、OSPF 和思科私有的 EIGRP，以及 IS-IS，IS-IS 一般用于运营商网络，RIP 已经被淘汰，EIGRP 只有思科设备支持，所以其他厂商的设备选择 OSPF。这里需要配置 OSPF 的设备有 4 台，所以选择单区域 OSPF 即可，如果设备多于 5 台，并且路由条目过多(这里主要看 VLAN 的数量)，就需要考虑规划多区域 OSPF。在实际中，VLAN 业务网段会以重分布技术将直连路由引入 OSPF。

(2) 实施过程与配置。

在 R1、R2、SW1、SW2 上配置 OSPF 路由协议，路由器 ID 采用环回接口地址，下发默认路由，修改带宽参考值，引入 VLAN 业务网段

```
[R1]ospf 10 router-id 1.1.1.1
```

- 带宽参考值修改为 10000(默认值是 100)，因为现代网络设备上接口的速率一般都以千兆起步，核心设备则达到万兆或者更高。cost 值计算公式为 cost＝100/带宽，如果带宽为 100，cost 计算下来为 1，带宽为 1000，cost 计算下来为 0.1，但实际会按 1 算，这样会影响 OSPF 选路的准确性，所以修改带宽参考值是很重要的。

```
[R1-ospfv3-10]bandwidth-reference 10000
```

- 下发默认路由，前提是有其他类型的默认路由，一般是静态默认路由，外部路由类型默认为 OSPF 外部路由类型 2，cost 为 20，但是会按最大 cost 算，所有 OSPF 路由中最后选择

```
[R1-ospf-10]default-route-advertise
```

● 下发默认路由为 OSPF 外部路由类型 1，cost 按照实际计算，会优先于默认的类型 2，因为 R2 是专线接入，所以这里要成为主链路，必须 R2 使默认路由优先于 R1 的默认路由

```
[R1-ospf-10]area 0
[R1]interface lo0
[R1-LoopBack0]ospf enable 10 area 0
[R1]interface g0/0/1
[R1-GigabitEthernet0/0/1]ospf enable 10 area 0
[R1]interface g0/0/2
[R1-GigabitEthernet0/0/2]ospf enable 10 area 0
[R2]ospf 10 router-id 2.2.2.2
[R2-ospfv3-10]bandwidth-reference 10000
[R2-ospf-10]default-route-advertise type 1
```

● 将直连的 VLAN 业务网段引入 OSPF 中，当业务 VLAN 有很多时，这样做的最大好处是可以减少配置

```
[R2-ospf-10]area 0
[R2]interface lo0
[R2-LoopBack0]ospf enable 10 area 0
[R2]interface g0/0/1
[R2-GigabitEthernet0/0/1]ospf enable 10 area 0
[R2]interface g0/0/2
[R2-GigabitEthernet0/0/2]ospf enable 10 area 0
[SW1]ospf 10 router-id 11.11.11.11
[SW1-ospfv3- 10]bandwidth-reference 10000
[SW1-ospf-10]import-route direct
[SW1-ospf-10]area 0
[SW1]interface lo0
[SW1-LoopBack0]ospf enable 10 area 0
[SW1]interface vlan 30
[SW1-Vlanif30]ospf enable 10 area 0
[SW1]interface vlan 40
[SW1-Vlanif40]ospf enable 10 area 0
[SW2]ospf 10 router-id 22.22.22.22
[SW2-ospfv3-10]bandwidth-reference 10000
[SW2-ospf-10]import-route direct
[SW2-ospf-10]area 0
[SW2]interface lo0
[SW2-LoopBack0]ospf enable 10 area 0
[SW2]interface vlan 30
```

```
[SW2-Vlanif30]ospf enable 10 area 0
[SW2]interface vlan 40
[SW2-Vlanif40]ospf enable 10 area 0
```

在 SW1 上查看 OSPF 邻接关系信息，在图 13-44 中可以看到 SW1 已经和 R1、R2、SW2 建立邻接关系，OSPF 邻接关系数量是按照链路数量计算的，MA 广播网络中一条链路可能会建立多个邻接关系。这里有 6 个邻接关系，路由器 ID 是环回接口地址。华为 eNSP 中，如果邻接关系不正常，请关闭路由器 R1 与 R2 后重新开启，启动时让 SW1 与 SW2 先启动。

```
[SW1]display ospf peer brief

        OSPF Process 10 with Router ID 11.11.11.11
                 Peer Statistic Information
 ----------------------------------------------------------------------------
 Area Id          Interface                    Neighbor id       State
 0.0.0.0          Vlanif30                     1.1.1.1           Full
 0.0.0.0          Vlanif30                     2.2.2.2           Full
 0.0.0.0          Vlanif30                     22.22.22.22       Full
 0.0.0.0          Vlanif40                     1.1.1.1           Full
 0.0.0.0          Vlanif40                     2.2.2.2           Full
 0.0.0.0          Vlanif40                     22.22.22.22       Full
 ----------------------------------------------------------------------------
```

图 13-44 SW1 OSPF 邻接关系信息

9）动态主机配置协议 DHCP

(1) DHCP 的功能只是简化网络接入方式吗？DHCP 的主要功能是简化网络接入方式，自动获取 IP 地址、网关、DNS、域名等信息。它大大降低了网络维护人员的工作量，在一定程度上节省了企业的网络维护成本。

(2) 实施过程与配置。将 R1 与 R2 配置为 DHCP 服务器，服务器地址为环回接口地址。这里需要注意的是，首先将同一个网段的地址分为两部分，然后将这两部分地址分别分配给两台 DHCP 服务器，这样做是为了防止地址重复下发，出现地址冲突，造成通信问题

- 开启 DHCP 功能，华为设备默认关闭

```
[R1]dhcp enable
```

- R1 上只下发 192.168.10.1～192.168.10.100 的地址，排除其他地址。华为设备上网关地址不能排除，排除地址要在建立分配地址网段后进行

```
[R1]ip pool VLAN10
[R1-ip-pool-VLAN10]gateway-list 192.168.10.254
[R1-ip-pool-VLAN10]network 192.168.10.0 mask 24
[R1-ip-pool-VLAN10]excluded-ip-address 192.168.10.101 192.168.10.253
```

- 114.114.114.114 是中国免费的 DNS 服务器地址，8.8.8.8 是谷歌免费的 DNS 服务器地址（全球通用）

```
[R1-ip-pool-VLAN10]dns-list 114.114.114.114 8.8.8.8
```

● 租期一般不要超过 3 天，租期太长会造成地址池的地址无法及时被回收，出现地址短缺

```
[R1-ip-pool-VLAN10]domain-name huawei.com
[R1-ip-pool-VLAN10]lease day 1
```

● R1 上只下发 192.168.20.1～192.168.20.100 的地址，排除其他地址

```
[R1]ip pool VLAN20
[R1-ip-pool-VLAN20]gateway-list 192.168.20.254
[R1-ip-pool-VLAN20]network 192.168.20.0 mask 24
[R1-ip-pool-VLAN20]excluded-ip-address 192.168.20.101 192.168.20.253
```

● 华为设备上环回接口不支持开启 DHCP 全局功能，所以环回接口地址不能作为 DHCP 服务器地址

```
[R1-ip-pool-VLAN20]dns-list 114.114.114.114 8.8.8.8
[R1-ip-pool-VLAN20]domain-name huawei.com
[R1-ip-pool-VLAN20]lease day 1
[R1]interface g0/0/1
[R1-GigabitEthernet0/0/1]dhcp select global
[R1]interface g0/0/2
[R1-GigabitEthernet0/0/2]dhcp select global
```

● R2 上只下发 192.168.10.101～192.168.10.200 的地址，排除其他地址

```
[R2]dhcp enable
[R2]ip pool VLAN10
[R2-ip-pool-VLAN10]gateway-list 192.168.10.254
[R2-ip-pool-VLAN10]network 192.168.10.0 mask 24
[R2-ip-pool-VLAN10]excluded-ip-address 192.168.10.1 192.168.10.100
[R2-ip-pool-VLAN10]excluded-ip-address 192.168.10.201 192.168.10.253
```

● R2 上只下发 192.168.20.101～192.168.20.200 的地址，排除其他地址

```
[R2-ip-pool-VLAN10]dns-list 114.114.114.114 8.8.8.8
[R2-ip-pool-VLAN10]domain-name huawei.com
[R2-ip-pool-VLAN10]lease day 1
[R2]ip pool VLAN20
[R2-ip-pool-VLAN20]gateway-list 192.168.20.254
[R2-ip-pool-VLAN20]network 192.168.20.0 mask 24
[R2-ip-pool-VLAN20]excluded-ip-address 192.168.20.1 192.168.20.100
[R2-ip-pool-VLAN20] excluded-ip-address 192.168.20.201 192.168.20.
253
```

```
[R2-ip-pool-VLAN20]dns-list 114.114.114.114 8.8.8.8
[R2-ip-pool-VLAN20]domain-name huawei.com
[R2-ip-pool-VLAN20]lease day 1
```

- 接口下开启 DHCP 全局功能，这个接口的地址作为 DHCP 服务器地址

```
[R2]interface g0/0/1
[R2-GigabitEthernet0/0/1]dhcp select global
[R2]interface g0/0/2
[R2-GigabitEthernet0/0/2]dhcp select global
```

在 SW1 和 SW2 上实施 DHCP 中继，因为 VLAN 10、VLAN 20 和 DHCP 服务器之间是跨越设备和网段的，必须在 VLAN 10、VLAN 20 的网关接口上实施 DHCP 中继，这样客户端才能获取地址

- 建立 DHCP 服务器组

```
[SW1]dhcp enable
[SW1]dhcp server group 1
```

- 加入 DHCP 服务器地址，按从上到下的顺序选择 DHCP 服务器

```
[SW1-dhcp-server-group-1]dhcp-server 192.168.30.1
```

- 接口下开启 DHCP 中继功能，选择 DHCP 服务器组

```
[SW1-dhcp-server-group-1]dhcp-server 192.168.40.1
[SW1-dhcp-server-group-1]dhcp-server 192.168.30.2
[SW1-dhcp-server-group-1]dhcp-server 192.168.40.2
[SW1]interface vlan 10
[SW1-Vlanif10]dhcp select relay
[SW1-Vlanif10]dhcp relay server-select 1
[SW1]interface vlan 20
[SW1-Vlanif20]dhcp select relay
[SW1-Vlanif20]dhcp relay server-select 1
[SW2]dhcp enable
[SW2]dhcp server group 1
[SW2-dhcp-server-group-1]dhcp-server 192.168.40.2
[SW2-dhcp-server-group-1]dhcp-server 192.168.30.2
[SW2-dhcp-server-group-1]dhcp-server 192.168.40.1
[SW2-dhcp-server-group-1]dhcp-server 192.168.30.1
[SW2]interface vlan 10
[SW2-Vlanif10]dhcp select relay
```

```
[SW2-Vlanif10]dhcp relay server-select 1
[SW2]interface vlan 20
[SW2-Vlanif20]dhcp select relay
[SW2-Vlanif20]dhcp relay server-select 1
```

● 在 SW3 和 SW4 上实施 DHCP Snooping，防止终端设备恶意从地址池获取地址，使得地址出现短缺，导致其他终端设备无法分配到地址。注意，连接终端设备的接口不能作为信任接口，否则 DHCP Snooping 将无效

```
[SW3]dhcp enable
[SW3]dhcp snooping enable
[SW3]dhcp snooping enable vlan 10 20
[SW3]port-group 1
[SW3-port-group-1]dhcp snooping trusted
```

● 配置非信任接口最大用户数量。接入终端的接口做此配置

```
[SW3]interface e0/0/1
[SW3-Ethernet0/0/1]dhcp snooping max-user-number 1
[SW4]dhcp enable
[SW4]dhcp snooping enable
[SW4]dhcp snooping enable vlan 10 20
[SW4]port-group 1
[SW4-port-group-1]dhcp snooping trusted
[SW4]interface e0/0/1
[SW4-Ethernet0/0/1]dhcp snooping max-user-number 1
```

在 PC2 上查看 DHCP 地址获取信息，在图 13－45 中可以看到 PC2 已经从 R1 的 DHCP 服务器获取到了 IP 地址，华为的 DHCP 服务器是按地址从大到小的顺序进行分配的。如果

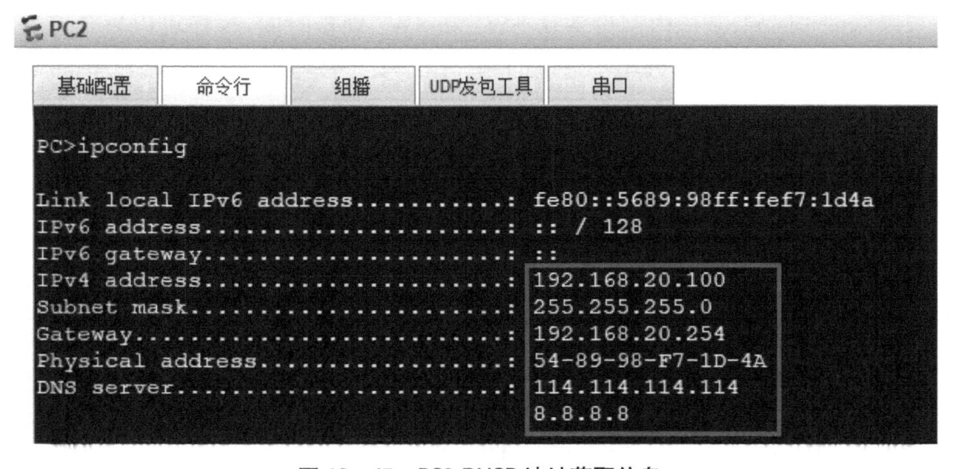

图 13－45　PC2 DHCP 地址获取信息

无法获取地址，请关闭 SW1 或者 SW2，正常获取地址后再开启设备。这是 eNSP 的问题，主要由 OSPF 邻接关系不正常造成形成环路所致。

在 R1 上查看 DHCP 服务器信息，在图 13 - 46 中可以看到 R1 的 DHCP 服务器有 ACK 确认报文，表示已成功分配地址。

```
[R1]display dhcp server statistics
 DHCP Server Statistics:

 Client Request                  : 138817
  Dhcp Discover                  : 59486
  Dhcp Request                   : 79331
  Dhcp Decline                   : 0
  Dhcp Release                   : 0
  Dhcp Inform                    : 0
 Server Reply                    : 79518
  Dhcp Offer                     : 187
  Dhcp Ack                       : 79331
  Dhcp Nak                       : 0
 Bad Messages                    : 0
```

图 13 - 46　R1 DHCP 服务器信息

在 SW4 上查看 DHCP Snooping 地址绑定信息，在图 13 - 47 中可以看到 SW4 的 e0/0/1 接口已经绑定了终端设备的 MAC 地址与 IP 地址。

```
[SW4]display dhcp snooping user-bind all
DHCP Dynamic Bind-table:
Flags:O - outer vlan ,I - inner vlan ,P - map vlan
IP Address        MAC Address     VSI/VLAN(O/I/P) Interface      Lease
--------------------------------------------------------------------------------
192.168.20.100   5489-98f7-1d4a  20  /--  /--    Eth0/0/1       2022.01.22-15:00
--------------------------------------------------------------------------------
print count:           1        total count:           1
```

图 13 - 47　SW4 DHCP Snooping 地址绑定信息

10）网络时间协议 NTP

（1）在网络中，如果不同设备的时间不一致，可能会导致通信故障或者软件出现异常，所以同步设备时间非常重要。图 13 - 1 中，SW1 和 SW2 作为网络内部的 NTP 服务器，SW1 和 SW2 从互联网同步时间，其他内网设备从 SW1 和 SW2 同步时间，这样可以避免互联网故障或者网络延迟所造成的设备时间不一致的问题。出于安全性考虑，内网网络设备除特殊要求，都不会接入互联网。

（2）实施过程与配置。

- SW1 和 SW2 作为 NTP 服务器，同时从互联网同步时间

```
[SW1]ntp-service refclock-master 1
[SW1]ntp-service unicast-server 8.8.8.8 source-interface lo0
[SW2]ntp-service refclock-master 2
[SW2]ntp-service unicast-server 8.8.8.8 source-interface lo0
```

- SW1 和 SW2 建立 NTP 对等体，相互同步时间

```
[SW1]ntp-service unicast-peer 22.22.22.22 source-interface LoopBack 0
[SW2]ntp-service unicast-peer 11.11.11.11 source-interface LoopBack 0
```

• R1、R2 从 SW1 和 SW2 的环回接口地址同步时间，SW3、SW4 从 SW1 和 SW2 的 VLAN 50 的 SVI 接口地址同步时间。华为二层交换机 SW3 和 SW4 无法与 SW1 和 SW2 的环回接口通信

```
[SW3]ntp-service unicast-server 192.168.50.1
[SW3]ntp-service unicast-server 192.168.50.2
[SW4]ntp-service unicast-server 192.168.50.1
[SW4]ntp-service unicast-server 192.168.50.2
[R1]ntp-service unicast-server 11.11.11.11
[R1]ntp-service unicast-server 22.22.22.22
[R2]ntp-service unicast-server 11.11.11.11
[R2]ntp-service unicast-server 22.22.22.22
```

在 SW4 上查看 NTP 时间同步信息，在图 13－48 中可以看到 SW4 已经从 SW1 的 NTP 服务器成功同步时间。

```
[SW4]display ntp-service status
 clock status: synchronized
 clock stratum: 2
 reference clock ID: 192.168.50.1
 nominal frequency: 64.0000 Hz
 actual frequency: 64.0000 Hz
 clock precision: 2^11
 clock offset: 0.0000 ms
 root delay: 22.45 ms
 root dispersion: 0.57 ms
 peer dispersion: 12.37 ms
 reference time: 07:32:25.128 UTC Jan 21 2022(E594E009.20DCDB37)
 synchronization state: clock set
```

图 13－48　SW4 NTP 时间同步信息

11）安全外壳协议 SSH

（1）早期的网络设备使用 telnet 协议对设备进行远程管理配置，这并不安全。后来 SSH 协议代替了 telnet，SSH 协议的安全性更高，现在的设备都使用 SSH 协议进行远程管理。

（2）实施过程与配置。

在 R1、R2、SW1、SW2、SW3、SW4 上实施 SSH，并限制只有 VLAN 20 的用户可以使用 SSH 远程访问和管理设备。华为 eNSP 中不支持指定 SSH 服务源接口

• 只允许 VLAN 20 的用户可以通过 SSH 远程管理设备

```
[R1]aaa
[R1-aaa]local-user HUAWEI password cipher HUAWEI123
[R1-aaa]local-user HUAWEI privilege level 15
[R1-aaa]local-user HUAWEI service-type ssh
```

```
[R1]stelnet server enable
[R1]rsa local-key-pair create
[R1]user-interface vty 0 4
[R1-ui-vty0-4]authentication-mode aaa
[R1-ui-vty0-4]protocol inbound ssh
[R1-ui-vty0-4]acl 2100 inbound
```

- 匹配 VLAN 20 网段地址

```
[R1]acl number 2100
[R1-acl-basic-2100]rule permit source 192.168.20.0 0.0.0.255
```

- 华为设备作为 SSH 客户端,第一次用 SSH 登录其他设备时必须先保存密钥

```
[R2]aaa
[R2-aaa]local-user HUAWEI password cipher HUAWEI123
[R2-aaa]local-user HUAWEI privilege level 15
[R2-aaa]local-user HUAWEI service-type ssh
[R2]stelnet server enable
[R2]rsa local-key-pair create
[R2]user-interface vty 0 4
[R2-ui-vty0-4]authentication-mode aaa
[R2-ui-vty0-4]protocol inbound ssh
[R2-ui-vty0-4]acl 2100 inbound
[R2-]acl number 2100
[R2-acl-basic-2100]rule permit source 192.168.20.0 0.0.0.255
[SW1]aaa
[SW1-aaa]local-user HUAWEI password cipher HUAWEI123
[SW1-aaa]local-user HUAWEI privilege level 15
[SW1-aaa]local-user HUAWEI service-type ssh
[SW1]stelnet server enable
[SW1]rsa local-key-pair create
[SW1]user-interface vty 0 4
[SW1-ui-vty0-4]authentication-mode aaa
[SW1-ui-vty0-4]protocol inbound ssh
[SW1-ui-vty0-4]acl 2100 inbound
[SW1-]acl number 2100
[SW1-acl-basic-2100]rule permit source 192.168.20.0 0.0.0.255
[SW1]ssh user HUAWEI authentication-type password
[SW1]ssh user HUAWEI service-type stelnet
[SW2]aaa
```

```
[SW2-aaa]local-user HUAWEI password cipher HUAWEI123
[SW2-aaa]local-user HUAWEI privilege level 15
[SW2-aaa]local-user HUAWEI service-type ssh
[SW2]stelnet server enable
[SW2]rsa local-key-pair create
[SW2]user-interface vty 0 4
[SW2-ui-vty0-4]authentication-mode aaa
[SW2-ui-vty0-4]protocol inbound ssh
[SW2-ui-vty0-4]acl 2100 inbound
[SW2-]acl number 2100
[SW2-acl-basic-2100]rule permit source 192.168.20.0 0.0.0.255
[SW2]ssh user HUAWEI authentication-type password
[SW2]ssh user HUAWEI service-type stelnet
[SW3]aaa
[SW3-aaa]local-user HUAWEI password cipher HUAWEI123
[SW3-aaa]local-user HUAWEI privilege level 15
[SW3-aaa]local-user HUAWEI service-type ssh
[SW3]stelnet server enable
[SW3]rsa local-key-pair create
[SW3]user-interface vty 0 4
[SW3-ui-vty0-4]authentication-mode aaa
[SW3-ui-vty0-4]protocol inbound ssh
[SW3-ui-vty0-4]acl 2100 inbound
[SW3-]acl number 2100
[SW3-acl-basic-2100]rule permit source 192.168.20.0 0.0.0.255
[SW3]ssh user HUAWEI authentication-type password
[SW3]ssh user HUAWEI service-type stelnet
[SW4]aaa
[SW4-aaa]local-user HUAWEI password cipher HUAWEI123
[SW4-aaa]local-user HUAWEI privilege level 15
[SW4-aaa]local-user HUAWEI service-type ssh
[SW4]stelnet server enable
[SW4]rsa local-key-pair create
[SW4]user-interface vty 0 4
[SW4-ui-vty0-4]authentication-mode aaa
[SW4-ui-vty0-4]protocol inbound ssh
[SW4-ui-vty0-4]acl 2100 inbound
[SW4-]acl number 2100
[SW4-acl-basic-2100]rule permit source 192.168.20.0 0.0.0.255
```

```
[SW4]ssh user HUAWEI authentication-type password
[SW4]ssh user HUAWEI service-type stelnet
[SW1]ssh client first-time enable
```

● 用 SSH 方式远程登录 SW4

```
[SW1]stelnet 192.168.50.4
```

● 二层交换机配置 VLAN 20 的 SVI 接口地址，否则 VLAN 20 的终端设备无法访问二层交换机 SW3 和 SW4

```
[SW3]interface vlan 20
[SW3-Vlanif20]ip add 192.168.20.230 24
[SW4]interface vlan 20
[SW4-Vlanif20]ip add 192.168.20.240 24
```

对拓扑图进行修改，如图 13－49 所示。使用路由器模拟 PC，添加 PC4、PC5，交换机 SW8 和 SW9 不做任何配置。

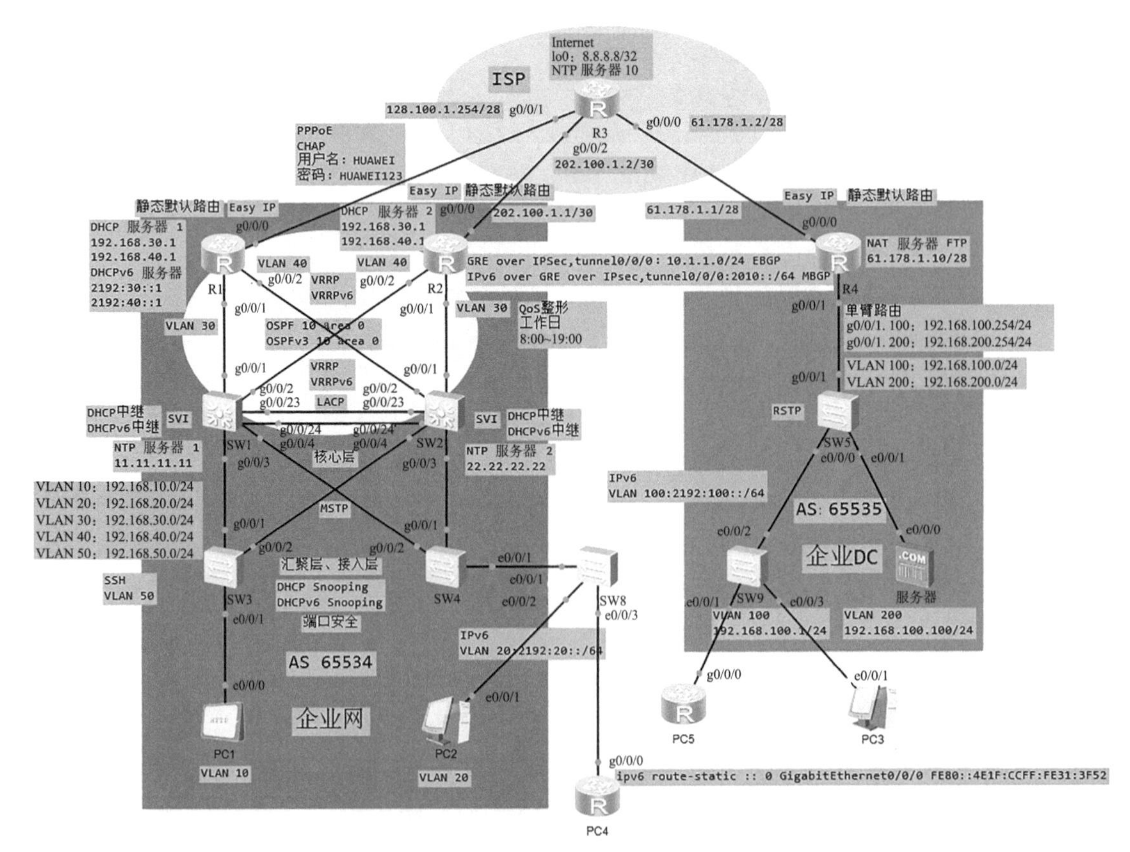

图 13－49 华为企业网综合实践拓扑图(修改)

将 PC4 作为 DHCP 客户端，如果无法获取地址，请关闭 SW1 或 SW2，获取地址后再开启。

- 路由器接口使用 DHCP 方式获取地址

```
[PC4]dhcp enable
[PC4]interface g0/0/0
[PC4-GigabitEthernet0/0/0]ip add dhcp-alloc
```

- 在 PC4 上使用 SSH 远程登录 SW4。作为 SSH 客户端，第一次远程登录其他设备时必须配置

```
[PC4]ssh client first-time enable
```

在图 13 - 50 中可以看到，PC4 成功远程登录 SW4。

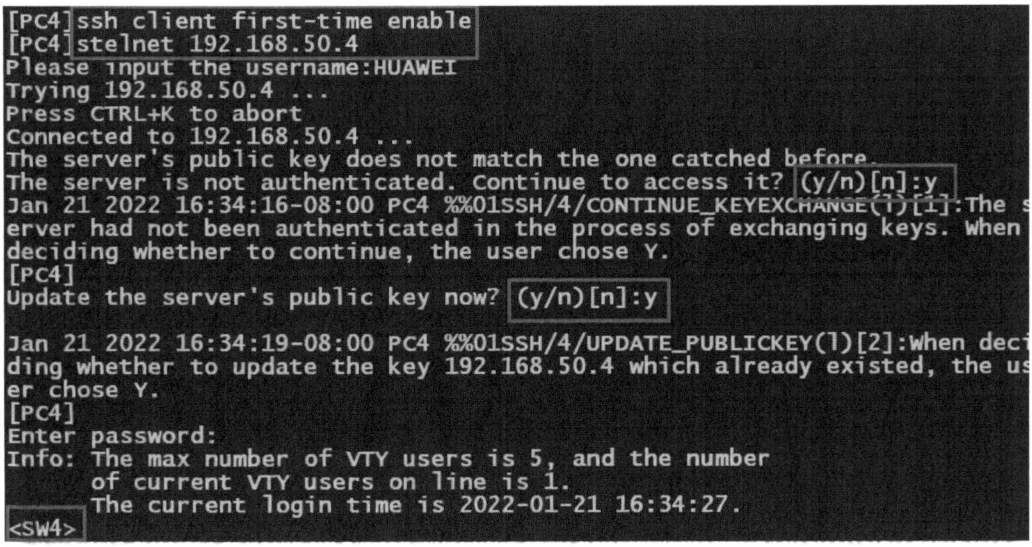

```
[PC4]ssh client first-time enable
[PC4]stelnet 192.168.50.4
Please input the username:HUAWEI
Trying 192.168.50.4 ...
Press CTRL+K to abort
Connected to 192.168.50.4 ...
The server's public key does not match the one catched before.
The server is not authenticated. Continue to access it? (y/n)[n]:y
Jan 21 2022 16:34:16-08:00 PC4 %%01SSH/4/CONTINUE_KEYEXCHANGE(l)[1]:The s
erver had not been authenticated in the process of exchanging keys. When
deciding whether to continue, the user chose Y.
[PC4]
Update the server's public key now? (y/n)[n]:y

Jan 21 2022 16:34:19-08:00 PC4 %%01SSH/4/UPDATE_PUBLICKEY(l)[2]:When deci
ding whether to update the key 192.168.50.4 which already existed, the us
er chose Y.
[PC4]
Enter password:
Info: The max number of VTY users is 5, and the number
      of current VTY users on line is 1.
      The current login time is 2022-01-21 16:34:27.
<SW4>
```

图 13 - 50　PC4 使用 SSH 远程登录 SW4

12）网络运营商 ISP

（1）ISP 是向广大用户综合提供互联网接入业务、信息业务和增值业务的网络运营商，如中国移动、中国电信、中国联通。图 13 - 1 中 R3 为 ISP 的边界设备，需要配置 PPPoE 服务器端、NTP 服务器等。

（2）实施过程与配置。

- 在 R3 上配置接口地址，R3 的环回接口地址模拟互联网地址

```
[R3]interface lo0
[R3-LoopBack0]ip add 8.8.8.8 32
[R3]interface g0/0/2
[R3-GigabitEthernet0/0/2]ip add 202.100.1.2 30
```

```
[R3]interface g0/0/0
[R3-GigabitEthernet0/0/0]ip add 61.178.1.2 28
```

- 将 R3 配置为 NTP 服务器，华为设备默认使用北京时间

```
[R3]ntp-service refclock-master 10
[R3]ntp-service source-interface lo0
```

- 将 R3 配置为 PPPoE 服务器端，使用 CHAP 进行认证，用户名为 HUAWEI，密码为 HUAWEI123

```
[R3]aaa
[R3-aaa]local-user HUAWEI password cipher HUAWEI123
[R3-aaa]aaa
[R3-aaa]local-user HUAWEI service-type ppp
[R3]ip pool PPPOE
[R3-ip-pool-PPPOE]network 128.100.1.0 mask 28
[R3-ip-pool-PPPOE]dns-list 114.114.114.114
[R3-ip-pool-PPPOE]excluded-ip-address 128.100.1.11 128.100.1.14
[R3]interface Virtual-Template 1
[R3-Virtual- Template1]ppp authentication-mode chap
[R3-Virtual- Template1]remote address pool PPPOE
[R3-Virtual- Template1]ip add 128.100.1.14 28
[R3]interface g0/0/1
[R3-GigabitEthernet0/0/1]pppoe-server bind virtual-alloc 1
```

13）专线与 PPPoE 拨号方式接入互联网

（1）在图 13-1 中，R2 使用专线方式接入互联网，专线作为主链路。R1 采用 PPPoE 方式接入互联网，PPPoE 拨号线路作为备份链路。实际中，双线路一般会接入两家不同运营商的网络，这样能够更好地防止出现因运营商网络发生故障而无法访问互联网，进而致使业务中断的情况。

（2）实施过程与配置。

- R2 使用专线接入互联网。配置 ISP 提供的公网 IP 地址，注意使用 30 位的掩码

```
[R2]interface g0/0/0
[R2-GigabitEthernet0/0/0]ip add 202.100.1.1 30
```

- R1 使用 PPPoE 方式接入互联网。现实中用户名和密码由 ISP 提供

```
[R1]dialer-rule
[R1-dialer-rule]dialer-rule 1 ip permit
[R1]interface Dialer 1
```

```
[R1-Dialer1]ppp chap user HUAWEI
[R1-Dialer1]ppp chap password cipher HUAWEI123
[R1-Dialer1]ip add ppp-negotiate
[R1-Dialer1]dialer user HUAWEI
[R1-Dialer1]dialer bundle 1
[R1-Dialer1]dialer-group 1
[R1-Dialer1]mtu 1492
[R1]interface g0/0/0
[R1-GigabitEthernet0/0/0]pppoe-client dial-bundle-number 1
```

在 R1 上查看拨号接口地址获取情况，在图 13－51 中可以看到 R1 的拨号接口成功获取地址。

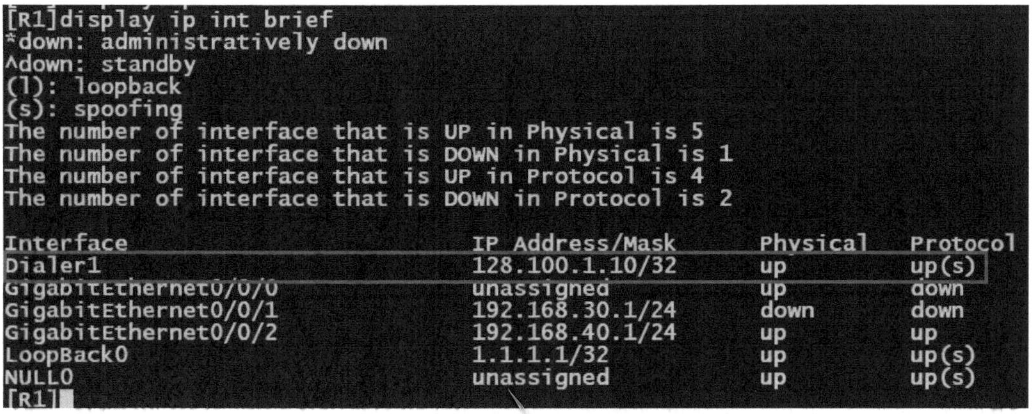

```
[R1]display ip int brief
*down: administratively down
^down: standby
(l): loopback
(s): spoofing
The number of interface that is UP in Physical is 5
The number of interface that is DOWN in Physical is 1
The number of interface that is UP in Protocol is 4
The number of interface that is DOWN in Protocol is 2

Interface                         IP Address/Mask      Physical   Protocol
Dialer1                           128.100.1.10/32      up         up(s)
GigabitEthernet0/0/0              unassigned           up         down
GigabitEthernet0/0/1              192.168.30.1/24      down       down
GigabitEthernet0/0/2              192.168.40.1/24      up         up
LoopBack0                         1.1.1.1/32           up         up(s)
NULL0                             unassigned           up         up(s)
[R1]
```

图 13－51　R1 拨号接口地址获取情况

14）静态默认路由

（1）静态默认路由和静态路由有什么区别？静态默认路由是静态路由中的一种，目前互联网上的常用路由有 70 多万条，不可能手工逐条配置。所以，使用静态默认路由来代表所有 IP 地址，只需要在出口网关上配置静态默认路由，便可以访问互联网上的所有地址，前提是网络连通。

（2）实施过程与配置。在 R1 与 R2 上实施静态默认路由，使得网关路由器能够正常访问互联网。

- 实施静态默认路由，网关由 ISP 提供，这里是 202.100.1.2

```
[R2]ip route-static 0.0.0.0 0 202.100.1.2
```

- PPPoE 中要选择拨号接口作为静态默认路由的出接口，不能配置下一跳

```
[R1]ip route-static 0.0.0.0 0 Dialer 1
```

在 R2 上测试能否访问互联网地址 8.8.8.8，在图 13－52 中可以看到 R2 成功访问互联网。

```
[R2]ping 8.8.8.8
  PING 8.8.8.8: 56  data bytes, press CTRL_C to break
    Reply from 8.8.8.8: bytes=56 Sequence=1 ttl=255 time=40 ms
    Reply from 8.8.8.8: bytes=56 Sequence=2 ttl=255 time=30 ms
    Reply from 8.8.8.8: bytes=56 Sequence=3 ttl=255 time=20 ms
    Reply from 8.8.8.8: bytes=56 Sequence=4 ttl=255 time=20 ms
    Reply from 8.8.8.8: bytes=56 Sequence=5 ttl=255 time=20 ms

  --- 8.8.8.8 ping statistics ---
    5 packet(s) transmitted
    5 packet(s) received
    0.00% packet loss
    round-trip min/avg/max = 20/26/40 ms
```

图 13-52 R2 访问互联网测试

15）网络地址转换 NAT

（1）现在网关路由器 R1 和 R2 已经可以访问互联网，但是内部主机无法访问，这是因为只有合法的公网 IP 地址才能访问互联网。目前 IPv4 地址已经全部分配完毕，且要想使用公网 IP 地址，必须向 ISP 申请和支付费用，而局域网内所有主机都申请公网 IP 地址显然不可行，因此需要采用 NAT 技术中的端口 NAT(Easy IP)技术，使内网中的所有终端设备可以通过同一个公网 IP 地址访问互联网。

（2）实施过程与配置。在 R1 与 R2 上实施 Easy IP，使内网的终端设备可以访问互联网。

- 允许 VLAN 10 的网段访问互联网

```
[R2]acl number 2000
[R2-acl-basic-2000]rule permit source 192.168.10.0 0.0.0.255
```

- 允许 VLAN 20 的网段访问互联网

```
[R2-acl-basic-2000]rule permit source 192.168.20.0 0.0.0.255
```

- 允许 SW1 的环回接口访问互联网，从互联网 NTP 服务器获取时间

```
[R2-acl-basic-2000]rule permit source 11.11.11.11 0
```

- 允许 SW2 的环回接口访问互联网，从互联网 NTP 服务器获取时间

```
[R2-acl-basic-2000]rule permit source 22.22.22.22 0
```

- 在接口下实施 Easy IP

```
[R2]interface g0/0/0
[R2-GigabitEthernet0/0/0]nat outbound 2000
```

- PPPoE 中要在拨号接口下实施 Easy IP，不能是物理接口

```
[R1]acl number 2000
[R1-acl-basic-2000]rule permit source 192.168.10.0 0.0.0.255
```

```
[R1-acl-basic-2000]rule permit source 192.168.20.0 0.0.0.255
[R1-acl-basic-2000]rule permit source 11.11.11.11 0
[R1-acl-basic-2000]rule permit source 22.22.22.22 0
[R1]interface Dialer 1
[R1-Dialer1]nat outbound 2000
```

在 PC1 上测试能否访问互联网地址 8.8.8.8，在图 13－53 中可以看到 PC1 成功访问互联网。

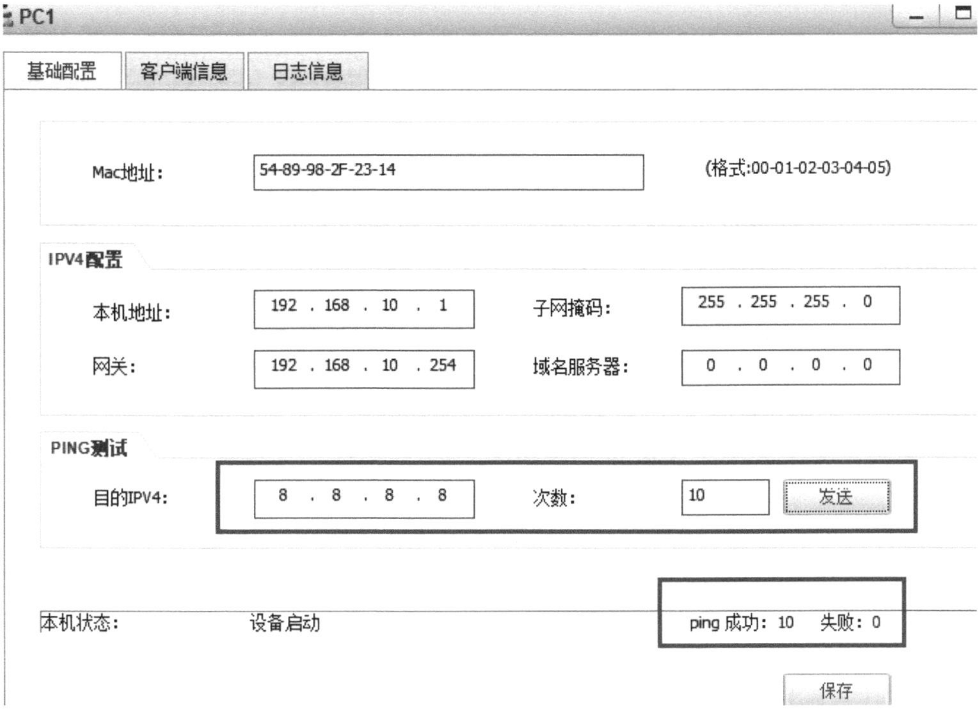

图 13－53　PC1 访问互联网测试

16）快速生成树协议 RSTP

(1) 交换机默认的生成树模式为传统生成树，其收敛速度较慢，为了提高交换网络中生成树的收敛速度，可以将生成树配置为 RSTP 模式。其适用于小型网络，且 VLAN 数量较少的情况。需要将同一个交换网络中的所有交换机更改为 RSTP 模式。

(2) 实施过程与配置。

- 将 SW5 的生成树模式修改为 RSTP，划分 VLAN 100、VLAN 200，将相应的接口加入相应的 VLAN 中。和路由器相连的接口配置为 trunk 模式，后续配置单臂路由时需要使用到

```
[SW5]stp mode rstp
[SW5]vlan batch 100 200
[SW5]interface e0/0/2
```

```
[SW5-Ethernet0/0/2]port link-type access
[SW5-Ethernet0/0/2]port default vlan 100
[SW5]interface e0/0/1
[SW5-Ethernet0/0/1]port link-type access
[SW5-Ethernet0/0/1]port default vlan 200
[SW5]interface g0/0/1
[SW5-GigabitEthernet0/0/1]port link-type trunk
[SW5-GigabitEthernet0/0/1]port trunk allow-pass vlan 100 200
[SW5-GigabitEthernet0/0/1]undo port trunk allow-pass vlan 1
```

在 SW5 上查看生成树汇总信息，在图 13 - 54 中可以看到 SW5 的生成树模式已经修改为 RSTP。

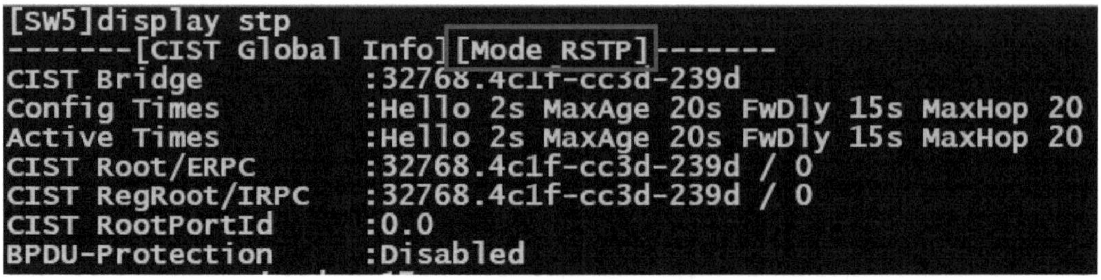

```
[SW5]display stp
-------[CIST Global Info][Mode RSTP]-------
CIST Bridge         :32768.4c1f-cc3d-239d
Config Times        :Hello 2s MaxAge 20s FwDly 15s MaxHop 20
Active Times        :Hello 2s MaxAge 20s FwDly 15s MaxHop 20
CIST Root/ERPC      :32768.4c1f-cc3d-239d / 0
CIST RegRoot/IRPC   :32768.4c1f-cc3d-239d / 0
CIST RootPortId     :0.0
BPDU-Protection     :Disabled
```

图 13 - 54　SW5 生成树汇总信息

17）*单臂路由*

（1）如果一个网络中没有三层交换机，只有二层交换机和路由器，则可以使用单臂路由让不同 VLAN 实现通信。需要在路由器上使用路由子接口方式。

（2）实施过程与配置。

- 在 R4 上实施单臂路由，使得 VLAN 100 和 VLAN 200 可以相互通信。这里的 VID 一定要和配置的 VLAN ID 一致，另外华为设备上一定要开启 ARP 广播功能，否则不同 VLAN 间无法通信

```
[R4]interface g0/0/1.100
[R4-GigabitEthernet0/0/1.100]dot1q termination vid 100
[R4-GigabitEthernet0/0/1.100]ip add 192.168.100.254 24
[R4-GigabitEthernet0/0/1.100]arp broadcast enable
[R4]interface g0/0/1.200
[R4-GigabitEthernet0/0/1.200]dot1q termination vid 200
[R4-GigabitEthernet0/0/1.200]ip add 192.168.200.254 24
[R4-GigabitEthernet0/0/1.200]arp broadcast enable
```

在 R4 上查看路由表信息，在图 13 - 55 中可以看到 R4 已经生成了路由子接口的直连路由，VLAN 100 和 VLAN 200 可以正常通信。

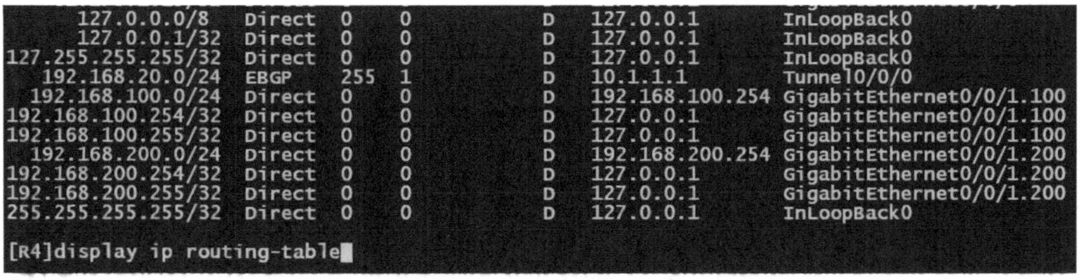

```
       127.0.0.0/8   Direct  0    0        D   127.0.0.1        InLoopBack0
       127.0.0.1/32  Direct  0    0        D   127.0.0.1        InLoopBack0
127.255.255.255/32   Direct  0    0        D   127.0.0.1        InLoopBack0
    192.168.20.0/24  EBGP    255  1        D   10.1.1.1         Tunnel0/0/0
   192.168.100.0/24  Direct  0    0        D   192.168.100.254  GigabitEthernet0/0/1.100
192.168.100.254/32   Direct  0    0        D   127.0.0.1        GigabitEthernet0/0/1.100
192.168.100.255/32   Direct  0    0        D   127.0.0.1        GigabitEthernet0/0/1.100
   192.168.200.0/24  Direct  0    0        D   192.168.200.254  GigabitEthernet0/0/1.200
192.168.200.254/32   Direct  0    0        D   127.0.0.1        GigabitEthernet0/0/1.200
192.168.200.255/32   Direct  0    0        D   127.0.0.1        GigabitEthernet0/0/1.200
255.255.255.255/32   Direct  0    0        D   127.0.0.1        InLoopBack0

[R4]display ip routing-table
```

图 13-55　R4 路由表

18) 企业数据中心(DC)专线接入互联网

(1) 图 13-1 中,VLAN 100 是企业 DC 的用户,VLAN 200 是企业 DC 的服务器。只允许企业 DC 的用户访问互联网,服务器不能访问互联网。

(2) 实施过程与配置。

- 在 R4 上配置外网接口地址,实施静态默认路由和 Easy IP

```
[R4]interface g0/0/0
[R4-GigabitEthernet0/0/0]ip add 61.178.1.1 28
[R4]ip route-static 0.0.0.0 0 61.178.1.2
[R4]acl 2000
[R4-acl-basic-2000]rule permit source 192.168.100.0 0.0.0.255
[R4]interface g0/0/0
[R4-GigabitEthernet0/0/0]nat outbound 2000
```

- 配置静态默认路由,下一跳为 VLAN 100 的网关地址,否则无法访问外网

```
[PC5]interface g0/0/0
[PC5-GigabitEthernet0/0/0]ip add 192.168.100.10 24
[PC5]ip route-static 0.0.0.0 0 192.168.100.254
```

在 PC5 上测试能否访问互联网地址 8.8.8.8,在图 13-56 中可以看到 PC5 成功访问互联网。

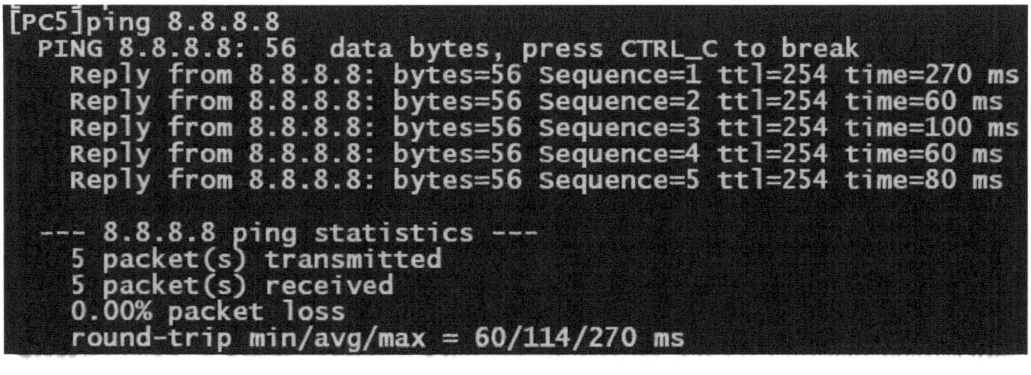

```
[PC5]ping 8.8.8.8
  PING 8.8.8.8: 56  data bytes, press CTRL_C to break
    Reply from 8.8.8.8: bytes=56 Sequence=1 ttl=254 time=270 ms
    Reply from 8.8.8.8: bytes=56 Sequence=2 ttl=254 time=60 ms
    Reply from 8.8.8.8: bytes=56 Sequence=3 ttl=254 time=100 ms
    Reply from 8.8.8.8: bytes=56 Sequence=4 ttl=254 time=60 ms
    Reply from 8.8.8.8: bytes=56 Sequence=5 ttl=254 time=80 ms

  --- 8.8.8.8 ping statistics ---
    5 packet(s) transmitted
    5 packet(s) received
    0.00% packet loss
    round-trip min/avg/max = 60/114/270 ms
```

图 13-56　PC5 访问互联网测试

19）NAT 服务器

(1) NAT 服务器技术可以将外部地址转换为内部地址，在服务器中应用得较多，可以提高服务器的安全性，转换不同服务的默认端口号。可以使同一个公网地址对应多台服务器，以提供不同服务。

(2) 实施过程与配置。

● 为企业 DC 中的服务器配置 FTP 服务，端口号转换为 4545，使得外网用户可以通过公网地址 61.178.1.10 访问服务器的 FTP 服务。在服务器上设置 FTP 服务器，如图 13－57 和图 13－58 所示

图 13－57　服务器地址配置

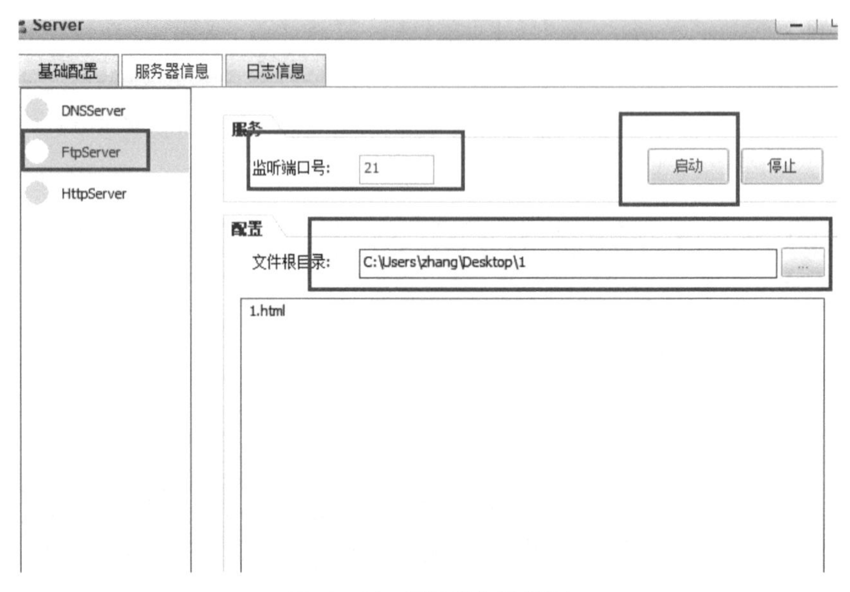

图 13－58　FTP 服务器设置

```
[R4]interface g0/0/0
[R4-GigabitEthernet0/0/0]nat server protocol tcp global 61.178.1.10
4545 inside 192.168.200.100 ftp
```

在 PC1 上登录服务器上的 FTP 服务器，在图 13－59 中可以看到 PC1 成功远程登录到服务器的 FTP 服务器上。

图 13－59　PC1 登录服务器上的 FTP 服务器

20) GRE over IPsec

(1) 传统的 GRE 隧道虽然可以将互联网上的两个局域网合并，并运行动态路由协议，但是不支持数据加密，安全性不高。传统的 IPSec VPN 虽然也可以实现互联网上两个局域网的合并，并且支持数据加密，但只支持静态路由。GRE over IPsec 将两者相结合，既可以运行动态路由协议，也可以对隧道数据进行加密。

(2) 实施过程与配置。

• 在 R2 和 R4 之间使用公网地址建立 GRE 隧道。注意，eNSP 上 GRE over IPsec 中 GRE 隧道不能配置 key，否则隧道在使用 IPSec 加密后无法通信

```
[R2]interface Tunnel 0/0/0
[R2-Tunnel0/0/0]ip add 10.1.1.1 24
[R2-Tunnel0/0/0]tunnel-protocol gre
[R2-Tunnel0/0/0]source 202.100.1.1
[R2-Tunnel0/0/0]destination 61.178.1.1
```

```
[R4]interface Tunnel 0/0/0
[R4-Tunnel0/0/0]ip add 10.1.1.2 24
[R4-Tunnel0/0/0]tunnel-protocol gre
[R4-Tunnel0/0/0]source 61.178.1.1
[R4-Tunnel0/0/0]destination 202.100.1.1
```

在 R2 上测试能否与 R4 上的隧道对端地址通信，在图 13－60 中可以看到 GRE 隧道两端的地址通信正常。

```
[R2]ping -a 10.1.1.1 10.1.1.2
  PING 10.1.1.2: 56  data bytes, press CTRL_C to break
    Reply from 10.1.1.2: bytes=56 Sequence=1 ttl=255 time=30 ms
    Reply from 10.1.1.2: bytes=56 Sequence=2 ttl=255 time=20 ms
    Reply from 10.1.1.2: bytes=56 Sequence=3 ttl=255 time=30 ms
    Reply from 10.1.1.2: bytes=56 Sequence=4 ttl=255 time=30 ms
    Reply from 10.1.1.2: bytes=56 Sequence=5 ttl=255 time=30 ms

  --- 10.1.1.2 ping statistics ---
    5 packet(s) transmitted
    5 packet(s) received
    0.00% packet loss
    round-trip min/avg/max = 20/28/30 ms
```

图 13－60　R2 和 R4 隧道地址通信测试

- 使用 IPSec 对隧道数据进行加密。注意，这里匹配的是两端的公网地址

```
[R2]acl number 3200
[R2-acl-adv-3200]rule permit ip source 202.100.1.1 0 destination 61.
178.1.1 0
```

- 模式为传输模式

```
[R2]ipsec proposal HUAWEI
[R2-ipsec-proposal-10]encapsulation-mode transport
```

- 认证策略需要一致

```
[R2-ipsec-proposal-10]esp authentication-algorithm sha2-256
```

- 加密策略需要一致

```
[R2-ipsec-proposal-10]esp encryption-algorithm aes-128
```

- IKE 模版需要一致

```
[R2]ike proposal 10
```

- 配置野蛮模式

```
[R2]ike peer R4 v1
[R2-ike-peer-R4]exchange-mode aggressive
```

- 预共享密钥需要一致

```
[R2-ike-peer-R4]pre-shared-key simple HUAWEI
```

- 远程地址为对端建立隧道的使用的公网接口地址

```
[R2-ike-peer-R4]ike-proposal 10
[R2-ike-peer-R4]remote-address 61.178.1.1
```

- 配置 NAT 穿越

```
[R2-ike-peer-R4]nat traversal
```

- DH 组需要一致

```
[R2]ipsec policy GRE 10 isakmp
[R2-ipsec-policy-isakmp-GRE- 10]security acl 3200
[R2-ipsec-policy-isakmp-GRE- 10]ike-peer R4
[R2-ipsec-policy-isakmp-GRE- 10]proposal HUAWEI
[R2-ipsec-policy-isakmp-GRE- 10]pfs dh-group14
```

- 在建立隧道的公网接口下应用策略

```
[R2]interface g0/0/0
[R2-GigabitEthernet0/0/0]ipsec policy GRE
[R4]acl number 3200
[R4-acl-adv-3200]rule permit ip source 61.178.1.1 0 destination 202.
100.1.1 0
[R4]ipsec proposal HUAWEI
[R4-ipsec-proposal-HUAWEI]encapsulation-mode transport
[R4-ipsec-proposal-HUAWEI]esp authentication-algorithm sha2-256
[R4-ipsec-proposal-HUAWEI]esp encryption-algorithm aes-128
[R4]ike proposal 10
[R4]ike peer R2 v1
[R4-ike-peer-R2]exchange-mode aggressive
[R4-ike-peer-R2]pre-shared-key simple HUAWEI
[R4-ike-peer-R2]ike-proposal 10
[R4-ike-peer-R2]remote-address 202.100.1.1
```

```
[R4-ike-peer-R2]nat traversal
[R4]ipsec policy GRE 10 isakmp
[R4-ipsec-policy-isakmp-GRE- 10]security acl 3200
[R4-ipsec-policy-isakmp-GRE- 10]ike-peer R2
[R4-ipsec-policy-isakmp-GRE- 10]proposal HUAWEI
[R4-ipsec-policy-isakmp-GRE- 10]pfs dh-group14
[R4]interface g0/0/0
[R4-GigabitEthernet0/0/0]ipsec policy GRE
```

在 R2 上查看 IPSec 加密信息，在图 13 - 61 中可以看到 GRE 隧道中的数据被成功加密。

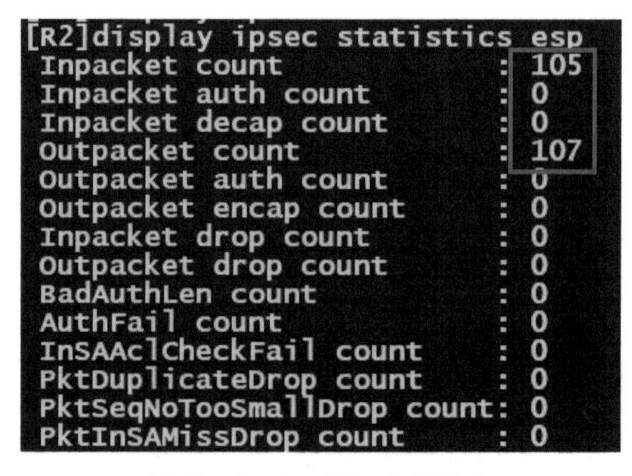

```
[R2]display ipsec statistics esp
 Inpacket count              : 105
 Inpacket auth count         : 0
 Inpacket decap count        : 0
 Outpacket count             : 107
 Outpacket auth count        : 0
 Outpacket encap count       : 0
 Inpacket drop count         : 0
 Outpacket drop count        : 0
 BadAuthLen count            : 0
 AuthFail count              : 0
 InSAAclCheckFail count      : 0
 PktDuplicateDrop count      : 0
 PktSeqNoTooSmallDrop count: 0
 PktInSAMissDrop count       : 0
```

图 13 - 61　R2 IPSec 加密信息

21) 外部边界网关协议 EBGP

(1) EBGP 的配置较 IBGP 简单，BGP 路由协议必须运行在 IGP 协议的基础上，这里使用 GRE 隧道的直连路由建立 EBGP 对等体，合并内网。BGP 的最大优点是可以选择性地进行通告，图 13 - 1 中，只需要通告企业网的 VLAN 20 网段和企业 DC 的 VLAN 100 网段，使得 VLAN 20 和 VLAN 100 之间可以相互通信。

(2) 实施过程与配置。

- 在 R2 和 R4 上建立 EBGP 对等体，通告 VLAN 20 和 VLAN 100 的路由。BGP 中通告路由可以是本地的，也可以是外部的，掩码必须严格匹配，否则无法加载到路由表中

```
[R2]bgp 65534
[R2-bgp]router-id 2.2.2.2
[R2-bgp]peer 10.1.1.2 as-number 65535
[R2-bgp]network 192.168.20.0 24
[R4]bgp 65535
[R4-bgp]router-id 4.4.4.4
[R4-bgp]peer 10.1.1.1 as-number 65534
[R4-bgp]network 192.168.100.0 24
```

在 R4 上查看 BGP 路由表信息，在图 13－62 中可以看到 R4 已经通过 BGP 方式收到 VLAN 20 网段的路由。

```
[R4]display bgp routing-table

 BGP Local router ID is 4.4.4.4
 Status codes: * - valid, > - best, d - damped,
               h - history,  i - internal, s - suppressed, S - Stale
               Origin : i - IGP, e - EGP, ? - incomplete


 Total Number of Routes: 2
      Network            NextHop        MED        LocPrf    PrefVal Path/Ogn

 *>   192.168.20.0       10.1.1.1        1                     0      65534i
 *>   192.168.100.0      0.0.0.0         0                     0      i
```

图 13－62　R4 BGP 路由表

22）服务质量 QoS

（1）QoS 技术在企业网中主要用于流量监管、限速和整形（整形是限速的一种）。限速丢包率较高，不推荐使用，建议使用流量整形方式进行限速。

（2）实施过程与配置。

- 在 R2 上实施 QoS 整形，工作日 8:00～19:00，对除了访问企业 DC 的 SSH 服务器地址 61.178.1.10 和访问企业 DC 的 VLAN 100 网段之外的所有流量进行整形限速。

NAT 服务器不进行整形限速

```
[R2]time-range WORK 8:00 to 19:00 working-day
[R2]acl 3100
[R2-acl-adv-3100]rule deny ip source any destination 61.178.1.10 0
[R2-acl-adv-3100]rule permit ip source any destination any time-range
WORK
[R2]traffic classifier QOS
[R2-classifier-QOS]if-match acl 3100
[R2]traffic behavior QOS
[R2-behavior-QOS]gts cir 8
[R2]traffic policy QOS
[R2-trafficpolicy-QOS]classifier QOS behavior QOS
[R2]interface g0/0/0
[R2-GigabitEthernet0/0/0]traffic-policy QOS outbound
```

- PC4 上测试，主要查看丢包率与延迟

```
[PC4]ping -s 1000 -c 10  8.8.8.8
```

在工作日工作时段用 PC4 测试能否访问互联网，在图 13－63 中可以看到 PC4 访问互联网时没有丢包，但延迟较大。

```
[PC4]ping -s 1000 -c 10  8.8.8.8
  PING 8.8.8.8: 1000  data bytes, press CTRL_C to break
    Reply from 8.8.8.8: bytes=1000 Sequence=1 ttl=253 time=100 ms
    Reply from 8.8.8.8: bytes=1000 Sequence=2 ttl=253 time=80 ms
    Reply from 8.8.8.8: bytes=1000 Sequence=3 ttl=253 time=130 ms
    Reply from 8.8.8.8: bytes=1000 Sequence=4 ttl=253 time=80 ms
    Reply from 8.8.8.8: bytes=1000 Sequence=5 ttl=253 time=490 ms
    Reply from 8.8.8.8: bytes=1000 Sequence=6 ttl=253 time=960 ms
    Reply from 8.8.8.8: bytes=1000 Sequence=7 ttl=253 time=1000 ms
    Reply from 8.8.8.8: bytes=1000 Sequence=8 ttl=253 time=990 ms
    Reply from 8.8.8.8: bytes=1000 Sequence=9 ttl=253 time=1000 ms
    Reply from 8.8.8.8: bytes=1000 Sequence=10 ttl=253 time=990 ms

  --- 8.8.8.8 ping statistics ---
    10 packet(s) transmitted
    10 packet(s) received
    0.00% packet loss
    round-trip min/avg/max = 80/582/1000 ms
```

图 13-63　PC4 在工作日工作时段访问互联网测试

2. IPv6 网络实施

1）IPv6

（1）在企业的 IPv4 网络基础上实施 IPv6，使得 IPv4 与 IPv6 共存。IPv6 技术主要用于解决 IPv4 地址短缺的问题，但其推进过程较慢，目前企业网主要使用 IPv4。

（2）实施过程与配置。

● 在 R1、R2、SW1、SW2 上开启 IPv6 路由功能，在接口下配置链路本地地址。IPv6 路由功能默认关闭，接口下开启 IPv6 功能，自动配置链路本地地址

```
[R1]ipv6
[R1]interface g0/0/1
[R1-GigabitEthernet0/0/1]ipv6 enable
[R1-GigabitEthernet0/0/1]ipv6 add auto link-local
[R1]interface g0/0/2
[R1-GigabitEthernet0/0/2]ipv6 enable
[R1-GigabitEthernet0/0/2]ipv6 add auto link-local
[R2]ipv6
[R2]interface g0/0/1
[R2-GigabitEthernet0/0/1]ipv6 enable
[R2-GigabitEthernet0/0/1]ipv6 add auto link-local
[R2]interface g0/0/2
[R2-GigabitEthernet0/0/2]ipv6 enable
[R2-GigabitEthernet0/0/2]ipv6 add auto link-local
[SW1]ipv6
[SW1]interface vlan 30
[SW1-Vlanif30]ipv6 enable
```

```
[SW1-Vlanif30]ipv6 add auto link-local
[SW1]interface vlan 40
[SW1-Vlanif40]ipv6 enable
[SW1-Vlanif40]ipv6 add auto link-local
[SW2]ipv6
[SW2]interface vlan 30
[SW2-Vlanif30]ipv6 enable
[SW2-Vlanif30]ipv6 add auto link-local
[SW2]interface Vlan 40
[SW2-Vlanif40]ipv6 enable
[SW2-Vlanif40]ipv6 add auto link-local
```

在 SW2 上查看 IPv6 链路本地地址获取信息，在图 13-64 中可以看到 SVI 接口正常获取 IPv6 链路本地地址。

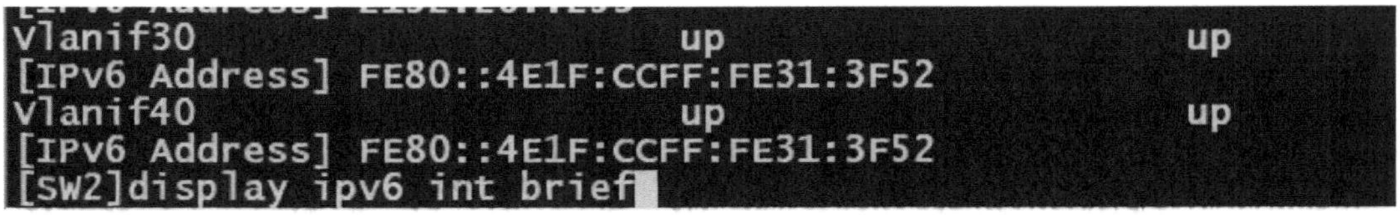

```
Vlanif30                          up                     up
[IPv6 Address] FE80::4E1F:CCFF:FE31:3F52
Vlanif40                          up                     up
[IPv6 Address] FE80::4E1F:CCFF:FE31:3F52
[SW2]display ipv6 int brief
```

图 13-64　SW2 IPv6 链路本地地址获取信息

2）OSPFv3

（1）OSPFv3 是专门针对 IPv6 设计的路由协议，并不是 OSPFv2（IPv4 网络中的 OSPF）的升级版本。其基本原理与配置类似于 OSPFv2。OSPFv3 可以使用链路本地地址建立邻接关系并传递路由。

（2）实施过程与配置。

- 在 R1、R2、SW1、SW2 上实施 OSPFv3。

在 R2 上下发 OSPFv3 默认路由，必须加 always 参数，否则无法下发，因为不存在其他形式的默认路由。这可以解决 VLAN 20 与 VLAN 100 之间的通信问题，也可以通过在 R2 的 OSPFv3 进程下重分布 BGP 来解决 VLAN 20 与 VLAN 100 之间的通信问题

```
[R1]ospfv3 10
[R1-ospfv3-10]router-id 1.1.1.1
[R1-ospfv3-10]bandwidth-reference 10000
[R1-ospfv3-10]area 0
[R1]interface g0/0/1
[R1-GigabitEthernet0/0/1]ospfv3 10 area 0
[R1]interface g0/0/2
[R1-GigabitEthernet0/0/2]ospfv3 10 area 0
```

```
[R2]ospfv3 10
[R2-ospfv3-10]router-id 2.2.2.2
[R2-ospfv3-10]bandwidth-reference 10000
[R2-ospfv3-10]default-route-advertise always
```

- OSPFv3 中重分布 IPv6 直连路由，针对 VLAN 20 的 IPv6 网段

```
[R2-ospfv3-10]area 0
[R2]interface g0/0/1
[R2-GigabitEthernet0/0/1]ospfv3 10 area 0
[R2]interface g0/0/2
[R2-GigabitEthernet0/0/2]ospfv3 10 area 0
[SW1]ospfv3 10
[SW1-ospfv3-10]router-id 11.11.11.11
[SW1-ospfv3-10]bandwidth-reference 10000
[SW1-ospfv3-10]import-route direct
[SW1-ospfv3-10]area 0
[SW1]interface vlan 30
[SW1-Vlanif30]ospfv3 10 area 0
[SW1]interface Vlan 40
[SW1-Vlanif40]ospfv3 10 area 0
[SW2]ospfv3 10
[SW2-ospfv3-10]router-id 22.22.22.22
[SW2-ospfv3-10]bandwidth-reference 10000
[SW2-ospfv3-10]import-route direct
[SW2-ospfv3-10]area 0
[SW2]interface vlan 30
[SW2-Vlanif30]ospfv3 10 area 0
[SW2]interface vlan 4
[SW2-Vlanif40]ospfv3 10 area 0
```

在 SW1 和 SW2 的 VLAN 20 SVI 接口下配置 IPv6 全球单播地址

```
[SW1]interface vlan 20
[SW1-Vlanif20]ipv6 enable
[SW1-Vlanif20]ipv6 add 2192:20::252/64
[SW2]interface vlan 20
[SW2-Vlanif20]ipv6 enable
[SW2-Vlanif20]ipv6 add 2192:20::253/64
```

在 SW1 上查看 OSPFv3 邻接关系信息，在图 13－65 中可以看到 SW1 上有 6 个 OSPFv3

邻接关系，这和用 OSPFv2 计算出来的结果一致。

```
[SW1]display ospfv3 peer
OSPFv3 Process (10)
OSPFv3 Area (0.0.0.0)
Neighbor ID      Pri  State           Dead Time Interface          Instance ID
1.1.1.1            1  Full/DROther    00:00:40  Vlanif30                     0
2.2.2.2            1  Full/DROther    00:00:40  Vlanif30                     0
22.22.22.22        1  Full/DR         00:00:40  Vlanif30                     0
1.1.1.1            1  Full/DROther    00:00:38  Vlanif40                     0
2.2.2.2            1  Full/DROther    00:00:40  Vlanif40                     0
22.22.22.22        1  Full/DR         00:00:40  Vlanif40                     0
```

图 13-65 SW1 OSPFv3 邻接关系信息

3）VRRPv6

（1）VRRPv6 是网关冗余备份协议 VRRP 的升级版本，目的是支持 IPv6。其原理与功能和 VRRP 协议相同。

（2）实施过程与配置。

- 在 SW1 和 SW2 上实施 VRRPv6。虚拟网关使用链路本地地址，也可以配置全球单播地址

```
[SW1]interface vlan 20
[SW1-Vlanif20]vrrp6 vrid 20 virtual-ip FE80::20 link-local
[SW1]interface vlan 30
[SW1-Vlanif30]vrrp6 vrid 30 virtual-ip FE80::30 link-local
[SW1-Vlanif30]vrrp6 vrid 30 priority 200
[SW1-Vlanif30]vrrp6 vrid 30 preempt-mode timer delay 5
[SW1]interface vlan 40
[SW1-Vlanif40]vrrp6 vrid 40 virtual-ip FE80::40 link-local
[SW2]interface vlan 20
[SW2-Vlanif20]vrrp6 vrid 20 virtual-ip FE80::20 link-local
[SW2-Vlanif20]vrrp6 vrid 20 priority 200
[SW2-Vlanif20]vrrp6 vrid 20 priority 20
[SW2-Vlanif20]vrrp6 vrid 20 preempt-mode timer delay 5
[SW2]interface vlan 30
[SW2-Vlanif30]vrrp6 vrid 30 virtual-ip FE80::30 link-local
[SW2]interface Vlan 40
[SW2-Vlanif40]vrrp6 vrid 40 virtual-ip FE80::40 link-local
[SW2-Vlanif40]vrrp6 vrid 40 priority 200
[SW2-Vlanif40]vrrp6 vrid 40 preempt-mode timer delay 5
```

在 SW1 上查看 VRRPv6 信息，在图 13-66 中可以看到 SW1 成为 VLAN 30 的主设备，IPv6 虚拟网关地址为链路本地地址。

```
[SW1]display vrrp6 brief
VRID  State        Interface                 Type      Virtual IP
----------------------------------------------------------------
20    Backup       Vlanif20                  Normal    FE80::20
30    Master       Vlanif30                  Normal    FE80::30
40    Backup       Vlanif40                  Normal    FE80::40
----------------------------------------------------------------
Total:3     Master:1     Backup:2     Non-active:0
```

图 13-66 SW1 VRRPv6 信息

4) DHCPv6

(1) DHCPv6 可以为客户端提供 IPv6 地址和其他参数的自动分配与配置功能，分为有状态和无状态两种模式，有状态模式直接从 DHCPv6 服务器获取全部地址信息及其他配置信息(如 DNS 和域名等)，无状态模式下主机从路由宣告信息中获取地址信息，并从 DHCPv6 服务器获取其他配置信息(如 DNS 和域名等)。

(2) 实施过程与配置。

● 将 R1 配置为 DHCPv6 服务器

```
[R1]interface g0/0/1
[R1-GigabitEthernet0/0/1]ipv6 add 2192:30::1/64
[R1]interface g0/0/2
[R1-GigabitEthernet0/0/2]ipv6 add 2192:40::1/64
[R1]dhcp enable
[R1]dhcpv6 pool DHCPV6
[R1-dhcpv6-pool-DHCPV6]address prefix 2192:20::/64
[R1-dhcpv6-pool-DHCPV6]dns-server 2000::2000
[R1]interface g0/0/1
[R1-GigabitEthernet0/0/1]dhcpv6 server DHCPV6
[R1]interface g0/0/2
[R1-GigabitEthernet0/0/2]dhcpv6 server DHCPV6
```

● 在 SW1 和 SW2 上实施 DHCPv6 中继，使路由器向主机发送路由通告信息。

```
[SW1]interface vlan 20
[SW1-Vlanif20]dhcpv6 relay destination 2192:30::1
[SW1-Vlanif20]dhcpv6 relay destination 2192:40::1
[SW1-Vlanif20]undo ipv6 nd ra halt
```

● 如果不使用中继，则配置到 DHCPv6 服务器上，执行下列命令后成为有状态的 DHCPv6

```
[SW1-Vlanif20]ipv6 nd autoconfig managed-address-flag
```

● 如果不使用中继，则配置到 DHCPv6 服务器上，执行下列命令后会下发其他网络参数

```
[SW1-Vlanif20]ipv6 nd autoconfig other-flag
[SW2]interface vlan 20
[SW2-Vlanif20]dhcpv6 relay destination 2192:30::1
[SW2-Vlanif20]dhcpv6 relay destination 2192:40::1
[SW2-Vlanif20]undo ipv6 nd ra halt
[SW2-Vlanif20]ipv6 nd autoconfig managed-address-flag
[SW2-Vlanif20]ipv6 nd autoconfig other-flag
```

- 路由器模拟 PC 通过 DHCPv6 服务器获取地址

```
[PC4]ipv6
[PC4]interface g0/0/0
[PC4-GigabitEthernet0/0/0]ipv6 enable
[PC4-GigabitEthernet0/0/0]ipv6 address auto link-local
[PC4-GigabitEthernet0/0/0]ipv6 address auto dhcp
```

5）DHCPv6 Snooping

（1）DHCPv6 Snooping 的功能与 DHCP Snooping 相同，是 DHCP Snooping 的升级版本，目的是支持 IPv6。

（2）实施过程与配置。

- 在 SW4 上实施 DHCPv6 Snooping，防止终端设备恶意获取 DHCPv6 地址池中的 IPv6 地址

```
[SW4]dhcp enable
[SW4]dhcp snooping enable ipv6
[SW4]dhcp snooping enable vlan 20
[SW4]port-group 1
[SW4]port-group 1
[SW4-port-group-1]dhcp snooping trusted
[SW4]interface e0/0/1
[SW4-Ethernet0/0/1]dhcp snooping max-user-number 1
```

在 PC4 上查看 DHCPv6 地址获取信息，在图 13 - 67 中可以看到 PC4 从 R1 的 DHCPv6 服务器成功获取 IPv6 全球单播地址，一个接口下可以有多个 IPv6 地址。华为 DHCPv6 服务器上 IPv6 地址按由小到大的顺序进行分配。

```
[PC4]display ipv6 int brief
*down: administratively down
(l): loopback
(s): spoofing
Interface                        Physical                Protocol
GigabitEthernet0/0/0             up                      up
[IPv6 Address] 2192:20::4
```

图 13 - 67　PC4 DHCPv6 地址获取信息

- PC4 获取地址后无法与其他 IPv6 地址通信，需要加一条 IPv6 静态默认路由

```
[PC4]ipv6 route-static :: 0 g0/0/0 FE80::4E1F:CCFF:FE31:3F52
```

下一跳 VLAN 20 的网关自动获取的链路本地地址如图 13－68 所示，可以在 PC2 上查询到 IPv6 网关地址。

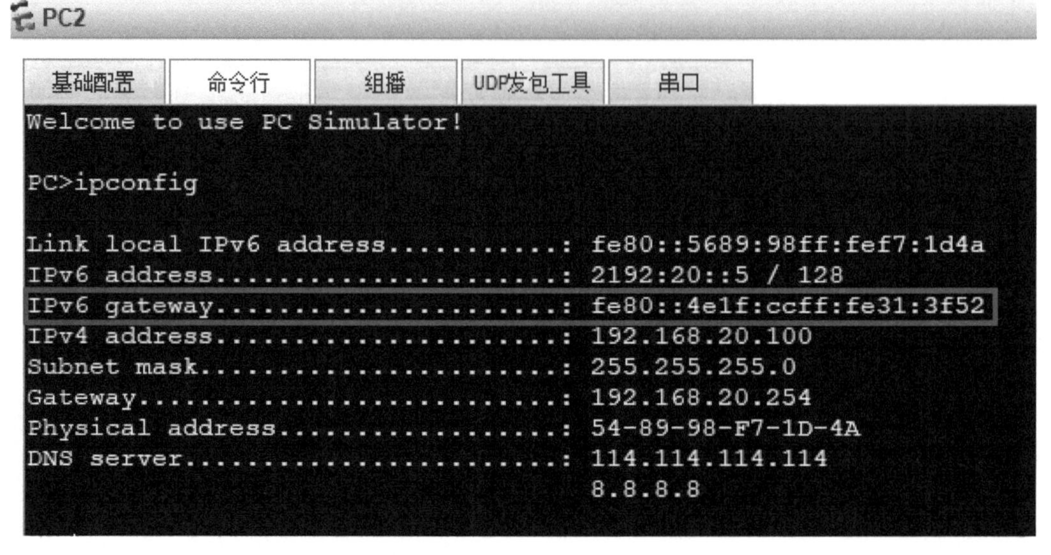

图 13－68　PC2 IPv6 网关地址

6）IPv6 over GRE over IPSec

（1）IPv6 over GRE over IPSec 是 IPv6 中的 GRE over IPSec，支持在 IPv4 地址的基础上建立 IPv6 GRE 隧道，并且可以与 IPv4 隧道共存，使用同一条隧道链路。思科设备在 GRE over IPSec 基础上只需要在 GRE 隧道中配置 IPv6 地址就能实现 IPv6 GRE。

（2）实施过程与配置。

- 在 R2 和 R4 之间的 GRE 隧道上配置 IPv6 地址

```
[R2]ipv6
[R2]interface Tunnel 0/0/0
[R2-Tunnel0/0/0]ipv6 enable
[R2-Tunnel0/0/0]ipv6 add 2010::1/64
[R4]ipv6
[R4]interface Tunnel 0/0/0
[R4-Tunnel0/0/0]ipv6 enable
[R4-Tunnel0/0/0]ipv6 add 2010::2/64
```

注意，华为设备上还需要修改隧道模式和删除对等体中的 NAT 穿越功能，这样才能使得 IPv6 GRE 正常工作。如果修改后隧道的 IPv6 地址无法通信，请保存 R2 和 R4 的配置并重启设备。

- 华为设备上一定要使用隧道模式，传输模式下无法通信

```
[R2]ipsec proposal HUAWEI
[R2-ipsec-proposal-HUAWEI]encapsulation-mode tunnel
```

- 删除 NAT 穿越功能

```
[R4]ipsec proposal HUAWEI
[R4-ipsec-proposal-HUAWEI]encapsulation-mode tunnel
[R2]ike peer R4 v1
[R2-ike-peer-R4]undo nat traversal
[R4]ike peer R2 v1
[R4-ike-peer-R2]undo nat traversal
```

- 在 R4 和 PC3、PC5 上配置 IPv6 地址(见图 13 - 69)。一定要配置默认路由，下一跳为 R4 路由子接口上配置的 VLAN 100 的 IPv6 网关地址

图 13 - 69　PC3 配置 IPv6 静态地址

```
[R4]ipv6
[R4]interface g0/0/1.100
[R4-GigabitEthernet0/0/1.100]ipv6 enable
[R4-GigabitEthernet0/0/1.100]ipv6 add 2192:100::254/64
[PC5]ipv6
[PC5]interface g0/0/0
[PC5-GigabitEthernet0/0/0]ipv6 enable
```

```
[PC5-GigabitEthernet0/0/0]ipv6 address 2192:100::10/64
[PC5]ipv6 route-static :: 0 2192:100::254
```

在 R2 上测试 IPv6 GRE 隧道两端的地址能否通信，在图 13 - 70 中可以看到 R2 与 R4 之间 IPv6 GRE 隧道两端的地址通信正常。

```
[R2]ping ipv6 -a 2010::1 2010::2
  PING 2010::2 : 56  data bytes, press CTRL_C to break
    Reply from 2010::2
    bytes=56 Sequence=1 hop limit=64  time = 40 ms
    Reply from 2010::2
    bytes=56 Sequence=2 hop limit=64  time = 30 ms
    Reply from 2010::2
    bytes=56 Sequence=3 hop limit=64  time = 30 ms
    Reply from 2010::2
    bytes=56 Sequence=4 hop limit=64  time = 30 ms
    Reply from 2010::2
    bytes=56 Sequence=5 hop limit=64  time = 20 ms
```

图 13 - 70 R2 IPv6 GRE 隧道地址通信测试

7) 多协议边界网关协议 MBGP

(1) MBGP 支持 IPv6、组播、VPNv6 等多种协议，可以实现各种复杂的网络功能。这里实施 MBGP 以通告 VLAN 20 与 VLAN 100 的 IPv6 前缀，使得 VLAN 20 与 VLAN 100 的 IPv6 前缀可以相互通信。

(2) 实施过程与配置。在 R2 与 R4 之间的 IPv6 GRE 隧道上实施 MBGP，通告 VLAN 20 与 VLAN 100 的 IPv6 前缀。

- 进入 IPv6 单播地址族

```
[R2]bgp 65534
[R2-bgp]router-id 2.2.2.2
[R2-bgp]peer 2010::2 as-number 65535
[R2-bgp]ipv6 unicast
```

- 必须激活对等体才能生效

```
[R2-bgp-af-ipv6]peer 2010::2 enable
```

- 通告的 IPv6 前缀一定要和路由表中的一致，这和通告 IPv4 地址一样

```
[R2-bgp-af-ipv6]network 2192:20::64
[R4]bgp 65535
[R4-bgp]router-id 4.4.4.4
[R4-bgp]peer 2010::1 as-number 65534
[R4-bgp]ipv6 unicast
[R4-bgp-af-ipv6]peer 2010::1 enable
[R4-bgp-af-ipv6]network 2192:100::64
```

在 R2 上查看 MBGP 路由表信息，在图 13－71 中可以看到 R2 收到了 VLAN 100 的 IPv6 路由。

```
[R2]display bgp ipv6 routing-table

 BGP Local router ID is 2.2.2.2
 Status codes: * - valid, > - best, d - damped,
               h - history,  i - internal, s - suppressed, S - Stale
               Origin : i - IGP, e - EGP, ? - incomplete


 Total Number of Routes: 2
 *>  Network  : 2192:20::                                PrefixLen : 64
     NextHop  : ::                                       LocPrf    :
     MED      : 1                                        PrefVal   : 0
     Label    :
     Path/Ogn : i
 *>  Network  : 2192:100::                               PrefixLen : 64
     NextHop  : 2010::2                                  LocPrf    :
     MED      : 0                                        PrefVal   : 0
     Label    :
     Path/Ogn : 65535  i
```

图 13－71　R2 MBGP 路由表

最终，PC2 与 PC3 分别进行 IPv4 和 IPv6 地址通信测试，在图 13－72 中可以看到 PC2 与 PC3 的 IPv4 地址通信正常，IPv6 地址通信也正常。如果测试中无法通信，则先用 PC3 ping PC2，然后再用 PC2 ping PC3。这里需要注意的是，PC2 的 IPv4 和 IPv6 地址都是通过 DHCP 方式动态获取的，会随机变化，请查看实际地址后进行测试。

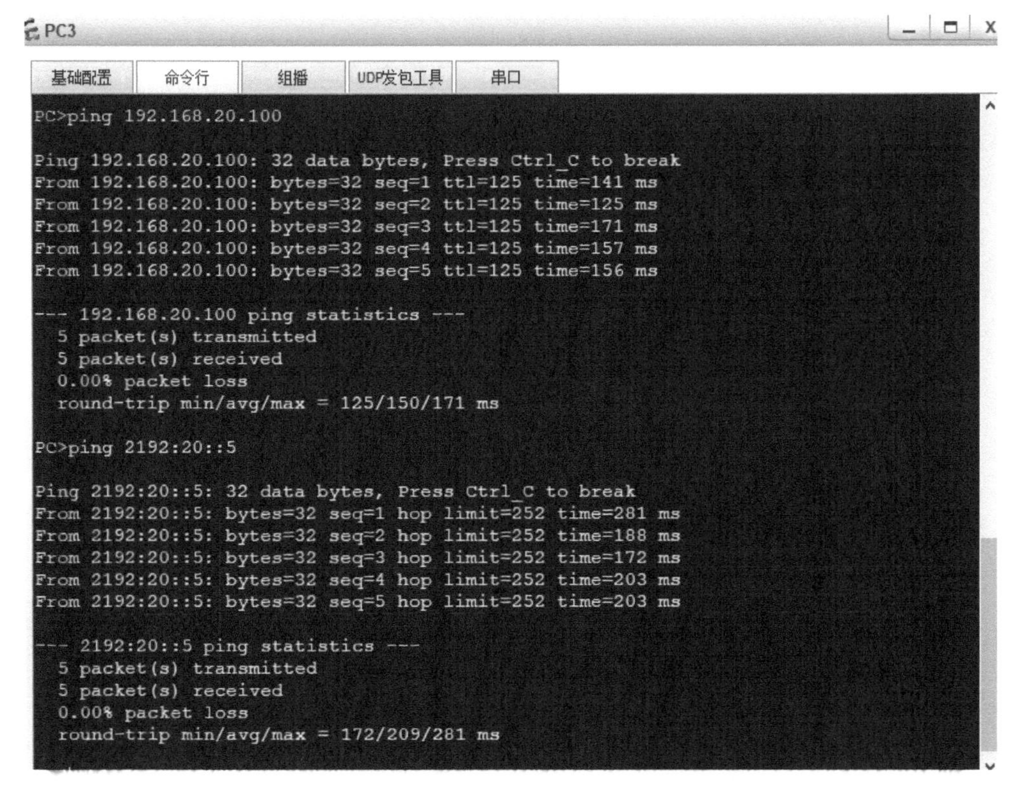

图 13－72　PC2 与 PC3 的 IPv4 和 IPv6 地址通信测试

【实验总结】

实验 21 讲解了华为设备如何实施 IPv4 和 IPv6 网络，交换网络，IPv4 与 IPv6 路由网络，IPv4 广域网，基于 IPv4 的 IPv6 广域网，以及部分网络安全策略。此实验在实施 QoS 整形时创建了 ACL 条目不匹配访问 NAT 服务器的流量，但是华为 eNSP 中按照拒绝流量进行了执行，导致无法访问 NAT 服务器对应的服务器，应该是 eNSP 模拟器的问题。实验拓扑图中企业网部分采用了网络设备冗余备份结构，会出现 OSPFv2 和 OSPFv3 邻接关系不稳定导致的内网无法通信的问题，此为 eNSP 模拟器的问题。解决方法：①关闭 SW1 或 SW2，网络恢复正常后再启动；②先不启动 R1 和 R2，待其他设备启动完毕后再启动 R1 和 R2。在实验中可以发现，华为设备与思科设备大部分配置差别不大，小部分差异明显，主要是基础部分，华为 eNSP 中的问题较 EVE - NG 多。但总体来讲，EVE - NG 和 eNSP 都是不可多得的网络学习与实验软件。通过本实验，可以掌握完全采用华为设备实施企业网项目的方法。

参考文献

[1] 托德·拉莫尔. CCNA 学习指南　路由和交换认证. 袁国忠,译. 2 版. 北京:人民邮电出版社,2017.

[2] 梁广民,王隆杰,徐磊. 思科网络实验室　CCNA 实验指南. 2 版. 北京:电子工业出版社,2018.

[3] 周亚军. 网络工程师红宝书　思科华为华三实战案例荟萃. 北京:电子工业出版社,2020.

[4] 周亚军. 华为 HCIA-Datacom 认证指南. 北京:电子工业出版社,2021.

[5] 周亚军. 思科 CCIE 路由交换 v5 实验指南. 北京:电子工业出版社,2016.

[6] 刘大伟,陈亮,丁琳琦. HCIE 路由与交换学习指南. 北京:人民邮电出版社,2017.